AF551819

EUL VERLAG

Reihe: Transparenz in der Wirtschaft · Band 3

Herausgegeben von Prof. Dr. Markus Diller, Passau, und
Dr. Markus Grottke, Passau

Dr. Thomas Späth

Asymmetrische Besteuerung und Investitionsentscheidungen

Eine Untersuchung mithilfe von Teilsteuerfunktionen

Bibliografische Information der Deutschen Nationalbibliothek

Die Deutsche Nationalbibliothek verzeichnet diese Publikation
in der Deutschen Nationalbibliografie; detaillierte bibliografische
Daten sind im Internet über <http://dnb.d-nb.de> abrufbar.

Dissertation, Universität Passau, 2015

Tag der Disputation: 23. Juni 2015

Erstgutachter: Prof. em. Dr. Klaus D. Haase
Zweitgutachter: Prof. Dr. Markus Diller

ISBN 978-3-8441-0460-8
1. Auflage Mai 2016

JOSEF EUL VERLAG GmbH
Brandsberg 6
D-53797 Lohmar
Tel.: +49 (0) 22 05 / 90 10 6-6
Fax: +49 (0) 22 05 / 90 10 6-88
http://www.eul-verlag.de
info@eul-verlag.de

Bei der Herstellung unserer Bücher möchten wir die Umwelt schonen. Dieses Buch ist daher auf säurefreiem, 100% chlorfrei gebleichtem, alterungsbeständigem Papier nach DIN 6738 gedruckt.

Vorwort

Diese Arbeit ist in den letzten sieben Jahren während meiner Tätigkeit am Lehrstuhl für Betriebswirtschaftliche Steuerlehre (bzw. später Taxation) in Passau und meiner Praxiszeit in Bogen entstanden. Immer wieder bin ich bei beiden Gelegenheiten auf Besteuerungsasymmetrien gestoßen und habe festgestellt, dass sie betriebswirtschaftlich schwer zu fassen sind. Schon während meines Studiums hat mich die Betriebswirtschaftliche Teilsteuerlehre schwer beeindruckt, mit welch einfachen Mitteln sie es schafft, Transparenz in die komplexen Wirkungszusammenhänge zu bringen. In dieser Tradtition habe ich auch am Lehrstuhl von meinem Doktorvater lernen dürfen, dass genau diese gesamtheitliche Einfachheit die Grundlage für sinnvolle betriebswirtschaftliche Analysen unter Berücksichtigung von Steuern ist.

Es war eines der spannendsten Abenteuer in meinem Leben, auf welchem mich viele Personen begleitet haben. Vorne voran mein Doktorvater Prof. K. D. Haase und mein Zweitkorrektor Prof. M. Diller. Daneben die Herren Professoren Wilhelm und Lüdeke sowie Frau Prof. Moosmüller. Vielen Dank dafür!

Danken möchte ich auch meinen Freunden Marco und Mac, die auf unseren Reisen durch Europa oft mehr mit der Betriebswirtschaftlichen Steuerlehre zu tun bekamen, als sie dachten. Ein ähnliches Schicksal teilte meine Familie, meine Mutter sowie meine Schwestern Simone und Susanne, die nicht nur Steuern, sondern auch noch Wissenschaft ertragen mussten. Und mein Vater, der nach 40 Jahren Steuerberatung noch ganz andere Facetten seines Fachs kennenlernen musste.

Last but not least danke ich meiner Frau Michaela, die mir auf diesem Weg nicht nur mit Rat und Tat zur Seite stand, sondern mir sehr oft den Rücken freigehalten hat, damit ich mich diesem Abenteuer widmen konnte.

Passau, den 26. April 2016 — Thomas Späth

Inhaltsverzeichnis

Abbildungsverzeichnis

Tabellenverzeichnis

Abkürzungs- und Symbolverzeichnis

Allgemein

a.F.	alte Fassung
Abb.	Abbildung
Abs.	Absatz
AE	Anteilseigner
AEAO	Anwendungserlass zur Abgabenordnung
Anz.	Anzahl
AO	Abgabenordnung
Art.	Artikel
asym.	asymmetrisch
Aufl.	Auflage
BB	Betriebs Berater
BFH	Bundesfinanzhof
BFuP	Betriebswirtschaftliche Forschung und Praxis
BGBl.	Bundesgesetzblatt
BMF	Bundesministerium für Finanzen
BT-Drs.	Drucksache(n) des Deutschen Bundestages
BVerfG	Bundesverfassungsgericht
bzw.	beziehungsweise
CAPM	Capital Asset Pricing Model
d. h.	das heißt
DB	Der Betrieb

DM	Deutsche Mark
DStR	Deutsches Steuerrecht
ebd.	ebenda
EBIT	earnings before interest and taxes
EBITDA	earnings before interest, taxes, depreciation and amortization
EBT	earnings before taxes
EStG	Einkommensteuergesetz
et. al.	et alii
EUR	Euro
f.	folgende
ff.	fortfolgende
FIFO	First In First Out
FN	Fußnote
GbdE	Gesamtbetrag der Einkünfte
HGB	Handelsgesetzbuch
i. d. F.	in der Fassung
i. S. d.	im Sinne des
i. S. v.	im Sinne von
i. a.	inter alia
i. e. S.	im eigentlichen Sinne
i. H. d.	in Höhe des
i. H. v.	in Höhe von
i. V. m.	in Verbindung mit
i. w. S.	im weiteren Sinne
i. d. R.	in der Regel
ICAPM	Intertemporal Capital Asset Pricing Model
insg.	insgesamt

interpol.	interpoliert
Kap.	Kapitel
KapG	Kapitalgesellschaft
KSt-Pfl.	Anzahl
KStG	Körperschaftsteuergesetz
KV	Kapitalvermögen
LIFO	Last In First Out
Mio.	Million(en)
NB	notabene
Nr.	Nummer
p. a.	per annum
pos.	positive
prop.	proportional
RL	Rücklage
Rz.	Randziffer
S.	Seite
s. u.	siehe unten
SA	Sonderausgaben
sic	wirklich so
StandOG	Gesetz zur Verbesserung der steuerlichen Bedingungen zur Sicherung des Wirtschaftsstandorts Deutschland im Europäischen Binnenmarkt
StEuglG	Steuer-Euroglättungsgesetz
StSenkG	Gesetz zur Senkung der Steuersätze und zur Reform der Unternehmensbesteuerung
StuB	Steuern und Bilanzen
sym.	symmetrisch
Tab.	Tabelle
u.	und

UmwStG	Umwandlungsteuergesetz
unbeschr.	unbeschränkt
UntStReisekÄndG	Gesetz zur Änderung und Vereinfachung der Unternehmensbesteuerung und des steuerlichen Reisekostenrechts
US	United States
USA	Vereinigte Staaten von Amerika
VA	Verlustausgleich
Vgl.	Vergleiche
VRT	Verlustrücktrag
VVR	Verlustverrechnung
VVT	Verlustvortrag
WISU	Das Wirtschaftsstudium
z. B.	zum Beispiel
ZfB	Zeitschrift für Betriebswirtschaft
ZfbF	Zeitschrift für betriebswirtschaftliche Forschung
zvE	zu versteuerndes Einkommen

Symbole

α	Driftrate
$\bar{\delta}$	Erwartungswert des Diskontierungsfaktors
$\bar{T}$	Erwartungswert der Teilsteuerfunktion
$\ddot{o}G_t$	ökonomischer Gewinn im Zeitpunkt t
$\Delta(.)$	allgemeine Unterschiedsfunktion
$\delta(x)$	Delta-Funktion
ΔEU_s	Erwartungsnutzeneinfluss der Besteuerung
Δh	Schrittweite
Δt	Zeitschritt
δ	Diskontierungsfaktor

ℓ	Überlebensdauer der Verluste/ Gewinne
λ	Lagrange-Multiplikator
S	Spiegeloperator
$\mathscr{L}$	Lagrange-Ansatz
$\mathscr{P}$	Potenzmenge
$\mathscr{S}$	Liquiditätskonsequenz
$\mathscr{T}$	Zeitpunktmenge
μ	Erwartungswert
Ω	Gesamtmenge der wirtschaftlichen Bezugsgrößen
ρ	Korrelationskoeffizient
σ	Standardabweichung
τ	Wirkungszeitpunkt
τ^*	erstmaliger Verrechnungszeitpunkt
τ_{max}	Berechnungsschritte
$\Theta(.)$	Theta-Funktion
$\tilde{X}$	wirtschaftliche Bezugsgröße als Zufallsgröße
$\tilde{x}$	wirtschaftliche Bezugsgröße als zusammengesetzte Zufallsgröße
$\underline{M}$	Modifikationen
$\underline{M}$	modifizierte Übergangsmatrix (Kapitel 9)
$\underline{m}$	relative Modifikationen
$\underline{s}$	Startvektor der Markov-Kette
$\underline{T}$	Übergangsmatrix (Kapitel 9)
$\underline{x}$	Vektor explizierter wirtschaftlicher Bezugsgrößen
$\underline{z}$	Zielvektor der Markov-Kette
$\underset{\rightarrow}{x}$	wirtschaftliche Bezugsgröße von t bis T
a	Asymmetrieachse/ Insolvenzschranke (Kapitel 10)
$A(x)$	nichtlinearer Term

A, B, C	beliebige Punkte/ Werte/ Konstanten
$AA(x)$	Asymmetriemaß
$B(.)$	Abbildungsvorschrift auf die Bemessungsgrundlage
$b(.)$	Abbildungsvorschrift auf die Teilbemessungsgrundlage
B^*, b^*, S^*	Nichtlineare Abbildungsvorschrift mit Anknüpfungspunkt B, b oder S
B_j	Bemessungsgrundlage der j-ten Steuerart
$b_{i,j}$	i-te Teilbemessungsgrundlage der j-ten Steuerart
c	Konstante
C_0	Kapitalwert
C_t	Konsum im Zeitpunkt t (Kapitel 10)
D	durchschnittliche Verrechnungsdauer
dy	Hilfsvariable für die Integration
$E(.)$	Erwartungswert
$E_0^{(m)}$	Einkommen des (marginalen) Investors
$erf(.)$	Fehlerfunktion
EWA_t	Ertragswertabschreibung im Zeitpunkt t
$F(.)$	allgemeine Funktion
$f(.), g(.)$	allgemeine Funktionen
$F(\tau)$	Verteilungsfunktion des Verrechnungszeitpunkts
$F(v)$	Verteilungsfunktion der Verluste
F_i	i-te Finanzanlage
FB	Freibetrag
FG	Freigrenze
g_t	intertemporaler Gewinnverrechnungsposten
g_t^b	g_t betraglich beschränkt
g_t^z	g_t zeitlich beschränkt
H	Gesamtmenge der Handlungsparameter

h_i	i-ter Handlungsparameter
i	Kapitalmarktzins
I, J	maximaler Zustand der Markov-Kette (Spalte, Zeile)
i, j	allgemeine Zählvariablen
I_i	i-te Investition
L	Loss (Kapitel 9)
L	absolute betragliche Beschränkung
l	anteilige relative Beschränkung
L, oL	mit und ohne Loss-Refresh-Effekt
LF	Leistungsfähigkeit
M_j	Modifikationen der j-ten Steuerart
$m_{i,j}$	i-te relative Modifikation
mB	mit Beschränkung
N	Stichprobenanzahl
n	Anzahl
$N(.)$	Normalverteilung
o	Beginn der Zeitmenge
oB	ohne Beschränkung
P	Profit (Kapitel 9)
p	Gewinnwahrscheinlichkeit
$P(.)$	Wahrscheinlichkeitsverteilung
$p(x)$	Wahrscheinlichkeit der Ausprägung x
PV_t	Barwert im Zeitpunkt t
q	Verlustwahrscheinlichkeit
Q_t	Quasirente im Zeitpunkt t
r	Referenzzeitpunkt
r	sichere Anlage (Kapitel 10)

s	Steuersatz
$s(x)$	Tariffunktion
s^*	effektiver Steuersatz
S_j	Steuerzahlung der j-ten Steuerart
T	Ende der Zeitmenge
t	Betrachtungszeitpunkt
$t'(.)$	Grenzteilsteuerfunktion
$T(.)$	gewöhnliche Teilsteuerfunktion
$t(.)$	Durchschnittsteilsteuerfunktion
$T^+(.)$	erweiterte Teilsteuerfunktion
$T^{+u}(.)$	unternehmenswertbezogene erweiterte Teilsteuerfunktion
$T^{+z}(.)$	zahlungsbezogene erweiterte Teilsteuerfunktion
u	Konstante der Nutzenfunktion
$U(.)$	Nutzenfunktion
$U_s(.)$	nachsteuerliche Nutzenfunktion
V	Gesamtunternehmenswert
V^E	Unternehmenswert des Anteilseigners
V^F	Unternehmenswert des Fremdkapitalgebers
V^S	Unternehmenswert des Staats
$V_0^{(m)}$	bestehender Verlustvortrag des (marginalen) Investors
v_t	intertemporaler Verlustverrechnungsposten
v_t^b	v_t mit betraglicher Beschränkung
v_t^z	v_t mit zeitlicher Beschränkung
W_t	Vermögen im Zeitpunkt t
X	Menge nicht explizierter wirtschaftlicher Bezugsgrößen
x	allgemeine Variable/ wirtschaftliche Bezugsgröße
x'	korrigierte Menge wirtschaftlicher Bezugsgrößen

$x_{i,j}$	i-te wirtschaftliche Bezugsgröße des j-ten Zeitpunkts
x_t	wirtschaftliche Bezugsgröße des t-ten Zeitpunkts
y	allgemeine Variable

1 Motivation

Die asymmetrische Besteuerung und ihr Einfluss auf Entscheidungen des Steuerpflichtigen sind schon lange in den Fokus der steuerlichen Forschung gerückt.[1] Es ist unumstritten, dass Steuerasymmetrien Einfluss auf Unternehmensentscheidungen haben.[2] Asymmetrien in den Besteuerungssystemen werden zahlreicher und gewinnen als politischer Handlungsparameter an Bedeutung.[3] Unternehmen sollten sie daher verstärkt in ihren Steuerplanungen berücksichtigen.

Prominenteste Vertreter sind die steuerlichen Verlustverrechnungsregelungen, welche in vielen Ländern asymmetrisch ausgeprägt sind.[4]Als ein Indikator für die Relevanz der Asymmetrien in Ausprägung der Verlustverrechnungsbeschränkungen können hierbei die Verlustvortragsbeträge genommen werden. Wie empirische Studien belegen, nahmen diese in den USA und Deutschland in den letzten Jahren enorm zu. In den USA stiegen die Verlustvorträge von 1993 bis 2001 um etwa 250 % an,[5] in Deutschland haben sich die Verlustvorträge von 1991 bis 2007 nahezu vervierfacht.[6]

Die zunehmende Bedeutung und das gestiegene Bewusstsein um die Einflüsse der Asymmetrien haben dazu geführt, dass die Politik vermehrt Asymmetrien zur Lenkung und Sicherung des Steuersubstrats einsetzt.[7] So werden gezielt Asymmetrien gedämpft um die

[1] Stellvertretend mögen Domar und Musgrave (1944) dienen.

[2] Vgl. Ewert und Niemann (2012), S. 85.

[3] Vgl. Dwenger (2008), S. 15.

[4] Vgl. Endres et al. (2011), S. 22 oder die viel zitierte Vorgängerstudie in diesem Zusammenhang Endres et al. (2006). Hier werden die steuerlichen Verlustverrechnungssysteme von 35/33 Staaten dargestellt. Ausnahmen bilden sicherlich Länder, die keiner Verlustverrechnung bedürfen, wie Estland durch seine Ausschüttungsbesteuerung, vgl. dazu Endres et al. (2011), S. 22.

[5] Diese Schätzung beruht auf einer Stichprobe von 2,1 Millionen amerikanischer "C corporations", vgl. Cooper und Knittel (2006), S. 658.

[6] Vgl. das Diagramm A.1 in Anhang A.1. Eine Verdreifachung in den Jahren 1991 bis 2001 finden Dwenger und Bach (2007), S. 63. Ein anderer Vergleich, der diese These untermauert, findet sich in Dwenger (2008), S. 7. Hier wird die zeitliche Entwicklung der aggregierten und durchschnittlichen Verlustvorträge deutscher Unternehmen abgebildet.

[7] So auch die Vermutung der Autoren in Herzig und Briesemeister (1999a), S. 1377.

Unternehmen in Krisenzeiten zu fördern[8] oder verschärft um aggressiver Steuerplanung entgegenzuwirken und die Steuereinnahmen zu erhöhen.[9]

Besteuerungsasymmetrien sind und bleiben ein wichtiges Thema der Besteuerung. Untersuchungen, die sich mit solchen Asymmetrien beschäftigen, finden sich zahlreich. Allerdings ist den meisten Untersuchungen gemeinsam, dass sie Einzelaspekte einzelner Vorschriften beleuchten und viele Bereiche weiter im Schatten bleiben. Diese Monografie stellt sich der Aufgabe folgende Forschungsfragen zu beantworten:

- Was verbirgt sich hinter der asymmetrischen Besteuerung?
- Wie können Besteuerungsasymmetrien mit dem Werkzeugkasten der Betriebswirtschaftlichen Steuerlehre erfasst werden?
- Welche Besteuerungsasymmetrien finden sich in der deutschen Ertragsbesteuerung?
- Wie sehen die Teilsteuerfunktionen aus, die Asymmetrien berücksichtigen?
- Welche Wirkungen lösen verschiedene Varianten der asymmetrischen Besteuerung aus?
- Wie können die teils überraschenden Ergebnisse der Empirie erklärt werden?
- Wie reagiert der Kapitalmarkt auf Besteuerungsasymmetrien?
- Wie wirken Besteuerungsasymmetrien auf Unternehmensentscheidungen?

8 So eine klare Handlungsempfehlung in einem Geheimdokument der US-Regierung, das über WikiLeaks veröffentlicht worden ist, vgl. Keightley (2009), S. 4.

9 Hier kann die deutsche Beschränkung der Verlustrückträge auf ein Jahr als Beispiel dienen, welche hauptsächlich mit Haushaltssicherung begründet worden ist, vgl. BT-Drs. 14/23 (1998), S. 175. Oder sehr deutlich Bundesfinanzminister Schäuble in einer Rede anlässlich des deutschen Steuerberaterkongresses 2011: "Wir können die jetzige Entwicklung im Bereich der Verlustverrechnung nicht einfach so weiterlaufen lassen. Das würde in der längerfristigen Konsequenz dazu führen, dass die Einnahmebasis für alle öffentlich-rechtlichen Körperschaften in einem Maße gefährdet wäre, dass eine nachhaltige, verantwortliche Finanzpolitik gar nicht mehr möglich wäre.", Schäuble (2011). Vgl. auch Schlenker (2014), Rz. 6.

2 Einordnung in den Kontext der Betriebswirtschaftlichen Steuerlehre

In den Wirtschaftswissenschaften lassen sich zwei Arten von Aussagen unterscheiden: die positiven und normativen Theorien.

Die *positiven Theorien* kommen mit wenig Werturteilen aus und versuchen die wirtschaftlichen Zusammenhänge zu durchdringen und darzustellen. Sie bedienen sich häufig des homo oeconomicus. Dank dieses Denkmodells ist es möglich, den Einfluss der Besteuerung auf das menschliche Handeln im Modell zu untersuchen und vorsichtigen Schlüssen der Empirie zu stellen.

Denn "heroische Vereinfachungen", von Schneider (1992) als "Muttermilch der Theorie" bezeichnet, sind in der positiven Theorie nicht nur geboten, sondern notwendig.[10] Ohne sie wäre eine konsistente Theoriebildung nicht möglich. Annahmen sind eine Grundvoraussetzung jeder wissenschaftlichen Untersuchung, allerdings besteht in meinen Augen die Pflicht die Annahmen sehr deutlich zu explizieren, erst dann sind nachvollziehbare Schlüsse möglich und deren Wert offensichtlich. Die positive Theorie beschäftigt sich in der Betriebswirtschaftlichen Steuerlehre mit Steuerwirkungen.[11]

Die *normative Theorie* versucht, Handlungsempfehlungen für verschiedene Zielgruppen zu formulieren. Diese Sollensaussagen beruhen meist auf vorgeschalteten Werturteilen und sind positiven Theorien nachgeschaltet. In der Betriebswirtschaftlichen Steuerlehre beschäftigt sich das Teilgebiet der Steuerplanung i. w. S mit diesen Aussagen .[12] Sollten in dieser Arbeit Aussagen in der Art, ob ein Steuersystem in seiner Ausgestaltung der

[10] Vgl. Schneider (1992), S. 194, 201 f.

[11] Vgl. Rose (1990), S. 16-18. Er sieht die "heroischen Vereinfachungen" allerdings höchst kritisch und grenzt solche Abenteuer von seinem Verständnis einer Steuerwirkungslehre aus. Nicht so diese Arbeit, die dem etablierten Verständnis im sozusagen weiteren Sinne folgt, wie z. B. Schneider (1992), S. 201. Neuere Untersuchungen der Betriebswirtschaftlichen Steuerlehre untergliedern die Forschungsziele ihrer Teildisziplin anders, vgl. Hundsdoerfer, Kiesewetter und Sureth (2008), S. 63-66. Sie identifizieren z. B. die Steuerbelastungsmessung und die empirische Steuerlehre als jeweils eigene Zielgruppen, in oben genanntem Verständnis werden die Teilbereiche zusammengefasst.

[12] Vgl. Schneider (1992), S. 201 oder "modellgestützte Steuerplanungslehre" in Hundsdoerfer, Kiesewetter und Sureth (2008), S. 63 f.

Asymmetrien gut oder schlecht ist, möglich sein, wären dazu folgende Fragen vorab zu beantworten:

- Welche Zielgruppe betrachte ich?
- Auf Grundlage welcher Ansprüche an eine Besteuerung treffe ich die Aussagen?
- Welche Steuerwirkungen (Ergebnisse der positiven Theorie) treten durch die Asymmetrien auf?

Besteuerungspostulate dienen als Maßstab, durch welchen eine Beurteilung (in dieser Arbeit der Besteuerungsasymmetrien) für Handlungsempfehlungen an den Staat möglich wird. Es wird dadurch der Weg für Aussagen innerhalb des Steuerrechtsdesigns eröffnet.[13] Die Aufstellung von allgemeinen Besteuerungspostulaten hat eine lange Tradition[14]. Ausgehend von den klassischen Besteuerungsprinzipien[15] wurden moderne Besteuerungspostulate von Neumark (1970) entworfen, die heute noch den Quasistandard darstellen.

Die sozusagen egoistischen Handlungsempfehlungen an Steuerpflichtige können abgeleitet werden, wenn die Steuerwirkungen bekannt sind und ihre Zielfunktion expliziert ist. Dadurch ist eine Beurteilung aus der Sicht des Steuerpflichtigen möglich. Darüber hinaus kann in der Steuerplanung i. e. S. die gefundene Ursache-Wirkungs-Beziehung genutzt werden, um Entscheidungen im vorgegebenen Steuersystem zu optimieren.[16]

Wie schon die Forschungsfragen vermuten lassen, bewegt sich diese Arbeit im Teilbereich der Steuerwirkungslehre der Betriebswirtschaftlichen Steuerlehre. Auf wertende nachgelagerte Aussagen der normativen Theorie wird verzichtet. Diese sind anderen Arbeiten vorbehalten.[17] In dieser Arbeit werden die Ursache der Asymmetrien und daraus resultierende Wirkungen untersucht. Der Schluss, ob der Einfluss von Asymmetrien wünschenswert ist oder nicht, wird genau so wenig gewagt, wie steuerplanerische Empfehlungen gegeben werden. Eine Ausnahme bilden drei wünschenswerte Eigenschaften der späteren Besteue-

---

[13] Oder auch der Steuerrechtsgestaltungslehre so genannt in Hundsdoerfer, Kiesewetter und Sureth (2008), S. 65. Rose (1990), S. 19 nennt diese Aufgabe der Betriebswirtschaftlichen Steuerlehre "wertend-normative Betriebswirtschaftliche Steuerlehre".

[14] Vgl. Mann (1937), S. V; Birk (2009), S. 4; Allgemeine Postulate, vgl. Neumark (1970), S. 34 oder volkswirtschaftliche Anforderungen vgl. Andel (1998), S. 290.

[15] Verri (1774) auf den S. 170, 174, 177, 178, u. 179; Lord Kames (1778) auf den S. 391, 394, 395 f., 397 und 402; Smith (1979), S. 825.

[16] Vgl. Rose (1990), S. 19. Dieser grenzt die Steuerplanung, die noch keiner "allseits anerkannte[n] Inhaltsfestlegung" folgt, von der Steuerwirkungslehre durch "die Formulierung (...) einer steuerbezüglichen Zielfunktion" ab.

[17] Zum Beispiel Diller, Kundisch und Späth (2011).

rungsfunktion, die aus allgemeinen Besteuerungspostulaten hergeleitet werden und als Beispiel des Einsatzes in der normativen Theorie dienen mögen.

3 Gang der Untersuchung

Die Untersuchungen beschränken sich in dieser Arbeit auf die Ertragsteuern, die für die Staaten und die Steuerpflichtigen regelmäßig die bedeutsamsten Steuerarten sind. Hier finden sich Asymmetrien besonders oft.

Die Arbeit gliedert sich in vier Teile:

1. Die Einleitung (Kapitel 1 bis 3) hat den Untersuchungsgegenstand motiviert sowie Forschungsfragen formuliert. Es erfolgten die Einordnung der Arbeit in den Kontext der Betriebswirtschaftlichen Steuerlehre und ein Überblick über den Aufbau der Arbeit.

2. Im zweiten Teil (Kapitel 4 bis 6) werden Besteuerungsasymmetrien umfassend definiert und in den Werkzeugkasten der Betriebswirtschaftlichen Steuerlehre eingebettet sowie erweitert. Abgrenzungen zu verwandten Definitionen runden diesen Teil der Arbeit ab.

3. Im dritten Teil (Kapitel 7 bis 10) werden die Steuerwirkungen der asymmetrischen Besteuerung abgeleitet. Dazu werden die deutschen Verlustverrechnungsvorschriften sowie andere Vertreter kurz dargestellt. Die Wirkungen dieser werden daraufhin unter Sicherheit mithilfe von gewöhnlichen und erweiterten Teilsteuerfunktionen konkretisiert. Die Untersuchung wird im Folgenden auf eine Welt unter Unsicherheit ausgeweitet.
   Unter Sicherheit wird die Tauglichkeit der Standardwerkzeuge zur Untersuchung des Einflusses der Besteuerung auf Unternehmensentscheidungen geprüft. Daran anknüpfend wird der Einfluss der Besteuerungsasymmetrien auf den Kapitalmarkt herausgearbeitet. Dank der Vorarbeiten ist letztendlich eine Untersuchung des Einflusses der Asymmetrien auf Investitionsentscheidungen möglich.

4. Eine Diskussion (Kapitel 11 bis 12) ausgewählter Literatur zu Investitionsentscheidungen unter Unsicherheit anhand der Ergebnisse dieser Arbeit leitet den Schluss ein. In einem Resümee wird abschließend Bezug auf die einleitenden Forschungsfragen genommen.

4 Asymmetrische Besteuerung

Vorangehend wird davon ausgegangen, dass der Leser das Wort Besteuerungsasymmetrien durch sein allgemeinsprachliches Verständnis interpretieren kann. Eine klare Definition des Wortes ist aber keineswegs eine triviale Aufgabe, wie die nächsten Abschnitte zeigen werden. So muss es durch die Definition möglich sein, wichtige allgemeine Eigenschaften von Besteuerungssystemen abzubilden. Dieser Aufgabe stellt sich dieses Kapitel.

4.1 Formale Definition

Um sprachliche Missverständnisse zu vermeiden, ist es unverzichtbar eindeutig zu definieren, was in dieser Arbeit unter Besteuerungsasymmetrien verstanden wird. Diese Definition wird sich zudem bei der Klassifikation der Literatur und der Bestimmung des Einflusses von Besteuerungsasymmetrien als hilfreich erweisen.

Zunächst wird die Bedeutung des Begriffs Asymmetrie allgemein beleuchtet, bevor der Begriff auf die steuerliche Asymmetrie beschränkt wird.

Allgemein wird unter Asymmetrie das Gegenteil von Symmetrie verstanden. Symmetrie hat seine Wurzeln im Griechischen συμμετρία (symmetría), das von syn (zusammen) und metron (das Maß) abstammt.[18] Es wurde schon von Platon als zentraler technischer Begriff verwendet und deckt sich mit dem Begriff der Kommensurabilität.[19] Die Symmetrie wird mit Begriffen wie Ebenen-maß,[20] ganzheitlich, Gleichheit, Regelmäßigkeit, Spiegelung oder Übereinstimmung in Verbindung gebracht[21]oder aber auch Schönheit.[22] Eine exakte Definition über alle Wissenschaftsbereiche ist nicht möglich.[23] Einen möglichst umfassenden Definitionsansatz hat Wille (1986) unternommen, der Symmetrie als "Gleichheit von Teilen als Ausdruck eines Ganzen"[24] formuliert.

---

[18] Vgl. Böhme (1986), S. 10.
[19] Vgl. Böhme (1986), S. 9 f.
[20] Vgl. Weyl (1952), S. 3.
[21] Vgl. Wille (1986), S. 442.
[22] Vgl. Schummer (2006), S. 59 f. oder Weyl (1952), S. 3.
[23] Vgl. Wille (1986), S. 442.
[24] Wille (1986), S. 444.

Definition (a)symmetrischer Besteuerung In dieser Arbeit ist eine Besteuerung asymmetrisch, wenn sie:

bezüglich einer Achse $a \in \mathbb{R}$ über den gesamten Definitionsbereich der Ableitung von $T^{(+)}$ weder global noch lokal symmetrisch ist. Dies impliziert zweierlei:

(D1) Die Besteuerung ist global symmetrisch, wenn $T^{(+)'}(x + a)$ für ein a eine gerade Funktion ist.

Bei geraden Funktionen handelt es sich um eine Klasse von Funktionen[25] in der Mathematik mit bestimmten Symmetrie-Eigenschaften, und zwar um diejenigen, die der Bedingung $f(x) = f(-x)$ über ihren gesamten Definitionsbereich genügen.[26]

(D2) Die Besteuerung ist für mindestens eine Achse in keinem Bereich lokal symmetrisch, wenn gilt:

$$T^{(+)'}(a - x) \neq T^{(+)'}(a + x) \forall (x + a \wedge x - a) \in D : T^{(+)'}$$

Lokal symmetrisch ist die Besteuerung, wenn für einen begrenzten Bereich des Definitionsbereichs die Symmetriebedingung erfüllt ist.

Die konkrete Teilsteuerfunktion ist durch den Untersuchungsgegenstand vorgegeben. Definitionsvarianten in dieser Arbeit sind die gewöhnliche und die erweiterte $(+)$ Teilsteuerfunktion, die auf einen bestimmten Untersuchungsgegenstand abgestimmt sind.

Bestandteil der Definition ist die mathematische Ableitung der Teilsteuerfunktion in ihren Varianten, was nicht unproblematisch ist, denn die klassische Ableitung der Teilsteuerfunktion ist nur möglich, falls die Funktion differenzierbar ist. Bei der Gewinnung der Teilsteuerfunktion wird daher verschiedentlich auf andere Ableitungskonzepte zurückgegriffen (nämlich das der schwachen Ableitung und der Theorie der Distributionen). Der Definitionsbereich, für welchen die Symmetrie-Bedingungen gelten müssen, ist durch den Wertebereich der klassischen Ableitung vorgegeben.

Obige Bedingungen können für mehrere Achsen a erfüllt sein. Im Falle der Symmetrie gilt:

1. $a = 0$: Die Besteuerung ist null-symmetrisch.

[25] Diese Form der Klassifizierung ist seit langem bekannt, vgl. Euler und Michelsen (1788), S. 14 ff.
[26] Vgl. Ghosh und Haque (2004), S. 69.

2. $a \in \mathbb{R}$: Die Besteuerung ist total-symmetrisch.

Im Fall der Asymmetrie gilt:

1. $a = 0$: Die Besteuerung ist null-asymmetrisch.

2. $a \in \mathbb{R}$: Die Besteuerung ist total-asymmetrisch.

3. Das Supremum dieser Achsen wird als Asymmetrieachse (a) bezeichnet.

Zudem lassen sich aus Besteuerungspostulaten weitere wünschenswerte Eigenschaften der Teilsteuerfunktionen für die symmetrische und asymmetrische Besteuerung ableiten.

(W1a) Die Teilsteuerfunktion verläuft durch den Ursprung.

$$T^{(+)}(0) = 0 \tag{4.1}$$

(W1b) Die Ableitung von $T^{(+)}$ nimmt über ihren Definitionsbereich ausschließlich nicht-negative Werte an.

$$T^{(+)'}(x) \geq 0 \forall D : x \epsilon T^{(+)'} \tag{4.2}$$

(W1c) Es wird maximal die wirtschaftliche Bezugsgröße $T^{(+)}(x)$ besteuert.

$$T^{(+)'}(x) \leq 1 \tag{4.3}$$

(W2) $T^{(+)}$ ist im positiven Bereich überall konvex.

$$T^{(+)}(\lambda \cdot x_1 + (1-\lambda) \cdot x_2) \leq \lambda \cdot T^{(+)}(x_1) + (1-\lambda) \cdot T^{(+)}(x_2) \forall \lambda \epsilon [0,1] \tag{4.4}$$

Für die asymmetrische Besteuerung soll zudem gelten, dass sie im gesamten Bereich konvex ist.

Die Bestandteile der Definition werden im Folgenden detailliert erläutert.

4.2 Achsen der Asymmetriedefinition

Die Definition nutzt im Prinzip das Konzept der Achsenasymmetrie.[27]

In der ersten Stufe wird ausgeschlossen, dass die Besteuerung global symmetrisch ist. Die symmetrische Besteuerung wird dabei über gerade Funktionen der Teilsteuerfunktion beschrieben. Gerade Funktionen können grafisch als achsensymmetrische Abbildungsvorschriften über ihren gesamten Definitionsbereich interpretiert werden.[28] Im Falle der Null-Symmetrie stimmen die Symmetrie-Achse und y-Achse überein. Für andere Werte $a \neq 0$ wird auf andere Achsen als Bezugspunkt des Symmetrie-Konzepts referenziert.

Für abschnittsweise definierte Abbildungsvorschriften gilt dabei folgendes: eine abschnittsweise definierte Funktion kann insgesamt nur eine gerade Funktion sein, wenn wiederum alle ihre Bestandteile gerade Funktionen sind.[29] Eine Besteuerung kann nur global-symmetrisch sein, wenn alle ihre Abschnitte symmetrisch sind.

In der zweiten Stufe wird berücksichtigt, dass eine Besteuerung keineswegs immer durchgängig symmetrisch oder asymmetrisch sein muss. Daneben gibt es Besteuerungen, die sowohl lokal-symmetrisch als auch lokal-asymmetrisch sind. Eine Besteuerung ist nur global-asymmetrisch, wenn sie bezüglich mindestens einer Achse a keine Elemente einer symmetrischen Besteuerung hat.

Nachfolgend werden obige Definitionen veranschaulicht. Die beiden Abbildungen zeigen Beispiele *symmetrischer Besteuerungen.*

In Abb.4.1a gilt unabhängig von der Wahl für a (total) für den gesamten Bereich (global) die Symmetriedefinition. Anders ausgedrückt, ist die Besteuerung total- und global-symmetrisch und damit nach D1 nicht asymmetrisch. Die Besteuerung mit diesen Symmetrieeigenschaften wird auch proportionale Besteuerung genannt.

Differenzierter stellt sich der Zusammenhang in Abb. 4.1b dar. Bezüglich der Achse $a = 0$ ist die Funktion über den gesamten Bereich global-symmetrisch. Die Besteuerung kann nach D1 damit nicht mehr asymmetrisch sein.

[27] Wie Weyl (1952), S. 4-5 anmerkt, handelt es sich bei der "bilateral symmetry" um ein sehr präzises Symmetriekonzept.

[28] Vgl. Dinesh (2011), S. 1.11.

[29] Vgl. Ghosh und Haque (2004), S. 70.

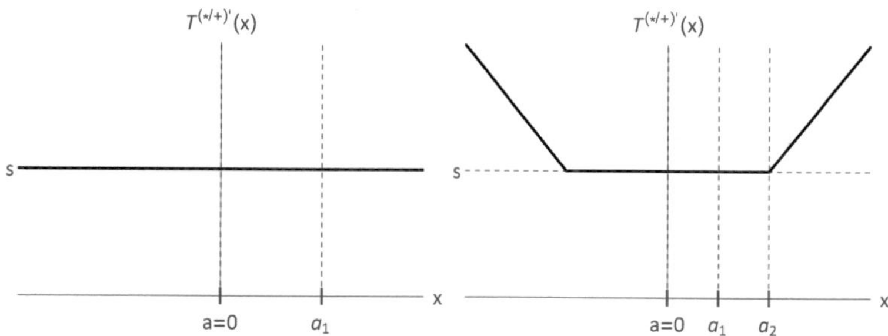

(a) global-symmetrisch und total-symmetrisch **(b)** global-symmetrisch und null-symmetrisch, aber nicht total-symmetrisch

Abbildung 4.1: Grafische Beispiele einer symmetrischen Besteuerung

Für die Achse a_1 ist die Funktion sowohl lokal-symmetrisch ($a_0 < x < a_2$) als auch lokal-asymmetrisch (restlicher Bereich). Sie wäre bezüglich dieser Achsen weder global symmetrisch noch global-asymmetrisch. Liegt die Achse bei a_2, ist die Symmetrie sogar global ausgeschlossen. Ohne die zweistufige Definition wäre die Besteuerung sowohl global-symmetrisch als auch global-asymmetrisch.

Die Entscheidung zugunsten der symmetrischen Besteuerung hat folgenden Hintergrund: Da es eine Achse gibt, für die die Besteuerung symmetrisch ist und die Ableitung der Teilsteuerfunktion damit eine gerade Funktion ist, ist die Teilsteuerfunktion eine ungerade Funktion, wenn zusätzlich W1a gilt. Ungerade Funktionen zeichnen sich dadurch aus, dass sie keine durchgängige Krümmungseigenschaft haben. Die wünschenswerte Eigenschaft einer konvexen Besteuerung W2 wäre für Funktionen, die bezüglich einer Achse symmetrisch sind, niemals erfüllt.

Nachstehende Beispiele widmen sich der *asymmetrischen Besteuerung*.

In Abb. 4.2a ist eine Besteuerung abgebildet, die für die Achse $a = 0$ im gesamten Bereich den symmetrischen funktionalen Zusammenhang ausschließt, also global-asymmetrisch ist (D2). Auch für jede andere Achse, z. B. a_1, ist die Besteuerung nicht global-symmetrisch (D1). Die Besteuerung ist daher total- und global-asymmetrisch und hat streng genommen keine Asymmetrieachse.

Das zweite Beispiel in Abb. 4.2b ist asymmetrisch. Für die Achse $a = 0$ ist die Besteuerung global asymmetrisch (D2), da kein a existiert, für das sie global-symmetrisch ist (D1). Diese globale Asymmetrie-Eigenschaft hat die Besteuerung für jede Achse im negativen

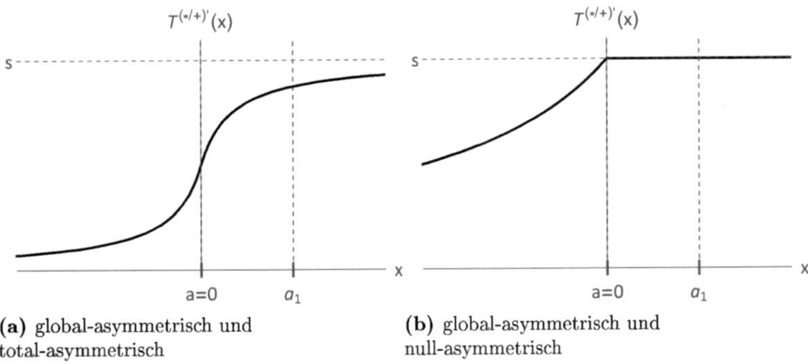

(a) global-asymmetrisch und total-asymmetrisch

(b) global-asymmetrisch und null-asymmetrisch

Abbildung 4.2: Beispiele einer asymmetrischen Besteuerung

Wertebereich, nicht aber für Achsen im positiven Wertebereich. Hier ist die Besteuerung sowohl lokal-asymmetrisch als auch lokal-symmetrisch. Da die Besteuerung für keine Achse global-symmetrisch ist und es mindestens eine Achse gibt, für die sie global-asymmetrisch ist, ist sie global-asymmetrisch. Das Supremum der Achsen, für welches die Besteuerung global-asymmetrisch ist, ist $a = 0$. Die Besteuerung ist daher null-asymmetrisch.

4.3 Wünschenswerte Eigenschaften der Teilsteuerfunktionen

Die wünschenswerten Eigenschaften der Teilsteuerfunktionen lassen sich aus Besteuerungspostulaten ableiten.

Die Aufstellung von allgemeinen Besteuerungspostulaten hat eine lange Tradition[30] und mündet vorläufig in den klassischen vier Besteuerungsprinzipien, die von Smith (1979) aufgestellt wurden. Diese beruhen auf Arbeiten von Ernst Ludwig Carl, der bereits den Grundsatz der Leistungsfähigkeit postulierte[31] und Lord Kames, der forderte, dass die Reichen mehr als die Armen zu besteuern sind (vertikale Gleichmäßigkeit).[32]

Die Besteuerungspostulate von Neumark stellen eine der wichtigsten Erweiterungen der Smith-Prinzipien in diesem Jahrhundert dar und haben sich etabliert. Sie können als

[30] Vgl. Mann (1937), S. V; Birk (2009), S. 4; Allgemeine Postulate, vgl. Neumark (1970), S. 34 und volkswirtschaftliche Anforderungen vgl. Andel (1998), S. 290.

[31] Vgl. Bonney (1995), S. 425 ff.

[32] Die Regeln finden sich in Lord Kames (1778) auf den S. 395 f., 397 und 402.

“moderne” Besteuerungsprinzipien bezeichnet werden, da sie die alten Postulate aktualisieren.[33] Aus den obersten Zielen der marktwirtschaftlichen Gesellschaftsordnung folgen wirtschaftspolitische Ziele, die als Vorabentscheidung in die Entwicklung der Besteuerungsgrundsätze von Neumark eingehen. Aus diesen wirtschaftspolitischen Axiomen leitet er deduktiv die wünschenswerten Eigenschaften von Besteuerungssystemen ab.[34]

Unter den verschiedenen Gruppen der Besteuerungspostulate finden sich die ethisch-sozialpolitischen Besteuerungsgrundsätze. Diese Gruppe vereint Postulate aus dem Blickwinkel des Schuldners.[35] Dadurch geraten sie auch in den Fokus der Betriebswirtschaftlichen Steuerlehre und der Finanzwissenschaften.[36] Den ethisch-sozialpolitischen Besteuerungsgrundsätzen wird eine besondere Vorrangstellung bezüglich anderer Gruppen von Besteuerungsgrundsätzen als Fundamentalprinzipien eingeräumt, weil sie fast ausschließlich ein Ausfluss von in Verfassungen verankerten Prinzipien moderner Staaten sind.[37] Den ethisch-sozialpolitischen Besteuerungsgrundsätzen sind Gerechtigkeitspostulate und Umverteilungsforderungen zugeordnet.[38]

Unter den Gerechtigkeitspostulaten findet sich die Forderung nach der Gleichmäßigkeit der Besteuerung als Vertreter der horizontalen Gerechtigkeit.[39] Dahinter verbirgt sich die Forderung, dass Steuerpflichtige mit gleicher Leistungsfähigkeit gleich zu besteuern sind. Über diese Forderung herrscht wenig Dissens.[40]

Aus der materiellen Gleichbehandlung folgt unmittelbar die formale Ungleichbehandlung, d. h. Steuerpflichtige mit unterschiedlicher Leistungsfähigkeit sind ungleich zu besteuern.[41] Die Besteuerung nach der Leistungsfähigkeit fordert, dass eine höhere Leistungsfähigkeit zu einer höheren Besteuerung führt. In anderen Worten: je höher die Leistungsfähigkeit, desto höher die Steuerbelastung. Wird angenommen, dass eine sinnvoll gewählte wirtschaftliche Bezugsgröße als Proxy für die Leistungsfähigkeit gesehen werden kann, und diese bildet auf die Zielfunktion des rationalen Entscheiders ab, so können die Folgen der horizontalen Gerechtigkeit als erste wünschenswerte Eigenschaft der Besteuerung formuliert werden.

---

[33] Vgl. Bohley (2003), S. 184.

[34] Da dieser Themenkomplex von Begriffsverwirrungen und Widersprüchen geprägt ist, halte ich mich im Folgenden an die Systematisierung von Neumark.

[35] Vgl. Neumark (1970), S. 44.

[36] Obwohl sie die institutionell orientierte Finanzwissenschaft für verfehlt hält, vgl. Blankart (2011), S. 183.

[37] Vgl. Haller (1964), S. 12 f. oder Bohley (2003), S. 185.

[38] Vgl. Neumark (1970), S. 45.

[39] Vgl. Neumark (1970), S. 45.

[40] Vgl. Blankart (2011), S. 185.

[41] Vgl. Neumark (1970), S. 91

Besteht keine Leistungsfähigkeit, wird nicht besteuert oder anders ausgedrückt, die Teilsteuerfunktion muss durch den Ursprung verlaufen (W1a). Steigt die Leistungsfähigkeit, muss auch die Steuerbelastung steigen, mit der Folge, dass die Grenzteilsteuerfunktion positiv sein muss (W1b). Eine Besteuerung nach der Leistungsfähigkeit impliziert aber auch, dass nicht über das Ziel hinaus geschossen werden darf und maximal der Anstieg der Leistungsfähigkeit der Besteuerung zur Verfügung steht (W1c), d.h. die Grenzteilsteuerfunktion ist kleiner gleich eins.

Daneben enthalten die ethisch-sozialpolitischen Postulate Forderungen, die sich ausschließlich mit der vertikalen Gerechtigkeit und der Leistungsfähigkeit beschäftigen.[42] Diese Prinzipien sind nicht so leicht zugänglich wie diejenigen der horizontalen Gerechtigkeit.[43]

Die Gerechtigkeitspostulate beinhalten den Verhältnismäßigkeitsgrundsatz nach der individuellen Leistungsfähigkeit.[44] Dieser fordert, dass die "durch die Besteuerung bewirkten Einbußen der einzelnen an ökonomisch-finanzieller Dispositionskraft als relativ gleich schwer anzusehen sind"[45]. Da dieses Postulat in Kumulation aller Steuerarten, von welchen ein Einzelner getroffen wird, erfüllt sein muss, und einige Steuerarten einen regressiven Charakter aufweisen, kann aus dieser Forderung ein progressiver Besteuerungsverlauf für die Ertragsbesteuerung abgeleitet werden. Diese Aussage ist nicht auf den Tarif beschränkt, sondern bezieht sich auf das Zusammenspiel von Bemessungsgrundlage und Tarif.

Die vergleichbare Forderung nach einem progressiven Steuertarif wird in der Literatur - nicht so bei Neumark - oftmals über die Opfertheorie abgeleitet.[46] Die Opfertheorie findet dieses Ergebnis, indem sie Nutzenfunktionen mit einem abnehmenden Grenznutzen unterstellt und dank Gerechtigkeitsüberlegungen verschiedene Bedingungen formuliert.[47] Die Ableitungen beruhen auf zahlreichen Prämissen, sodass die Theorie in der Vergangenheit immer wieder Gegenstand heftiger Kritik war.[48] So sind beispielsweise unter Annahme anderer Nutzenfunktionen beliebige Steuertarife begründbar.[49] Die Kritiker haben die Theorie bis zu ihrer Inhaltslosigkeit beschnitten.[50] Doch selbst, wenn diese Kritik ak-

---

42 Vgl. Blankart (2011), S. 185.
43 Vgl. Blankart (2011), S. 185.
44 Vgl. Neumark (1970), S. 45.
45 Neumark (1970), S. 45.
46 Diese Überlegungen werden meist Mill (1909), S. 804 zugeschrieben.
47 Vgl. Hinterberger, Müller und Petersen (1987), S. 48.
48 Vgl. Pohmer et al. (1984), S. 476 f.
49 Vgl. Hinterberger, Müller und Petersen (1987), S. 49; Littmann (1968), S. 178 und S. 180; Schmidt (1967), S. 396.
50 Vgl. Frey (1972), S. 7; Haller (1973), S. 478.

zeptiert wird, verbleibt der Konsens, dass ein regressiver Verlauf der Besteuerung nicht wünschenswert ist.[51]

Der Grundsatz der Umverteilung der Einkommen und Vermögen als letztes Mitglied der Gerechtigkeitspostulate schlägt in eine ähnliche Kerbe.[52] Danach ist aus Gerechtigkeitsüberlegungen eine mit der Marktwirtschaft noch vertretbare Redistribution der Einkommen zu fordern. Die aus den Marktmechanismen und der Marktmacht resultierenden Unterschiede in der Einkommensverteilung sind zu verringern; dies kann abermals durch eine progressive Besteuerung erreicht werden.[53] Der Umverteilungsgrundsatz unterscheidet sich von anderen Grundsätzen dahingehend, dass er eine Korrektur der Allokationseffizienz des Marktes fordert, während die anderen Postulate eine neutrale Besteuerung sicherstellen.[54]

Die Gerechtigkeitsüberlegungen werden beispielsweise durch den psychologischen Steuerdruck, den die Besteuerung auslöst, motiviert,[55] weil das Belastungsgefühl durch eine progressive Besteuerung nach wirtschaftlicher Leistungsfähigkeit geringer sei, da sie den Steuerpflichtigen als richtig erscheint.[56] Ein anderer Versuch, die Vermögensumverteilung zu motivieren, wurde mit religiösen Motiven unternommen.[57] Daneben sind viele weitere Gründe denkbar.[58]

Obige Überlegungen zur vertikalen Gerechtigkeit werden ausschließlich für positive wirtschaftliche Bezugsgrößen angestellt.[59] Die Besteuerung individueller Leistungsfähigkeit fordert eine progressive bzw. nicht regressive Besteuerung. Diese Folge hat Auswirkungen auf die wünschenswerten Eigenschaften der Teilsteuerfunktionen. Da die Teilsteuerfunktion sowohl die Transformationen der Bemessungsgrundlagen als auch Tarifvorschriften abbildet, kann für die Teilsteuerfunktion postuliert werden, dass es sich dabei um eine konvexe Teilsteuerfunktion handeln muss.[60] Da keine streng konvexe Teilsteuerfunktion verlangt wird, ist einzig die regressive Besteuerung durch diese Formulierung ausgeschlossen. Die dritte wünschenswerte Eigenschaft der Teilsteuerfunktion, dass die Teilsteuer-

---

[51] Vgl. Schmidt (1967), S. 403.
[52] Vgl. Neumark (1970), S. 92.
[53] Vgl. Buchholz, Richter und Schwaiger (1988), S. 225.
[54] Vgl. Bohley (2003), S. 186.
[55] Vgl. Neumark (1970), S. 68.
[56] Vgl. Oishi, Schimmack und Diener (2012), S. 6; Young (1990), S. 265.
[57] Vgl. Chodorow (2007), S. 96.
[58] Vgl. Frey (1972), S. 9.
[59] Dies wird beispielsweise deutlich, wenn Neumark sich bei der Herleitung ausschließlich auf die Besteuerung, die das Existenzminimum übersteigt, beschränkt, vgl. Neumark (1970), S. 91.
[60] Vgl. Merz und Wüthrich (2013), S. 334.

funktion konvex sein muss, materialisiert diesen Anspruch (W2). Grafisch bedeutet dies, dass die Kurve unterhalb der Verbindungsgeraden $[x_1, x_2]$ verläuft.[61]

Eine alternative Formulierung der Bedingung wäre:

$$T^{(+)''}(a-x)\geq 0 \tag{4.5}$$

Diese Darstellung setzt allerdings voraus, dass die Teilsteuerfunktionen zweimal differenzierbar sind. Es wird sich zeigen, dass diese Voraussetzung nicht immer erfüllt ist. Demnach ist die Teilsteuerfunktion konvex, sobald die Ableitung der Grenzteilsteuerfunktion positiv oder gleich null ist. Anders ausgedrückt nimmt die Grenzteilsteuerfunktion stets zu oder bleibt gleich.

An die asymmetrische Besteuerung wird die zweite wünschenswerte Eigenschaft anders als bei der symmetrischen Besteuerung auch für negative wirtschaftliche Bezugsgrößen gefordert. Der Hintergrund ist der: In der steuerwissenschaftlichen Literatur wird die asymmetrische Besteuerung sehr häufig mit der Konvexitätseigenschaft gleichgesetzt, daher wird die zweite wünschenswerte Eigenschaft auch für negative wirtschaftliche Bezugsgrößen gefordert.[62] Dies geht auch mit der Bestrebung des Steuergesetzgebers konform, durch Besteuerungsasymmetrien Verluste nicht zu subventionieren und aggressive Steuerplanung zu beschränken. Eine symmetrische Besteuerung kann die zweite wünschenswerte Eigenschaft im negativen Bereich durch ihre Definition nicht erfüllen; dies widerspricht auch den obigen Besteuerungspostulaten nicht.

4.4 Teilsteuerfunktion

Ziel der Teilsteuerfunktion ist es, die wirtschaftliche Bezugsgröße mit einer Besteuerungskonsequenz zu verknüpfen. Prinzipiell sind dabei unterschiedlichste Konsequenzen denkbar, die nachfolgend weiter konkretisiert werden. Da die Teilsteuerfunktionen eng verwandt mit den Teilsteuerfaktoren der Teilsteuerrechnung sind, werden zudem die Parallelen zu ihren Verwandten herausgearbeitet und die Unterschiede aufgezeigt.

Mithilfe von Teilsteuerfunktionen sollen Auswirkungen der Besteuerung auf einen rationalen Entscheider untersucht werden. Die Besteuerung legitimiert sich in heutigen Zeiten

[61] Vgl. Merz und Wüthrich (2013), S. 334 mit Beispielen auf der Folgeseite.
[62] Vgl. Sarkar (2008), S. 1312; Sarkar und Goukasian (2006), S. 296.

ausschließlich durch Gesetze. Es gilt der Grundsatz: "nullum tributum sine lege".[63] Die Gesetzmäßigkeit der Besteuerung fordert eine genaue Bestimmung der Tatbestände und der sich daraus ergebenden Rechtsfolgen.[64] Mindestanforderungen an ein Steuergesetz sind die Bestimmung des Steuersubjekts und Steuerobjekts sowie der Steuerbemessungsgrundlagen und Steuersätze.[65]

Die Funktionsweise eines Steuergesetzes kann wie folgt skizziert werden. Ein realer Sachverhalt (durch die wirtschaftliche Bezugsgröße repräsentiert) kann durch ein Tatbestandsmerkmal Anknüpfungspunkt eines Steuergesetzes sein. Das Gesetz bildet den Sachverhalt durch eine steuerliche Vorschrift in eine Teilbemessungsgrundlage ab. Die Teilbemessungsgrundlagen werden durch eine Vorschrift in eine Bemessungsgrundlage zusammengeführt. Die Ermittlung dieser aggregierten Größe kann zusätzlich von anderen Faktoren, wie anderen Steuerarten, Begünstigungen (Freibeträge, Freigrenzen, Pauschalen) und anderen Berechnungsvorschriften, beeinflusst werden. Der so gefundenen Bemessungsgrundlage wird als Rechtsfolge eine Steuerzahlung zugeordnet. Diese Steuerzahlung kann bei einem rationalen Entscheider verschiedene Konsequenzen auslösen.

Für diesen sind insbesondere folgende Gruppen von Entscheidungswirkungen denkbar:[66]

- auf den Finanzplan (Liquiditätswirkung)
- auf die Risikoeinschätzung
- auf die Rangfolge der Investitionsvorhaben

Eine eindeutige "quantitative Messung der Entscheidungswirkungen" ist ohne Zweifel objektiv untersuchbar, während die Untersuchung anderer Konsequenzen[67] problematisch erscheint.[68] In Kapitalmarktmodellen können mehrere Liquiditätswirkungen auf die Rentabilität übertragen werden. Eine Alternative dazu sind nutzentheoretische Funktionen.

---

[63] Vgl. Tipke und Lang (2010), S. 108, Rz 151.

[64] Vgl. Tipke und Lang (2010), S. 109, Rz. 158.

[65] Vgl. Tipke und Lang (2010), S. 109, Rz. 159.

[66] Vgl. Schneider (1992), S. 203. Hier findet sich der Vorschlag, die möglichen Konsequenzen der Steuerzahlung in dieser Art aufzuspalten. Im Prinzip handelt es sich dabei um die Höhen-, Sicherheits- und Zeitpräferenzen, die bei homogenen Ergebnisdefinitionen unterschieden werden, vgl. Matschke und Brösel (2013), S. 141. Im üblichen Präferenzsystem findet sich zudem das Merkmal Art, vgl. Ewert und Wagenhofer (2005), S. 34.

[67] Es ist gang und gäbe, dass nicht-finanzielle Ziele ausgeblendet werden, da sie schwer operationalisierbar sind, vgl. dazu in der Investitions- und Finanzierungstheorie Schmidt und Terberger (2006), S. 46. Die beiden Autoren konstatieren auf S. 47, dass sich hier aber ein Wandel abzeichnet, indem nichtfinanzielle Ziele in Geld gemessen werden und dadurch wichtige Einsichten möglich sind.

[68] Vgl. Schneider (2002), S. 25. Der Autor gesteht sogar explizit nur den Liquiditätswirkungen eine Eindeutigkeit in ihren Aussagen zu.

Die Konsequenz, die durch die Teilsteuerfunktion abgebildet wird, kann der unmittelbare Einfluss auf die Zielfunktion des rationalen Entscheiders sein. Es kann aber auch sinnvoll sein, diesen letzten Schritt explizit zu modellieren und nur den mittelbaren Einfluss, die Liquiditätswirkung auf die Entscheidungen, abzubilden. Diese letzte Variante ist der Verzicht auf Kapitalmarkt- oder nutzentheoretische Modelle.

Nachfolgende Skizze stellt die Abbildung einer steuerlichen Vorschrift in einem rein statischen Kontext dar, damit der Vergleich mit der Teilsteuerrechnung gelingt.

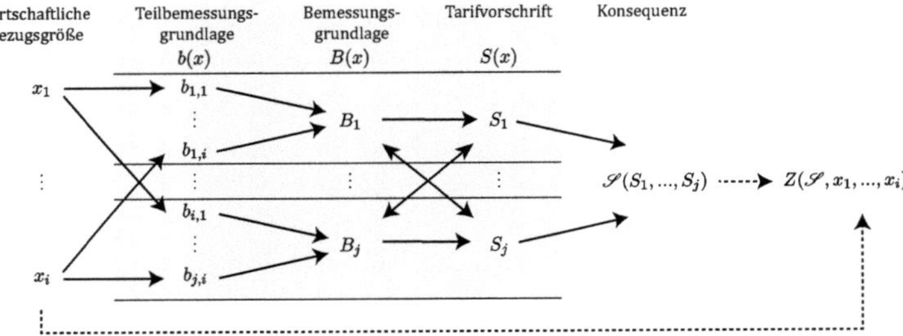

Abbildung 4.3: Abbildung der wirtschaftlichen Bezugsgröße auf die Zielfunktion

Das deckungsgleiche Vorgehen der Teilsteuerrechnung und die Ermittlung über Teilsteuerfunktionen zeigt sich in Abb. 4.3. Ein Sachverhalt wird durch die wirtschaftliche Bezugsgröße x_i ausgedrückt. Diese wird von den Steuerarten 1 bis j erfasst und in die Bemessungsgrundlagenteile $b_{1,i}$ bis $b_{j,i}$ transformiert. Diese Bemessungsgrundlagenteile sind Bestandteile der Bemessungsgrundlagen B_1 bis B_j, welche durch die Steuertarifvorschriften den Steuerzahlungen S_1 bis S_j zugeordnet werden. Diese Steuerzahlungen sind in der Gesamtsteuerzahlung $\mathscr{S}$ zusammengefasst und können die Zielfunktion des Untersuchungsgegenstandes beeinflussen. Existieren mehrere Steuerarten, können sich diese gegenseitig beeinflussen.[69]

In der Teilsteuerrechnung werden alle linearen Transformationen durch die Teilsteuerfaktoren zusammengefasst. Die Teilsteuerfunktionen dagegen kürzen diese Kette der Ab-

[69] Diese Zusammenhänge sind nicht immer intuitiv ersichtlich. Man denke z. B. an den kombinierten Teilsteuersatz, der die Einkommensteuer, Gewerbesteuer und den Solidaritätszuschlag bei Einzelunternehmen berücksichtigt. Hier beeinflussen sich die Steuerarten gegenseitig in der Form, dass bei Einkünften über dem gewerbesteuerlichen Freibetrag, die Steuerbelastung für bestimmte Hebesätze sogar entfällt, vgl. Aufl.Haase (2009), S. 118.

bildungen in einer Abbildungsvorschrift ab, sodass gilt $T : x_i \mapsto \mathscr{S}$. Der Name ist der Teilsteuerrechnung entlehnt und rührt aus dem Umstand, dass das Argument der Teilsteuerfunktion die wirtschaftliche Bezugsgröße und damit in der Regel nur ein Teil der rechtlichen Bemessungsgrundlage ist. Bei Untersuchungen stellen diese Funktionen wie in der Teilsteuerrechnung aus betriebswirtschaftlicher Sicht "keine Partikel, sondern abgeschlossene Einheiten dar"[70]. Die Teilsteuerfunktionen könnten auch den direkten Einfluss der Steuerzahlung auf die Zielfunktion abbilden, sodass dann gilt $T : x_i \mapsto Z$.

Die Teilsteuerfunktionen unterscheiden sich zudem in folgenden Punkten von der Teilsteuerrechnung:

1. Die Teilsteuerrechnung verfolgt eine rein statische Sichtweise.[71] Die beschränkte Sichtweise ist möglich, weil die meisten Besteuerungen dem Periodizitätsprinzip folgen. Die Sachverhalte einer Periode werden durch das Periodizitätsprinzip in einem Besteuerungszeitpunkt verdichtet. So ist beispielsweise die deutsche Einkommensteuer nach § 2 Abs. 7 Satz 1 EStG als Jahressteuer ausgestaltet, sodass die gesamte Besteuerungsperiode im Ende eines Veranlagungszeitraumes, welcher das Kalenderjahr nach § 25 Abs. 1 EStG ist, abgebildet wird. Es handelt sich beim Periodizitätsprinzip um ein technisches Prinzip, dass das Leistungsfähigkeitsprinzip einschränken kann.[72] Letzteres muss auch über die gesamte Lebenszeit bestehen.[73] Die Teilsteuerfunktionen nutzen zwar auch die Verdichtung der Perioden in Zeitpunkte, sind aber nicht auf einen einzigen Zeitpunkt beschränkt. Dadurch sind sie nicht im gleichen Maß wie die Teilsteuerrechnung auf das Periodizitätsprinzip angewiesen.

2. Dadurch, dass die Teilsteuerrechnung die wirtschaftliche Bezugsgröße als Ausgangspunkt ihrer Betrachtungen wählt und letztendlich die einperiodige Liquiditätswirkung abbildet, können die steuerlichen Wirkungen eine wirtschaftliche Bezugsgröße betreffend in einem Teilsteuerfaktor zusammengefasst werden. Die Teilsteuerfunktionen sind in dieser Art konstruiert, sodass sie die Gesamtkonsequenz wirtschaftlicher Bezugsgrößen in einer Teilsteuerfunktion konsolidieren. Durch ihre Definition können sie in eine Darstellungsweise ähnlich der Teilsteuerfaktoren überführt werden.

3. In der Teilsteuerlehre können die Teilsteuerfaktoren sämtliche Transformationen der steuerlichen Vorschrift aufnehmen, weil alle Abbildungen auf lineare Transformationen beschränkt sind. Namentlich handelt es sich in der Teilsteuerrechnung um

[70] Rose (1973), S. 61.
[71] Vorüberlegungen zur Dynamisierung der Teilsteuerrechnung finden sich schon in Rose (1990), S. 63 f.
[72] Vgl. Tipke und Lang (2010), S. 243, Rz. 44.
[73] Vgl. Fullerton und Rogers (1991), S. 278.

Modifikationen, die den Unterschied zwischen wirtschaftlicher Bezugsgröße und juristischer Bemessungsgrundlage ausdrücken. Daneben sind die anderen Transformationen B_j und S_j ebenfalls auf lineare Abbildungen beschränkt.[74] Hier besteht der große Unterschied zwischen dem in dieser Arbeit verfolgten Ansatz über Teilsteuerfunktionen und der Teilsteuerrechnung.[75] Es wird eine der linearen Transformationen um eine nichtlineare Abbildung ergänzt und durch einen hochgestellten Stern kenntlich gemacht, also z.B. $B^*(x)$. Die Einschränkung der anderen Transformationen auf lineare Abbildungen wird beibehalten. Dadurch können Teilsteuerfunktionale ($T(.)$) auch nichtlinear sein. Die nichtlinearen Transformationsvorschriften, die in der Teilsteuerrechnung genau vermieden sind, werden zur Achillesferse, wenn es in dieser Arbeit um Besteuerungsasymmetrien geht.[76] Denn sie haben per Definition genau diejenigen Eigenschaften, die Besteuerungsasymmetrien zu solchen machen und sind damit ihr Identifikationsmerkmal. Die Nichtlinearitätseigenschaft der Teilsteuerfunktionale ist eine notwendige Bedingung, damit es zu einer asymmetrischen Besteuerung kommt.

Die Arbeit mit Teilsteuerfunktionen bei der (A)Symmetriedefinition ist möglich, da diese unempfindlich gegenüber linearen Transformationen ist, denn eine Verknüpfung zweier gerader Funktionen oder Addition solcher, ergibt stets eine gerade Funktion.[77]

Die Asymmetriedefinition ist insgesamt unempfindlich gegenüber linearen Transformationen, da:

1. die Bedingung $T^{(+)'}(a - x) \neq T^{(+)'}(a + x)$ skaleninvariant ist, wie unmittelbar aus $c \cdot f(x) = c \cdot f(-x) \Rightarrow f(x) = f(-x)$ klar wird.

2. die Definition die Ableitung der Teilsteuerfunktion bemüht, sodass Konstanten der Teilsteuerfunktion durch das Ableiten keinen Einfluss mehr ausüben.

Ein Argument für das Zulassen nur einer nichtlinearen Abbildung stellt die notwendige Problemreduktion dar. Die Teilsteuerfunktionen verknüpfen zwei Fixpunkte, da sowohl die wirtschaftliche Bezugsgröße als auch die Konsequenzen durch den Untersuchungsgegenstand fest vorgegeben sind. Alle Aspekte auf diesem Weg, die vom Ausgangspunkt zum Endpunkt führen, werden von der Teilsteuerfunktion aufgenommen. Das Einfluss-

[74] Anders bereits Haase (2008), S. 109.

[75] Vgl. hierzu die formale Definition von Rose (1973), S. 80 oder ebenda auf S. 56, wenn es heißt, dass der Unterschied "regelmäßig das Resultat additiver und subtraktiver Kombinationen verschiedener Elemente" sei.

[76] Vgl. auch schon Scheffler (2010), S. 13. Interessanterweise führt der Autor genau die Beispiele als Beleg für die Schwäche der Teilsteuerlehre an, welche später allesamt als Asymmetrien identifiziert werden.

[77] Vgl. Ghosh und Haque (2004), S. 70 Eigenschaft 3.

geflecht wird sehr schnell unübersichtlich und kann regelmäßig nur durch Schätzung und Konzentration auf die Hauptproblematik in den Griff bekommen werden.

Genau eine Vorschrift soll die Asymmetrie auslösen, die eine nichtlineare Abbildung notwendig macht. Würden mehrere lineare Abbildungen zugelassen, würden verschiedene asymmetrische Vorschriften vermischt. Ziel der Arbeit ist die Isolierung und Untersuchung bestimmter Asymmetrien, das Zusammenwirken mehrerer Asymmetrien ist nur ein Subziel.

Die partielle Betrachtungsweise ist ein gängiges Vorgehen in der Betriebswirtschaftlichen Steuerlehre. Würden nun beispielsweise im Zuge der Ermittlung der steuerlichen Bemessungsgrundlage die Abschreibungen durch eine lineare Abschreibung geschätzt und nicht durch die Ertragswertabschreibung (also der ökonomischen) bestimmt, müsste der Einfluss durch diese Verzerrung in der Teilsteuerfunktion abgebildet werden. Im Falle einer proportionalen Besteuerung wäre die alleinige Berücksichtigung des Steuersatzes nicht ausreichend. Explizit berücksichtigt z. B. Schneider (1980) diese systematischen Abweichungen bei der Untersuchung des Einflusses der proportionalen Besteuerung auf die Risikoübernahme.[78]

Die Darstellungsweise der Teilsteuerfunktionen in dieser Arbeit zeichnet sich durch ihre Nähe zur Teilsteuerrechnung aus. Die Teilsteuerrechnung beschreibt die linearen Transformationen um die Teilbemessungsgrundlagen als Modifikationen, deren Benennung an den Steuerarten ausgerichtet ist. So werden regelmäßig einkommensteuerliche (M_e), körperschaftsteuerliche (M_k) und gewerbesteuerliche Modifikationen (M_{ge}) in der Teilsteuerrechnung beschrieben.[79] Diese Modifikationen sind in ihrer ursprünglichen Ausprägung durch absolute Werte vorgegeben, in dieser Arbeit werden auch ihre relativen Pendants verwendet, die bereits an anderer Stelle entwickelt wurden[80] und durch einen Kleinbuchstaben als Symbol kenntlich gemacht werden (m_e, m_k, m_{ge}). Der tiefgestellte Index wird ebenfalls klein geschrieben und benennt die Steuerart. Ohne tiefgestellten Index werden die Modifikationen allgemein beschrieben und keiner bestimmten Steuerart zugeordnet.

Die Teilsteuerrechnung implementiert daneben Freibeträge. In dieser Arbeit kann auf eine gesonderte Berücksichtigung verzichtet werden, da, sobald nichtlineare Abbildungen zugelassen sind, die Freibeträge ihren nichtlinearen Charakter offenbaren. Anzumerken ist, dass die Konstanten wegen oben gefundener Invarianzen der (A)Symmetriedefinition ohnedies keinen Einfluss entfalten könnten.

[78] Vgl. Schneider (1980), S. 69.
[79] Vgl. Rose (1973), S. 90-96.
[80] Vgl. Haase (2010), S. 145.

Aus den Eigenschaften der Teilsteuerfunktionen können folgende Rechenregeln für Teilsteuerfunktionen formuliert werden:

1. Haben die Asymmetrien identische Anknüpfungspunkte über mehrere Steuerarten und setzt die nichtlineare Abbildung nicht an $\mathscr{S}(x)$ an, kann der kombinierte Steuersatz s verwendet werden, um die anderen skalaren Abbildungen zu repräsentieren.

2. Eine Addition von Teilsteuerfunktionen, deren wirtschaftliche Bezugsgrößen sich nicht überschneiden, ergibt eine Teilsteuerfunktion.

3. Eine vertikale Zusammenfassung von Teilsteuerfunktionen mehrerer Steuerarten ergibt wiederum eine Teilsteuerfunktion.

4. Die Teilsteuerfunktion kann in einen linearen und mehrere nichtlineare Terme zerlegt werden. Die nichtlinearen Terme sind dann in der Form $s \cdot A(x)$ aufgebaut. Diese Darstellungsweise entspricht der der Gesamtbelastungsgleichung der Teilsteuerrechnung erweitert um die Asymmetrien.

5. Die Ableitung der Teilsteuerfunktion ist ein Produkt aus dem kombinierten Steuersatz der Steuerarten, die von der Asymmetrie betroffen sind, und der nichtlinearen Abbildungsvorschrift, denn es gilt $g(F^*(f(x))) = F^*(f(x)) \cdot f' \cdot g'$. Da f und g lineare Abbildungen sind, entspricht $f' \cdot g'$ genau dem kombinierten Steuersatz.

6. Die horizontale Zusammenfassung mehrerer Asymmetrien ist nicht möglich, da sie eine Verkettung mehrerer Teilsteuerfunktionen wäre. Ein Vergleich dieser bleibt aber möglich, wenn sich wirtschaftliche Bezugsgröße und Zielfunktion der Teilsteuerfunktion entsprechen.

Die Darstellungsweise der Teilsteuerrechnung (vgl. oben Nr. 4) kann wie folgt gewonnen werden:

1. Von der rohen nichtlinearen Teilsteuerfunktion wird die dazugehörige lineare Teilsteuerfunktion subtrahiert.

2. Das Ergebnis kann bezüglich der nichtlinearen steuerartenbezogenen Terme sortiert werden.

3. Diese bestehen dann aus einem Faktor und einer Funktion.

4. Die so formulierten nichtlinearen Terme werden abschließend mit der linearen Teilsteuerfunktion addiert.

Nachfolgend wird die wirtschaftliche Bezugsgröße der Teilsteuerfunktionen definiert.

4.5 Wirtschaftliche Bezugsgröße

Bei der Arbeit mit Besteuerungsasymmetrien sind verschiedene wirtschaftliche Bezugsgrößen zu unterschiedlichen Zeitpunkten ($\mathscr{T}$) relevant. Dabei werden Besteuerungsobjekte/-subjekte aus der Perspektive eines Entscheidungszeitpunkts (0) untersucht, deren Steuerpflicht zu einem bestimmten Zeitpunkt beginnt (o) und endet (T).

$$\mathscr{T} = \{o, ..., 0, ...T\}$$

Jedem Zeitpunkt werden konsolidierte wirtschaftliche Bezugsgrößen $x_j, j \forall \mathscr{T}$ zugeordnet:

$$x_{\mathscr{T}} = \{x_o, ..., x_0, ..., x_T\}$$

Bei den Untersuchungen sind insbesondere folgende Zeitpunkte von zentralem Interesse. Zum einen der Zeitpunkt, in welchem eine wirtschaftliche Bezugsgröße Wirkungen verursacht. Dieser Zeitpunkt wird als Betrachtungszeitpunkt $t \in \mathscr{T}$ bezeichnet. Derjenige Zeitpunkt, der als Referenzzeitpunkt dient, wird mit $r \in \mathscr{T}$ notiert. Die Zeitpunkte, in welchen von der wirtschaftlichen Bezugsgröße des Betrachtungszeitpunkts Wirkungen verursacht werden, werden mit $\tau \in \mathscr{P}(\mathscr{T})$ gekennzeichnet. Da eine Besteuerung mehrere Wirkungen oder auch keine auslösen kann, handelt es sich um die Potenzmenge der ursprünglichen Zeitpunktmenge.

Die um diese besonderen Zeitpunkte korrigierte Menge der wirtschaftlichen Bezugsgrößen ($\underline{x}'$) ergibt $x' = x_{\mathscr{T}} \backslash \{x_t, x_\tau\}$. Wenn nur zukünftige wirtschaftliche Bezugsgrößen aus der Perspektive des Betrachtungszeitpunkts angesprochen werden, wird $\underrightarrow{x_t} = \{x_t, ..., x_T\}$, beziehungsweise aus der Perspektive des Entscheidungszeitpunkts $\underrightarrow{x} = x_0, ..., x_T$ geschrieben.

Bei der Festlegung der wirtschaftlichen Bezugsgrößen einer Teilsteuerfunktion bestehen prinzipiell große Freiheiten. Sie sind weder zwingend die steuerrechtliche Bemessungsgrundlage noch eine Ertragsgröße, auch wenn Ertragsteuern thematisiert werden. Die wirtschaftliche Bezugsgröße muss in Hinblick auf die Fragestellung entworfen werden.

Die Bestimmung der wirtschaftlichen Bezugsgröße erfährt durch den Untersuchungsgegenstand eine Konkretisierung.

In der Teilsteuerrechnung ist die wirtschaftliche Bezugsgröße[81] ebenfalls nicht zwingend eine steuerrechtliche Bemessungsgrundlage und es ist darauf zu achten, dass die Zielgröße betriebswirtschaftlich sinnvoll gewählt wird.[82] Meist ist sie nur ein Teil der rechtlichen Bemessungsgrundlage, daher im Übrigen auch der Name Teilsteuerrechnung.[83] Auch in der Teilsteuerrechnung besteht der hohe Freiheitsgrad bezüglich der Wahl der wirtschaftlichen Bezugsgröße, ohne dass dabei Willkür herrscht.[84]

Nachfolgend werden die wirtschaftlichen Bezugsgrößen für diese Arbeit festgelegt. Da die (A)Symmetriedefinition mit wünschenswerten Eigenschaften angereichert ist, die allesamt aus der Leistungsfähigkeit folgen, muss die wirtschaftliche Bezugsgröße in der Lage sein die Leistungsfähigkeit widerzuspiegeln. Wäre dem nicht so, wären die Bedingungen, die die wünschenswerten Eigenschaften formulieren, willkürlich.

Weil der Einfluss von Besteuerungsasymmetrien auf Investitionsentscheidungen untersucht wird, handelt es sich um ein finanzielles Ziel. Finanzielle Ziele lassen sich unter der Annahme eines rationalen Entscheiders auf das Ziel der Konsumnutzenmaximierung reduzieren.[85] Ein bequemes Mittel Konsummöglichkeiten zu messen stellen Geldeinheiten als Recheneinheit dar.[86] Auch bei den meisten Leistungsfähigkeitsüberlegungen in der Literatur spielen primär Überlegungen in Geld eine Rolle, sodass es sich an dieser Stelle anbietet, die Bestandteile der Leistungsfähigkeit in Geld zu messen.

Die Geldskala führt dazu, dass verschiedene Bestandteile der Leistungsfähigkeit ohne Weiteres zu einer Gesamtleistungsfähigkeit, an der die Asymmetriedefinition ansetzt, addiert werden können. Durch die ungewichtete Vereinigung zur Gesamtleistungsfähigkeit, wird

---

[81] So benannt z. B. von Bea, Friedl und Schweitzer (2000), S. 216. Ursprünglich hat Rose diese Größe Basisgröße genannt, vgl. Rose (1973), S. 79. Andere Vorschläge: "betriebswirtschaftliche identifizierbare Größe" bzw. "natürliche Bemessungsgrundlage" hat Rose wegen "mangelnder Prägnanz" verworfen.

[82] Vgl. z. B. Scheffler (2010), S. 12.

[83] Vgl. Rose (1973), S. 61. Auch in dieser Arbeit soll die begriffliche Ergänzung "Teil" unterstreichen, dass es sich bei der unabhängigen Variablen nicht um die rechtliche Bemessungsgrundlage handelt, sondern eben nur um einen Teil dieser. Auf andere Erkenntnisse der Teilsteuerrechnung wird dennoch explizit verzichtet, s. u.

[84] Diese Annahme ist nicht zwingend, wie Rose, welcher zusätzlich für Vermögensteuern seine Teilsteuerrechnung entwickelt hat, vgl. Rose (1973), S. 80 oder Esser und Sturm (1962), S. 12, die neben dem Ertrag (wirtschaftliches Vermögen) und den Vermögensteuern die Umsatzsteuer berücksichtigen, zeigen.

[85] Vgl. Schmidt und Terberger (2006), S. 46 f.

[86] Vgl. Schmidt und Terberger (2006), S. 47.

die Artenpräferenz als eine entscheidungsrelevante Dimension[87] eines rationalen Entscheiders ausgeschlossen. Diese Annahme gilt für alle fortfolgenden Betrachtungen. Der rationale Entscheider kann seine Gesamtleistungsfähigkeit unterschiedlich wertschätzen; diese Wertung ist in der so gefundenen Größe noch nicht enthalten.

Die konsolidierte Leistungsfähigkeit in Geld stellt die wirtschaftliche Bezugsgröße der Teilsteuerfunktion im Rahmen dieser Arbeit dar. Sie ergibt sich als Summe einzelner wirtschaftlicher Bezugsgrößen. Formal kann die Leistungsfähigkeit wie folgt dargestellt werden:

$$LF = \sum_{i \in \Omega \setminus X} x_i + \sum_{j \in H \setminus X} h_i + X \tag{4.6}$$

Die einzelnen Komponenten der Leistungsfähigkeit werden nachfolgend beschrieben und deren Ermittlung ist Thema der Abb. 4.4.

Bevor die wirtschaftlichen Bezugsgrößen konkretisiert werden können, sind zwei Probleme zu lösen. Es sind prinzipiell unendlich viele die Leistungsfähigkeit beeinflussende Sachverhalte denkbar; damit ist es unmöglich, alle Bestandteile der Leistungsfähigkeit zu erfassen, und es ist wenig sinnvoll, alle Sachverhalte explizit zu formulieren.

Alle die Leistungsfähigkeit beeinflussenden Sachverhalte, die von der Besteuerung nicht erfasst werden, können die Besteuerung nicht beeinflussen und nicht Gegenstand des asymmetrischen Besteuerungseinflusses auf rationale Entscheider sein. Zwar können sie auf die Leistungsfähigkeit wirken, aber die damit verbundenen Fragestellungen bleiben anderen Untersuchungen vorbehalten. In der Abb. 4.4 sind diese die Sachverhalte, die durch den dunkelgrauen Bereich dargestellt werden. Durch Steuergesetze geregelte Sachverhalte, die die Leistungsfähigkeit nicht beeinflussen, werden durch die weiße Teilfläche repräsentiert und von den Untersuchungen ausgeschlossen.

Die Anknüpfungspunkte der untersuchungsrelevanten Steuergesetze geben die Granulierung der übrigen Bestandteile der Leistungsfähigkeit vor. In der Abb. 4.4 symbolisiert der gestrichelte Kreis die Menge der in den Steuergesetzen geregelten Sachverhalte. Auch wenn die Steuergesetze die Menge der zu berücksichtigenden wirtschaftlichen Bemessungsgrundlagen vorgeben, so entsprechen sie in ihrer Höhe nicht unbedingt den rechtlichen Bemessungsgrundlagen. Die Sachverhalte, die gleichzeitig die Leistungsfähigkeit beeinflussen, geraten in den Fokus dieser Arbeit (die Schnittfläche der Kreise).

[87] Es handelt sich dadurch um eine homogene Ergebnisdefinition, vgl. Matschke und Brösel (2013), S. 141.

Wirtschaftliche Bezugsgrößen repräsentieren in dieser Arbeit einen Sachverhalt, der sowohl von der Leistungsfähigkeit als auch von Steuergesetzen erfasst wird.

Die Granulierung der wirtschaftlichen Bezugsgröße ergibt sich aus den zu berücksichtigenden Steuerarten der Untersuchungen und damit verbundenen Steuergesetzen. So kann es vorkommen, dass ein bestimmter Sachverhalt nicht von allen Steuerarten erfasst wird (x_1), alle Steuergesetze den Sachverhalt erfassen (x_2) oder Steuergesetze Sachverhalte unterschiedlich differenziert erfassen (x_3 und x_4). Die Menge aller dieser wirtschaftlichen Bezugsgrößen wird mit Ω beschrieben.

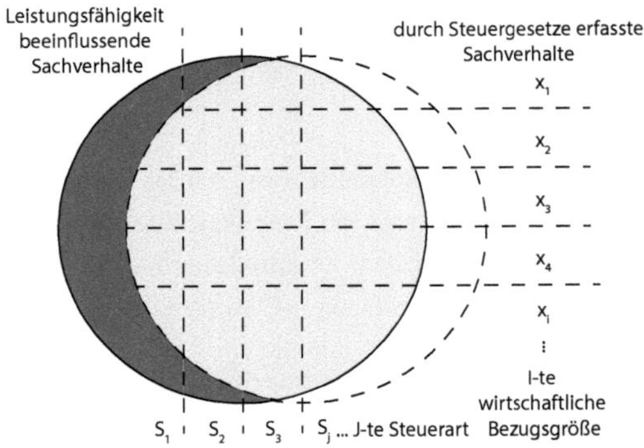

Abbildung 4.4: Wirtschaftliche Bezugsgrößen

Eine weitere Zusammenfassung oder gar die ausschließliche Untersuchung der konsolidierten Größe kann durch die Untersuchung, also hier den Anknüpfungspunkt der nichtlinearen Abbildungsvorschrift in der Teilsteuerfunktion, induziert sein. Wenn beispielsweise die nichtlineare Abbildungsvorschrift auf einer Stufe anknüpft, in welche alle wirtschaftlichen Bezugsgrößen gleichermaßen eingehen, kann auf die konsolidierte Größe zurückgegriffen werden, wobei dann $X = \emptyset$ gilt.

Knüpft eine zu untersuchende Vorschrift an der Abbildung der Teilbemessungsgrundlage an, so wird x mindestens diese explizit enthalten. Die restlichen wirtschaftlichen Bezugsgrößen werden von der Restgröße X zusammengefasst, da sie nicht von unmittelbarem Interesse, aber dennoch wichtig sind, um konsistente Aussagen zu gewähren. Daneben können Nebenzwecke der Untersuchung für eine weitere Aufspaltung der zusammengefassten Größe sprechen, weil beispielsweise zwei unterschiedliche Asymmetrien untersucht werden und die Vergleichbarkeit sichergestellt werden muss.

Im unternehmerischen Kontext wird auf eine Gliederung konsolidierter wirtschaftlicher Bezugsgrößen zurückgegriffen, die ähnlich derjenigen in der Teilsteuerrechnung ist.

Werden *bilanzierende Unternehmen* untersucht, so bietet sich der Reinertrag[88] als konsolidierte wirtschaftliche Bezugsgröße an.[89] Inhaltlich kann der Reinertrag beispielsweise auch mit dem handelsbilanziellen Ergebnis belegt werden, das sehr gut operationalisierbar ist.[90] Wird das handelsbilanzielle Ergebnis als expliziter Anknüpfungspunkt der Leistungsfähigkeit gewählt, so impliziert eine vollständige Erfassung der Leistungsfähigkeit daneben eine Restgröße und zwar alle wirtschaftlichen Bezugsgrößen, die durch die Regeln der Handelsbilanz nicht oder abweichend abgebildet werden.

Eine weitere Untergliederung kann durch den Untersuchungsgegenstand geboten sein.[91] Ursprünglich werden in der Teilsteuerrechnung explizit die Leistungsvergütungen und Ausschüttungen modelliert.[92] In dieser Arbeit wird eine leicht andere Gliederung gewählt, was dem Untersuchungsgegenstand geschuldet ist. Von besonderem Interesse werden im Verlauf der Arbeit die Komponenten des handelsrechtlichen Jahreserfolgs "earnings before taxes" (EBT), "earnings before interest and taxes" (EBIT) und "earnings before interest, taxes, depreciation and amortization" (EBITDA) sein.

Daher wird Anknüpfungspunkt der Leistungsfähigkeit das handelsrechtliche Ergebnis (E) sein, wenn nur der Anteilseigner als Teilhaber betrachtet wird und seine Bestandteile E=EBITDA-I-T-D, E=EBIT-I-T oder EBT-T=E expliziert.

Werden dagegen alle Teilhaber betrachtet, so kann Anknüpfungspunkt der Leistungsfähigkeit nicht mehr das handelsrechtliche Ergebnis sein, sondern vielmehr die Komponenten EBT=E+T und EBIT=E+I+T.

Wenn die Leistungsfähigkeit durch den handelsrechtlichen Jahreserfolg dargestellt wird, ist die Abbildung teilweise von rechtlichen Handlungsparametern (H ist die Menge aller Handlungsparameter) abhängig und damit kann eine Explizierung der Handlungsparameter notwendig sein. Geläufig sind beispielsweise die folgenden zwei Handlungsparameter.

---

88 Vgl. Rose (1973), S. 85.
89 Vgl. Rose (1973), S. 82.
90 Vgl. Rose (1973), S. 82 f.
91 Vgl. Rose (1973), S. 83.
92 Vgl. Rose (1973), S. 86 und 88.

- Zum einen die Rücklagendotierung (RL): Werden die Anteilseigner einer Kapitalgesellschaft untersucht, so ist ihre Gesamtsteuerbelastung von der Höhe der Rücklagendotierung abhängig, weil eine Steuerbelastung beim Anteilseigner erst bei der Ausschüttung - der Rücklagenauflösung - ausgelöst wird.[93] In solch einer Betrachtung spielen zwei unterschiedliche Steuersubjekte eine Rolle, die durch das Trennungsprinzip voneinander abgeschirmt sind. Die Leistungsfähigkeit des zweiten Effekts ist dabei vom Handlungsparameter abhängig.
  Bei der Personengesellschaft bildet das steuerliche Wahlrecht in § 34a EStG diese Einflussnahme auf die Leistungsfähigkeit ab. Auch hier ist es möglich, einen Teil der Gewinne in eine Rücklage zu dotieren,[94] die eine teilweise Besteuerung verhindert und damit die Leistungsfähigkeit des Mitunternehmers beeinträchtigt, weil die Gewinne auf betrieblicher Ebene eingesperrt sind und nicht zur Leistungsfähigkeitssteigerung des Entscheiders zur Verfügung stehen.

- Zum anderen die planmäßigen Abschreibungen (D): Die planmäßige Abschreibung hat den Sinn die Anschaffungskosten in periodengerechte Aufwendungen zu verteilen.[95] Da die genaue Abnutzung und das Potenzial einer Anschaffung nicht exakt ermittelt werden können, übernehmen die planmäßigen Abschreibungen die Aufgabe einer geschätzten periodengerechten Zuordnung.[96] Weicht die planmäßige Abschreibung vom tatsächlichen Verschleiß ab, so beeinflusst dies wiederum die Leistungsfähigkeit, man denke an den Ruchti-Effekt (Marx-Engels-Effekt[97]).[98]

Beide Handlungsparameter gehorchen übrigens oft der Nebenbedingung, dass sie sich jeweils im Zeitablauf zu Null addieren. Eine Rücklage kann maximal in der Höhe des handelsrechtlichen Ergebnisses des Betrachtungszeitpunkts gebildet werden, es gilt $rl_t(E_t) = max\{rl_t, E_t\}$. Ihre Auflösung erfolgt unter der Bedingung, dass Rücklagen zur Auflösung vorhanden sind. Eine gebildete Rücklage wird irgendwann aufgelöst und das spätestens, wenn das Unternehmen eingestellt wird, so dass am Lebenshorizont der Unternehmung $\Sigma_{\tau \in \mathscr{T}} rl_\tau(E_t) = 0$ gilt.

Werden die Handlungsparameter nicht expliziert, so sind diese Null. Das heißt, es werden keine Rücklagen dotiert und damit wird eine Vollausschüttung angenommen.

93 Vgl. Rose (1973), S. 88 f.
94 Vgl. Hey (2007), S. 926.
95 Vgl. Wöhe und Kuß maul (2007), S. 241.
96 Vgl. Wöhe und Kuß maul (2007), S. 241.
97 Vgl. Kühne (1974), S. 118
98 Vgl. Wöhe (2000), S. 760-765.

Die Abschreibungen über die Nutzungsdauern folgen den gleichen Gesetzen. Spätestens bei der Desinvestition oder der Beendigung des Unternehmens nivellieren sich die Effekte. Werden Abschreibungen nicht expliziert, so wird genau der Verschleiß der Investitionsobjekte aufwandswirksam reinvestiert, damit das Investitionslevel im Unternehmen konstant gehalten wird.

Welche konsolidierten wirtschaftlichen Bezugsgrößen die Untersuchung explizit berücksichtigt, wird durch die Angabe der Restgröße verdeutlicht. Sollen beispielsweise in der aggregierten Darstellung nur die wirtschaftlichen Bezugsgrößen EBT und I explizit dargestellt werden, so zeigt dies $X = \Omega \backslash \{EBT, I\}$ an.

Die wirtschaftliche Bezugsgröße, die so definiert wird, stellt einen Zeilenvektor dar, dessen Elemente sich aus der Menge $\Omega \backslash X$ und H ergeben. Ist zum Beispiel $X = \Omega \backslash \{EBT, I\}$ sowie $H = \{rl(E)\}$ gilt:

$$\underline{x} = \begin{pmatrix} x_{EBT} & x_I & rl(E) \end{pmatrix}$$

Die Teilsteuerfunktion ist durch diese Art der Definition der wirtschaftlichen Bezugsgröße surjektiv. Die Zielmenge ist damit mindestens einem Urbild zugeordnet, es können aber auch verschiedene Konstellationen zu dem gleichen Ergebnis führen. Dies entspricht auch der Logik von Besteuerungsvorschriften, da sie oft nicht nach einzelnen wirtschaftlichen Bezugsgrößen differenzieren.

Symmetrieaussagen bezüglich eines Steuersystems sind immer kontextabhängig. Es kann vorkommen, dass ein Steuersystem gleichermaßen steuerlich symmetrisch und asymmetrisch ist, je nach wirtschaftlicher Bezugsgrundlage. Dabei spielen aber stets alle wirtschaftlichen Bezugsgrößen eine Rolle, aus kosmetischen Gründen werden jedoch nur diejenigen expliziert, an welche die Teilsteuerfunktion anknüpft.

Es bleibt anzumerken, dass die wirtschaftliche Bezugsgröße in ihrer Höhe nicht der rechtlichen Bemessungsgrundlage entspricht, sondern der Leistungsfähigkeit, die die wirtschaftliche Bezugsgröße stiftet. Dadurch gelingt die Verknüpfung zur Leistungsfähigkeit auch bei der Untersuchung der asymmetrischen Wirkungen und es ist eine wirtschaftliche Bezugsgröße gefunden, die sinnvoll interpretiert werden kann.

Werden nicht-bilanzierende Unternehmen untersucht, bietet sich die Bezugnahme auf die wirtschaftlichen Bezugsgrößen, die von der Ermittlung des zu versteuernden Einkommens erfasst werden, an. Eine Referenz auf den Reinertrag wäre in diesem Fall wenig sinnvoll, da dieser nicht ermittelt wird. Man denke beispielsweise an Einkünfte aus Vermietung und Verpachtung im deutschen Steuerrecht, bei welchen in der Regel kein solches Zahlenwerk bereit liegt. Auf eine weitere vorgegebene Untergliederung wird verzichtet, sie kann aber flexibel in folgender Art erfolgen: $X = \Omega \backslash \{x_1$ beschreibt Einkünfte aus Vermietung und Verpachtung, x_2 die restlichen Einkünfte$\}$, wobei $x_1 + x_2 = x_{zvE}$ gelten kann. Die Kumulation zur wirtschaftlichen Bezugsgröße des zu versteuernden Einkommens ist aber keine Mussbedingung der Teilsteuerfunktion, die Definition kann auch dieser Art erfolgen: $X = \Omega \backslash \{x_1$ beschreibt Einkünfte aus Vermietung und Verpachtung$\}$. Die Teilsteuerfunktion ist dann nur auf die so definierte wirtschaftliche Bezugsgröße und nicht auf die gesamten x_{zvE} anwendbar.

Die linearen Abbildungen auf die Teilbemessungsgrundlage werden in der Teilsteuerrechnung durch Modifikationen ausgedrückt. In der Teilsteuerrechnung handelt es sich dabei um eine aggregierte Größe, die sämtliche Modifikationen aufnimmt. In dieser Arbeit werden die relativen Pendants verwendet, die der jeweiligen wirtschaftlichen Bezugsgröße zugeordnet sind. Wird die wirtschaftliche Bezugsgröße als $X = \Omega \backslash \{EBT, I\}$ beschrieben, so ist

$$\underline{x} = \begin{pmatrix} x_{EBT} & x_I \end{pmatrix}$$

Die dazugehörigen Modifikationen werden in einem Spaltenvektor angegeben:

$$\underline{m_e} = \begin{pmatrix} m_{e,EBT} \\ m_{e,I} \end{pmatrix}$$

Ein Vergleich zur Teilsteuerrechnung ist ohne Weiteres möglich wie die Ermittlung der Bemessungsgrundlage zeigt:

$$B(\underline{x}) = (\underline{1} + \underline{m_e}) \cdot \underline{x} = \underbrace{\underline{1} \cdot \underline{x}}_{x_{EBT}} + \underbrace{\underline{m_e} \cdot \underline{x}}_{M_e}$$

Unsicherheit wird durch die unvollkommene Informationslage des Entscheiders verursacht und führt in Folge zu nicht sicheren zukünftigen Ergebnissen.[99] Der Wahlakt zwischen verschiedenen Handlungsalternativen ist daher mit Risiko und Ungewissheit behaftet.

[99] Vgl. Müller (1993), S. 3814.

Unsicherheit ist eine notwendige, aber nicht hinreichende Bedingung für Risiko und Ungewissheit.[100] Bei Risiko sind objektive oder subjektive Eintrittswahrscheinlichkeiten der Umweltzustände bekannt, bei Ungewissheit nicht.[101] Diese Arbeit beschränkt sich bei ihrer Untersuchung auf Unsicherheit im Sinne von Risiko.

Damit eine saubere Trennung zwischen Unsicherheit und Sicherheit gelingt, werden die wirtschaftlichen Bezugsgrößen in eine rein zufällige und eine nicht-riskante Komponente aufgespalten, es gilt $\tilde{x} = \tilde{X} + x$.

4.6 Abgrenzung

Insbesondere die progressive und die differenzierte Besteuerung zeigen eine gewisse Verwandtschaft zur asymmetrischen Besteuerung. Daher werden diese beiden Charakteristiken der Besteuerung im Folgenden von der asymmetrischen Besteuerung abgegrenzt.

Im Gegensatz zur Asymmetrie handelt es sich bei der Progression um eine Tarifvorschrift. Eine proportionale Besteuerung ist nach oben stehender Definition symmetrisch. Neben der proportionalen Besteuerung kann der Tarif degressiv oder progressiv sein.

Unter einer progressiven Besteuerung versteht man eine Besteuerung, deren durchschnittliche Belastung mit steigendem Einkommen entsprechend ansteigt.[102]

$$\frac{\partial s(x)}{\partial x} > 0 \tag{4.7}$$

Anknüpfungspunkt der Definition ist der Durchschnittssteuersatz, nicht die Grenzsteuerfunktion wie bei der asymmetrischen Besteuerung. Der Durchschnittssteuersatz ist geeignet um Verteilungsfolgen zu untersuchen[103], allerdings nicht um den Einfluss der Besteuerung auf Entscheidungen näher zu betrachten. In letzterem Fall wäre der Grenzsteuersatz die richtige Wahl.[104]

[100] Vgl. Müller (1993), S. 3814.

[101] Vgl. Menges (1968), S.16; Kruschwitz (2003), S. 288. Ein illustratives Beispiel findet sich bei Levy (2006), S. 8-9. Die Unterscheidung geht zurück auf Knight (1921), S. 19 f., 197-233, vgl. Schneider (2001), S. 565 mit kritischen Anmerkungen.

[102] Vgl. Musgrave und Thin (1948), S. 499, Jakobsson (1976), S. 161 oder Haase (2008), S. 37.

[103] Vgl. Jakobsson (1976), S. 162.

[104] Vgl. Haase (2008), S. 64.

Es kann zwischen indirekter und direkter Progression unterschieden werden. Bei der indirekten Progression bleiben die Grenzsteuersätze konstant, während diese bei der direkten ansteigen.[105] Da sich bei der direkten Progression der Grenzsteuersatz mit steigender Tendenz verändert, ist somit die Definition der asymmetrischen Besteuerung erfüllt; eine Umkehrung der Aussage lässt sich nicht auf die Progression verallgemeinern.

Mögliche Progressionsmaße wurden in der Vergangenheit ausführlich thematisiert, um die Verteilungsfolgen der Besteuerung untersuchen zu können.[106] Bei den Progressionsmaßen wird zwischen lokalen und globalen Maßen unterschieden.[107] Diese Trennung ist bei der Asymmetrie schon bei der Definition notwendig, wenn zwischen globaler und lokaler Asymmetrie differenziert wird. Will man ein Asymmetriemaß entwerfen, so ist die Unterscheidung jedoch selbst bei der globalen Asymmetrie angebracht, weil die "Stärke" der Asymmetrie - ähnlich wie bei der Progression - variieren kann. Man denke an das Beispiel in Abb. 4.2a; ein mögliches Maß wäre die Differenz zwischen den Grenzsteuersätzen der beiden Spiegelpunkte der Achse. Es ist offensichtlich, dass sich dieses Maß je nach Lage (x) ändert, es handelt sich um ein lokales Maß. Die Unterscheidung zwischen lokalem und globalem Maß deckt sich, wie gerade gezeigt, nicht unbedingt mit der zwischen lokaler und globaler Asymmetrie.

Unter differenzierter Besteuerung versteht man die inhomogene steuerliche Behandlung verschiedener wirtschaftlicher Bezugsgrößen, weil sie:

- unterschiedlich in die Bemessungsgrundlage eingehen $b_1(x) \neq b_2(x) \neq ...$
- oder von verschiedenen Steuerarten erfasst werden.

Dadurch kann gleich hohen, aber unterschiedlichen wirtschaftlichen Bezugsgrößen ein abweichender Grenzteilsteuersatz zugeordnet sein. Im Gegensatz dazu versteht man unter Asymmetrie, dass denselben, aber unterschiedlich hohen, wirtschaftlichen Bezugsgrößen verschiedene Grenzteilsteuersätze zugeordnet werden. Dies erzwingt den Einsatz von Teilsteuerfunktionen bei der Untersuchung.

Den Unterschied zwischen den Reinformen der differenzierten und asymmetrischen Besteuerung stellt folgende Tabelle dar:

[105] Vgl. Pfingsten (1986), S. 6; Andel (1998), S. 304 f.

[106] Beispiele sind Fagan (1938), S. 457 ff.; Agell und Persson (1990), S. 359 oder Duclos und Araar (2006), S. 133. Dabei wurden die Maße nicht ausschließlich fortentwickelt, wie Oishi, Schimmack und Diener (2012), S. 2 beweisen, wenn sie als Progressionsmaß den Unterschiedsbetrag zwischen Eingangs- und Spitzensteuersatz verwenden.

[107] Vgl. Pfingsten (1986), S. 13 oder Peichl und Schaefer (2008), S. 3.

Bedingungen\ Besteuerung	differenzierte	asymmetrische
wirtschaftliche Bezugsgröße	$x_{1,1} = x_{2,1}$	$x_{1,1} \neq x_{1,2}$
Zuordnung zur Bemessungsgrundlage	$b_{1,1}(x) \neq b_{2,1}(x)$	$b_{1,1}(x) = b_{1,2}(x)$
Transformation der Bemessungsgrundlage	$B_{1,1}(x) \neq B_{2,1}(x)$	$B_{1,1}(x) = B_{1,2}(x)$
Grenzteilsteuersätze	$T'_{1,1} \neq T'_{2,1}$	$T'_{1,1} \neq T'_{1,2}$

Tabelle 4.1: Vergleich der differenzierten mit der asymmetrischen Besteuerung

Während bei der differenzierten Besteuerung die unterschiedlich hohen Grenzteilsteuersätze aus der abweichenden Behandlung der wirtschaftlichen Bezugsgrößen bei den Transformationen hin zu den endgültigen Bemessungsgrundlagen resultieren, werden die wirtschaftlichen Bezugsgrößen bei der asymmetrischen Besteuerung zwar gleich behandelt, allerdings werden verschiedene Werte dafür mit verschiedenen Grenzteilsteuersätzen verknüpft.

In der Realität finden sich meist Mischformen der beiden Besteuerungstypen, sodass hier eine Ungleichheit aller Bedingungen möglich ist. Beide Besteuerungstypen sind Thema vieler wissenschaftlicher Untersuchungen,[108] wobei der differenzierten Besteuerung oft der Vorzug gegeben wird, was sicherlich an ihrer einfacheren mathematischen Fassbarkeit aufgrund ihrer linearen Struktur liegt. Dies stellte den großen Vorteil bei der Untersuchung mit Teilsteuerfaktoren unter Rose dar oder auch sobald Matrizenalgebra eingesetzt wird, da hier solche Strukturen besonders leicht abgebildet werden können.

Daher wird in folgender Arbeit, die ihren Schwerpunkt in der Untersuchung der Asymmetrien hat, obwohl die rechtliche Bemessungsgrundlage in Folge verschiedener wirtschaftlicher Bezugsgrößen aus verschiedenen Teilbemessungsgrundlagen bestehen kann, oft auf eine genaue formale Unterscheidung im Sinne einer differenzierten Besteuerung verzichtet und i. d. R. wird der Index, der die wirtschaftliche Bezugsgröße mit der Teilbemessungsgrundlage verbindet, nicht angegeben. Für die Reinform der Asymmetrie kann unterstellt werden, dass $b_{j,i}(x) = b(x)$ bzw. $B_{j,i}(x) = B(x)$ gilt.

4.7 Zusammenfassung

- Die Asymmetriedefinition setzt an der Ableitung der gewöhnlichen oder erweiterten Teilsteuerfunktion an und ist zweistufig. In einem ersten Schritt wird die symme-

[108] Vgl. stellvertretend DeAngelo und Masulis (1980), S. 3 ff.; Weisbach (2004), S. 229 oder Auerbach (1986), S. 205.

trische Besteuerung für beliebige Achsen ausgeschlossen (D1). Im zweiten Schritt wird gefordert, dass die Besteuerung mindestens für eine Achse in keinem Bereich lokal-symmetrisch ist (D2).

- Grafisch kann die Definition im Sinne einer Nicht-Achsensymmetrie der Ableitung der relevanten Teilsteuerfunktion interpretiert werden. Eine symmetrische Besteuerung ist achsensymmetrisch, eine asymmetrische Besteuerung bezüglich mindestens einer Achse in keinem Punkt achsensymmetrisch.

- Es wurden die wünschenswerten Eigenschaften der Besteuerung aus Besteuerungspostulaten abgeleitet. Es kommt zu keiner Besteuerung bei keiner wirtschaftlichen Bezugsgröße (W1a). Die Ableitung der Teilsteuerfunktion ist nicht negativ (W1b) und es darf zu keiner Überbesteuerung kommen (W1c). Die Teilsteuerfunktion muss sowohl für die symmetrische als auch für die asymmetrische Besteuerung aus mehreren Gründen im positiven Wertebereich der wirtschaftlichen Bezugsgröße konvex sein (W2). Für die asymmetrische Besteuerung gilt diese Bedingung zusätzlich für den negativen Wertebereich.

- Die Teilsteuerfunktionen unterscheiden sich insbesondere in folgenden Punkten von der Teilsteuerrechnung:

  - Die Teilsteuerfunktionen sind auch für dynamische Betrachtungen gerüstet.

  - Die Teilsteuerfunktion kann auf die Liquiditätswirkung der Besteuerung abbilden, daneben ist aber auch eine Abbildung auf andere Zielfunktionen eines Entscheiders möglich.

  - An genau einer Stelle wird bei der Teilsteuerfunktion auf die Annahme einer linearen Abbildung verzichtet.

- Die (A)Symmetriedefinition ist unempfindlich gegenüber linearen Transformationen.

- Der Einsatz von Teilsteuerfunktionen bei der Asymmetriedefinition bringt insbesondere folgende Vorteile mit sich:

  - Konsistenz: Die Teilsteuerfunktionen ermöglichen eine konsistente Definition. Sogar der transparente Zusammenhang zur Leistungsfähigkeit, aus welcher verschiedene wünschenswerte Eigenschaften der Besteuerung folgen, ist gewährleistet.

  - Separierbarkeit: Die Teilsteuerfunktionen isolieren genau eine Vorschrift, die durch eine Asymmetrie verursacht wird. Eine Trennung symmetrischer Effekte und asymmetrischer Effekte bleibt bei der Darstellungsweise der Teilsteuerrechnung transparent.
  - Interpretierbarkeit: Die Teilsteuerfunktionen erhöhen die Interpretierbarkeit, weil nicht auf wenig aussagefähige rechtliche Größen zurückgegriffen wird.

- Bei der Wirkungsexploration bewähren sich die Teilsteuerfunktionen insbesondere, wegen ihrer:
  - Interpretierbarkeit durch aussagefähige Kenngrößen: Es wird sich bei der Definition der gewöhnlichen und erweiterten Teilsteuerfunktion zeigen, dass gut interpretierbare Kenngrößen der Teilsteuerfunktionen zur Wirkungsexploration abgeleitet werden können.
  - Nähe zur Teilsteuerrechnung: Insbesondere durch die Darstellungsweise der Teilsteuerrechnung können Ergebnisse der Teilsteuerrechnung einfach um Asymmetrieeffekte erweitert werden.
  - Separierbarkeit der Entscheidungswirkungen: Da die Teilsteuerfunktion in einen symmetrischen (linearen) Term und asymmetrische Terme aufgespalten werden kann, können die Einflüsse von Asymmetrien treffsicher bestimmt werden.

- Bei der Formulierung der Teilsteuerfunktion zur Untersuchung der Asymmetrien werden eine konsolidierte und eine allgemeine Darstellung unterschieden. Die konsolidierte Darstellung sucht die Nähe zur Teilsteuerrechnung, während die allgemeine Darstellung abstrakt formuliert ist. Die Angabe für welche wirtschaftlichen Bezugsgrößen x_i die Teilsteuerfunktion gilt, erfolgt über den Ausschluss aus der Restgröße $X = \Omega \backslash \{x_i\}$.

5 Gewöhnliche Teilsteuerfunktion

Mithilfe der gewöhnlichen Teilsteuerfunktionen werden Entscheidungswirkungen der asymmetrischen Besteuerung auf rationale Entscheider, die ihren Nutzen maximieren, untersucht. Nachfolgend werden die gewöhnlichen Teilsteuerfunktionen definiert und ihre Eignung für den Einsatz in der Asymmetriedefinition sowie bei der Wirkungsexploration wird erläutert.

5.1 Definition

Die gewöhnliche Teilsteuerfunktion ist wie folgt definiert:

$$T : (x_\tau, f(x_t)) \mapsto \mathscr{S}_\tau \tag{5.1}$$

Die gewöhnliche Teilsteuerfunktion $T(x_\tau, f(x_t))$ bildet eine wirtschaftliche Bezugsgröße des Zeitpunkts der steuerlichen Wirkung τ auf ihre steuerliche Konsequenz ab. Als Konsequenz wird die Liquiditätswirkung $\mathscr{S}_\tau$ vorgegeben.

Bei der Abbildung der Liquiditätskonsequenz können zusätzlich wirtschaftliche Bezugsgrößen anderer Zeitpunkte einen Einfluss auf die Besteuerung haben. Von besonderem Interesse ist der Zeitpunkt t, der die Wirkung verursacht und über eine beliebige Funktion mit dem Bezugszeitpunkt verbunden ist. Daher wird diese Funktion und ihre wirtschaftliche Bezugsgröße des Zeitpunkts t expliziert. Die Größe x_t stellt einen Fremdkörper der statischen Sichtweise dar, da sich deren Blickfeld auf den Zeitpunkt τ beschränkt. Durch diesen Störenfried der statischen Sichtweise degeneriert die Sichtweise der gewöhnlichen Teilsteuerfunktion zu einer quasi-statischen.

Die Teilsteuerfunktion bezieht sich stets auf den Zeitpunkt der Liquiditätswirkung. Der Kompromiss einer quasi-statischen Sichtweise wird bei den gewöhnlichen Teilsteuerfunktionen eingegangen, damit für diese eine Überführung in erweiterte Teilsteuerfunktionen gelingt und damit intertemporal wirkende Vorschriften untersucht werden können.

Hat die wirtschaftliche Bezugsgröße keines anderen Zeitpunkts einen Einfluss auf die Besteuerung oder ist sie nicht Gegenstand der Betrachtung, vereinfacht sich die Funktion mehrerer Variablen zu einer Funktion mit nur einer Veränderlichen $T(x_\tau)$. Diese Funktion folgt einer rein statischen Sichtweise, sodass auf den tiefgestellten Index τ der wirtschaftlichen Bezugsgröße verzichtet werden kann $T(x) := T(x_\tau)$.

Diese vereinfachte Darstellung wird auch bei der Grenzteilsteuerfunktion angenommen. Ist von der Grenzteilsteuerfunktion ohne eine weitere Explizierung die Rede, so ist damit die Ableitung nach der wirtschaftlichen Bezugsgröße des Zeitpunkts der Liquiditätswirkung gemeint. Auch hier wird im statischen Kontext auf den tiefgestellten Index τ der wirtschaftlichen Bezugsgröße verzichtet.

$$T'(x) := T'(x_\tau) = \frac{\partial T(x_\tau, f(x_t))}{\partial x_\tau} \tag{5.2}$$

Die gewöhnliche Teilsteuerfunktion wird bei einer unsicheren wirtschaftlichen Bezugsgröße $\widetilde{x}$ in ihrem Erwartungswert (E) verdichtet.

$$\bar{T} : \widetilde{x} \mapsto E\left(T\left(\widetilde{x}\right)\right) \tag{5.3}$$

Und die Grenzteilsteuerfunktion lautet:

$$\bar{T}'(\widetilde{x}) = E\left(\frac{\partial T\left(\widetilde{x}\right)}{\partial x}\right) \tag{5.4}$$

5.2 Anwendung der Asymmetriedefinition

Die symmetrische Besteuerung ist Schlüsselelement der Asymmetriedefinition. Daher beginnt die allgemeine Betrachtung mit der Untersuchung der symmetrischen Besteuerung. Nachfolgend werden Kopfpauschalen, Freibeträge und Abzugsbeträge betrachtet, da sie wichtige Bausteine der Besteuerung sind. Der Klassiker der asymmetrischen Besteuerung ist Thema des letzten Absatzes.

5.2.1 Symmetrische Besteuerung

Ob es sich um eine symmetrische Besteuerung i. S. d. Definition (D1) handelt, kann nicht losgelöst von der funktionalen Form von $B(x)$ bzw. $b(x)$ beantwortet werden.

Den einfachsten und am häufigsten strapazierten Fall stellt die lineare Transformation $B(x) = x - c$ dar. Für den besonderen Fall, dass $c = 0$ gilt, ist die wirtschaftliche Bezugsgröße die konsolidierte Bemessungsgrundlage. Die Teilsteuerfunktion ergibt sich als $T(x) = s \cdot (x - c)$ und ihre Ableitung als $T'(x) = s \cdot x^0 = s$. Da $T'(x - a)$ eine gerade Funktion ist, ist die Besteuerung symmetrisch (D1).

Für die lineare Transformation kann zudem festgestellt werden, dass die Wahl der Achse a keinen Einfluss auf die Definition der Asymmetrischen Besteuerung hat. Denn die Grenzteilsteuerfunktion ist eine Konstante und von keiner Abhängigen beeinflusst. Solch eine Besteuerung ist total-symmetrisch bzw. proportional und erfüllt alle wünschenswerten Eigenschaften (W1 bis W2) einer Besteuerung.

Obige Aussagen können allerdings nicht auf alle ungeraden Abbildungsvorschriften übertragen werden.

5.2.2 Pauschbeträge, Freibeträge und Abzugsbeträge

Ein wichtiger Baustein der Besteuerung sind pauschale Minderungen der Bemessungsgrundlage oder der Steuerbelastung, um Steuerpflichtigen und Verwaltung fiskalisch unergiebige Arbeiten zu ersparen.[109] Dabei sind Pauschbeträge, Freibeträge und Abzugsbeträge sowie Freigrenzen in ihrer Funktionsweise und in ihrem Anknüpfungspunkt bei der Teilsteuerfunktion zu unterscheiden.

Pauschbeträge dürfen ohne einen Nachweis mindestens abgezogen werden, es dürfen aber alternativ höhere nachgewiesene Beträge abgezogen werden. Sie setzen vorwiegend an der Teilbemessungsgrundlage $b(x)$ an.

Freibeträge sind oft Bestandteil von Tarifen und stehen dagegen unveränderlich fest.[110] Sie haben Nebenaufgaben, wie z. B. der Grundfreibetrag, der das Existenzminimum freistellt.[111] Ihr Anknüpfungspunkt ist meist die Bemessungsgrundlage $B(x)$.

---

[109] Vgl. Andel (1998), S. 303.

[110] Vgl. Jochum (2006), S. 159 oder Andel (1998), S. 303. Manchmal schmelzen sie allerdings ab, vgl. beispielsweise Scheffler (2007), S. 15.

[111] Vgl. Jochum (2006), S. 159 f.

Freigrenzen folgen einer anderen Logik. Sie befreien bestimmte Sachverhalte von einer Besteuerungsvorschrift bis zu einer bestimmten Grenze, danach unterliegt der volle Betrag der Besteuerungsvorschrift.[112] Durch diese Charakterisierung ist klar, dass sie in der Teilbemessungsgrundlage $b(x)$ abgebildet werden.

Zu guter Letzt mindern Abzugsbeträge direkt die Steuerbelastung und nicht die Bemessungsgrundlage und sind oft die Folge anderer Steuerarten.[113] Sie werden daher bei der Abbildung der Steuerzahlung $\mathscr{S}(x)$ berücksichtigt.

Die Erkenntnis im vorangehenden Abschnitt, dass Konstanten in der Abbildungsvorschrift keinen Einfluss auf die Asymmetriedefinition haben, darf keinesfalls dazu verleiten, dass angenommen wird, ein *Pauschbetrag*, *Freibetrag* oder *Abzugsbetrag* wäre bei dieser Unterscheidung ebenfalls irrelevant. Denn diese steuerlichen Minderungen sind keineswegs Konstanten, sondern durch einen positiven Maximalbetrag definiert.

Die Maximalbedingungen sind dabei in den Gesetzen explizit geregelt. Der Freibetrag wird beispielsweise höchstens in Höhe der positiven Bemessungsgrundlage gewährt. Beim deutschen Grundfreibetrag der Einkommensteuer in § 32a Abs. 1 Satz 2 Nr. 1 EStG impliziert die Tarifdefinition die Bedingung, weil diese negativen zu versteuernden Einkommen eine Steuerzahlung von 0 zuordnet. Daneben finden sich solche Regeln im deutschen Einkommensteuerrecht beispielsweise in den §§ 9a S. 2, 20 Abs. 9 Satz 4 EStG für die Werbungskostenpauschbeträge oder in § 35 Abs. 1 Satz 5 EStG für die Abzugsbeträge.

Die Abbildung der Maximalbedingungen wird am Beispiel des Freibetrags (FB) erläutert. Eine proportionale Besteuerung mit zusätzlichem Freibetrag hätte folgende Abbildungsvorschrift für die Bemessungsgrundlage:

$$B(x) = x - min(FB, \langle x \rangle^{+}) \tag{5.5}$$

Wobei $\langle x \rangle^{+}$ die vereinfachte Schreibweise von $max(x, 0)$ darstellt. Analog soll gelten, dass$\langle x \rangle^{-}$ $min(x, 0)$ repräsentiert. Die schwache Ableitung lautet:

$$B'(x) = \begin{cases} 1 & x > FB \vee x < 0 \\ 0 & sonst \end{cases} \tag{5.6}$$

[112] Vgl. Scheffler (2007), S. 14.

[113] Freibeträge sind in Abzugsbeträge überführbar, vgl. Haase (2009), S. 48.

Es ist leicht ersichtlich, dass durch einen Freibetrag die Besteuerung weiterhin der Bedingung[114] $B'(x+a) = B'(-x+a)$ für $a = \frac{FB}{2}$ genügt[115] und damit symmetrisch ist. Anders formuliert ist die Ableitung der Teilsteuerfunktion für $a = \frac{FB}{2}$ eine gerade Funktion.

Für $a = 0$ ist die Bedingung nicht mehr erfüllt und damit kann die Besteuerung nicht total-symmetrisch sein. Durch den Freibetrag verliert die Besteuerung ihre Charakterisierung als proportionale Besteuerung, sie bleibt aber weiterhin symmetrisch. Die wünschenswerte Eigenschaft W2 wäre auch nicht mehr über den gesamten Wertebereich der wirtschaftlichen Bezugsgröße erfüllt, wie nachfolgende Abbildung demonstriert:

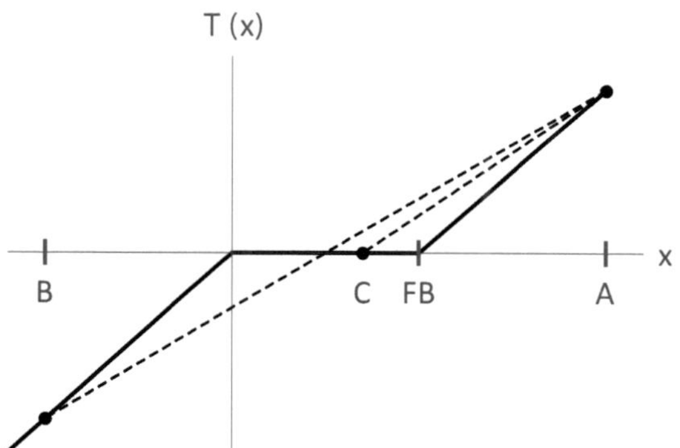

Abbildung 5.1: Konvexitätseigenschaft der Teilsteuerfunktion bei Freibetrag

Die Verbindungslinie zwischen A und C verläuft immer oberhalb des Graphen, die Besteuerung ist damit für positive Werte konvex. Anders die Verbindungslinie zwischen A und B, die nicht mehr überall oberhalb des Graphen verläuft. Daher ist die Besteuerung für negative wirtschaftliche Bezugsgrößen nicht mehr konvex, sie behält aber weiterhin im positiven Wertebereich diese Eigenschaft und nur dies ist von einer symmetrischen Besteuerung gefordert (W2).

Diese Ergebnisse gelten analog für Pauschbeträge und Abzugsbeträge. Einzig ein Fall der pauschalen Minderung der Bemessungsgrundlage wäre denkbar, der tatsächlich keinen Einfluss auf die Asymmetriedefinition ausübt. Das ist die Kopfpauschale, die von der

[114] Was gleichwertig mit $T'(x+a) = T'(-x+a)$ ist, da die Definition unempfindlich gegen lineare Transformationen ist und keine weiteren nichtlinearen Transformationen zugelassen sind.

[115] Es muss gelten für $x > 0$: $a = FB + x$ und $FB + 2x = 0$ bzw. $x < 0 : FB = 2x$ und $a + x = FB$. Substituieren von x zeigt die Richtigkeit der Behauptung.

Steuerbelastung ohne weitere Beschränkung abgezogen wird. Diese führt aber zu keiner wünschenswerten Besteuerung, weil sie W1b widersprechen würde.

Eine *Freigrenze* bewirkt, dass ein bestimmter Wertebereich der wirtschaftlichen Bezugsgröße von der Besteuerung ausgenommen ist. Im restlichen Wertebereich unterliegt die wirtschaftliche Bezugsgröße der Besteuerung, ohne dass die Freigrenze eine Rolle spielt. Freigrenzen können daher mit nachstehender Vorschrift abgebildet werden. [116]

$$b(x) = x \cdot \Theta(x - FG) - < -x >^{+} \tag{5.7}$$

Die Freigrenze bezieht sich hier auf den positiven Wertebereich der wirtschaftlichen Bezugsgröße. Ein Bezug auf den negativen Wertebereich wäre denkbar, in diesem Fall müssten die Vorzeichen in den beiden Funktionen gewechselt werden.

Während für die Max-Funktion noch eine schwache Ableitung gefunden werden kann, ist dies bei der Heaviside-Theta-Funktion nicht mehr möglich. Über die Theorie der Distributionen kann allerdings eine Ableitung mithilfe der Diracschen Delta-Funktion $\delta(x)$ gefunden werden.

$$\frac{\partial b(x)}{\partial x} = x \cdot \delta(x - FG) + \Theta(x - FG) + \Theta(-x) \tag{5.8}$$

Für $a = FG/2$ bleibt die Besteuerung symmetrisch, da $b'(x)$ für andere Werte nur 1 und 0 annehmen kann und $b'(x + FG/2) = b'(x - FG/2)$ gilt. Wäre $a = FG$ ist die Besteuerung sowohl lokal-asymmetrisch als auch lokal-symmetrisch. Die Besteuerung verliert durch die Freigrenze ihre Eigenschaft als proportionale Besteuerung, ist aber weiterhin symmetrisch.

An der Stelle $x = FG$ ist die Funktion nicht klassisch differenzierbar. $\delta(.)$ kann beliebige Werte annehmen, wodurch W1b und W1c gefährdet sind. Die wünschenswerte Konvexitätseigenschaft ist selbst im positiven Bereich nicht mehr erfüllt, wie nachfolgende Abbildung zeigt.

Für einen positiven Punkt C verläuft die Verbindungslinie nicht mehr oberhalb des Graphen der Teilsteuerfunktion. Damit wird selbst eine symmetrische Besteuerung durch die Freigrenze zu einer nicht wünschenswerten Besteuerung laut obiger Definition mit den darin beschriebenen Prämissen.

[116] Bei $\Theta(x)$ handelt es sich um die Heaviside-Theta-Funktion, die mit $\begin{cases} 1 & x \geq 0 \\ 0 & sonst \end{cases}$ definiert ist.

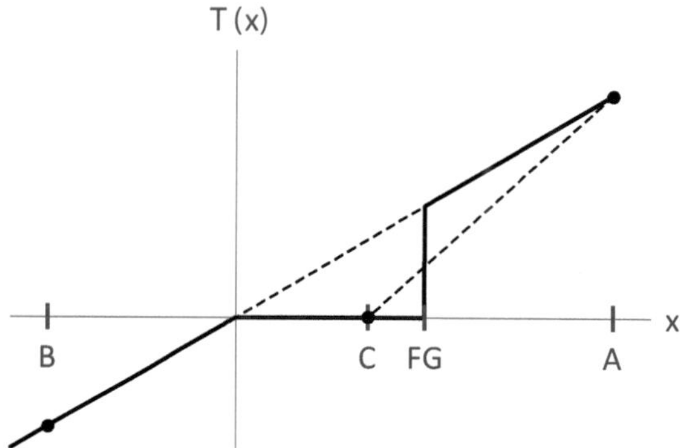

Abbildung 5.2: Konvexitätseigenschaft der Teilsteuerfunktion bei Freigrenze

5.2.3 Asymmetrische Besteuerung

Den Klassiker der Asymmetrischen Besteuerung in der Forschungsliteratur stellt folgende Abbildungsvorschrift dar:

$$B(x) = \langle x \rangle^+$$

Es ergibt sich folgende gewöhnliche Teilsteuerfunktion:

$$T(x) = s \cdot \langle x \rangle^+ = s \cdot \left(\frac{x + |x|}{2} \right) = s \cdot x \cdot \Theta(x) \tag{5.9}$$

Die Max-Funktion kann mathematisch auf mehrere Arten repräsentiert werden.

Mit der letzten Darstellung findet sich ihre Ableitung besonders leicht:

$$\Rightarrow T'(x) = s \cdot \theta(x) + s \cdot \delta(x) \tag{5.10}$$

Wobei auf die Angabe der delta-Funktion auch verzichtet werden kann, da die Funktion an der Stelle 0 nicht differenzierbar ist.

Diese Vorschrift gilt als Extremfall der Asymmetrischen Besteuerung,[117] da Gewinne besteuert werden, Verluste aber zu keiner Steuererstattung führen. Es ist unmittelbar ersichtlich, dass keine Achse a existiert, für welche $T'(x + a)$ eine gerade Funktion wäre. Für $a = 0$ ist kein Bereich lokal-symmetrisch. Die Besteuerung ist daher asymmetrisch. Bei allen anderen Werten für $a \neq 0$ sind die Bereiche sowohl lokal-symmetrisch als auch lokal-asymmetrisch. Die Besteuerung ist daher null-asymmetrisch.

Die ersten drei wünschenswerten Eigenschaften der Besteuerung sind bei dieser Form der asymmetrischen Besteuerung offensichtlich weiterhin erfüllt (W1a-W1c). Ebenso die vierte der wünschenswerten Eigenschaften der Besteuerung (W2), da die Besteuerung konvex ist, wie nachfolgende Abbildung zeigt.

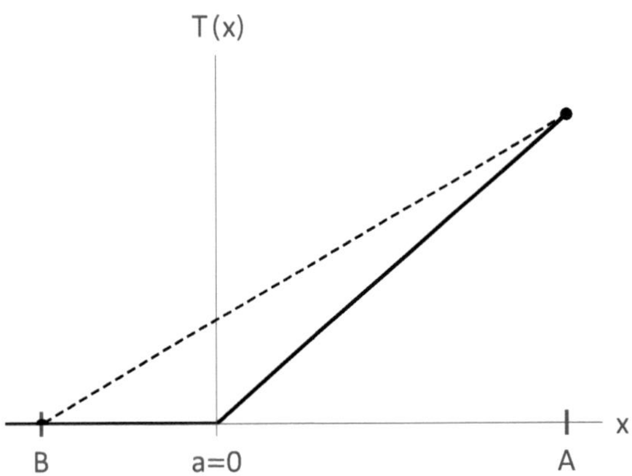

Abbildung 5.3: Konvexitätseigenschaft der Teilsteuerfunktion bei klassischer asymmetrischer Besteuerung im Bereich B bis A

Der Graph der Teilsteuerfunktion verläuft unterhalb der Verbindungslinie für beliebige Punkte A und B, wie leicht aus der Abbildung ersichtlich ist. Die Besteuerung ist damit überall konvex und die zweite wünschenswerte Eigenschaft der Besteuerung ist erfüllt.

Später wird der Klassiker oft dahingehend modifiziert, dass die Besteuerung keine null-asymmetrische Besteuerung ist, jedoch eine asymmetrische Besteuerung bleibt. Die gewöhnliche Teilsteuerfunktion lautet dann:

[117] Vgl. Domar und Musgrave (1944), S. 389.

$$T'(x) = s \cdot \theta(x + a) \tag{5.11}$$

Für diese Besteuerung bleiben außer der Null-Eigenschaft alle Eigenschaften des Klassikers erhalten.

5.3 Wirkungsexploration

Die gewöhnliche Teilsteuerfunktion knüpft nicht direkt an die Zielfunktion des Entscheiders an. Daher wird im Folgenden untersucht, inwiefern sich die gewöhnlichen Teilsteuerfunktionen zur Wirkungsexploration eignen, bei welcher die Zielfunktion des Entscheiders von entscheidender Bedeutung ist. Dabei wird unterstellt, dass sich der Entscheider rational verhält.

Im Zentrum der Wirkungsexploration stehen rationale Entscheider, die ihren Nutzen maximieren. Ihr subjektiver Nutzen kann durch sogenannte Nutzenfunktionen ($U(x)$) repräsentiert werden. Diese Nutzenfunktionen sind Vorschriften, die mögliche Zahlungen[118] in reelle Zahlen abbilden.[119]

Es wird in Entscheidungssituationen mit rationalen Entscheidern von der Relevanz der Dimensionen Arten-, Höhen-, Risiko- und Zeitpräferenz ausgegangen.[120] Die Zeitpräferenz ist durch die quasi-statische Sichtweise ausgeschlossen, von der Berücksichtigung der Artenpräferenz wird abstrahiert. Es bleibt die Höhen- und Risikopräferenz hinsichtlich der Definition der gewöhnlichen Teilsteuerfunktion zu untersuchen.

Im Fall der Sicherheit scheidet letztere zusätzlich aus und es verbleibt alleinig die Höhenpräferenz. Eine explizite Berücksichtigung der Nutzenfunktionen in dieser Konstellation ist nicht notwendig,[121] denn die Nutzenfunktion ist hier nicht entscheidungserheblich. Die Untersuchung der Liquiditätswirkung ist in diesem Fall gleichwertig.

Wird die Annahme der Sicherheit aufgegeben, so folgt daraus Zweierlei:

---

[118] Es muss sich dabei nicht unbedingt um Zahlungen handeln, ursprünglich wurden hier Güter verwendet und später der Konsumstrom. Ein "bequemes Mittel" die Einflussgrößen der Nutzenfunktion zu messen, stellen Zahlungen dar, vgl. Schmidt und Terberger (2006), S. 47.

[119] Vgl. Hagenloch (2009), S. 13.

[120] Vgl. Matschke und Brösel (2013), S. 141.

[121] Vgl. Hagenloch (2009), S. 21.

1. Der Entscheider kann eine unsichere Größe anders als eine sichere Größe bewerten, denn er hat bestimmte Risikopräferenzen.

2. Die Größe ist keine sichere Realisation mehr, sondern wird durch eine Wahrscheinlichkeitsverteilung repräsentiert.

5.3.1 Risikopräferenz

Die Abbildung der Risikopräferenz können Nutzenfunktionen übernehmen, die dann sowohl die Höhen- als auch die Risikopräferenz abbilden. Die Abwägung zwischen den beiden Präferenzen führt dazu, dass auf eine Berücksichtigung des subjektiven Nutzens nicht mehr verzichtet werden kann. Eine Reduktion auf eine Zielgröße geschieht bei den Nutzenfunktionen nach Bernoulli, die durch Neumann/Morgenstern eine axiomatische Begründung erfahren,[122] indem der Erwartungswert des Nutzens gebildet wird.[123]

Es werden verschiedene Gruppen von Entscheidern bezüglich der Risikopräferenz unterschieden.[124] Es wird von risikofreudigen Entscheidern gesprochen, wenn das Risiko dem Entscheider zusätzlich Nutzen stiftet. Risikoneutrale Entscheider sind gegenüber dem Risiko gleichgültig eingestellt; das Risiko beeinflusst ihre Entscheidungen nicht. Eine unsichere Alternative, die sich im Erwartungswert nicht von einer sicheren Wahlmöglichkeit unterscheidet, ist gleichwertig. Die letzte Gruppe von Entscheidern sind die Risikoaversen. Sie ziehen die sichere Variante der unsicheren vor, selbst wenn sie sich im Erwartungswert entsprechen.

Die verschiedenen Risikoeinstellungen schlagen sich in der Krümmung der Nutzenfunktion nieder. Die Nutzenfunktion eines risikofreudigen Entscheiders ist konvex, diejenige des risikoneutralen Entscheiders linear und die des risikoaversen Entscheiders konkav.[125]

Eine Untersuchung der Auswirkungen der Besteuerung auf rationale Entscheider wird notwendig, um zu prüfen, inwiefern die Definition der gewöhnlichen Teilsteuerfunktion auf alle Entscheider angewendet werden kann. Denn die gewöhnlichen Teilsteuerfunktionen knüpfen nicht unmittelbar an der Zielfunktion der rationalen Entscheider an, sondern an der mittelbaren Liquiditätswirkung.

[122] Vgl. Neumann und Morgenstern (1953), S. 24-27.
[123] Vgl. Laux, Gillenkirch und Schenk-Mathes (2012), S. 109.
[124] Vgl. Kruschwitz und Husmann (2012), S. 62 f.
[125] Vgl. Bamberg, Coenenberg und Krapp (2012), S. 82-84.

Die Besteuerung kann als Modifikation der Nutzenfunktion aufgefasst werden. Wird die Besteuerung in der Nutzenfunktion berücksichtigt, so hat der rationale Entscheider den folgenden nachsteuerlichen Nutzen als Entscheidungsgrundlage:

$$U_s(x) = U(x - T(x)) \tag{5.12}$$

Die Besteuerung verringert den Nutzen, dies zeigt sich auch bei der Ableitung der nachsteuerlichen Nutzenfunktion:

$$\frac{\partial U_s}{\partial x} = U'(x - T(x)) \cdot (1 - T'(x)) = U_s'(x) \tag{5.13}$$

Die nachsteuerliche Nutzenänderung durch die wirtschaftliche Bezugsgröße wird zum einen durch den vorsteuerlichen Grenznutzen und zum anderen durch die Grenzteilsteuerfunktion bestimmt.

Unter der Annahme der Nichtsättigung des rationalen Entscheiders ist der vorsteuerliche Grenznutzen positiv. Die Besteuerung mindert den Grenznutzenzuwachs bei steigender wirtschaftlicher Bezugsgröße. Dabei orientiert sich die Besteuerung an der wirtschaftlichen Bezugsgröße (W1b), die als Proxy der Leistungsfähigkeit dienen kann. Ein Nutzenzuwachs durch eine gestiegene Leistungsfähigkeit ist aber nur garantiert, solange nicht mehr als die gestiegene Leistungsfähigkeit besteuert wird. Eine Überbesteuerung würde dem Leistungsfähigkeitsgedanken widersprechen (W1c). Die wünschenswerten Eigenschaften, die in der Asymmetriedefinition mithilfe der gewöhnlichen Teilsteuerfunktionen bestimmt worden sind, liefern nutzentheoretisch konsistente Ergebnisse bezüglich der Leistungsfähigkeit.

Die konvexe Teilsteuerfunktion beeinflusst die Komposition der Nutzenfunktion des Entscheiders mit der Besteuerung. Wird das Argument der Nutzenfunktion als Funktion $g(x) = x - T(x)$ beschrieben, ergibt sich die nachsteuerliche Nutzenfunktion durch die Verkettung $U \circ g$.

Die gewöhnliche Teilsteuerfunktion geht als Subtrahend in $g(x)$ ein; eine negative konvexe Funktion ist stets eine konkave Funktion.[126] Die positive lineare Abbildung zweier konkaver Funktionen (die wirtschaftliche Bezugsgröße ist sowohl konvex als auch konkav) ergibt eine konkave Funktion.[127] Es handelt sich bei $g(x)$ um eine konkave Funktion.

---

126 Vgl. Dietz (2010), S. 331.
127 Vgl. Dietz (2010), S. 343.

Die zweite Ableitung der nachsteuerlichen Nutzenfunktion lautet:[128]

$$U_S''(x) = U''(g(x))g'(x)^2 + U'(g(x))g''(x) \tag{5.14}$$

Die zweite Ableitung der nachsteuerlichen Nutzenfunktion zeigt, dass sich für die Komposition der beiden Funktionen die Eigenschaften der Besteuerung mit jenen des Entscheiders der Nutzenfunktion vermischen, solange $U''(.) \neq 0$. Nur im Fall $U''(.) = 0$ spiegelt sich auch die wünschenswerte Eigenschaft 3 der Besteuerung in der nachsteuerlichen Nutzenfunktion wider, wenn $U(.)$ monoton steigt und $g'(x) \geq 0$ gilt (W1b). Diese Bedingung ist bei einem nicht gesättigten Entscheider erfüllt, solange $T'(x) \leq 1$ (W1c) gilt.

Nur wenn der Entscheider risikoneutral ist, gilt $U''(.) = 0$, da dieser durch eine lineare Nutzenfunktion repräsentiert wird. Es zeigt sich an der zweiten Ableitung der nachsteuerlichen Nutzenfunktion, dass in diesem Fall bei einem nicht gesättigten Entscheider einzig die Krümmung von $g(x)$ ausschlaggebend ist. Ist die Besteuerung konvex (W2), so ist $g(x)$ konkav. Übrigens entspricht damit die nachsteuerliche Nutzenfunktion eines risikoneutralen Entscheiders in ihrer Krümmungseigenschaft jener eines risikoaversen Entscheiders. Ein risikoneutraler Entscheider trifft seine Entscheidungen durch die asymmetrische Besteuerung nicht mehr risikoneutral, sondern risikoavers.

Einzig für einen risikoneutralen Entscheider liefern nutzentheoretische Überlegungen und Betrachtungen mit gewöhnlichen Teilsteuerfunktionen konsistente Ergebnisse bezüglich der zweiten wünschenswerten Eigenschaft.

Motiviert wurde die konvexe Teilsteuerfunktion unter anderem durch opfertheoretische Überlegungen. Diese stehen allerdings in offenem Widerspruch zu risikoneutralen Entscheidern, die durch eine lineare Nutzenfunktion charakterisiert sind. Genau diese Risikofunktionen unterstellt die Opfertheorie in ihrer theoretischen Untermauerung nicht. Freilich sind die Ergebnisse der Opfertheorie unter Sicherheit abgeleitet worden und im Lichte der Unsicherheit zu hinterfragen. Der Tenor der Opfertheorie, dass eine konvexe Besteuerung wünschenswert sei, bleibt aber auch durch andere Argumente erhalten.

Werden Asymmetrien in der Literatur modelltheoretisch untersucht, so wird diese Eigenschaft der asymmetrischen Besteuerung sehr häufig mit der Konvexitätseigenschaft

[128] Eine Kettenregel für Ableitungen höherer Ordnung findet sich in dieser Form erstmals in Bruno (1857), S. 360.

gleichgesetzt.[129] Dabei wird nicht auf den Einfluss auf die Zielfunktion, sondern auf die reine Liquiditätsabbildung Bezug genommen.

Wird bei der Wirkungsexploration mit der gewöhnlichen Teilsteuerfunktion gearbeitet, wird nutzentheoretisch implizit unterstellt, dass sich der Entscheider risikoneutral verhält und damit eine lineare Nutzenfunktion hat:

$$U(x) := U' \cdot x + u \tag{5.15}$$

Wobei gelten soll:[130]

$$u := 0 \tag{5.16}$$

In der Arbeit wird der Nutzen untersucht, welchen eine wirtschaftliche Bezugsgröße stiftet. Für ein $u \neq 0$ wäre die wirtschaftliche Bezugsgröße nicht ursächlich. Zudem können die Besteuerungsasymmetrien keinen entscheidungsrelevanten Einfluss auf u haben, weil ihre Definition an der Grenzteilsteuerfunktion anknüpft. Obige Ableitung der vor- und nachsteuerlichen Nutzenfunktion gibt damit nicht den Gesamtnutzen eines Entscheiders an, sondern nur den Nutzen durch wirtschaftliche Bezugsgrößen.

Die (A)Symmetriedefinition ist gegenüber linearen Transformationen invariant. Wenn ein risikoneutraler Entscheider durch solch eine Transformation repräsentiert wird, spielt es keine Rolle, ob die Definition an der gewöhnlichen Teilsteuerfunktion oder der Zielfunktion des nutzenmaximierenden Entscheiders ansetzt. Unter der Annahme eines risikoneutralen Entscheiders haben die (A)Symmetriedefinition und die nutzentheoretische Wirkungsexploration daher einen Berührungspunkt, wenn von der Wahrscheinlichkeitsverteilung vorerst abstrahiert wird. Die Untersuchung mit der gewöhnlichen Teilsteuerfunktion liefert unter Annahme eines risikoneutralen Entscheiders nutzentheoretisch konsistente Ergebnisse.

Die Erkenntnis, dass nur der risikoneutrale Entscheider zu nutzentheoretisch konsistenten Ergebnissen führt, kann als funktionales Argument für den risikoneutralen Entscheider verstanden werden. Ein Argument, das in die gleiche Kerbe schlägt, ist, dass die Annahme zu interpretierbaren Kenngrößen führt, die im Folgekapitel abgeleitet werden.

[129] Vgl. Sarkar (2008), S. 1312; Sarkar und Goukasian (2006), S. 296.
[130] Zur Eignung der Annahme vgl. Bamberg, Coenenberg und Krapp (2012), S. 77.

Dass selbst unter Unsicherheit die Einzeleffekte transparent bleiben und ein sinnvoller Eichstrich zur Wirkungsexploration existiert, ist ein weiteres Argument, dem nachfolgender Abschnitt gewidmet ist.

Daneben gibt es aber auch sachliche Argumente, die für eine Wirkungsexploration mithilfe eines risikoneutralen Entscheiders sprechen. Eine Untersuchung mit Teilsteuerfunktionen die an der nachsteuerlichen Nutzenfunktion ansetzt, wäre in höchstem Grade von der Risikoeinstellung des Entscheiders abhängig. Diese Risikoeinstellung ist aber nicht einfach zu ermitteln. Es ist allgemein akzeptiert, dass die Nutzenfunktionen sich zwischen Entscheidern unterscheiden. Zudem kann ein einzelner Entscheider sowohl risikofreudig als auch risikoavers sein, was sich in einem S-förmigen Verlauf der Nutzenfunktion äußern würde.[131] Und selbst wenn eine Nutzenfunktion bestimmt wäre, hängt diese stark vom jeweiligen Framing und den Referenzpunkten der Entscheidung ab.[132] Ein Entscheider kann sich bei bestimmten Entscheidungen risikoavers, bei Anderen risikoneutral verhalten. Ein risikoneutraler Entscheider kann als "Nullpunkt einer Skala verschiedener Risikoeinstellungen"[133] gesehen werden.

Die lineare Nutzenfunktion eines risikoneutralen Entscheiders beeinflusst die Klassifizierung der asymmetrischen Besteuerung nicht. Die konkreten Parameter der Nutzenfunktion des risikoneutralen Entscheiders interessieren nicht. Bei einem risikofreudigen oder risikoaversen Entscheider hätten die konkreten Parameter einen großen Einfluss auf die Ergebnisse. Zwar ist die Annahme eines risikoneutralen Entscheiders subjektiv, jedoch wären alternative Annahmen noch stärker, da in diesen Fällen auch die konkrete Nutzenfunktion angegeben werden müsste. Die Prämisse eines risikoneutralen Entscheiders kann unter diesen Umständen als relativ objektiv bezeichnet werden.

5.3.2 Einfluss der Wahrscheinlichkeitsverteilung

Der Erwartungsnutzeneinfluss durch die Besteuerung (ΔEU_S) soll unter Unsicherheit und der Annahme eines risikoneutralen Entscheiders untersucht werden. Dabei sind zwei Fragen von besonderem Interesse:

- Welchen Einfluss übt die Besteuerung unter Unsicherheit am Nullpunkt beim rationalen Entscheider aus?

[131] Vgl. Friedman und Savage (1948), S. 295; Markowitz (1952b), S. 151.
[132] Vgl. Tversky und Kahneman (1992), S. 298; Kahneman und Tversky (1979), S. 287.
[133] Kruschwitz und Husmann (2012), S. 62.

- Welchen Einfluss übt die Besteuerung auf den Erwartungsnutzen aus, wenn mehr oder weniger von der wirtschaftlichen Bezugsgröße realisiert würde?

Um diese Fragen beantworten zu können, wird die unsichere Größe als Zusammensetzung einer unsicheren und sicheren Größe (wirtschaftliche Bezugsgröße) modelliert, es gilt $\tilde{x} := \tilde{X} + x$.

Vorerst muss keine konkrete Wahrscheinlichkeitsverteilung angegeben werden. Für den Erwartungsnutzeneinfluss durch die Besteuerung ergibt sich:

$$\Delta EU_S(\tilde{x}) = E(U(\tilde{x}) - U_s(\tilde{x})) \tag{5.17}$$

Und für einen risikoneutralen Entscheider:

$$\begin{aligned} \Delta EU_S(\tilde{x})) &= U' \cdot E(T(\tilde{x})) \\ &= U' \cdot \int_{\mathbb{R}} p(\tilde{X}) \cdot T(\tilde{X} + x) d\tilde{X} = U' \int_{\mathbb{R}} T(-\tilde{X} + x) \cdot p(-\tilde{X}) d\tilde{X} \\ &= U' \cdot (T * \mathrm{S}(p))(x) \end{aligned} \tag{5.18}$$

Der Erwartungsnutzeneinfluss der Besteuerung kann als Faltung der Teilsteuerfunktion mit ihrer gespiegelten Wahrscheinlichkeitsverteilung aufgefasst werden.[134] Anschaulich ist die Faltung als mit den Wahrscheinlichkeiten gewichteter Mittelwert der Teilsteuerfunktion zu verstehen,[135] was als Erwartungswert der Teilsteuerfunktion interpretiert werden kann. Die Faltung ist einer grafischen Interpretation besonders leicht zugänglich und zudem bezieht sie sich bei der Erwartungsnutzenänderung ausschließlich auf die wirtschaftliche Bezugsgröße.

Die Ableitung des Erwartungsnutzeneinflusses durch die Besteuerung kann über die Faltung[136] gefunden werden:

$$\frac{\partial \Delta EU_S(\tilde{x}))}{\partial x} = U' \cdot (T' * p)(x) = U' \cdot \int_{\mathbb{R}} p(-\tilde{X}) \frac{\partial T(-\tilde{X} + x)}{\partial x} d\tilde{X} = U' \cdot E(\frac{\partial T(\tilde{x})}{\partial x}) \tag{5.19}$$

[134] Vgl. Bracewell (2000), S. 24 f.
[135] Vgl. Bracewell (2000), S. 24.
[136] Vgl. Bracewell (2000), S. 126.

Einzig die Ableitung der gewöhnlichen Teilsteuerfunktion ist bei der Ermittlung der Erwartungsnutzenänderung durch die Besteuerung relevant. Dies darf aber nicht zu der Annahme verleiten, dass diese einzig die Erwartungsnutzenänderung durch die Besteuerung beeinflusst. Über die Faltungseigenschaft ist die Ableitung des Erwartungsnutzeneinflusses bezüglich der wirtschaftlichen Bezugsgröße algebraisch, numerisch und grafisch zugänglich.

Vorerst wird der Erwartungsnutzeneinfluss durch die Besteuerung untersucht. Dieser wird für verschiedene Varianten der Besteuerung für den Nullpunkt $x = 0$ abgebildet.[137]

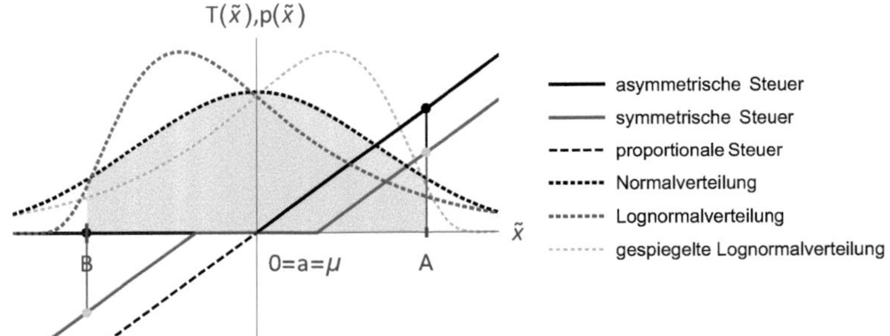

Abbildung 5.4: Absoluter Nullpunkt der Besteuerung

Die Abbildung stellt die Bildung des Erwartungswertes des Besteuerungseinflusses dar. Dieser ergibt sich als Faltung an der Stelle $x = 0$ der Teilsteuerfunktion und der gespiegelten Wahrscheinlichkeitsverteilung. Da die Erwartungswerte der gespiegelten Wahrscheinlichkeitsverteilungen gleich der Faltungsachse sind, ergibt die Faltung an dieser Stelle die ursprüngliche Wahrscheinlichkeitsverteilung. Als Teilsteuerfunktionen sind einfache Formen der null-asymmetrischen, null-symmetrischen und proportionalen Besteuerung abgebildet.

Ist die Wahrscheinlichkeitsverteilung null-symmetrisch, d. h. sie hat einen Erwartungswert $\mu = 0$ und ist symmetrisch, und die Nutzenfunktion symmetrisch - das ist bei einem risikoneutralen Entscheider der Fall - sowie die Besteuerung null-symmetrisch, so hat die Besteuerung im Nullpunkt keinen Einfluss auf den absoluten Erwartungsnutzen, wie in Abb. 5.4 leicht ersichtlich ist. B stellt einen Spiegelpunkt eines beliebigen Punktes A an

[137] Auf eine Multiplikation mit dem konstanten Grenznutzen wurde aus Darstellungsgründen verzichtet, denn er beeinflusst die Ergebnisse nicht.

Besteuerung\Wahrscheinlichkeitsverteilung	symmetrisch	rechtsschief	linksschief
proportional	0	0	0
null-symmetrisch	0	> 0	< 0
null-asymmetrisch	> 0	> 0	> 0

Tabelle 5.1: Erwartungsnutzeneinfluss durch die Besteuerung

der y-Achse dar, wobei fortan $B < A$ gelten soll. Die null-symmetrische Wahrscheinlichkeitsverteilung führt dazu, dass der Besteuerungseinfluss an den Punkten A und B mit gleichen Wahrscheinlichkeiten gewichtet wird. Bei einer null-symmetrischen Besteuerung ist der Besteuerungseinfluss an den Punkten A und B identisch.[138] Die Punkte A und B unterscheiden sich allerdings in ihrem Vorzeichen. Die Besteuerungseinflüsse heben sich daher gegenseitig auf. Bei einer null-asymmetrischen Besteuerung hingegen, stehen den Punkten A und B nicht identische Besteuerungseinflüsse gegenüber. Da der Besteuerungseinfluss im negativen Bereich geringer als im positiven Bereich ist (eine Folge aus W2), ist der Erwartungsnutzeneinfluss der Besteuerung im Nullpunkt bereits positiv.

Ohne null-symmetrische Wahrscheinlichkeitsverteilung, aber mit weiterhin einem Erwartungswert von $\mu = 0$, bleibt der Erwartungswert nur bei der proportionalen Besteuerung 0. Bei anderen null-symmetrischen Besteuerungen ist der Erwartungsnutzeneinfluss durch die Besteuerung von der Schiefe der Wahrscheinlichkeitsverteilung abhängig. Ist diese rechtsschief, wie beispielsweise die Lognormalverteilung, ist der Erwartungsnutzeneinfluss durch die Besteuerung positiv, da der Modus links vom Erwartungswert liegt und daraus nicht so negative Werte resultieren, die von der symmetrischen Besteuerung profitieren. Bei einer linksschiefen Wahrscheinlichkeitsverteilung gilt die Umkehrung der Aussage. Durch eine null-asymmetrische Besteuerung verkleinert sich bei einer rechtsschiefen Wahrscheinlichkeitsverteilung der bereits positive Erwartungsnutzeneinfluss der Besteuerung, bei einer linksschiefen vergrößert er sich.

Tabelle 5.1 fasst die Zusammenhänge am absoluten Nullpunkt ($\mu = 0$ und $x = 0$) in Abhängigkeit der Symmetrieeigenschaften der Besteuerung und der Symmetrieeigenschaft der Wahrscheinlichkeitsverteilung zusammen.

Die proportionale Besteuerung kann als absoluter Nullpunkt des Erwartungsnutzeneinflusses durch die Besteuerung gesehen werden. Ist die Wahrscheinlichkeitsverteilung zusätzlich

[138] Eine andere symmetrische Besteuerung würde dem Leistungsfähigkeitsprinzip widersprechen (W1a), da ohne Leistungsfähigkeit ($x = 0$) eine positive Steuer anfallen würde. Diese Funktion ist nach der Symmetriedefinition eine symmetrische Besteuerung, da die Ableitung einer ungeraden Funktion eine gerade Funktion ergibt, vgl. Dinesh (2011), S. 1.11. Die Umkehrung der letzten Aussage gilt nicht allgemein, aber in diesem Fall weil die Teilsteuerfunktion durch den Ursprung verlaufen muss.

symmetrisch, ist am absoluten Nullpunkt eine null-symmetrische Besteuerung ebenfalls ohne Erwartungsnutzeneinfluss durch die Besteuerung. Bei einer null-asymmetrischen Besteuerung weicht der Erwartungsnutzeneinfluss durch die Besteuerung selbst bei einer symmetrischen Wahrscheinlichkeitsverteilung positiv ab. Ist die Wahrscheinlichkeitsverteilung symmetrisch, aber nicht null-symmetrisch, so gelten die Aussagen analog, sofern die Besteuerung (a)symmetrisch um die Achse $a = \mu$ ist. Allgemein gilt für symmetrische Wahrscheinlichkeitsverteilungen, falls:

- $a = \mu$ ist: $\Delta EU_S(0|asym) > 0 = \Delta EU_S(0|sym)$ und
- für beliebige Wahrscheinlichkeitsverteilungen gilt: $\Delta EU_S(0|asym) \geq 0 = \Delta EU_S(0|prop)$.

Als nächstes wird die Veränderung des Erwartungsnutzeneinflusses der Besteuerung bei einer Variation der wirtschaftlichen Bezugsgröße untersucht. Begonnen wird mit der proportionalen Besteuerung, die für eine zusätzlich normalverteilte Zufallsgröße abgebildet ist.

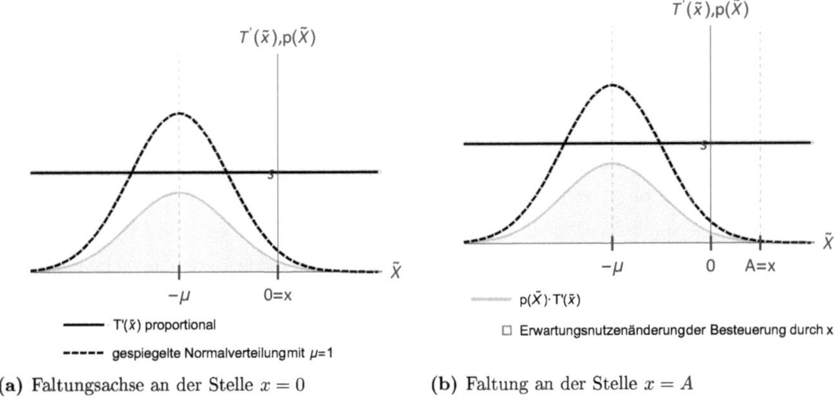

(a) Faltungsachse an der Stelle $x = 0$

(b) Faltung an der Stelle $x = A$

Abbildung 5.5: Ableitung der Erwartungsnutzenveränderung bei proportionaler Besteuerung

Die Veränderung des Erwartungsnutzeneinflusses der proportionalen Besteuerung bei einer Variation der wirtschaftlichen Bezugsgröße kann als Faltung aufgefasst werden. Die Abb. 5.5 (a) zeigt diese Faltung an der Stelle $x = 0$, wobei die Normalverteilung der Zufallsgröße einen positiven Erwartungswert hat. Die an der y-Achse gespiegelte Normalverteilung hat damit einen negativen Erwartungswert. Die Multiplikation der Wahrscheinlichkeit mit der Ableitung der proportionalen Teilsteuerfunktion gibt die mit den Wahrscheinlichkeiten gewichtete Ableitung der Teilsteuerfunktion an. Die Veränderung des Erwartungsnutzeneinflusses der Besteuerung bei einer Variation der wirtschaftlichen Bezugsgröße an der Stelle $x = 0$ ergibt sich als Fläche unter der gewichteten Ableitung der Teilsteuerfunktion. Diese Fläche entspricht dem proportionalen Steuersatz, wie in der Abbildung ohne Weiteres erkennbar ist oder aus (5.19) abgeleitet werden kann, denn es gilt $T' * p = s \int p(\tilde{X}) d\tilde{X} = s$.

Da bei einer proportionalen Besteuerung der Steuersatz konstant bleibt, ist die Veränderung des Besteuerungseinflusses unabhängig von x, wie auch Abb. 5.5 (b) demonstriert. Es ist unschwer zu erkennen, dass sich analog zur Abb. 5.5 (a) auch für $x = A$ eine Fläche i. H. d. des proportionalen Steuersatzes ergibt.

Nun wird der Grenzerwartungsnutzeneinfluss durch eine asymmetrische Besteuerung bei einer Variation der wirtschaftlichen Bezugsgröße untersucht, dies wird von nachstehender Abbildung dargestellt.

Die Abb. 5.6 (a) stellt den Grenzerwartungsnutzeneinfluss der null-asymmetrischen Besteuerung bei einer Variation der wirtschaftlichen Bezugsgröße an der Stelle $x = A$ dar. Als Wahrscheinlichkeitsverteilung der Zufallsgröße $\tilde{X}$ ist eine Lognormalverteilung vorgegeben, was sich an der Linksschiefe der gespiegelten Wahrscheinlichkeitsverteilung zeigt. Diese wird an der Stelle A gefaltet, d. h. mit der gespiegelten Ableitung der asymmetrischen Teilsteuerfunktion gewichtet. Da die Besteuerung null-asymmetrisch ist, läuft ihre Asymmetrieachse mit der Faltung mit. Dass dies so sein muss, ist in (5.18) erkennbar, da dort $T(-\tilde{X} + x)$ in die Faltung eingeht. Da x als positive Addition in die Faltung eingeht, also die Funktion nach links verschiebt, bedeutet das für das gespiegelte Pendant eine Rechtsverschiebung.

Es ist zu erkennen, dass die Grenzsteuerbelastung unter derjenigen des proportionalen Steuersatzes sein muss, weil nur ein Teil der gefalteten Wahrscheinlichkeitsverteilung die Ableitung der Teilsteuerfunktion überlappt. Erst etwa an der Stelle, an welcher die gespiegelte Wahrscheinlichkeitsverteilung das Maximum der Ableitung der Teilsteuerfunktion schneidet (da in diesem Sonderfall die Verteilung sehr steil verläuft), überlappt die Wahrscheinlichkeitsfunktion die positive Ableitung der Teilsteuerfunktion im Bereich der Grenzbelastung s nahezu vollständig, sodass dann ein Grenzerwartungsnutzeneinfluss der asymmetrischen Besteuerung i. H. v. s folgt. An der Stelle $x = 0$ wäre der Überlappungsbereich noch geringer als an der Stelle $x = A$, sodass hier eine kleinere Grenzbelastung resultiert.

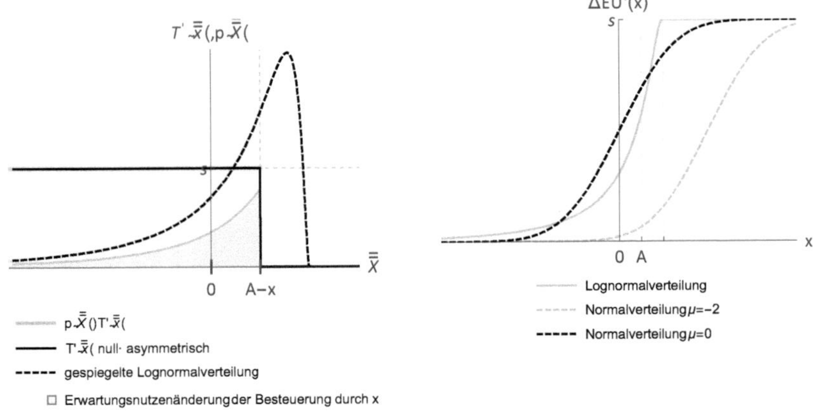

(a) Faltungsachse an der Stelle $x = A$

(b) in Abhängigkeit von x

Abbildung 5.6: Ableitung der Erwartungsnutzenveränderung bei asymmetrischer Besteuerung

Die Mechanik der Faltung ist einer Interpretation zugänglich. Durch die Zunahme der wirtschaftlichen Bezugsgröße kommt es zu zwei gegenläufigen Effekten. Zum einen steigt der Grenzerwartungsnutzeneinfluss der null-asymmetrischen Besteuerung durch die sichere Zunahme um s. Zum anderen stehen der Zufallsgröße eine Einheit mehr positive wirtschaftliche Bezugsgröße für eine sofortige Verrechnung zur Verfügung. Der zweite Effekt ist von den negativen Realisationen der unsicheren Größe abhängig. Ist die sichere wirtschaftliche Bezugsgröße so hoch, dass bereits alle unsicheren negativen Realisationen von der sofortigen Verrechnung vollständig profitieren, so führt eine zusätzliche Erhöhung der sicheren wirtschaftlichen Bezugsgröße zu keinem zweiten Effekt mehr. Es bleibt alleinig der erste Effekt und damit eine Grenzbelastung i. H. v. s.

Diese Entwicklung des Grenzerwartungsnutzeneinflusses der null-asymmetrischen Besteuerung veranschaulicht auch 5.6 (b) für verschiedene Wahrscheinlichkeitsverteilungen der Zufallsgröße. Bei der Normalverteilung mit einem Erwartungswert von $\mu = 0$ ergibt sich an der Stelle $x = 0$ beispielsweise genau die Hälfte des maximalen Steuersatzes s. Dass dies so sein muss, ist unmittelbar klar, wenn man daran denkt, dass es sich bei der Normalverteilung um eine symmetrische Wahrscheinlichkeitsverteilung handelt und der Erwartungswert der Asymmetrieachse der Besteuerung entspricht. Ist der Erwartungswert der Normalverteilung kleiner als die Asymmetrieachse der Besteuerung, überlappt die Faltung an der Stelle $x = 0$ einen kleineren Bereich der positiven Ableitung der Teilsteuerfunktion mit der Folge, dass der Grenzerwartungsnutzeneinfluss der null-asymmetrischen Besteuerung kleiner als bei der mit einer Normalverteilung mit einem Erwartungswert von $\mu = 0$ ist.

Aus der Grafik wird unmittelbar klar, dass der Grenzerwartungsnutzeneinfluss der null-asymmetrischen Besteuerung mit steigender wirtschaftlicher Bezugsgröße zunimmt bis er mit s sein Maximum erreicht und dort verharrt. Dass dies so für alle asymmetrischen Besteuerungen gelten muss, lässt sich an (5.19) leicht zeigen, denn es gilt $T'' * p = \int p(\tilde{X}) \cdot T''(\tilde{x}) d\tilde{X} > 0$, da die asymmetrische Besteuerung konvex ist und nur positive Wahrscheinlichkeiten definiert sind.

Zuletzt wird der Grenzerwartungsnutzeneinfluss der symmetrischen Besteuerung, die nicht proportional ist, mit nachstehender Abbildung näher beleuchtet.

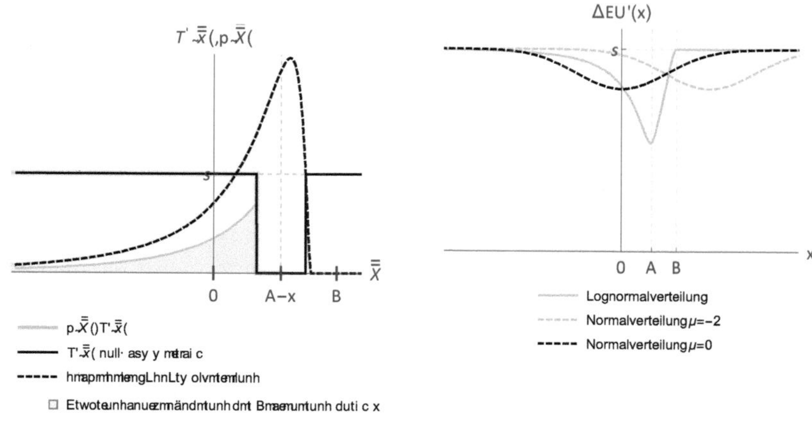

(a) Faltungsachse an der Stelle $x = A$ **(b)** in Abhängigkeit von x

Abbildung 5.7: Ableitung der Erwartungsnutzenveränderung bei symmetrischer Besteuerung

Die Abb. 5.7 (a) zeigt die Faltung einer null-symmetrischen Besteuerung mit ihrer gespiegelten Wahrscheinlichkeitsverteilung. A ist dabei so gewählt, dass das Maximum der Ableitung der symmetrischen Teilsteuerfunktion gerade die Wahrscheinlichkeitsverteilung berührt. Dieser Punkt stellt den minimalen Grenzerwartungsnutzeneinfluss der null-symmetrischen Besteuerung dar, da hier eine möglichst große Wahrscheinlichkeitsmasse von der Besteuerung abgeschirmt wird. Die sichere Zunahme der wirtschaftlichen Bezugsgröße kann an dieser Stelle einer möglichst großen Zahl von Realisationen der unsicheren Zufallsgröße eine sofortige Verrechnung bescheren. Der oben beschriebene zweite Effekt ist daher maximal. Ab diesem Punkt kann ein Zuwachs der wirtschaftlichen Bezugsgröße immer weniger Realisationen einer Verrechnung zur Verfügung stehen, sodass der zweite Effekt abnimmt. Der Grenzerwartungsnutzeneinfluss nimmt wieder zu, bis er im Punkt B sein Maximum erreicht und dort verharrt. B ist durch den Schnittpunkt der Wahrscheinlichkeitsverteilung mit der x-Achse vorgegeben. Dieser Verlauf zeigt sich auch in der Abb. 5.7 (b) für die Lognormalverteilung.

Die Überlegungen lassen sich auch direkt in (5.18) nachvollziehen. Denn die Faltung kann auch aufgespalten werden in $T'' * p(x) = (\overset{+}{T''} + \overset{-}{T''}) * p(x)$. Da eine symmetrische Besteuerung im positiven Wertebereich konvex und im negativen Wertebereich konkav ist, ist die Krümmung davon abhängig, welcher dieser Bereiche bei der Faltung mit der Wahrscheinlichkeit den überwiegenden Einfluss hat. Der Grenzerwartungsnutzeneinfluss der null-symmetrischen Besteuerung nimmt zu oder fällt mit steigender wirtschaftlicher Bezugsgröße.

Abb. 5.7 (b) zeigt deutlich, warum die Größe zwar zur Wirkungsexploration gut geeignet ist, nicht aber für die (A)Symmetriedefinition. Sobald die Wahrscheinlichkeitsverteilung nicht mehr symmetrisch wäre, würden auch die Symmetrieeigenschaften des Grenzerwartungsnutzeneinflusses der Besteuerung beeinflusst. Eine solche Definition wäre in höchstem Maße von der zugrunde liegenden Wahrscheinlichkeitsverteilung abhängig. Nur wenn diese symmetrisch wäre, liegen nutzentheoretisch konsistente Ergebnisse vor. Man könnte im Umkehrschluss auch sagen, dass die Definition aus nutzentheoretischer Sicht eine symmetrische Wahrscheinlichkeitsverteilung fordert.

Voranstehende Erläuterungen des Grenzerwartungsnutzeneinflusses der (a)symmetrischen Besteuerung haben sich jeweils auf die Sonderfälle einer null-(a)symmetrischen Besteuerung bezogen. Sie gelten aber auch für alle anderen (a)symmetrischen Besteuerungen, wie nachfolgende Überlegungen zeigen. Durch die Faltung an der Stelle A wird die gespiegelte Ableitung der Teilsteuerfunktion um A nach rechts verschoben. Falls die Besteuerung eine positive (A)Symmetrieachse hätte, könnte die Ableitung der Grenzteilsteuerfunktion als um eine um a zusätzlich verschobene null-(a)symmetrische Besteuerung verstanden werden. Durch die positive Achse würden die abgebildeten Besteuerungsfolgen früher eintreten, bzw. der Graph in den Teilabbildungen (b) würde um a nach links verschoben. Hätte beispielsweise in Abb. 5.7 (b) die symmetrische Besteuerung eine positive Achse $a = 2$ und eine Normalverteilung mit $\mu = -2$, würde sich der Graph der null-symmetrischen Besteuerung mit einem Erwartungswert von 0 ergeben. Da sich an den Ergebnissen qualitativ nichts verändert, kann auf eine ausführliche Darstellung verzichtet werden.

5.3.3 Asymmetriemaß

Obige Wirkungsexploration hat unter anderem zum Ergebnis, dass sich ein risikoneutraler Entscheider durch die asymmetrische Besteuerung wie ein riskoaverser Entscheider verhält. Diese Erkenntnis führt unmittelbar zu einem brauchbaren Asymmetriemaß, um auch Aussagen in der Art "die Besteuerung A ist asymmetrischer als die Besteuerung B" treffen zu können.

Die Entscheidungstheorie hat zum Ergebnis, dass als Risikomaß weder der Grenznutzen noch die Krümmung der Nutzenfunktion als Maß der Risikoaversion geeignet sind.[139] Denn ein sinnvolles Maß der Risikoaversion sollte unbeeinflusst von positiv-linearen Transformationen sein, denn solche Transformationen beeinflussen die Präferenzordnung eines Entscheiders nicht.[140] Das von Arrow und Pratt entwickelte Maß der Risikoaversion erfüllt die wünschenswerte Eigenschaft.[141] Es handelt sich dabei um ein lokales Risikomaß.[142]

Dieses Maß zeichnet sich durch eine hohe Interpretierbarkeit aus. Zum einen kann dessen Ableitung Aufschluss über die Vermögensaufteilung zwischen riskanten und nicht riskanten Titeln geben.[143] Zum anderen kann der Kehrwert, der Risikotoleranz genannt wird, Aufschluss über das Engagement in das Marktportfolio bei Kapitalmarktmodellen unter Unsicherheit anzeigen.[144]

Die Asymmetriedefinition ist unempfindlich gegenüber linear-positiven Transformationen. Auch hier ist es schlüssig, dass ein Maß der Asymmetrie von solchen Transformationen unabhängig sein sollte. Inhaltlich kann die Forderung verstanden werden, wenn man sich vor Augen führt, dass die linearen Faktoren die nicht-asymmetrischen Elemente der Besteuerung aufnehmen, diese aber nicht die Natur der Asymmetrie ausmachen und daher auch nicht das Maß der Asymmetrie beeinflussen sollten. Warum sollte eine null-asymmetrische Besteuerung in Form des Klassikers für zwei unterschiedliche kombinierte Steuersätze unterschiedlich asymmetrisch sein?

[139] Vgl. Pratt (1964), S. 122.
[140] Vgl. Laux und Schabel (2009), S. 78 f.
[141] Vgl. Laux und Schabel (2009), S. 79.
[142] Vgl. Bamberg, Coenenberg und Krapp (2012), S. 85.
[143] Vgl. Kruschwitz und Husmann (2012), S. 66.
[144] Vgl. Laux und Schabel (2009), S. 177.

$$AA(x) = -\frac{U_S''(x)}{U_s'(x)} = -\frac{T''(x)}{T'(x)} \tag{5.20}$$

Da die (A)Symmetriedefinition die Konvexität voraussetzt, nimmt das Maß nur positive Werte für asymmetrische Besteuerungen an. Ist eine Besteuerung symmetrisch, kann keine Vorhersage gemacht werden. Ist die Besteuerung jedoch proportional, nimmt das Maß den Wert 0 an. Eine Besteuerung ist umso asymmetrischer, je größer die Kennzahl ist.

Für den Klassiker der asymmetrischen Besteuerung, der in (5.10) definiert wurde, ist das Asymmetriemaß $AA(x) = -\frac{\delta(x)}{\Theta(x)}$ und damit für negative Werte nicht definiert. An der Stelle 0, ist es $AA(0) = -\frac{\delta(0)}{\Theta(0)}$. Diese Art von Ausdruck kann genutzt werden um die extreme Form der Asymmetrie zu repräsentieren. Diese Ergebnisse sähen Zweifel, ob das vorgeschlagene Asymmetriemaß tatsächlich nützlich sein kann. Ohne Ergebnisse der Arbeit vorwegnehmen zu wollen, wird sich später zeigen: Bei den untersuchten asymmetrischen Besteuerungen, die durch die gewöhnlichen Teilsteuerfunktionen erfasst werden können, handelt es sich allesamt um diese extreme Form der Asymmetrie. Erst wenn die erweiterten Teilsteuerfunktionen eingesetzt werden müssen, sind die Asymmetrien so vielfältig, dass ein Asymmetriemaß notwendig sein wird.

5.4 Kenngrößen

Die Definition der asymmetrischen Besteuerung ist auf Kenngrößen nicht angewiesen. Um Wirkungen der Besteuerungsasymmetrien zu untersuchen, können sie allerdings ein wertvolles Werkzeug darstellen.

Als die wichtigsten Kenngrößen der Besteuerung gelten der Grenzsteuersatz und der Durchschnittssteuersatz. So werden die Grenzsteuersätze bei der Untersuchung von Entscheidungswirkungen und die Durchschnittssteuersätze insbesondere bei Verteilungswirkungen eingesetzt.

Dieser Abschnitt leitet vergleichbare Kenngrößen für die gewöhnlichen Teilsteuerfunktionen ab und geht auf ihre Interpretation ein. Da die gewöhnlichen Teilsteuerfunktionen einen risikoneutralen Entscheider unterstellen, wird als Ausgangspunkt der Herleitung die Zielfunktion eines ebensolchen gewählt. Auf den Einbezug eines Kapitalmarkts wird vorerst verzichtet.

5.4.1 Gewöhnliche Durchschnittsteilsteuerfunktion

Der Durchschnittssteuersatz wird in den Wirtschaftswissenschaften als die Steuerbelastung im Verhältnis zur steuerlichen Bemessungsgrundlage bestimmt.[145] Diese Definition kann aus mehreren Gründen nicht ohne Weiteres auf die gewöhnlichen Teilsteuerfunktionen übertragen werden:

- Die Bemessungsgrundlage ist nicht Ausgangspunkt der Abbildung, sondern ihre wirtschaftlichen Bezugsgrößen.
- Die wirtschaftlichen Bezugsgrößen haben eine zeitliche Dimension, da Besteuerungsvorschriften in verschiedenen Zeitpunkten wirken können.
- Als Zielfunktion haben rationale Entscheider nur mittelbar die Liquidität als Entscheidungsgrundlage. Dadurch ist vielmehr der durchschnittliche Einfluss der Besteuerung auf die Nutzenfunktion von Interesse.

Originärer Auslöser der Liquiditätswirkung ist bei den Teilsteuerfunktionen nicht die steuerliche Bemessungsgrundlage, sondern die wirtschaftliche Bezugsgrundlage. Die Durchschnittsteilsteuerfunktionen haben daher als Unabhängige die wirtschaftlichen Bezugsgrößen.

Schon bei der gewöhnlichen Teilsteuerfunktion mit ihrer quasi-statischen Betrachtungsweise bieten sich zwei wirtschaftliche Bezugsgrößen aus unterschiedlichen Zeitpunkten an. Allerdings lässt die quasi-statische Betrachtungsweise nur einen Zeitpunkt zu, in welchem die wirtschaftliche Bezugsgröße einer Variation unterliegt und dies ist der Wirkungszeitpunkt.

Von eigentlichem Interesse ist bei einem rationalen Entscheider nicht der Liquiditätseinfluss, sondern die Auswirkung der Besteuerung auf seinen Nutzen. Die gewöhnliche Teilsteuerfunktion impliziert einen risikoneutralen Entscheider. Durch diese Annahme wird der Nutzeneinfluss irrelevant und es kann wiederum die Liquiditätswirkung untersucht werden. Es gilt unter Sicherheit:

$$t(x_\tau) := \frac{U' \cdot T(x_\tau, f(x_t))}{U' \cdot x_\tau} = \frac{T(x_\tau, f(x_t))}{x_\tau} \tag{5.21}$$

[145] Vgl. Andel (1998), S. 303; Scheffler (2007), S. 13.

Die gewöhnliche Durchschnittsteilsteuerfunktion ist durch die gewöhnliche Teilsteuerfunktion des Wirkungszeitpunkts zur Basis der wirtschaftlichen Bezugsgröße desselben Zeitpunkts bestimmt. Die gewöhnliche Teilsteuerfunktion bildet auf die Liquiditätswirkung der steuerlichen Vorschriften ab. Damit ist die wirtschaftliche Bezugsgröße, die als Zahlung gemessen wird, eine schlüssige Basis.

Bei der erweiterten Durchschnittsteilsteuerfunktion handelt es sich um ein dimensionsloses Maß. Sie gibt die durchschnittliche Liquiditätsbelastung durch Steuerzahlungen einer wirtschaftlichen Bezugsgröße im Wirkungszeitpunkt an. Im Falle eines risikoneutralen Entscheiders kann die gewöhnliche Durchschnittsteilsteuerfunktion auch als durchschnittlicher Einfluss der Besteuerung auf den vorsteuerlichen Nutzen interpretiert werden. Wird als Gerechtigkeitshypothese ein gleiches relatives Opfer gefordert, muss diese Kenngröße konstant sein,[146] wobei natürlich die Eignung eines risikoneutralen Entscheiders in diesem Kontext zu diskutieren wäre.

Unter Unsicherheit gibt der Erwartungswert der Durchschnittsteilsteuerfunktion den steuerlichen Liquiditätseinfluss im Wirkungszeitpunkt an:

$$\bar{t}(\widetilde{x}_\tau) := E(t(\tilde{x}_\tau)) = \frac{\bar{T}(\widetilde{x}_\tau, f(x_t))}{E(\widetilde{x}_\tau)} \tag{5.22}$$

Die gewöhnliche Durchschnittsteilsteuerfunktion unter Unsicherheit gibt den Erwartungswert der durchschnittlichen Liquiditätsbelastung durch Steuerzahlungen der durchschnittlichen wirtschaftlichen Bezugsgröße im Wirkungszeitpunkt an. Die Kenngröße kann auch als durchschnittlicher Einfluss der Besteuerung eines risikoneutralen Entscheiders auf seinen Nutzen verstanden werden.

5.4.2 Gewöhnliche Grenzteilsteuerfunktion

Die andere wichtige Kenngröße ist die Grenzteilsteuerfunktion. Durch die quasi-statische Betrachtungsweise der gewöhnlichen Teilsteuerfunktion ist der Wirkungszeitpunkt als Bezugszeitpunkt vorgegeben. Von eigentlichem Interesse bei einem risikoneutralen Entscheider ist der Einfluss der Besteuerung auf seinen Nutzenzuwachs. Da der Fall unter Sicherheit als Sonderfall in der Definition unter Unsicherheit enthalten ist, wird auf eine gesonderte Definition verzichtet.

146 Vgl. Hinterberger, Müller und Petersen (1987), S. 48.

Für den Fall unter Unsicherheit ergibt sich:

$$t'(\tilde{x}_\tau) := E\left(\frac{U' \cdot \frac{\partial T(\tilde{x}_\tau, f(x_t))}{\partial \tilde{x}_\tau}}{U' \cdot \frac{\partial \tilde{x}_\tau}{\partial \tilde{x}_\tau}}\right) = E\left(\frac{\partial T(\tilde{x}_\tau, f(x_t))}{\partial \tilde{x}_\tau}\right) \tag{5.23}$$

Da sowohl die Liquiditätswirkung als auch die wirtschaftliche Bezugsgröße in Geld gemessen werden, handelt es sich auch hier um eine dimensionslose Kenngröße. Die gewöhnliche Grenzteilsteuerfunktion gibt die absolute Liquiditätswirkung einer infinitesimalen Änderung der wirtschaftlichen Bezugsgröße an. Sie kann aber auch als relative Liquiditätswirkung interpretiert werden, wie in (5.23) leicht ersichtlich ist. Für einen risikoneutralen Entscheider kann die Kenngröße als erwarteter Einfluss der Besteuerung auf seinen Nutzenzuwachs interpretiert werden.

5.5 Zusammenfassung

Dieses Kapitel hat sich mit der Definition der gewöhnlichen Teilsteuerfunktion unter Sicherheit und Unsicherheit beschäftigt. Die Auswirkungen der gefundenen Definition für die gewöhnliche Teilsteuerfunktion auf die (A)Symmetriedefinition wurden danach untersucht.

Die Untersuchung der Definition der gewöhnlichen Teilsteuerfunktion hat bereits einige Einsichten gebracht:

- Die gewöhnliche Grenzteilsteuerfunktion berücksichtigt die Liquiditätswirkungen genau eines Zeitpunkts, die durch die wirtschaftliche Bezugsgröße desselben Zeitpunkts ausgelöst werden. Da die Liquiditätswirkung sekundär von der wirtschaftlichen Bezugsgröße eines anderen Zeitpunkts beeinflusst sein kann, ist ihre Sichtweise quasi-statisch. Unter Unsicherheit kann der Erwartungswert der Liquiditätswirkung der Besteuerung für die Definition eingesetzt werden.

- Die (A)Symmetriedefinition über gewöhnliche Teilsteuerfunktionen impliziert einen risikoneutralen Entscheider. Durch diese Annahme sind die Ergebnisse anhand der gewöhnlichen Teilsteuerfunktion nutzentheoretisch konsistent.

- Der risikoneutrale Entscheider eignet sich für die Definition, da:

- er als absoluter Nullpunkt des Erwartungsnutzeneinflusses gesehen werden kann. Sind die Besteuerung, die Wahrscheinlichkeitsverteilung sowie die Nutzenfunktion symmetrisch (lineare Nutzenfunktion), hat die Besteuerung keinen Einfluss auf den absoluten Erwartungsnutzen. Ist die Wahrscheinlichkeitsverteilung nicht symmetrisch, hat die proportionale Besteuerung weiterhin keinen Einfluss auf den absoluten Erwartungsnutzen, eine andere symmetrische Besteuerung jedoch schon. Eine asymmetrische Besteuerung hat bereits bei einer symmetrischen Wahrscheinlichkeitsverteilung einen negativen Einfluss auf den absoluten Erwartungsnutzen.

- der risikoneutrale Entscheider als Nullpunkt einer Skala verschiedener Risikoeinstellungen gesehen werden kann.

- unter Berücksichtigung der Alternativen die Annahme eines risikoneutralen Entscheiders hinsichtlich der Definition möglichst objektiv ist.

- Die Kenngrößen der gewöhnlichen Teilsteuerfunktion sind unter Annahme eines risikoneutralen Entscheiders einer erweiterten Interpretation zugänglich:

  - Die Durchschnittsteilsteuerfunktion kann neben der durchschnittlichen Liquiditätsbelastung durch die erwartete wirtschaftliche Bezugsgröße auch als durchschnittlicher Einfluss der Besteuerung eines risikoneutralen Entscheiders auf seinen Nutzen verstanden werden. Ein Maß, das beispielsweise bei Gerechtigkeitshypothesen eine Rolle spielt.

  - Die Grenzteilsteuerfunktion gibt die absolute bzw. relative Liquiditätswirkung einer infinitesimalen Änderung der wirtschaftlichen Bezugsgröße an. Für einen risikoneutralen Entscheider kann die Kenngröße als Elastizität des erwarteten Einflusses der Besteuerung auf seinen Nutzenzuwachs interpretiert werden.

- Werden nur lineare Transformationen zugelassen, ist die wünschenswerte Besteuerung total-symmetrisch. Eine total-symmetrische Besteuerung wird auch proportionale Besteuerung genannt.

- Durch Freibeträge, Pauschalen oder Abzugsbeträge verliert die Besteuerung ihre Eigenschaft als proportionale Besteuerung, sie bleibt aber weiterhin wünschenswert laut Definition und symmetrisch.

- Durch eine Freigrenze ist die Besteuerung nicht mehr proportional und nicht wünschenswert.

- Der Klassiker der asymmetrischen Besteuerung ist null-asymmetrisch und erfüllt beide wünschenswerten Eigenschaften der Besteuerung.
- Die Teilsteuerfunktionen sind in weiten Bereichen mit der Teilsteuerrechnung kompatibel.

6 Erweiterte Teilsteuerfunktion

Vorangehendes Kapitel deutet an, dass die gewöhnlichen Teilsteuerfunktionen Besteuerungsasymmetrien durch ihre statische Sichtweise nicht mehr umfassend abbilden können, wenn intertemporale Besteuerungsvorschriften untersucht werden. Die Besteuerungsfolgen, die durch Asymmetrien ausgelöst werden, wirken nicht unbedingt unmittelbar im gleichen Zeitpunkt, sondern auch in späteren Perioden. Daher wird die Teilsteuerfunktion im Nachfolgenden erweitert.

6.1 Definition

Es wird eine Größe gesucht, die es vermag, auch intertemporale Besteuerungsvorschriften abzubilden. Diese Größe darf daher nicht ausschließlich einen Zeitpunkt erfassen, sondern muss alle Zeitpunkte berücksichtigen, in welchen die intertemporalen Besteuerungsvorschriften Wirkungen entfalten können. Es soll gelten:

$$T_r^{++}(x_t) = \sum_{\tau=0}^{T} \delta^{t-r} \cdot T(x_\tau, f(x_t)) \tag{6.1}$$

Das Superskript deutet an, dass es sich bei dieser Größe um eine aggregierte Größe aus gewöhnlichen Teilsteuerfunktionen handelt. Die gewöhnlichen Teilsteuerfunktionen bilden die Zielfunktion des Entscheiders in einer einzelnen Periode ab. Durch ihre quasi-statische Sichtweise können sie bei der Abbildung auch von wirtschaftlichen Bezugsgrößen aus anderen Perioden beeinflusst sein. Es handelt sich weiterhin um eine Teilsteuerfunktion, weil die Aggregation durch eine lineare Abbildung beschrieben wird. Die gewöhnlichen Teilsteuerfunktionen werden nicht einfach addiert, sondern mit einem exponentiellen Diskontierungsfaktor gewichtet, für welchen $0 < \delta < 1$ gelten soll. Bei dieser Charakterisierung des Diskontierungsfaktors handelt es sich um einen entscheidenden Parameter der (A)Symmetriedefinition, der im Folgeabschnitt thematisiert wird.

Die Ableitung der so gefundenen Teilsteuerfunktion ergibt:

$$\frac{\partial T_r^+(x_t)}{\partial x_t} = \sum_{\tau=0}^{T} \delta^{t-r} \cdot \frac{\partial T(x_\tau, f(x_t))}{\partial f(x_t)} \cdot f'(x_t) \tag{6.2}$$

Die Ableitung der obigen Teilsteuerfunktion gibt die auf eine Betrachtungsperiode verdichteten Wirkungen aller Veränderungen, die ihren Grund in der Veränderung der wirtschaftlichen Bezugsgröße der Bezugsperiode haben, an. Ihre Ableitung soll derjenigen der erweiterten Teilsteuerfunktion entsprechen. Die Ableitung der erweiterten Teilsteuerfunktion ist nahe mit den Marginal Tax Rates verwandt, die sich als Standard in der empirischen Literatur etabliert haben. Diese wurden von Shevlin (1990) und Graham (1996) entwickelt, die sie wie nachfolgend definieren:

> *"the corporate marginal tax rate in the current period is defined as the change in the present value of the cash flow paid to (or recovered from) the tax authorities as a result of earning one extra dollar of TI in the current tax period"*[147].

Die Marginal Tax Rates werden eingesetzt, um Steuerwirkungen zu erkunden. Daher greifen sie bei ihrer Definition bereits auf einen Kapitalmarkt zurück. Auf solche Modelle wird bei der Definition der erweiterten Teilsteuerfunktionen verzichtet, um die Asymmetriedefinition in keine Abhängigkeiten zu Kapitalmarktannahmen zu verwickeln.

Ein anderer Unterschied besteht in der Offenheit des Bezugszeitpunkts in der erweiterten Teilsteuerfunktion. Zwar würde sich bei der Definition der erweiterten Teilsteuerfunktionen bei der Untersuchung von Entscheidungen eines rationalen Entscheiders ebenfalls der Entscheidungszeitpunkt als Bezugszeitpunkt offerieren, es wird sich aber zeigen, dass auch der Betrachtungszeitpunkt bei der Wirkungsexploration sinnvolle Interpretationsmöglichkeiten bietet. Es wird daher auf die Festlegung des Bezugszeitpunkts verzichtet.

Die erweiterte Teilsteuerfunktion kann daher folgendermaßen beschrieben werden:

$$T_r^+(x_t) := \int_0^{x_t} \sum_{\tau=0}^{T} \left(\delta^{\tau-r} \cdot \frac{\partial T(x_\tau, f(x_t))}{\partial f(x_t)} \cdot f'(x_t) \right) dx \tag{6.3}$$

wobei für die Integrationskonstante $T^+(0) = 0$ gelten soll.

Die erweiterte Teilsteuerfunktion vereinigt die Wirkungen aller Zeitpunkte, die eine wirtschaftliche Bezugsgröße im Betrachtungszeitpunkt auslöst.

[147] Shevlin (1990), S. 51-52. Die Definition wurde zwischenzeitlich um den expliziten Einbezug von impliziten Steuern weiterentwickelt, vgl. Scholes et al. (2009), S. 204. Da implizite Steuern in dieser Arbeit nicht problematisiert werden, wird auf Ausführungen dazu verzichtet.

Die Asymmetriedefinition über die erweiterte Teilsteuerfunktion fordert die Berücksichtigung aller Wirkungszeitpunkte einer intertemporalen Besteuerungsvorschrift. Dies ist eine ambitionierte Aufgabe, die im nächsten Kapitel durch die Analyse der intertemporalen Besteuerungsvorschriften gelingt. Sie wird daher nicht Thema der Folgeabschnitte dieses Kapitels sein.

6.2 Anwendung der Asymmetriedefinition

Bei intertemporalen Besteuerungsvorschriften können die Ursache und die Wirkung zeitlich auseinanderfallen. In der Definition der erweiterten Teilsteuerfunktionen wird diese Divergenz durch eine exponentielle Diskontierung ausgedrückt. Dieser Abschnitt zeigt den Einfluss der kritischen Annahme $q > 1$ auf die Klassifikation der (A)Symmetriedefinition auf, erläutert, warum für die Abbildung des zeitlichen Auseinanderfallens die exponentielle Diskontierung gewählt wurde und liefert die inhaltliche Interpretation der Einflussgröße δ.

Nachfolgend ist eine Besteuerungvorschrift dargestellt, die für eine negative wirtschaftliche Bezugsgröße erst eine Periode später die steuerliche Wirkung auslöst.

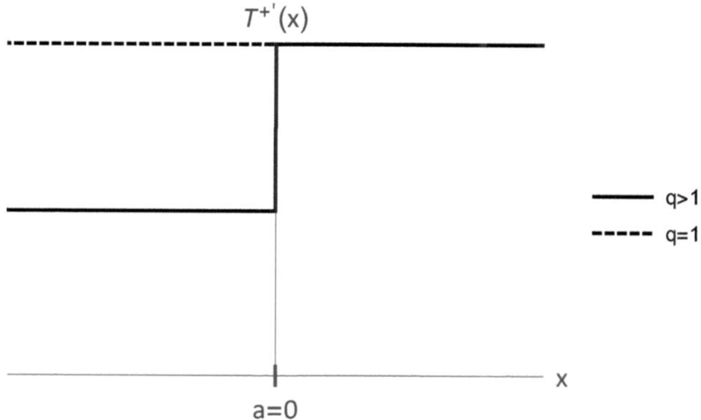

Abbildung 6.1: Einfluss der Annahme $0 < \delta < 1$ auf die (A)Symmetriedefinition

Hätte der Entscheider keine zeitliche Präferenz, wäre die Besteuerung symmetrisch, da es sich für $a = 0$ bei der Ableitung der Teilsteuerfunktion augenscheinlich um eine gerade

Funktion handelt ($\delta = 1$). Hat der Entscheider jedoch eine Gegenwartspräferenz ($\delta < 1$), so ist leicht erkennbar, dass die Besteuerung null-asymmetrisch ist. Die Festlegung $\delta < 1$ in der Definition verantwortet die Klassifikation einer Besteuerungsvorschrift, die nicht unmittelbar in der Periode ihrer Ursache, sondern erst später wirkt als nicht-symmetrisch. Die Einordnung geht konform mit der in der Literatur vorgenommenen Zuordnung vieler intertemporaler Besteuerungsvorschriften als asymmetrische Besteuerung. Zudem gilt die Gegenwartspräferenz als anerkanntes Verhalten rationaler Entscheider aus Opportunitätskostenüberlegungen (manchmal auch dadurch begründet, dass ein Entscheider den heutigen Konsum vorziehen würde[148]).

In der Definition der erweiterten Teilsteuerfunktion wurde die exponentielle Diskontierung als Diskontierungsfaktor (δ) zur Berücksichtigung des zeitlichen Aspekts der Wirkung gewählt. Allgemein sind für Diskontierungsfunktionen folgende Möglichkeiten geläufig:

- Die exponentielle Diskontierung mit einer konstanten subjektiven Zeitpräferenzrate (z): $\delta = (1+z)^{-t}$.[149] Diese Art der Diskontierung zeichnet sich durch ihre zeitliche Konsistenz aus.[150]
- Die hyperbolische Diskontierung: $\delta = (1+\alpha t)^{-\gamma/\alpha}$ mit $\alpha, \gamma \geq 0$.[151] Diese Diskontierung bildet das menschliche Verhalten realistisch ab.[152]
- Die exponentielle Diskontierung mit dem Gleichgewichtszinssatz (i): $\delta = (1+i)^{-t}$. Diese Form setzt einen vollkommenen Kapitalmarkt voraus. Durch diese Annahme gilt zusätzlich das Separationstheorem und die Investitionsentscheidung des Entscheiders kann delegiert werden. Dadurch wird die konkrete Nutzenfunktion irrelevant und die Entscheidung kann anhand des Kapitalwerts getroffen werden.

Zwar wurde zeitlich inkonsistentes Entscheidungsverhalten durch zahlreiche empirische Studien bestätigt und diese Studien sprechen gegen die exponentielle Diskontierung,[153] jedoch handelt es sich dabei um zu vernachlässigende Sondereffekte.[154] Die oft als realistisch eingestufte hyperbolische Diskontierung bekommt mittlerweile selbst experimentellen Gegenwind.[155] Außerdem erscheint der Einsatz eines zeitlich inkonsistenten Entscheidungs-

148 Vgl. Keeney und Raiffa (1993), S. 476.
149 Vgl. Cass (1965), S. 234; Samuelson (1937), S. 156; Ramsey (1928), S. 553.
150 Zu den Eigenschaften einer konstanten Verzinsung, vgl. Keeney und Raiffa (1993), 479 f.
151 Diese Klasse der hyperbolischen Diskontierung geht auf Herrnstein (1961), S. 271 zurück. Die hier gewählte Darstellung beruht auf Laibson (1997), S. 449.
152 Vgl. Dyckhoff (2007), S. 988; Diese Beobachtungen gehen auf Strotz (1955), S. 165 zurück. Sie wurden immer wieder bestätigt, vgl. hierzu beispielsweise Thaler (1981), S. 202 ff.
153 Vgl. Frederick, Loewenstein und O'Donoghue (2002), S. 366.
154 Vgl. Rubenstein (2003), S. 1215.
155 Vgl. Rubenstein (2003), S. 1214 f. und Read (2001), S. 5.

verhaltens bei der Generalprämisse eines rationalen Entscheiders wenig verlockend.[156] Zudem unterstellen nahezu alle Untersuchungen Stationarität (zeitliche Konsistenz) bei intertemporalen Entscheidungen.[157] Aus diesen Gründen wird auf eine möglichst realistische Abbildung der zeitlichen Präferenz verzichtet.

Die exponentielle Verzinsung dagegen führt zu zeitlich konsistenten Entscheidungen.[158] Ein Vergleich der Ergebnisse mit Kapitalmarktbetrachtungen ist bei einer exponentiellen subjektiven Diskontierung sehr leicht möglich.

Obige Gründe verantworten die Formulierung der Diskontierungsfunktion bei den erweiterten Teilsteuerfunktionen. Im Kontext der (A)Symmetriedefinition ist der Diskontierungsfaktor als subjektive zeitliche Präferenz zu verstehen, da bei ihr auf einen Kapitalmarkt verzichtet werden soll. Allerdings bleibt die erweiterte Teilsteuerfunktion durch die offene Formulierung einer Interpretation mit Kapitalmarkt bei der späteren Wirkungsexploration zugänglich. Die Festlegung eines Diskontierungsfaktors kleiner als eins ($\delta < 1$) hat einen erheblichen Einfluss auf die Klassifikation der (A)Symmetriedefinition, ist aber aus guten Gründen gerechtfertigt.

6.3 Wirkungsexploration

Wie bei den gewöhnlichen Teilsteuerfunktionen, wird die Definition der erweiterten Teilsteuerfunktionen auf Berührungspunkte zu Modellen für einen rationalen Entscheider unter Sicherheit und Unsicherheit geprüft. Auf die explizite Angabe des Bezugszeitpunkts wird dabei verzichtet, diese wird erst im nächsten Abschnitt notwendig werden.

6.3.1 Nutzentheoretische Einschränkungen

Ist die Entscheidungsgrundlage des rationalen Entscheiders abermals seine Nutzenfunktion, so müssen die Nutzenfunktionen zusätzlich die zeitliche Präferenz abbilden. Solche Nutzenfunktionen, die die zeitliche Präferenz berücksichtigen, nennt man intertemporale Nutzenfunktionen.

---

[156] Auch wenn sie theoretisch möglich wäre, vgl. Laibson (1997), S. 455.

[157] Vgl. Frederick, Loewenstein und O'Donoghue (2002), S. 358 f. und Dyckhoff (2007), S. 988.

[158] Vgl. Frederick, Loewenstein und O'Donoghue (2002), S. 366 und einzig nur diese, vgl. Keeney und Raiffa (1993), S. 479 f.

Eine weit verbreitete Methode der zeitlichen Berücksichtigung ist die Diskontierung der periodenbezogenen Nutzenfunktionen.[159] Der Diskontierungsfaktor übernimmt dabei die Aufgabe die zeitliche Präferenz des Entscheiders abzubilden. Es wird davon ausgegangen, dass die Nutzenfunktionen additiv-separabel sind und sich im zeitlichen Ablauf nicht ändern. Diese Annahme ist erfüllt, [160]

- wenn die Nutzenfunktionen zeitlich voneinander unabhängig sind[161] und
- die Höhe der nutzenbringenden Einflussgröße für die Diskontierung keine Rolle spielt.
- Es wird eine zeitliche Risikoneutralität unterstellt.[162]

Die Asymmetriedefinition mit den erweiterten Teilsteuerfunktionen impliziert genau diese Annahmen. Das wird klar, wenn man an die Definition der Ableitung der erweiterten Teilsteuerfunktion in (6.2) denkt.

Bei diesen Annahmen handelt es sich an dieser Stelle keineswegs um zusätzliche Prämissen, denn alle statischen Betrachtungen implizieren bereits diese Annahmen.[163]

Die Berücksichtigung der zeitlichen Präferenz führt selbst unter Sicherheit dazu, dass auf die Abbildung der Nutzenfunktion nicht mehr verzichtet werden kann. Diese Nutzenfunktion gibt im Unternehmenskontext einen nutzentheoretischen Unternehmenswert an.

Die intertemporale Nutzenfunktion lautet dann:

$$U^{+}_{(s)}(\underrightarrow{x}) = \sum_{\tau=0}^{T} \delta^{\tau} \cdot U_{(s)}(x_{\tau}) \tag{6.4}$$

Die Auswirkungen der Veränderung einer wirtschaftlichen Bezugsgröße in einem Zeitpunkt auf die intertemporale Nutzenfunktion gibt ihre Ableitung an:

[159] Vgl. Richard (1975), S. 20; für Alternativen vgl. Keeney und Raiffa (1993), S. 477.
[160] Vgl. Frederick, Loewenstein und O'Donoghue (2002), S. 357.
[161] Eine Folge aus der Stationarität, vgl. Keeney und Raiffa (1993), S. 489.
[162] Vgl. Dyckhoff (2007), S. 983, die auch als multivariate Risikoneutralität bezeichnet wird; Richard (1975), S. 12 und 20.
[163] Vgl. Dyckhoff (2007), S. 984.

$$
\begin{aligned}
\frac{\partial U^{+}_{(s)}(\underset{\rightarrow}{x})}{\partial x_t} &= \sum_{\tau=0}^{T} \delta^{\tau} \cdot U'_{(s)}(x_{\tau}) && (6.5)\\
&= \sum_{\tau=0}^{T} \delta^{\tau} \cdot U'\left(x_{\tau} - T(x_{\tau}, f(x_t))\right) \cdot \left(1 - \frac{\partial T(x_{\tau}, f(x_t))}{\partial f(x_t)} \cdot f'(x_t)\right)
\end{aligned}
$$

Der Entscheider wird von der Diskontierung, dem Grenznutzen und der Besteuerung beeinflusst. Wird ein risikoneutraler Entscheider unterstellt, vereinfacht sich der Einfluss der Veränderung einer wirtschaftlichen Bezugsgröße zu:

$$
\frac{\partial U^{+}_{(s)}(\underset{\rightarrow}{x})}{\partial x_t} = U' \cdot \sum_{\tau=0}^{T} \delta^{\tau} \cdot \left(1 - \frac{\partial T(x_{\tau}, f(x_t))}{\partial f(x_t)} \cdot f'(x_t)\right) \tag{6.6}
$$

Dieses Ergebnis gilt für die lineare Nutzenfunktion ohne Kapitalmarkt. Unter der Annahme einer linearen Nutzenfunktion kann der Einfluss der Besteuerung auf den Nutzen isoliert werden:

$$
\frac{\partial T^{+}(\underset{\rightarrow}{x})}{\partial x_t} = -U' \cdot \sum_{\tau=0}^{T} \delta^{\tau} \cdot \frac{\partial T(x_{\tau}, f(x_t))}{\partial f(x_t)} \cdot f'(x_t) \tag{6.7}
$$

Die Definition der erweiterten Teilsteuerfunktion unterscheidet sich nur durch den konstanten Grenznutzeneinfluss.

Auch unter Unsicherheit stellt die additive Zusammenfassung mit Diskontierung ein übliches Vorgehen - hier für die Erwartungsnutzen - dar.[164] Es wird abermals eine additive Präferenzenunabhängigkeit und intertemporale Risikoneutralität vorausgesetzt.[165]

Der intertemporale Erwartungsnutzen ist unter diesen Voraussetzungen:

$$
U^{+}_{s}(\underset{\rightarrow}{\tilde{x}}) = \sum_{\tau=0}^{T} \delta^{\tau} \cdot E(U_s(\widetilde{x}_{\tau})) = \sum_{\tau=0}^{T} \delta^{\tau} \cdot E(U(g(\widetilde{x}_{\tau}))) \tag{6.8}
$$

[164] Vgl. Dyckhoff (2007), S. 982 f.; Kruschwitz und Löffler (2002), S. 4 f.
[165] Vgl. Dyckhoff (2007), S. 983.

Wird abermals ein risikoneutraler Entscheider unterstellt, der sich bei der gewöhnlichen Teilsteuerfunktion als guter Eichstrich herausgestellt hat, so ist die Ableitung des intertemporalen Erwartungsnutzens:

$$\frac{\partial U_s^+(\underset{\rightarrow}{\tilde{x}})}{\partial \tilde{x}_t} = U' \cdot \sum_{\tau=0}^{T} \delta^\tau \cdot E\left(1 - \frac{\partial T(x_\tau, f(x_t))}{\partial f(x_t)} \cdot f'(x_t)\right) \tag{6.9}$$

Unter dieser Voraussetzung kann der steuerliche Einfluss auf die Änderung der wirtschaftlichen Bezugsgröße isoliert werden:

$$\frac{\partial \bar{T}^+(\tilde{x}_t)}{\partial \tilde{x}_t} = U' \cdot \sum_{\tau=0}^{T} \delta^\tau \cdot E\left(\frac{\partial T(x_\tau, f(x_t))}{\partial f(x_t)} \cdot f'(x_t)\right) = U' \cdot E\left(T^{+'}(x_t)\right) \tag{6.10}$$

Wird ein risikoneutraler Entscheider unterstellt, unterscheidet sich (6.10) nur um den konstanten Grenznutzen vom Erwartungswert der Ableitung der erwarteten Grenzteilsteuerfunktion.

6.3.2 Kapitalmarkt

Der Einsatz des vollkommenen Kapitalmarkts erscheint für die Definition der Asymmetrie problematisch, weil die Auswirkungen der Besteuerungsasymmetrien auf den Kapitalmarkt noch nicht bekannt sind. Eine Definition, die die Einflusslosigkeit der Asymmetrischen Besteuerung voraussetzt, läuft Gefahr, sich in einen Zirkelschluss zu verwickeln. Anders natürlich in der Steuerplanung, in welcher der vollkommene Kapitalmarkt eine sinnvolle Untersuchungsmethode bietet.[166]

Existiert ein vollkommener Kapitalmarkt, so können die Investitionsentscheidungen delegiert [167] und mithilfe des Kapitalmarkts getroffen werden.

[166] Als Beispiel mag die Steuerbilanzpolitik dienen, vgl. zum Vorgehen Haase (2010), S. 80-93; Marettek (1970) hat als Erster neben dem Progressionseffekt den Zinseffekt in der Steuerbilanzpolitik berücksichtigt. Für den Zusammenhang zwischen Nutzen und Zinssatz, vgl. Marettek (1970), S. 22. Dass es sich dabei um ein Problem der konvexen Programmierung handelt, vgl. Siegel (1972), S. 67.

[167] Vgl. Copeland, Weston und Shastri (2008), S. 134.

Ein Einfluss durch eine veränderte Zahlung auf den Kapitalwert wäre:

$$\frac{\partial C_0(\underrightarrow{x})}{\partial x_t} = \sum_{\tau=0}^{T} \delta^\tau \cdot \left(1 - \frac{\partial T(x_\tau, f(x_t))}{\partial f(x_t)} \cdot f'(x_t)\right) \tag{6.11}$$

Die Ergebnisse in (6.6) und (6.11) sind sich ähnlich, folgen aber aus ganz unterschiedlichen Gründen. Zusammenhang (6.6) ist die Folge aus der Annahme einer linearen Nutzenfunktion. Diese Annahme ist bei einem Kapitalmarkt verfehlt, denn das Separationstheorem ist eine Folge aus der Annahme des abnehmenden Grenznutzens. Erst durch die Annahme einer konkaven Nutzenfunktion, kann die Investitionsentscheidung delegiert und unabhängig von der Nutzenfunktion getroffen werden.[168]

Auch unter Unsicherheit sorgen Separationstheoreme dafür, dass die Investitionsentscheidung delegiert werden kann, wenn der Kapitalmarkt vollkommen und vollständig ist.[169]

Die Besteuerung beeinflusst den Kapitalwert dabei in folgender Weise:

$$\frac{\partial C_0(\underrightarrow{\tilde{x}})}{\partial x_t} = \sum_{\tau=0}^{T} \delta^\tau \cdot E\left(\frac{\partial T(\tilde{x}_\tau, f(\tilde{x}_t))}{\partial f(\tilde{x}_t)} \cdot \frac{\partial f(\tilde{x}_t)}{\partial x_t}\right) \tag{6.12}$$

Einfluss haben die Diskontierung, die Wahrscheinlichkeitsverteilung der Steuerzahlungen und die gewöhnliche Grenzteilsteuerfunktion. Die Diskontierung unterscheidet sich vom Fall unter Sicherheit in ihrem Gleichgewichtszinssatz. Wird ein Kapitalmarkt mit risikoaversen Entscheidern unterstellt, kann die Unsicherheit durch einen Risikozuschlag auf den sicheren Zinssatz berücksichtigt werden. Eine bekannte - wenn auch umstrittene Möglichkeit - der Ermittlung des Risikozuschlags im Gleichgewicht stellt z. B. das CAPM dar.[170] Der Risikozuschlag ist fest mit einer Zufallsgröße jeder Periode verbunden und hängt von der kapitalmarkttheoretischen Besteuerung ab. Das CAPM erfährt im ICAPM eine Erweiterung, sodass der Zinssatz nicht mehr von jeder Periode abhängt, stattdessen aber von der intertemporalen Zufallsgröße. Werden steuerliche Wirkungen untersucht, sind Steuern in den Gleichgewichtsmodellen zu berücksichtigen.[171] Im Vorgriff auf Ergebnisse in Kapitel 10.3.2 kann dafür das sogenannte Tax-CAPM eingesetzt werden.[172]

---

[168] Vgl. Bamberg, Coenenberg und Krapp (2012), S. 85 und die dort angegebenen Quellen in FN 13.

[169] Vgl. Copeland, Weston und Shastri (2008), S. 134.

[170] Vgl. Laux, Gillenkirch und Schenk-Mathes (2012), S. 455.

[171] Vgl. Kruschwitz und Löffler (2009), S. 177; Brennan (1970), S. 426.

[172] Für den Rahmen der deutschen Einkommensbesteuerung, vgl. Jonas, Löffler und Wiese (2004), S. 905 f. Im mehrperiodischen Kontext und für Bedingungen, wann die Modelle ohne Steuern eingesetzt werden können, vgl. Mai (2006), S. 1242.

Durch das Kapitalmarktmodell unter Unsicherheit ist abermals eine Abstraktion von der Nutzenfunktion möglich. Eine Anwendung von Kapitalmarktmodellen setzt allerdings voraus, dass der Einfluss der Besteuerungsasymmetrien auf den Gleichgewichtszins bekannt ist und ein risikoaverser Entscheider vorliegt. Daher stellt der Kapitalmarkt auch unter Unsicherheit keine konsistente Alternative für die Definition der Asymmetrischen Besteuerung dar. Unter der Annahme, die später aufgelöst werden kann, dass der Einfluss der Besteuerung auch im Fall von Besteuerungsasymmetrien bekannt ist, werden die Kapitalmarktmodelle eingesetzt, um den Einfluss von Besteuerungsasymmetrien auf einen risikoaversen Entscheider zu konkretisieren.

Eine weitere Alternative stellen semisubjektive Modelle, wie der Risikoverbundansatz von Wilhelm (2005) oder die Risikoanalyse, die von Bamberg, Dorfleitner und Krapp (2006) theoretisch fundiert wurde, dar. Bei letzterer wird die Wahrscheinlichkeitsverteilung des "sicheren" Kapitalwerts einer Investition ermittelt und mit bestimmten Nutzenfunktionen, die sich durch Geldmarktinvarianz auszeichnen, wird der unsichere Kapitalwert auf den Nutzen abgebildet.[173]

Wie eingangs ausgeführt, ist der Bezugszeitpunkt keineswegs fest vorgegeben. Bisher wurde auf die explizite Angabe des Bezugszeitpunkts der Nutzenfunktion verzichtet. Durch die Wahl für die zeitlich konsistente Diskontierung spielt dieser keine Rolle. Bei der Ermittlung der Kenngrößen der erweiterten Teilsteuerfunktion kann auf die Angabe allerdings nicht verzichtet werden.

6.4 Kenngrößen

Die Definition der asymmetrischen Besteuerung ist auf diese Kenngrößen nicht angewiesen. Um Wirkungen der Besteuerungsasymmetrien zu untersuchen, stellen sie aber ein wichtiges Werkzeug dar.

6.4.1 Erweiterte Durchschnittsteilsteuerfunktion

Diese Definition kann aus mehreren Gründen nicht ohne Weiteres auf die erweiterten Teilsteuerfunktionen übertragen werden:

[173] Vgl. Bamberg, Dorfleitner und Krapp (2006), S. 295.

- Die Bemessungsgrundlage ist nicht Ausgangspunkt der Abbildung, sondern ihre wirtschaftliche Bezugsgrößen.
- Die wirtschaftlichen Bezugsgrößen haben eine zeitliche Dimension und Besteuerungsvorschriften können in verschiedenen Zeitpunkten wirken.

Die erweiterten Teilsteuerfunktionen konsolidieren die Wirkungen einer Ursache über mehrere Zeitpunkte Dadurch ist der Durchschnittsteilsteuerfunktion die wirtschaftliche Bezugsgröße des Betrachtungszeitpunkts als Unabhängige vorgegeben.

Die Ableitung der erweiterten Teilsteuerfunktion nach der wirtschaftlichen Bezugsgröße des Betrachtungszeitpunkts erfasst die Steuerbelastungen, die durch die wirtschaftliche Bezugsgröße des Betrachtungszeitpunkts ausgelöst werden.

In einem nutzentheoretischen Kontext interessiert der durchschnittliche Einfluss der Besteuerung auf den Nutzen des rationalen Entscheiders bezogen auf die Nutzenmehrung, die aus der wirtschaftlichen Bezugsgröße folgt.

Zusätzlich stellt sich bei den erweiterten Teilsteuerfunktionen die Frage nach dem Bezugszeitpunkt, in welchem die Einzeleffekte konsolidiert werden. Nachfolgend werden der Betrachtungs- und Entscheidungszeitpunkt als Alternativen erläutert.

Ist der zeitliche Bezugszeitpunkt der Betrachtungszeitpunkt, wird von der zahlungsbezogenen erweiterten Durchschnittsteilsteuerfunktion gesprochen. Unter Sicherheit ergibt sich für diese:

$$t^{+z}(x_t) = \frac{\int_0^{x_t} U' \cdot \sum_{\tau=0}^{T} \delta^{\tau-t} \cdot \frac{\partial T(x_\tau, f(x))}{\partial f(x)} \cdot f'(x) dx}{U' \cdot x_t} \overset{(5.16)}{=} \frac{T^+(x_t)}{x_t} \tag{6.13}$$

Und unter Unsicherheit:

$$t^{+z}(\tilde{x}_t) \overset{(5.16)}{=} \frac{\int_0^{x_t} \sum_{\tau=0}^{T} \delta^{\tau-t} \cdot E\left(\frac{\partial T(\tilde{x}_\tau, f(\tilde{x}_t))}{\partial f(\tilde{x}_t)} \cdot \frac{\partial f(\tilde{x}_t)}{\partial x_t}\right) dx}{E\left(\tilde{x}_t\right)} = E(t^{+z}(\tilde{x}_t)) \tag{6.14}$$

Die zahlungsbezogene erweiterte Durchschnittsteilsteuerfunktion ist durch die kumulierten Nutzeneinflüsse der gewöhnlichen Teilsteuerfunktionen der Wirkungszeitpunkte zur Basis der dazugehörigen Nutzen durch die wirtschaftlichen Bezugsgrößen bestimmt.

Bei einem risikoneutralen Entscheider ist der Nutzeneinfluss irrelevant. Auch bei dieser Kenngröße handelt es sich um ein dimensionsloses Maß. Die zahlungsbezogene Durchschnittsteilsteuerfunktion kann als (Erwartungs)Nutzen, der durch die Besteuerung verloren geht, interpretiert werden oder, wenn der Staat ebenso ein risikoneutraler Entscheider ist, als die staatliche Partizipation am (Erwartungs-)Nutzen, den die wirtschaftliche Bezugsgröße der Betrachtungsperiode stiftet.[174]

Ist der zeitliche Bezugs- zugleich der Entscheidungszeitpunkt, dann wird von der unternehmenswertbezogenen erweiterten Durchschnittsteilsteuerfunktion gesprochen. Diese entspricht der zahlungsbezogenen erweiterten Durchschnittsteilsteuerfunktion. Auf eine explizite Unterscheidung muss bei der Durchschnittsteilsteuerfunktion nicht Wert gelegt werden, wie nachfolgend gezeigt wird.

$$\begin{aligned} t^{+u}(\tilde{x}_t) &= \frac{\int_0^{x_t} \sum_{\tau=0}^{T} \delta^{\tau} \cdot E\left(\frac{\partial T(\tilde{x}_{\tau}, f(\tilde{x}_t))}{\partial f(\tilde{x}_t)} \cdot \frac{\partial f(\tilde{x}_t)}{\partial x_t}\right) dx}{x_t \cdot \delta^t} \\ &= \frac{\int_0^{x_t} \sum_{\tau=0}^{T} \delta^{\tau-t} \cdot E\left(\frac{\partial T(\tilde{x}_{\tau}, f(\tilde{x}_t))}{\partial f(\tilde{x}_t)} \cdot \frac{\partial f(\tilde{x}_t)}{\partial x_t}\right) dx}{x_t} = t^{+z}(\tilde{x}_t) \end{aligned} \quad (6.15)$$

Die erweiterte Durchschnittsteilsteuerfunktion kann auch als Schmälerung des Wertbeitrags der wirtschaftlichen Bezugsgröße zum Unternehmenswert interpretiert werden.

Unter der Annahme, dass die Besteuerungsasymmetrien keinen Einfluss auf den Kapitalmarkt haben, kann als Diskontierungszinssatz der gleichgewichtige Kapitalmarktzins - im Fall der Unsicherheit korrigiert um den passenden Risikoaufschlag - verwendet werden. Die Interpretation gilt dann bezüglich eines kapitalmarkttheoretischen Unternehmenswerts.

6.4.2 Erweiterte Grenzteilsteuerfunktion

Bei den erweiterten Grenzteilsteuerfunktionen bieten sich die Betrachtungs- und Entscheidungszeitpunkte als Bezugszeitpunkt an. Wird der Entscheidungszeitpunkt gewählt, so wird von der unternehmenswertbezogenen erweiterten Grenzteilsteuerfunktion gesprochen:

[174] Eine tiefergehende Erläuterung der Interpretation des Staates als Teilhaber des Unternehmens findet sich in Anhang A.2.

$$t^{+u'}(\tilde{x}_t) = U' \cdot E\left(\frac{\partial T_0^+(\tilde{x}_t)}{\partial x_t}\right) \tag{6.16}$$

Die unternehmenswertbezogene Grenzteilsteuerfunktion gibt den absoluten Unternehmenswertbeitrag des Staates an der wirtschaftlichen Bezugsgröße an. Der Unternehmenswertbeitrag wird dabei in Grenznutzen gemessen. Diese Kenngröße ist daher nicht dimensionslos.

Wird der Betrachtungszeitpunkt gewählt, so wird von der zahlungsbezogenen erweiterten Grenzteilsteuerfunktion gesprochen:

$$t^{+z'}(\tilde{x}_t) = U' \cdot E\left(\frac{\partial T_t^+(\tilde{x}_t)}{\partial x_t}\right) = \epsilon_{\Delta EUs,U^+} \tag{6.17}$$

Die zahlungsbezogene Grenzteilsteuerfunktion gibt den Erwartungsnutzeneinfluss durch die Besteuerung bezüglich des Unternehmenswertbeitrags durch die wirtschaftliche Bezugsgröße an. Diese Interpretationsmöglichkeit eröffnet nachfolgender Vergleich mit der Elastizität des Unternehmenswertbeitrags und dem vorsteuerlichen Nutzen.

$$\epsilon_{\Delta EUs} = \frac{U' \cdot \frac{\partial T_0^+(x_t)}{\partial x_t}}{\frac{\partial U^+(x_t)}{\partial x_t}} = \frac{\delta^t \cdot U' \cdot \frac{\partial T_t^+(x_t)}{\partial x_t}}{\delta^{t-r} \cdot U'} = \frac{\partial T^{+z}(x_t)}{\partial x_t} \tag{6.18}$$

Die Elastizität des Erwartungsnutzeneinflusses durch die Besteuerung und den vorsteuerlichen Nutzen entspricht genau dem zahlungsbezogenen Grenzteilsteuersatz. Diese Kenngröße ist dimensionslos.

Diese Interpretation kann auch bei der Untersuchung von Unternehmensentscheidungen mithilfe von Kapitalmarktmodellen weiterhelfen.[175]

Im kapitalmarkttheoretischen Kontext kann die zahlungsbezogene erweiterte Teilsteuerfunktion aus der Perspektive des Anteilseigners als die steuerliche Korrektur des kapitalmarkttheoretischen Unternehmenswertbeitrags der wirtschaftlichen Bezugsgröße verstanden werden oder aus der Perspektive des Staates als sein Unternehmenswertbeitrag durch die wirtschaftliche Bezugsgröße.

[175] Diesen Weg bei einer Untersuchung konvexer Steuertarife unter Unsicherheit schlagen auch Sarkar und Goukasian (2006), S. 317 ein.

6.5 Zusammenfassung

Die erweiterte Teilsteuerfunktion berücksichtigt alle Wirkungen, die ihre Ursache in der wirtschaftlichen Bezugsgröße des Betrachtungszeitpunkts t haben, normiert auf den Bezugszeitpunkt. Dabei übernimmt die Diskontierung mit einer subjektiven Zeitpräferenzrate eines risikoneutralen Entscheiders die Aufgabe der Konsolidierung der Einzelwirkungen.

- Die Ableitung der erweiterten Teilsteuerfunktion ist eng mit den Marginal Tax Rates verwandt.
- Die Festlegung der subjektiven Zeitpräferenzrate mit $0 < \delta < 1$ hat einen erheblichen Einfluss auf die Klassifikation der (A)Symmetriedefinition.
- Die Konkretisierung als exponentielle Diskontierung in der Definition der erweiterten Teilsteuerfunktion stellt die zeitliche Konsistenz sicher und ermöglicht einen einfachen Transfer auf Kapitalmarktmodelle.
- Die Definition der erweiterten Teilsteuerfunktion liefert konsistente Ergebnisse sowohl in nutzentheoretischen Modellen, sofern ein risikoneutraler Entscheider unterstellt wird, als auch in Kapitalmarktmodellen.
- Die zahlungsbezogene und unternehmenswertbezogene Durchschnittsteilsteuerfunktion entsprechen sich. Sie kann als Schmälerung des Wertbeitrags einer wirtschaftlichen Bezugsgröße zum Unternehmenswert verstanden werden.
- Die zahlungsbezogene Grenzteilsteuerfunktion kann als Erwartungsnutzeneinfluss durch die Besteuerung bezüglich des Unternehmenswertbeitrags durch die wirtschaftliche Bezugsgröße interpretiert werden. Weitere Hinweise, inwiefern der Staat als Teilhaber des Unternehmens gesehen werden kann, gibt Anhang A.2.
- Der Staat kann als Teilhaber am Unternehmen verstanden werden. Durch die asymmetrische Besteuerung erhöht er seinen Anteil am Unternehmenswert. Während der erweiterte zahlungsbezogene Grenzteilsteuersatz bei der symmetrischen Besteuerung genau dem erweiterten Durchschnittssteuersatz entspricht, erhöht er sich für die asymmetrische Besteuerung. Unter einer asymmetrischen Besteuerung gilt voranstehende Identität nicht mehr, sodass bei Untersuchungen von Asymmetrien diese Größen genau unterschieden werden müssen.[176]

[176] Vgl. Sarkar und Goukasian (2006), S. 317 sowie im empirischen Kontext Graham, Lemmon und Schallheim (1998), S. 131 f. (auch von Vorgenanntem zitiert).

Formal lassen sich zusammenfassend folgende Kenngrößen gut interpretieren:

- der erweiterte Durchschnittsteilsteuersatz:

$$t^{+}(x_t) = V^{S}(x_t)/V(x_t) \tag{6.19}$$

- der erweiterte zahlungsbezogene Grenzsteuersatz:

$$t^{+z'}(x_t) = \frac{\partial V^{S}(x_t)}{\partial V(x_t)} \tag{6.20}$$

7 Rechtlicher Rahmen

Im deutschen Steuerrecht finden sich zahlreiche Asymmetrien. Nachfolgender Überblick führt in die rechtlichen Rahmenbedingungen potenzieller Kandidaten einer asymmetrischen Besteuerung ein.

7.1 Verlustverrechnung

Es werden die deutschen Regelungen zur Verlustverrechnung skizziert und deren Fortentwicklung wird dargestellt. Dieser Abschnitt zeigt, dass in Deutschland von der "Besteuerungsreformitis" alle Bestandteile der Verlustverrechnung betroffen waren und es sich um ein sehr dynamisches Rechtsgebiet handelt. Da die Verlustverrechnung in meiner Arbeit an vielen Stellen als Archetyp der asymmetrischen Besteuerung genutzt wird und sie sowohl statische als auch dynamische Regeln enthält, wird der rechtliche Rahmen und seine Dynamik im Folgenden detailliert dargestellt. In der Literatur gilt sie als Paradebeispiel der asymmetrischen Besteuerung.

7.1.1 Bausteine der Verlustverrechnung

Die Bausteine der Verlustverrechnung stehen keineswegs nebeneinander, sondern sind voneinander abhängig. Sie können sogar in eine Reihenfolge gebracht werden. Die Verlustverrechnung kann in folgende Bausteine unterteilt werden:[177]

Gruppe	Komponente	Baustein	§§
periodische VVR	innerperiodischer Verlustausgleich	1. horizontaler VA	§ 15 Abs. 3 EStG
		2. vertikaler VA	§§ 2 Abs. 3, 2b, 15a, 15b, 15 Abs. 4 EStG
	intertemporaler Verlustabzug	3. Verlustrücktrag	§ 10d Abs. 1 S. 1 EStG
		4. Verlustvortrag	§ 10d Abs. 1 EStG
aperiodische VVR	Verlustübertragung	5. ... bei Umwandlungen	§ 12 Abs. 3 UmwStG
		6. interpersonelle ...	§ 8c KStG

Tabelle 7.1: Bausteine der Verlustverrechnung

[177] Aufteilung basiert auf Wosnitza (2000), S. 763.

Es wird zwischen dem innerperiodischen Verlustausgleich und dem intertemporalen Verlustabzug in der Gruppe der periodischen Verlustverrechnungsvorschriften unterschieden. Periodische Verlustverrechnungsvorschriften sind regelmäßig (i. d. R. jährlich) ohne weitere besondere Voraussetzungen einschlägig.

Der innerperiodische Verlustausgleich besteht aus den Bausteinen horizontaler und vertikaler Verlustausgleich.[178] Unter dem horizontalen Verlustausgleich wird die Verrechnung positiver und negativer Einkünfte innerhalb einer Einkunftsart verstanden.[179] Der vertikale Verlustausgleich erlaubt den Ausgleich zwischen negativen und positiven Einkunftsarten. Beide Formen des Ausgleichs sind in Deutschland mittlerweile beschränkt.

Verbleibt ein negativer Gesamtbetrag der Einkünfte, kann dieser intertemporal abgezogen werden.[180] Hier erlaubt das deutsche Steuerrecht zwei Arten des Verlustabzugs. Zum einen den Verlustrücktrag; hier kann der negative Gesamtbetrag der Einkünfte mit einem positiven Gesamtbetrag der Einkünfte aus den Vorjahren verrechnet werden. Und zum anderen den Verlustvortrag, der gebietet, dass ein verbleibender negativer Gesamtbetrag der Einkünfte mit positiven Gesamtbeträgen der Einkünfte in den Folgejahren verrechnet werden muss. Dieser negative Gesamtbetrag der Einkünfte wird technisch über die Jahre durch die Rechengröße des Verlustvortrags erfasst.

Existiert ein Verlustvortrag, so kann sich bei aperiodischen Vorgängen die Frage seiner weiteren Behandlung stellen. Als aperiodischer Vorgang kommen die Umwandlung und die interpersonelle Übertragung bei unentgeltlichen oder entgeltlichen Vermögensübertragungen in Frage.

Die einzelnen Bausteine sind jeweils von den vorangehenden Bausteinen abhängig. Kann ein Verlust durch einen horizontalen Verlustausgleich auf Einkunftsartenebene vermieden werden, entfällt ein vertikaler Verlustausgleich. Ist dies nicht möglich und werden die Verluste auch nicht vertikal ausgeglichen, so ist ein intertemporaler Verlustabzug durchzuführen. Die aperiodische Verlustverrechnung wird nur relevant, sobald ein Verlustvortrag besteht. Die Ziffern in Tab. 7.1 vor den Bausteinen kennzeichnen die durch diese Logik induzierte Reihenfolge. Anzumerken ist zudem, dass durch eine bestimmte Investition sämtliche Bausteine gleichzeitig (aber nacheinander) betroffen sein können.

[178] Es sei explizit auf die Unterscheidung Verlustausgleich (hier) und Verlustabzug (einen Absatz später) hingewiesen. Synonyme für den horizontalen und vertikalen Verlustausgleich sind interner und externer Verlustausgleich, vgl. Schlenker (2014), Rz. 3.

[179] Vgl. Becker, Loitz und Stein (2009), S. 73.

[180] Der Gesamtbetrag der Einkünfte ist nach § 2 Abs. 3 EStG definiert als "Summe der Einkünfte, vermindert um den Altersentlastungsbetrag, den Entlastungsbetrag für Alleinerziehende und den Abzug nach § 13 Absatz 3".

Die verschiedenen Bausteine der Verlustverrechnung sind in den §§ 2 und 10d EStG für die Einkommensteuer geregelt und gelten nach § 7 KStG auch für die Körperschaftsteuer. Einzelvorschriften schränken die allgemeine Form der Verlustverrechnung ein. Die Gewerbesteuer erlaubt nach §§ 7 und 10a GewStG keinen Verlustrücktrag, lediglich einen Verlustvortrag. Durch die Hinzurechnungen und Kürzungen des GewStG (§ 8 und 9 GewStG) entspricht die Bemessungsgrundlage der Verlustverrechnung nicht unbedingt der der Einkommen- oder Körperschaftsteuer.

Bei der Abbildung der wirtschaftlichen Bezugsgröße auf die Zielfunktion sind die Bausteine der Verlustverrechnung auf Ebene der Zusammenfassung der Bemessungsgrundlagenteile einer Steuerart zu berücksichtigen. Beispielsweise für die Abbildung der wirtschaftlichen Bezugsgröße x_i für die j-te Steuerart auf Z mit der Funktion $B_j = B_j(b_j(x_i))$.[181]

7.1.2 Dynamik der Gesetzgebung

Die Verlustverrechnungsvorschriften zeichnen sich in der letzten Dekade durch eine sehr dynamische Gesetzgebung aus. Die wichtigsten Stationen zeigt Abb. 7.1.

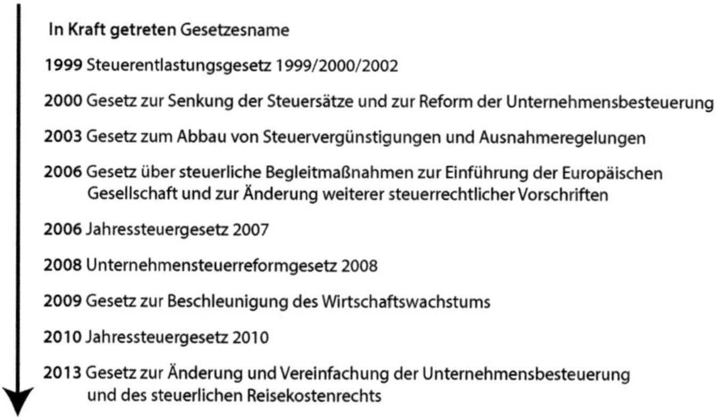

In Kraft getreten	Gesetzesname
1999	Steuerentlastungsgesetz 1999/2000/2002
2000	Gesetz zur Senkung der Steuersätze und zur Reform der Unternehmensbesteuerung
2003	Gesetz zum Abbau von Steuervergünstigungen und Ausnahmeregelungen
2006	Gesetz über steuerliche Begleitmaßnahmen zur Einführung der Europäischen Gesellschaft und zur Änderung weiterer steuerrechtlicher Vorschriften
2006	Jahressteuergesetz 2007
2008	Unternehmensteuerreformgesetz 2008
2009	Gesetz zur Beschleunigung des Wirtschaftswachstums
2010	Jahressteuergesetz 2010
2013	Gesetz zur Änderung und Vereinfachung der Unternehmensbesteuerung und des steuerlichen Reisekostenrechts

Abbildung 7.1: Entwicklung der Verlustverrechnung

[181] Vgl. Abb. 4.3.

Ausgangspunkt der Darstellung ist die deutsche Verlustverrechnung, die einen innerperiodischen Verlustausgleich bis auf wenige Ausnahmen zeitlich unbeschränkt zulässt.[182] Sie gewährt keine sofortige Verlusterstattung, sondern gebietet einen intertemporalen Verlustabzug. Dabei ist der Verlustvortrag unbegrenzt möglich, während der Verlustrücktrag betraglich und zeitlich beschränkt ist.[183] Das Steuerentlastungsgesetz 1999/2000/2002 schränkt die Verlustverrechnungsmöglichkeiten weiter massiv ein, indem es:

- den Verlustrücktrag von ehemals 10 Mio. DM auf 1 Mio. DM limitiert (§ 10d Abs. 1 EStG) und die Rangfolge der Verlustverrechnung beim Gesamtbetrag der Einkünfte erstmals bestimmt,
- die sog. Mindestbesteuerung (§ 2 Abs. 3 EStG a. F.) und
- weitere Beschränkungen für negative Einkünfte aus Verlustzuweisungsgesellschaften und ähnlichen Modellen (§ 2b EStG a. F.) eingeführt hat.[184]

Der Verlustrücktrag wurde auf ein Jahr und einen maximalen Betrag von 2 Mio. DM limitiert.[185] In den Folgejahren wurde er daraufhin nochmals um weitere 50 % auf einen Betrag von 511.500 EUR eingeschränkt.[186] Die Beschränkung wurde durch das UntSt-ReisekÄndG 2013 wieder auf 1 Mio. EUR gelockert[187], um sich dem französischen Recht anzunähern.[188]

Der Rang des Verlustabzugs wurde erstmals in seiner Vorrangigkeit zu Sonderausgaben und außergewöhnlichen Belastungen im § 10d Abs. 1 S. 1 EStG kodifiziert.[189] Während das Wahlrecht beim Verlustrücktrag die Auswirkungen dieser Rangfolgeumkehr verhindert, gehen solche Ausgaben beim gebotenen Verlustvortrag verloren.[190]

---

[182] Die Ausnahmen sind laut Herzig und Briesemeister (1999b), S. 1474: Verluste aus gewerblicher Tierzucht, private Veräußerungserlöse i. S. d. § 23 EStG, Leistungen i. S. d. § 22 Nr. 23 EStG sowie Differenzengeschäfte i. S. d. § 15 Abs. 4 S. 3 EStG.

[183] Die Verlustrücktragsmöglichkeit wurde 1976 eingeführt und 1984 auf zwei Jahre erweitert und blieb weiterhin auf einen Maximalbetrag von 5 Millionen DM beschränkt, vgl. BT-Drs. 9/842 (1981), S. 66.

[184] Vgl. Bundesgesetzblatt Teil I Nr. 15 (1999), S. 402 f. u. 407. Stellvertretend für die umfangreiche Fachliteratur zu dieser Steuerreform: Wosnitza (2000), S. 763 ff.

[185] Begründet wurde dieser Schritt mit Haushalts- und Komplexitätsgründen, vgl. BT-Drs. 14/23 (1998), S. 175.

[186] Durch das StSenkG (sic!) wurde der Rücktrag auf 1.000.000 DM beschränkt, vgl. Bundesgesetzblatt Teil I Nr. 46 (2000), S. 1435. Das StEuglG hat den Betrag mit 511.500 Euro umgerechnet, vgl. Bundesgesetzblatt Teil I Nr. 57 (2000), S. 1792.

[187] Vgl. Bundesgesetzblatt Teil I Nr. 9 (2013), S. 288.

[188] Vgl. BT-Drs. 17/10774 (2012), S. 13.

[189] Im ursprünglichen Entwurf ist von dieser Rangfolgeumkehr noch nicht die Rede, vgl. BT-Drs. 14/23 (1998), S. 8 u. 18.

[190] Vgl. Herzig und Briesemeister (1999a), S. 1380.

Die Mindestbesteuerung verhinderte den hälftigen vertikalen Verlustausgleich zwischen den Einkunftsarten, sobald beim Ausgleich durch die positiven Einkünfte ein Freibetrag in Höhe von 100.000 DM (Vorwegausgleich) je Steuerpflichtiger überschritten wurde.[191] Damit sollten "vermögensverwaltende und gewerbliche Abschreibungsmodelle" unterbunden werden.[192]

Der kurzlebige § 2b a. F. EStG war ähnlich motiviert. Er sollte die Verrechnung von Verlusten aus steuerlichen Kunstgebilden mit positiven Einkünften innerhalb einer Einkunftsart unterbinden. Verluste aus "Beteiligungen an Verlustzuweisungsgesellschaften und ähnlichen Modellen" durften daher nicht mit anderen Einkünften in einer Einkunftsart verrechnet werden. Gestattet wurde aber ein isolierter intertemporaler Verlustabzug innerhalb der jeweiligen Einkunftsart.[193]

Nachdem "Verlustquellen durch Lenkungsvorschriften" an Bedeutung verloren haben, hat der Gesetzgeber die umstrittene Regelung zur Mindestbesteuerung abgeschafft und durch die Mindestgewinnbesteuerung ersetzt.[194] Die Beschränkung unterscheidet nicht mehr zwischen aktiven und passiven Einkünften. Ist der Verlustvortrag bei der intertemporalen Verlustverrechnung größer als der Sockelbetrag von 1.000.000 Euro, dürfen beim übersteigenden Teil des Gesamtbetrags der Einkünfte nur noch Verlustvorträge in Höhe von 60 % verrechnet werden.[195] Der Gesetzgeber hat die Regelungen aus Angst vor den hohen Verlustvorträgen der deutschen Unternehmen eingeführt.[196]

Durch die Änderung des § 12 Abs. 3 UmwStG gehen nunmehr bestehende Verlustvorträge bei Verschmelzungen unter.[197] Im Zuge der Verschmelzung können bestehende Verlustvorträge zwar genutzt werden,[198] allerdings ist diese Nutzung durch die Mindestgewinnbesteuerung und die stillen Reserven begrenzt. Den Gesetzgeber hat die Angst motiviert, dass ausländische Verlustvorträge durch Hereinverschmelzung das Steuersubstrat belasten.[199]

---

[191] Vgl. Bundesgesetzblatt Teil I Nr. 15 (1999), S. 402. Auf eine detaillierte Darstellung wird an dieser Stelle verzichtet.

[192] Vgl. BT-Drs. 14/23 (1998), S. 167. Dieses Gesetz löste in der Folge ein Novum in der BFH-Rechtsprechung aus: Dieser erklärte das Gesetz wegen des Verstoßes gegen die Normenklarheit für verfassungswidrig, vgl. BFH-Beschluss vom 6.9.2006. Das Bundesverfassungsgericht lehnte diese Vorlage allerdings wegen Unzulässigkeit ab, vgl. BVerfG-Beschluss vom 12.10.2010.

[193] Vgl. Herzig und Briesemeister (1999b), S. 1470.

[194] Vgl. BT-Drs. 15/1518 (2003), S. 13. Mittlerweile auch unter dem Namen der Mindestbesteuerung bekannt, ursprünglich wurde sie Mindestgewinnbesteuerung genannt.

[195] Vgl. Bundesgesetzblatt Teil I Nr. 65 (2003), S. 2840.

[196] Vgl. BT-Drs. 15/1518 (2003), S. 13.

[197] Siehe § 12 Abs. 3 i. V. m. 4 Abs. 2 Satz 2 UmwStG im Bundesgesetzblatt Teil I Nr. 57 (2006), S. 2794 u. 2796.

[198] Vgl. BT-Drs. 16/2710 (2006), S. 41.

[199] Vgl. Rödder und Schumacher (2006), S. 1533.

Vereinfachungsgründe bewegten den Gesetzgeber dazu, die Mantelkaufregelung durch das Unternehmensteuerreformgesetz 2008 neu zu regeln.[200] Die Vorschrift regelt in den Fällen des Beteiligungserwerbs, in welchen 25 % der Anteilseigner innerhalb von fünf Jahren wechseln, dass Verlustvorträge anteilig untergehen und bei einem Wechsel von mehr als 50 % sogar vollständig verloren sind.[201] Eine wichtige Modifikation erfuhr die Mantelkaufregelung durch das Wachstumsbeschleunigungsgesetz, das die Regel insoweit abschwächte, als ein Verlustübertrag in Höhe der stillen Reserven möglich wird.[202]

Sowohl der periodische Verlustausgleich als auch der intertemporale Verlustabzug wurden in der letzten Dekade immer weiter eingeschränkt. Beim Verlustausgleich stopfte der Gesetzgeber in den letzten Jahren zahlreiche Steuerschlupflöcher,[203] indem er Beschränkungen des Verlustausgleichs einführte, die nicht immer treffsicher echte Steuerschlupflöcher beseitigen sollten. Der Gesetzgeber versuchte durch die Verlustausgleichsbeschränkungen die Anpassungsreaktionen zu verhindern, indem er diese Fälle in den isolierten intertemporalen Verlustabzug drängte. Zeitgleich beschränkte er ebenso den intertemporalen Verlustabzug und die aperiodische Verlustverrechnung. Die Entwicklung der zeitlichen und betraglichen Beschränkungen des intertemporalen körperschaftsteuerlichen Verlustabzugs fassen nachfolgende Tabellen zusammen:[204]

	Verlustrücktragsvolumen	Verlustrücktragsperioden
1984 - 1998	10 Mio. DM	2
1999/2000	2 Mio. DM	1
2001 bis 2012	511.500 EUR	1
2013	1 Mio. EUR	1

Tabelle 7.2: Entwicklung der ertragsteuerlichen Verlustrücktrag-Regelungen

Der Verlustrücktrag ist derzeit auf 1 Mio. EUR betraglich und ein Jahr zeitlich beschränkt. Gewerbesteuerlich ist ein Verlustrücktrag nicht möglich.[205]

200 Dadurch wurde die in der Praxis streitanfällige Mantelkaufregelung des § 8 Abs. 4 KStG, die an der wirtschaftlichen Identität ansetzte, durch eine neue Regelung mit typisierenden Tatbestandsmerkmalen ersetzt, vgl. BT-Drs. 16/4841 (2007), S. 74-76.

201 Vgl. Bundesgesetzblatt Teil I Nr. 40 (2007), S. 1928.

202 Vgl. Bundesgesetzblatt Teil I Nr. 81 (2009), S. 3952. Weitere Detailanpassungen erfuhr das Gesetz im Jahressteuergesetz 2010, vgl. Bundesgesetzblatt Teil I Nr. 62 (2010), S. 1781, z. B. in den Fällen, in welchen ein negatives Eigenkapital vorliegt. Zu steuerplanerischen Implikationen, vgl. Diller, Kundisch und Späth (2011).

203 Ein Steuerschlupfloch liegt nach Wosnitza (2000) vor, wenn durch steuerliche Regeln eine Anpassungsreaktion der Steuerpflichtigen hervorgerufen wird, vgl. dort, S. 768. Ich schließe mich der Frage Wosnitzas an, ob es sich dabei nicht zum Teil um gewollte Steuerschlupflöcher i. S. d. Lenkungsnormen handelte. Dieses Schlagwort wird übrigens auch oft als Begründung vom Gesetzgeber herangezogen, vgl. BT-Drs. 14/23 (1998), S. 127 u. BT-Drs. 17/4653 (2011), S. 2.

204 Vgl. Bundesgesetzblatt Teil I Nr. 9 (2013), S. 288; Lindberg (2013), Rz. 45.

205 Vgl. § 10a GewStG.

Für den Verlustvortrag in Einkommen-, Körperschaft- und Gewerbesteuer gilt:[206]

	Verlustvortragsvolumen p.p.	Verlustvortragsperioden
1984 - 2003	∞	∞
2004 bis heute	EUR 1 Mio., danach 40 %·Gewinn	∞

Tabelle 7.3: Entwicklung der ertragsteuerlichen Verlustvortrag-Regelungen

Verlustverrechnungsregeln in dieser Art finden sich nahezu in allen Ländern. Zahlreiche Arbeiten haben länderübergreifende Vergleiche der Vorschriften zum Thema.[207] Die Funktionsweise von Verlustverrechnungsvorschriften in den Ländern ist dabei sehr ähnlich, sie unterscheiden sich meist nur in ihren Beschränkungen oder anderen Nuancen, die auch Thema der dynamischen Fortentwicklung des deutschen Steuerrechts waren.

7.2 Zinsverrechnung

Das deutsche Ertragsteuerrecht kennt verschiedene Vorschriften, die die Zinsverrechnung einschränken. Die wichtigsten werden nun kurz vorgestellt.

7.2.1 Gewerbesteuerliche Hinzurechnung

Die Regeln des GewStG lassen unter bestimmten Bedingungen keinen vollständigen Zinsabzug bei Entgelten für Schulden, Renten und Gewinnanteilen des stillen Gesellschafters zu. Daneben unterstellt das Gesetz bei bestimmten Aufwandspositionen einen fiktiven Zinsanteil, der ebenfalls dieser Beschränkung unterliegt. Namentlich handelt es sich dabei um 1/5 der Miet- und Pachtzinsen beweglicher Wirtschaftsgüter, 1/2 der Miet- und Pachtzinsen unbeweglicher Wirtschaftsgüter und 1/4 der zeitlich befristeten Überlassung von Rechten.

Übersteigt die Summe der Zinsaufwendungen und der fiktiven Zinsanteile den Freibetrag i. H. v. 100.000 EUR, so werden dem Gewerbeertrag 1/4 der darüberliegenden oben spezifizierten Aufwendungen hinzugerechnet und im Umkehrschluss sind nur noch 75 % dieser (fiktiven) Aufwendungen bei der Gewerbesteuer berücksichtigungsfähig.

[206] Die Übersichten basieren auf Dwenger (2008), S. 4.
[207] Vgl. Ernst & Young (2011), Dahle (2011) oder Koch (2010).

Die Begründung für die teilweise Nichtberücksichtigung der Zinsaufwendungen findet der Gesetzgeber im Objektcharakter der Gewerbesteuer, bei welcher subjektive Einflüsse wie die Finanzierung möglichst unberücksichtigt bleiben sollten.[208]

7.2.2 Abgeltungsteuer

Im Zuge der Unternehmenssteuerreform 2008 wurden die Einkünfte aus Kapitalvermögen (mit wenigen Ausnahmen) aus der Regelbesteuerung herausgenommen und unterliegen der sogenannten Abgeltungsteuer. Die Abgeltungsteuer trennt ihre Einkünfte in zwei Verrechnungstöpfe, die keinen Verlustausgleich mit anderen Töpfen oder Einkunftsarten zulassen, aber jeweils eine intertemporale Berücksichtigung erlauben. Bis auf einen Pauschbetrag i.H.v. 801 EUR lässt die Abgeltungsteuer keinen Abzug von Aufwendungen zu, was sich insbesondere bei fremdfinanzierten Engagements auswirkt.

7.2.3 Zinsschranke

Bei der Zinsschranke handelt es sich um eine sehr junge Regelung, die in den letzten Jahren Nachbesserungen erfahren hat. Sie hat im Zuge der Unternehmensteuerreform 2008 den damaligen § 8a KStG abgelöst, der als sehr streitanfällig galt und ein Übermaß der Fremdkapitalfinanzierung abwenden sollte.[209]

Die Zinsschranke verhindert eine teilweise (vollständige) Berücksichtigung von Zinsaufwand, sofern keine ihrer Ausnahmetatbestände greifen und der Nettozinsaufwand mehr als 30 % des steuerlichen EBITDA beträgt. Der durch die Zinsschranke verhinderte Zinsaufwand zur Verrechnung kann zeitlich unbeschränkt in die Folgejahre vorgetragen werden, in welchen er dann zusätzlich abgezogen werden kann, soweit die EBITDA-Grenze unterschritten wird. Nicht genutztes 30%-EBITDA-Volumen kann bis zu fünf Jahre nach der FIFO-Reihenfolge vorgetragen werden.[210]

Die Ausnahmetatbestände der Zinsschranke werden Escape-Klauseln genannt. Es sind drei Klauseln vorgesehen:[211]

---

208 Vgl. Geberth (2011) , S. 152 f.

209 Vgl. Blaufus und Lorenz (2009), S. 504; Homburg (2007), S. 5 bezweifelt die Eignung dazu und glaubt, dass alleinig die Sicherung des Steuersubstrats motivierte.

210 Vgl. Kessler und Dietrich (2010), S. 241.

211 Vgl. Homburg (2007), S. 3.

1. Kleinbetriebklausel: Ist der jährliche Nettozinsaufwand nicht höher als 3 Mio. EUR (Freigrenze), wird die Zinsschranke nicht angewendet.

2. Konzernklausel: Nur wenn der Betrieb zu einem Konzern gehört, wird die Zinsschranke angewendet.

3. Öffnungsklausel: Die Öffnungsklausel stellt Unternehmen von der Zinsschranke frei, sofern ein Unternehmen im Konzernverbund die Eigenkapitalquote des Konzerns nicht um mehr als 2 % unterschreitet.

Außerdem darf auch bei Gültigkeit der zweiten und dritten Klausel keine schädliche Gesellschafterfremdfinanzierung vorliegen.[212]

Die Funktionsweise der Zinsschranke ist komplex und kann als vierstufiges Prüfungsschema beschrieben werden, falls keine Escape-Klausel greift:[213]

1. Alle Zinsaufwendungen in Höhe der Zinserträge sind abzugsfähig. Zu den Zinsaufwendungen zählen auch die Zinsvorträge der Vorperiode.

2. Der Nettozinsaufwand kann bis zur Höhe des 30%-igen steuerlichen EBITDA verrechnet werden.

3. Darüberliegender Nettozinsaufwand darf nicht abgezogen werden, außer es sind genügend EBITDA-Vorträge aus den Vorperioden vorhanden.

4. Verbleibende nicht abziehbare Zinsaufwendungen sind als Zinsvortrag in die Folgeperioden zu übertragen.

Der Zinsvortrag unterliegt den Mantelkaufbeschränkungen des § 8c KStG. Er kann allerdings bei Verkauf in Höhe der nachrangig zum Verlustvortrag verbleibenden stillen Reserven übertragen werden.[214]

Viele Länder implementieren mittlerweile sog. Thin-Capitalization-Rules, wobei sie sich in der Funktionsweise im Detail unterscheiden.[215]

[212] Vgl. Lenz und Dörfler (2010), S. 19; Schaden und Käshammer (2007), S. 2260.
[213] Vgl. Bohn und Loose (2011), S. 1246.
[214] Vgl. Prinz (2012), S. 2368; S. 2370.
[215] Vgl. Lenz und Dörfler (2010), S. 20 f.

8 Teilsteuerfunktion unter Sicherheit

Die Regelungen zur Verlustverrechnung werden nun formal unter Sicherheit nachvollzogen, indem die gewöhnlichen und erweiterten Teilsteuerfunktionen unter Verlustverrechnung abgeleitet werden.[216] Dabei sind insbesondere die Form und die Gestalt der Ableitung von Interesse, weil diese Bestandteile der Asymmetriedefinition sind.

Die Verlustverrechnungsvorschriften knüpfen überwiegend an $B(x)$.

Vorübergehend wird aus Darstellungsgründen nur eine Steuerart ohne Modifikationen betrachtet. Eine Berücksichtigung linearer Transformationen würde keinen weiteren Erkenntnisgewinn versprechen, da lineare Transformationen die Asymmetrie-Eigenschaft nicht weiter beeinflussen. Die Erweiterung sowohl um mehrere Steuerarten als auch um Modifikationen ist unproblematisch, wie Beispiele zur Wirkungsexploration zeigen.

Es gilt:

$$B(x) = x \tag{8.1}$$

Es wird angenommen, dass sich die Steuerzahlung aus der Multiplikation der rechtlichen Bemessungsgrundlage (B) mit ihrem tariflichen Steuersatz (s) ergibt. Es gilt:

$$\mathscr{S}(x) = S(x) = s \cdot B^*(x) \tag{8.2}$$

Durch diese Einschränkungen kann die Darstellung der Teilsteuerfunktion auf folgende Beziehung reduziert werden:

$$\boxed{T(x_T) = s \cdot B^*(x_T)} \tag{8.3}$$

Selbst in dieser vereinfachten Darstellung unterscheidet sich die Untersuchung von jener der ausschließlichen Betrachtung der rechtlichen Bemessungsgrundlage einer Steuerart, da nicht diese, sondern weiterhin die wirtschaftliche Bezugsgröße im Fokus steht.

[216] Auf die Darstellung der Mindestbesteuerung, die 2004 wieder abgeschafft wurde, wird verzichtet. Die Mindestgewinnbesteuerung wird weiter unten diskutiert, vgl. Kapitel 8.2.3 u. Kapitel 8.2.2.

Im nachfolgenden Abschnitt werden die gewöhnlichen und erweiterten Teilsteuerfunktionen des sofortigen Verlustausgleichs und des Verlustrücktrags abgeleitet. Beim Verlustrücktrag wird auf Auswirkungen möglicher Verlustverrechnungsbeschränkungen eingegangen.

8.1 Verlustausgleich

Die Vorschriften des deutschen Steuerrechts lassen für eine negative Bemessungsgrundlage keine Steuererstattung (totaler Verlustausgleich) zu. Als Bemessungsgrundlage gilt bei der Körperschafts- und Einkommensbesteuerung das zu versteuernde Einkommen und bei der Gewerbesteuer der Gewerbeertrag.[217] Ein negatives zu versteuerndes Einkommen oder ein negativer Gewerbeertrag führt zu keiner Steuererstattung.[218] Ohne Modifikation entsprechen sich die Bemessungsgrundlagen und die wirtschaftliche Bezugsgröße x ist mit $X = \Omega \backslash \{zvE\}$ beschrieben.

$$B^*(x) = \langle x \rangle^+ \tag{8.4}$$

Wegen dem Periodizitätsprinzip genügt die gewöhnliche Teilsteuerfunktion um den Ausschluss des Verlustausgleichs zu beschreiben. Die gewöhnliche Teilsteuerfunktion lautet:

$$T(x) = s \cdot \langle x \rangle^+ \tag{8.5}$$

Sie entspricht damit genau dem Klassiker der Asymmetrischen Besteuerung, der bereits in Abschnitt 5.2.3 thematisiert wurde. Ergebnis war, dass es sich dabei um eine nullasymmetrische Besteuerung handelt und alle wünschenswerten Eigenschaften der Besteuerung eingehalten werden.

Eine weitere Zerlegung der Bemessungsgrundlage in Teilbemessungsgrundlagen $X = \Omega \backslash \{x_1, x_2\}$, wobei $x_1 + x_2 = zvE$ gilt, zeigt, dass zwar eine Steuererstattung auf Ebene der Bemessungsgrundlage ausgeschlossen ist (Beschränkung des totalen Verlustausgleichs), wohl aber bezüglich der Teilbemessungsgrundlagen möglich bleibt (horizontaler und vertikaler Verlustausgleich). Die Teilsteuerfunktion bezüglich der beiden wirtschaftlichen Bezugsgrößen lautet:

[217] Vgl. § 32a Abs. 1 Satz 1 EStG, § 7 Abs. 1 KStG und § 11 Abs. 1 Satz 1 und 2 GewStG.
[218] Vgl. z. B. § 2 Abs. 5, § 32a Abs. 1 Satz 2 Nr. 1 EStG für die Einkommensteuer.

$$T(\underline{x}) = s \cdot \langle x_1 + x_2 \rangle^+ = s \cdot (x_1 + x_2) - s \cdot \langle x_1 + x_2 \rangle^- \tag{8.6}$$

Die Teilsteuerfunktion kann so formuliert werden, dass ein unmittelbarer Bezug zur Teilsteuerrechnung hergestellt werden kann. Eine Erweiterung um Modifikationen ist offensichtlich problemlos möglich. Bezieht sich die Nichtlinearität nur auf eine Steuerart, kann anstatt, des linearen Terms auch die Gesamtbelastungsgleichung der Teilsteuerrechnung verwendet werden, ohne dass sich der nichtlineare Term ändert. Bezieht sich die nichtlineare Vorschrift auf mehrere Steuerarten, wird im nichtlinearen Term eine Anpassung von s und $x_1 + x_2 := \underline{m} \cdot \underline{x}$ notwendig sein und eine steuerarten-bezogene Aufspaltung dieses Terms. Die Analyse der Teilsteuerfunktion in (8.6) zeigt, dass, solange $x_1 + x_2 \geq 0$ gilt, eine Teilbemessungsgrundlage negativ sein kann und es dennoch zu einem Verlustausgleich durch die andere positive Teilbemessungsgrundlage kommt. Sofern $x_1 + x_2 < 0$ gilt, wird der totale Verlustausgleich teilweise oder vollständig verhindert. Die Besteuerung der wirtschaftlichen Bezugsgrößen x_1 und x_2 ist offensichtlich asymmetrisch.

Die Möglichkeit des horizontalen Verlustausgleichs wird allerdings durch viele Sondervorschriften eingeschränkt.[219] Ohne Anspruch auf Vollständigkeit finden sich solche Vorschriften in:

- § 2a EStG: Negative Einkünfte mit Bezug zu Drittstaaten
- § 15a EStG: Verluste bei beschränkter Haftung
- § 15b EStG: Verluste im Zusammenhang mit Steuerstundungsmodellen
- § 15 Abs. 4 EStG: Verluste aus gewerblicher Tierzucht oder Tierhaltung
- § 17 Abs. 2 Satz 4 EStG: Veräußerungsverluste bestimmter Anteile
- § 22 Nr. 3 EStG: Verluste aus Leistungen, sofern sie sonstige Einkünfte darstellen
- § 23 Abs. 3 Satz 7 EStG: Verluste aus privaten Veräußerungsgeschäften

Vorerst wird die Teilsteuerfunktion der wirtschaftlichen Bezugsgröße x_1, die von einer der obigen Sondervorschriften erfasst wird, abgeleitet. Für die wirtschaftliche Bezugsgröße gilt $X = \Omega \backslash \{x_1\}$. Die Sondervorschriften knüpfen an der Teilbemessungsgrundlage an, für diese gilt:

[219] Eine Beschränkung des vertikalen Verlustausgleichs stellte die wieder abgeschaffte Mindestbesteuerung dar.

$$b^*(x) = \langle x \rangle^+ \tag{8.7}$$

Die Teilsteuerfunktion wird um die andere wirtschaftliche Bezugsgröße x_2 erweitert, d. h. die wirtschaftliche Bezugsgröße ist damit mit $X = \Omega \backslash \{x_1, x_2\}$ beschrieben und die Teilsteuerfunktion lautet:

$$T(\underline{x}) = s \cdot (x_1 + x_2) + s \cdot \langle x_1 \rangle^- \tag{8.8}$$

Auch hier ist der Unterschied zur symmetrischen Teilsteuerfunktion gut ablesbar, die einen Vergleich zur Teilsteuerrechnung ermöglicht. Es ist offensichtlich, dass die Besteuerung der wirtschaftlichen Bezugsgröße x_1 asymmetrisch ist und diejenige von x_2 symmetrisch bleibt.

Da sich die beiden Teilsteuerfunktionen (8.6) und (8.8) auf verschiedene Anknüpfungspunkte beziehen, dürfen sie nicht ohne Weiteres kombiniert werden. Allerdings kann die Kombination der Teilsteuerfunktionen grafisch untersucht werden.

In Abb. 8.1 (a) ist die lineare Teilsteuerfunktion, die zugleich symmetrisch ist, abgebildet. Diese entspricht der Gesamtbelastungsgleichung der Teilsteuerrechnung. Durch die Berücksichtigung des Ausschlusses des totalen Verlustausgleichs ist auf der Ebene der Bemessungsgrundlage eine nichtlineare Abbildungsvorschrift induziert, die sicherstellt, dass Werte nur oberhalb der x_1x_2-Ebene möglich sind. Die nichtlineare Teilsteuerfunktion ergibt sich aus diesen beiden Flächen und ist in der Abbildung durch das Gitter gekennzeichnet.

In Abb. 8.1 (b) ist die nichtlineare Teilsteuerfunktion abgebildet, die keinen horizontalen Verlustausgleich von x_1 zulässt. Diese Teilsteuerfunktion ist mit der anderen nichtlinearen Teilsteuerfunktion verkettet, die oben durch die x_1x_2-Ebene gefunden wurde. Die Kombination der beiden Teilsteuerfunktionen stellt keine Teilsteuerfunktion dar, weil sie Nichtlinearitäten auf verschiedenen Ebenen berücksichtigt. Sie ist in der Abbildung durch die Fläche mit Gitter repräsentiert.

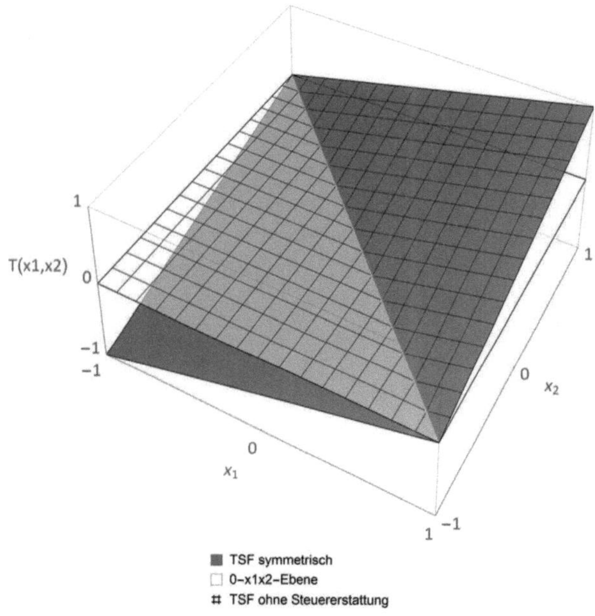

(a) symmetrisch und ohne totalen Verlustausgleich

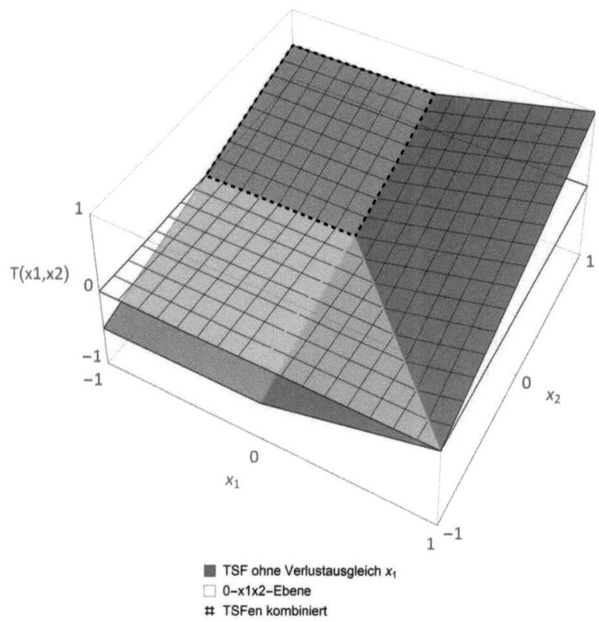

(b) x_1 ohne Verlustausgleich und ihre Kombinationen

Abbildung 8.1: Grafische Analyse der Teilsteuerfunktionen

Die Analyse verdeutlicht zum einen, dass es sich bei der Verkettung der beiden Teilsteuerfunktionen, die jeweils für sich konvex sind, abermals um eine konvexe Funktion handelt, solange die Teilsteuerfunktion, die keinen Verlustausgleich einer Teilbemessungsgrundlage abbildet, monoton steigt. Dies ist hier augenscheinlich erfüllt. Zum anderen zeigt sich, dass sich die kombinierte Funktion nur um die gestrichelte Fläche unterscheidet. In diesem Bereich bleibt eine Veränderung ohne Auswirkung auf die kombinierte Funktion, während die Veränderung der zweiten wirtschaftlichen Bezugsgröße weiterhin einen Einfluss auf die Funktion ausübt. Des Weiteren wird die Stärke der Definition der Teilsteuerfunktion offensichtlich, die die Effekte der beiden Asymmetrien transparent trennt. Die Separierung der kombinierten Effekte wird durch die beiden Teilsteuerfunktionen möglich. Die Asymmetrien interagieren in der Art, dass die Steuerbelastung durch die Kombination weiter steigt.

Diese extreme Form der asymmetrischen Besteuerung wird als intertemporaler Widerspruch zum Leistungsfähigkeitsprinzip der Besteuerung durch die Abschnittsbesteuerung empfunden.[220] Der Gesetzgeber verhindert einen Verlustausgleich daher nicht vollständig, sondern Verluste dürfen intertemporal abgezogen werden. Hier sind zwei Varianten zu unterscheiden:

- *Verlustrückträge* - hier dürfen heutige Verluste mit vergangenen Gewinnen verrechnet werden.
- *Verlustvorträge* - bei welchen die Verluste bei späteren positiven Gewinnen berücksichtigt werden müssen.[221]

Diese beiden Varianten werden nachfolgend untersucht.

8.2 Verlustrücktrag

Ausgehend von der rechtlichen Definition des Gesamtbetrags der Einkünfte, denn hier setzen die Verlustverrechnungsvorschriften an, werden die gewöhnlichen und erweiterten Teilsteuerfunktionen für lineare Steuertarife abgeleitet. Es gilt $X = \Omega\backslash\{GBdE\}$ für nicht bilanzierende Steuerpflichtige und $X = \Omega\backslash\{EBT\}$ für bilanzierende Unternehmen.

[220] Vgl. Tipke und Lang (2010), S. 250 f. Rz. 61-62.
[221] Vgl. Wosnitza (2000), S. 763.

Beim Verlustrücktrag dürfen Verluste einer Periode mit vorangehenden Gewinnen verrechnet werden. Es sind Varianten ohne und mit Beschränkungen der Verlustverrechnung denkbar.

8.2.1 Ohne Beschränkungen

Nachfolgend wird die Logik des Verlustrücktrags in rekursive Definitionen von Funktionen übersetzt. Dadurch wird die Funktionsweise der Verlustrücktragsverrechnung transparent und es sind erste Erkenntnisse möglich.[222] Durch die Übersetzung sind die Vorschriften zur Verlustrücktragsverrechnung mathematisch fassbar. Zudem leistet das Vorgehen Vorarbeiten für die spätere Ableitung der Teilsteuerfunktionen.

Existieren verrechenbare Verlustrückträge aus den Folgeperioden, so schmälern diese eine positive Zahlung. Die Bemessungsgrundlage kann nicht negativ werden, da kein sofortiger Verlustausgleich zugelassen wird. Ein Verlustrücktrag kann maximal in Höhe der Zahlung berücksichtigt werden. Ist die Zahlung negativ, so ist die Bemessungsgrundlage stets null. Nachfolgende Definition stellt dies sicher, weil die negative Zahlung immer das Minimum des zweiten Ausdrucks ist, da nur positive Verlustrückträge zugelassen sind und der erste Term daher nivelliert wird.

$$B_t^* = x_t - min\left\{v_{t+1}; x_t\right\} \tag{8.9}$$

Es sei explizit darauf hingewiesen, dass die zeitliche Denkrichtung ungewöhnlich ist, weil hier Verluste berücksichtigt werden, die erst noch entstehen. Für die Darstellung der Regelungen unter Sicherheit ist dies allerdings unproblematisch aufgrund der zukünftigen Zahlungen, die bereits bekannt sind. Auch in der praktischen Umsetzung der Regelung ist dies problemlos möglich, obwohl hier Sicherheit nicht mehr vorausgesetzt werden kann, da erst spätere Verluste einen Rücktrag auslösen und dann lediglich bereits realisierte Gewinne korrigiert werden.

[222] Dieser Weg wird in der Literatur oft eingeschlagen, um die Verlustvortragsvorschriften abzuleiten, um daran später Simulationen zu knüpfen, vgl. Niemann (2004), S. 362; Beispiele, vgl. Schanz und Schanz (2011), S. 277 und Mikrosimulationen, vgl. Cui (2013), S. 125. Eine Untersuchung der Beziehungen erfolgte bisher jedoch nicht.

8.2.1.1 Bestand des Verlustrücktrags

Verluste in t erhöhen die Verlustrückträge aus der Folgeperiode, während eine Verrechnung von Verlustrückträgen mit Gewinnen den Bestand der Verlustrückträge vermindert. Damit ergibt sich für den Verlustrücktrag ohne eine weitere Beschränkung folgender Zusammenhang:

$$\begin{aligned} v_t(x_t) &= v_{t+1} + \langle -x_t \rangle^+ - \langle x_t - B_t^* \rangle^+ \\ &= \underbrace{v_{t+1}}_{Altverluste} + \underbrace{\langle -x_t \rangle^+}_{Neuverluste} - \underbrace{min\left\{v_{t+1}; \langle x_t \rangle^+\right\}}_{Verbrauch} \end{aligned} \tag{8.10}$$

Der Verlustrücktrag ist durch eine rekursive Beziehung (die Funktion bezieht sich bei ihrer Definition auf sich selbst),[223] und einen externen deterministischen Schock[224] (der Bemessungsgrundlage der Verlustverrechnung, die im Kontext der Verlustverrechnung der Gesamtbetrag der Einkünfte darstellt) bestimmt. Dabei bezieht sich die Funktion nur auf den vorangehenden Wert der Verlustrückträge, es handelt sich damit um eine Differenzengleichung erster Ordnung. Der Rekursionsanfang sind keine Verlustrückträge, wenn nach dem Planungshorizont das Unternehmen beendet wird, d. h. $v_{>T} = 0$.

Für obige Gleichung ist die Reihenfolge der Verlustverrechnung mit den Gewinnen fest vorgegeben. Der Gewinn, der als erstes folgt (in umgekehrter Zeitrichtung!), wird als erstes verrechnet.

Der Betrachtungs- und der Wirkungszeitpunkt sind beim Verlustrücktrag ohne Beschränkung identisch, da Verluste unmittelbar im Entstehungszeitpunkt mit Gewinnen aus den Vorperioden verrechnet werden können.

Die schwache Ableitung der Verlustrücktrag-Funktion lautet:

$$\frac{\partial v_t(x_t, v_{t+1})}{\partial x_t} = \begin{cases} -1 & (x_t > 0 \bigwedge v_{t+1} > x_t) \bigvee x_t < 0 \\ 0 & x_t > 0 \bigwedge v_{t+1} < x_t \end{cases} \tag{8.11}$$

[223] Vgl. Epp (2011), S. 332. Eine anschauliche Einführung findet sich in Rosen (2012), S. 311 ff.

[224] Diese Charakterisierung soll deutlich machen, dass sich die Funktion nicht nur durch ihren Selbstbezug ergibt, sondern zusätzlich von einem externen Einfluss abhängt. Der Einfluss ist unter Sicherheit fest vorgegeben und nicht stochastisch.

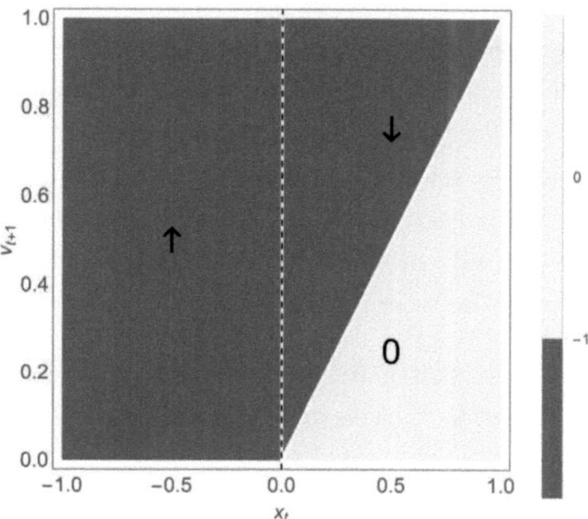

Abbildung 8.2: Veränderung der Verlustrückträge ohne Beschränkung

Sind ausreichend Gewinne vorhanden, sodass die Verlustrückträge bereits voll verrechnet sind, haben Zusatzgewinne keinen Einfluss mehr auf die Verlustrückträge (grauer Bereich). Bei einer positiven Bemessungsgrundlage, die kleiner als bereits bestehende Verlustrückträge ist, vermindert der Zusatzgewinn das Verlustrücktragspotenzial in der weiteren Vergangenheit (roter Dreieckbereich). Verluste erhöhen das Verlustrücktragspotenzial (roter Viereckbereich), da die abhängige Variable aber bereits negativ ist, ist eine negative Steigung die Folge.

Die Entwicklung des Verlustrücktrags im Betrachtungszeitpunkt ist vom Wert des Folgeverlustrücktrags und von der Bemessungsgrundlage der Verlustverrechnung im Betrachtungszeitpunkt abhängig. Die Steigung der Verlustrücktragsfunktion ist stets kleiner gleich null.

8.2.1.2 Gewöhnliche Teilsteuerfunktion

Die Verluste werden beim Verlustrücktrag zwar rechtlich in die vergangenen Jahre zurückgetragen, die Wirkung tritt dennoch stets im Betrachtungszeitpunkt auf. Erst wenn der

Verlust entsteht, findet eine nachträgliche unverzinste Gewinnkorrektur statt.[225] Dadurch entspricht die Wirkung derjenigen der sofortigen Verlustverrechnung.

Es liegt der Schluss nahe, dass die gewöhnliche Teilsteuerfunktion die Konsequenzen des Verlustrücktrags weiterhin richtig abbilden kann, wenn der Wirkungs- und der Betrachtungszeitpunkt zusammenfallen. Diese Vermutung wird von der Literatur genährt, die von identischen Wirkungen des sofortigen Verlustausgleichs und des Verlustrücktrags ausgeht.[226] So wird einem Verlustrücktrag sogar die Fähigkeit zugesprochen, Neutralität der Besteuerung zu ermöglichen, weil ein sofortiger Verlustausgleich als grundlegende Prämisse einer investitionsneutralen Besteuerung gilt.[227]

Die Teilsteuerfunktion, die die wirtschaftliche Bezugsgröße auf die Liquiditätskonsequenz abbildet, kann mit der Hilfsgröße "Gewinnvorträge" umgesetzt werden. Diese Lösung hat die Vorteile, dass:

- sich der Verrechnungszeitpunkt der Gewinnvorträge mit dem Wirkungs- und Betrachtungszeitpunkt deckt.
- sie sich der natürlichen Zeitrichtung fügt, weil sie von der Gegenwart in die Zukunft verläuft.

Die Teilsteuerfunktion kann durch diesen Kunstgriff und die Anfangsbedingung $g_0 = 0$ kompakt dargestellt werden:

$$T(x_t, g_{t-1}) = s \cdot \begin{cases} x_t & x_t \geq -g_{t-1} \\ 0 & sonst \end{cases} = x_t \cdot \Theta\left(x_t + g_{t-1}\right) \tag{8.12}$$

Die Hilfsgröße der Gewinnvorträge wird durch folgende rekursive Beziehung bestimmt, die sich nur im Vorzeichen der Neugewinne zu den Neuverlusten von den Verlustrückträgen unterscheidet:

$$g_t = \underbrace{g_{t-1}}_{Altgewinne} + \underbrace{\langle x_t \rangle^+}_{Neugewinne} - \underbrace{min\left\{g_{t-1}; \langle -x_t \rangle^+\right\}}_{Verbrauch} \tag{8.13}$$

[225] Die Nichtverzinsung ist im deutschen Steuerrecht explizit geregelt, vgl. § 233a Abs. 2a AO bzw. AEAO Abs. 10.1.

[226] Vgl. König und Wosnitza (2004), S. 91; Mellwig (1989), S. 41; Ernst (2011), S. 12; Schneider (1992), S. 234.

[227] Vgl. Wosnitza (2000), S. 770.

Der Gewinnvortrag im Betrachtungszeitpunkt hängt lediglich vom eigenen Wert der Vorperiode und dem externen deterministischen Schock des Betrachtungszeitpunkts ab. Gewinne werden verbraucht, sobald Verluste verrechnet werden können. Da der erste mögliche Verlust verrechnet wird, wird im Prinzip eine LIFO-Verbrauchsreihenfolge der Verluste unterstellt, denn die letzten Verluste, die in den Verlustrücktrag eingehen, werden prioritär verrechnet.

Inwiefern sich der Gewinnvortrag durch eine Veränderung der wirtschaftlichen Bezugsgröße ändert, gibt die schwache Ableitung des Gewinnvortrags nach der wirtschaftlichen Bezugsgröße an:

$$\frac{\partial g_t(x_t, g_{t-1})}{\partial x_t} = \begin{cases} 1 & x_t > 0 \bigwedge x_t > -g_{t-1} \\ 0 & sonst \end{cases} \tag{8.14}$$

Der Gewinnvortrag erhöht sich bei einer positiven Bemessungsgrundlage der Verlustverrechnung im Betrachtungszeitpunkt. Ist sie negativ, können Gewinnvorträge der Vorperiode mit Verlusten verrechnet werden. Sobald die Bemessungsgrundlage der Verlustverrechnung negativ und ihr Betrag größer als der Gewinnvortrag ist, kommt es zu keiner Änderung, weil die Gewinnvorträge der Vorperiode vollständig aufgebraucht sind. An der Stelle null ist die Ableitung wegen einer Sprungstelle unstetig.

Die Grenzteilsteuerfunktion lautet:

$$T'(x_t) = \begin{cases} s & x_t \geq -g_{t-1} \\ 0 & x_t < -g_{t-1} \end{cases} = s \cdot \Theta\left(x_t + g_{t-1}\right) \tag{8.15}$$

Die Grenzteilsteuerfunktion ist nachfolgend abgebildet.

Daran lässt sich ohne Weiteres ablesen, dass die Besteuerung unter einem unbeschränkten Verlustrücktrag, wenn sie über die gewöhnliche Teilsteuerfunktion charakterisiert wird:

1. meist sowohl lokal-symmetrisch als auch asymmetrisch ist (z. B. a_0).

2. daher symmetrisch sein kann (D1).

3. Allerdings für besondere Achsen asymmetrisch ist (D2); im Falle:

   - keines Gewinnvortrags null-asymmetrisch.

- eines Gewinnvortrags bezüglich der Achse $a_2 = -g_{t-1}$. Die Null-Asymmetrieachse verschiebt sich nach links.

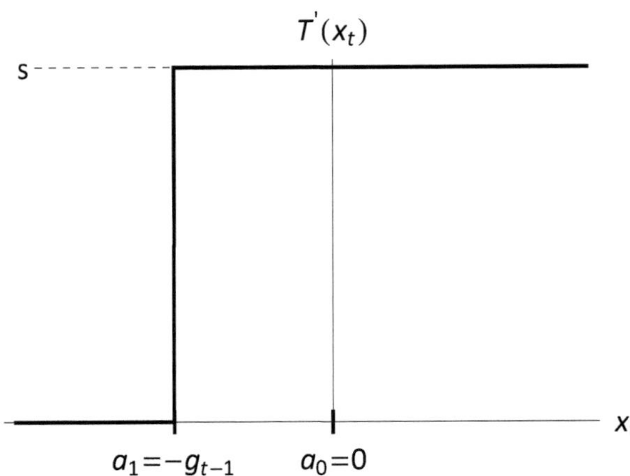

Abbildung 8.3: Grenzteilsteuerfunktion mit Verlustrücktrag ohne Beschränkungen

Die Achse, für die die Besteuerung asymmetrisch ist, verschiebt sich durch die Gewinnvorträge nach links, d. h. sie wird negativ. Augenscheinlich werden die wünschenswerten Eigenschaften der Grenzteilsteuerfunktionen eingehalten (vgl. W1a bis W2).

Schon die Untersuchung mit der gewöhnlichen Teilsteuerfunktion zeigt, dass der Verlustrücktrag nicht symmetrisch ist. Eine Einschränkung erfährt das Ergebnis, weil die Charakterisierung der Besteuerung mit Verlustrücktrag durch die gewöhnliche Teilsteuerfunktion unvollständig ist, wie der nachstehende Abschnitt zeigt.

8.2.1.3 Erweiterte Teilsteuerfunktion

Bisher wurde davon ausgegangen, dass die gewöhnlichen Teilsteuerfunktionen zur Abbildung des Verlustrücktrags genügen. Dass dies keineswegs der Fall ist, wird nachfolgend verdeutlicht.

Die Teilsteuerfunktion des Verlustrücktrags wurde in (8.15) über den Gewinnvortrag der Vorperiode beschrieben. Diese Hilfsgröße bestimmt sich aus einem rekursiven Zusammenhang nach (8.13), der auch wie folgt dargestellt werden kann: $g_t(x_t, g_{t-1}(x_{t-1}, g_{t-2}(.)))$. An voranstehender Darstellung ist sofort ersichtlich, dass die wirtschaftliche Bezugsgröße des Betrachtungszeitpunkts nicht nur im Betrachtungszeitpunkt selbst Wirkungen entfalten kann, sondern durch die Gewinnvorträge auch in späteren Perioden. Dies ist regelmäßig der Fall, wenn es in späteren Perioden zu Verlusten kommt, mit welchen Gewinnvorträge verrechnet werden können. Nur wenn keine Verlustrückträge aus der Folgeperiode vorhanden sind, bilden die gewöhnlichen Teilsteuerfunktionen die Wirkungen vollständig ab.

Anderenfalls sind Wirkungen in späteren Zeitpunkten möglich, die die gewöhnlichen Teilsteuerfunktionen nicht mehr abbilden. Der Einsatz der erweiterten Teilsteuerfunktionen wird notwendig, die allgemein in (6.3) definiert wurden. Danach gehen die späteren Wirkungen abgezinst in das Kalkül ein. Wenn ein Verlustrücktrag der Folgeperiode vorhanden ist, ebenso ein positiver Gewinnvortrag der Vorperiode und sich eine negative wirtschaftliche Bezugsgröße marginal ändert, bedeutet dies zweierlei:

1. Durch den Gewinnvortrag kommt es zu einer quasi sofortigen Verlustverrechnung.

2. Aufgrund des Verlustrücktrags der Folgeperiode kann es zu späteren Zeitpunkten zu einer veränderten Steuererstattung kommen.

Der zweite Effekt ist durch die Abzinsung der späteren Zeitpunkte kleiner als der erste und diesem gegenläufig. Der erste Effekt bleibt in seiner Höhe unverändert. Der zweite Effekt nimmt mit sinkender wirtschaftlicher Bezugsgröße ab, denn die Veränderung der Steuererstattung wird dadurch weiter in die Zukunft verschoben. Diese Überlegungen zeigen, dass die Ableitung der Teilsteuerfunktion nicht konstant verläuft, sondern mit zunehmender wirtschaftlicher Bezugsgröße steigt.

Die *erweiterte Teilsteuerfunktion* berücksichtigt diese Wirkungen der späteren Gewinnverrechnung durch die Zusatzgewinne im Betrachtungszeitpunkt und wird nachfolgend skizziert:

$$\frac{\partial T^{+}(x_t, g_{t-1}, v_{t+1})}{\partial x_t} = s \cdot \begin{cases} 1 & x_t > v_{t+1} \bigvee 0 > x_t > -g_{t-1} + v_{t+1} \\ \delta^{\tau} & v_{t+1} > x_t > -g_{t-1} + v_{t+1} \\ 0 & x_t < -g_{t-1} + v_{t+1} \end{cases} \tag{8.16}$$

Die Funktion δ^{τ} berücksichtigt diese Wirkungen in den anderen Zeitpunkten. Der Zeitpunkt der Wirkung ist von der Höhe der wirtschaftlichen Bezugsgröße abhängig. Die erweiterte Teilsteuerfunktion entspricht der gewöhnlichen Teilsteuerfunktion, bis auf den

Bereich des zweiten Abschnitts der erweiterten Teilsteuerfunktion. Auf eine weitere Konkretisierung wird an dieser Stelle verzichtet.

Es hat sich gezeigt, dass der Verlustrücktrag keineswegs symmetrisch im Sinne der Asymmetriedefinition mithilfe der gewöhnlichen Teilsteuerfunktion ist (vgl. Erläuterungen zu 8.15). Beim Verlustrücktrag findet nur ein "lokaler sofortiger Verlustausgleich" statt, sofern genügend Gewinnvorträge aus den Vorperioden vorliegen. Durch die Gewinnvorträge sind zusätzlich Auswirkungen in späteren Zeitpunkten möglich, die als Gegeneffekte verstanden werden können. Mit der Behauptung, der Verlustrücktrag garantiere eine sofortige Verlustverrechnung, sollte vorsichtig umgegangen werden. Wer denkt, der Verlustrücktrag kann durch eine sofortige Verlustverrechnung berücksichtigt werden, kann irren. Die Prämisse in der Investitionsrechnung führt nur in einer kleinen Zahl von Fällen zu richtigen Ergebnissen. Nämlich dann, wenn keine Gewinnvorträge der Vorperiode und Verlustrückträge der Folgeperiode vorliegen. In allen anderen Fällen wären die steuerlichen Liquiditätswirkungen bei der Kapitalwertermittlung unvollständig abgebildet.

8.2.2 Betragliche Beschränkung

Bisher wurde der unbeschränkte Verlustrücktrag thematisiert. Es existieren aber verschiedene Spielarten der beschränkten Verlustrücktragsverrechnung, wie die betraglichen Beschränkungen, die nun näher untersucht werden. Auch wenn Verlustrückträge in mehreren Zeitpunkten Wirkungen auslösen können, bietet sich als Ausgangspunkt der Betrachtung der Einfluss der betraglichen Beschränkung auf die gewöhnliche Teilsteuerfunktion an, weil die erweiterte Teilsteuerfunktion letztendlich aus dieser abgeleitet wird.

Es sind verschiedene Anknüpfungspunkte der betraglichen Beschränkung denkbar, so könnte z. B. die Verrechnung der Verluste (Kompensationsbeschränkung) oder ihre Neubildung (Neubildungsbeschränkung) beschränkt sein. Daneben sind zwei unterschiedliche Formen der Beschränkung geläufig. Die absolute Beschränkung, die auf einen Maximalbetrag begrenzt ist oder die relative Beschränkung, die auf eine bestimmte Berücksichtigungsquote des Anknüpfungspunkts limitiert. Der Einfluss der verschiedenen Beschränkungen auf die Verlustrückträge wird nachfolgend untersucht und die gewöhnlichen Teilsteuerfunktionen werden abgeleitet.

8.2.2.1 Kompensationsbeschränkung

Kann lediglich ein absoluter Maximalbetrag (L) der Gewinne mit einem Verlustrücktrag verrechnet werden, ist die Besteuerung absolut betraglich gewinn-beschränkt. Die maximal mögliche Verrechnung spiegelt sich als zusätzliches Argument der Min-Funktion wider. Die andere Form der Kompensationsbeschränkung ist die relativ betragliche Beschränkung. Hier können Verluste nur anteilig mit Gewinnen verrechnet werden. In der Min-Funktion wird dies berücksichtigt, indem nur noch ein anteiliger Maximalbetrag der Gewinne in Höhe der Berücksichtigungsquote l mit Verlusten verrechnet werden kann.

Beide Formen der betraglichen Beschränkung werden von nachfolgender Abbildungsvorschrift der konsolidierten Bemessungsgrundlage erfasst:

$$B_t^* = x_t - min\{v_{t+1}, l \cdot x_t, L\} \tag{8.17}$$

Ist $l = 1$, so repräsentiert die Beziehung die absolute betragliche Kompensationsbeschränkung. Gilt für die Berücksichtigungsquote $0 < l < 1$ und spielt die absolute Form keine Rolle $L = \infty$, so handelt es sich um die relative betragliche Kompensationsbeschränkung. Von den Kompensationsbeschränkungen ist alleinig die Verrechnung der Verluste betroffen.

Die Verlustrückträge entwickeln sich wie folgt:[228]

$$\begin{aligned} v_t^B(x_t) &= v_{t+1}^B + \langle -x_t \rangle^+ - \langle x_t - B_t^* \rangle^+ \\ &= v_{t+1}^B + \langle -x_t \rangle^+ - min\left\{v_{t+1}^B, \langle l \cdot x_t \rangle^+ ; L\right\} \end{aligned} \tag{8.18}$$

Die rekursive Beziehung, durch welche der Verlustrücktrag des Betrachtungszeitpunkts gegeben ist, ist vom Verlustrücktrag der Vorperiode und von einem externen deterministischen Einfluss des Betrachtungszeitpunkts abhängig. Einen weiteren Einfluss auf die Funktion haben die Konstanten l und L, die die betraglichen Kompensationsbeschränkungen implementieren. Der Verlustrücktrag bleibt trotz dieser Beschränkungen durch eine Differenzengleichung erster Ordnung charakterisiert.

[228] In einer leicht anderen Darstellung findet sich die Definition in Niemann (2004), S. 362 f.

Die Verlustrückträge verändern sich durch die wirtschaftliche Bezugsgröße folgendermaßen:

$$\frac{\partial v_t^B(x_t, v_{t+1}^B, l, L)}{\partial x_t} = \begin{cases} -l & (x_t > 0 \bigwedge L > l \cdot x_t \bigwedge v_{t+1}^B > l \cdot x_t) \\ -1 & x_t < 0 \\ 0 & sonst \end{cases} \tag{8.19}$$

Der Verlustrücktrag entwickelt sich in allen Bereichen nicht positiv. Im Bereich der beschränkten Verlustverrechnung kann er sich betraglich nur noch zur Berücksichtigungsquote l verändern. Der Bereich des Verlustrücktrag-Aufbaus ist von den Beschränkungen nicht betroffen. Daneben gibt es einen Bereich, in welchem die Verlustrückträge konstant bleiben.

Nachfolgende Abbildungen beschreiben den Einfluss auf die Entwicklung der Verlustrückträge. Die Konstanten der betraglichen Kompensationsbeschränkung haben keinen Einfluss auf die Verlustrückträge, solange Verluste in einer Periode entstehen (rote Quader in Abb. a und b für $x_t < 0$). Bei Gewinnen können Verlustrückträge der Folgeperioden verbraucht werden oder sie haben keinen Einfluss auf die Verlustrückträge. Die Höhe des Verbrauchs hängt von den betraglichen Kompensationsbeschränkungen ab.

Die betraglichen Kompensationsbeschränkungen führen dazu, dass die verrechenbaren Verlustrückträge nicht nur vom Verlustrücktragsbestand und den zur Verfügung stehenden Gewinnen abhängig sind, sondern zusätzlich von der absoluten oder relativen Maximalgrenze determiniert werden.

Durch die absolute betragliche Kompensationsbeschränkung ist die Verlustverrechnung auf einen kleineren Bereich beschränkt (rote Pyramide mit dem Schnitt $x_t = 0$ als Grundfläche und $(1, 1, 1)$ als Spitze in Abb. a), im Fall des unbeschränkten Verlustrücktrags ergäbe sich ein Prisma). In diesem Bereich (rote Pyramide) hat die betragliche Kompensationsbeschränkung keinen Einfluss auf die Entwicklung des Verlustrücktrags. In den restlichen Bereichen (graue Volumina in Abb. a) ist eine Verrechnung ausgeschlossen, da entweder die Verlustrückträge der Folgeperiode oder die betragliche Kompensationsbeschränkung eine Verrechnung verhindern.

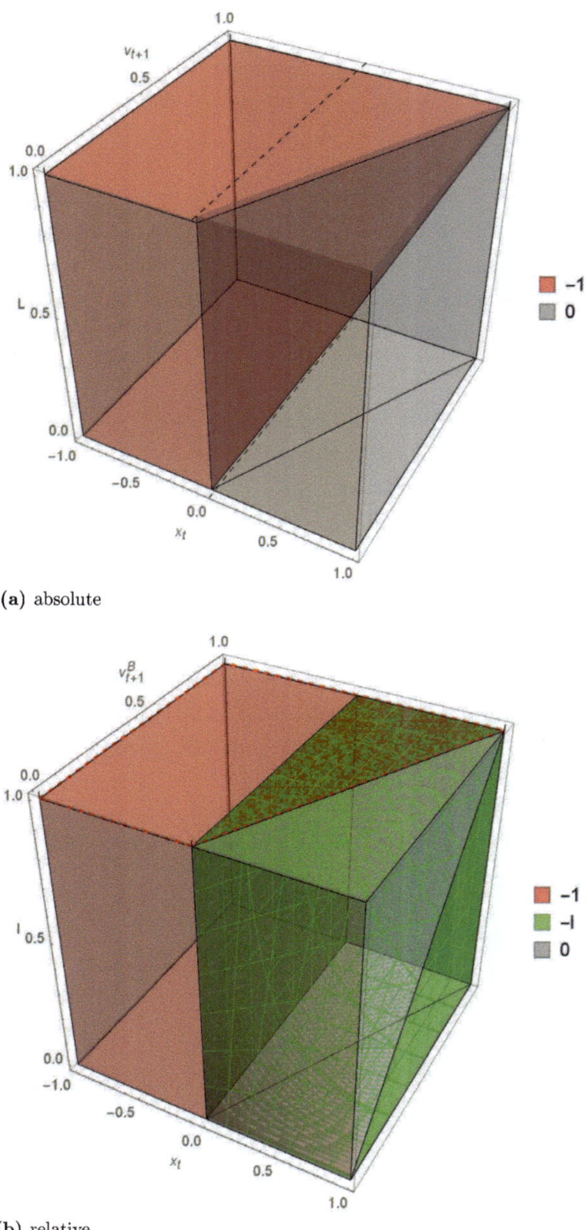

(a) absolute

(b) relative

Abbildung 8.4: Veränderung der Verlustrückträge mit absoluter und relativer betraglicher Beschränkung

Der Abbau der Verlustrückträge wird durch die absolute betragliche Gewinn-Beschränkung gebremst, da ein zusätzlicher Bereich existiert (graues Volumina im Prisma), in welchem keine Verluste verrechnet werden können. Daher ist der Verlustrücktrag der absoluten betraglichen Kompensationsbeschränkung stets größer gleich dem der unbeschränkten Verlustverrechnung, es gilt $v_t^B \geq v_t$.

Unterliegt die Verlustverrechnung einer relativen Kompensationsbeschränkung, so kommt es nur noch zu einer anteiligen Verlustverrechnung. Die relative Kompensationsbeschränkung hat einen definitiven Einfluss im Gewinnfall, wenn Verluste nicht durch einen Verlustrücktrag der Folgeperiode beschränkt werden. Dadurch tut sich ein dritter Bereich auf (grün). In diesem Bereich können Verluste nur zur Berücksichtigungsquote l verrechnet werden.

Der Bereich, in welchem die Verlustverrechnung durch einen Verlustrücktrag beschränkt wird, ist wiederum abhängig von der anteiligen Verrechnung der wirtschaftlichen Bezugsgröße (daher die krumme Randfläche des grünen Volumens in Abb. b). Dieser Bereich ist größer als der Verrechnungsbereich der unbeschränkten Verlustverrechnung (Prisma).

Durch die gegenläufigen Effekte kann es vorkommen, dass die relative betragliche Kompensationsbeschränkung in Summe keinen Einfluss auf die Entwicklung des Verlustrücktrags hat. Eine Änderung der wirtschaftlichen Bezugsgröße beeinflusst hingegen den beschränkten Verlustrücktrag immer weniger als der unbeschränkte Verlustrücktrag. Allerdings gibt es Bereiche, in welchen die Veränderung der wirtschaftlichen Bezugsgröße eine Änderung auslöst, die es im Fall der unbeschränkten Verlustverrechnung nicht gibt (grüne Volumina außerhalb des Prismas).

Der Gewinnvortrag entwickelt sich unter der absoluten und relativen betraglichen Kompensationsbeschränkung spiegelverkehrt:

$$g_t^B \;=\; g_{t-1}^B + min\left\{\langle l \cdot x_t\rangle^+, L\right\} - min\left\{\langle -x_t\rangle^+, g_{t-1}^B\right\} \tag{8.20}$$

Für die rekursive Beziehung des Gewinnvortrags gelten die analogen Aussagen des Falles ohne betragliche Beschränkungen. Die schwache Ableitung des Gewinnvortrags nach der wirtschaftlichen Bezugsgröße lautet:

$$\frac{\partial g_t^B(x_t, g_{t-1}^B, l, L)}{\partial x_t} = \begin{cases} 1 & x_t < 0 \bigwedge -g_{t-1}^B < x_t \\ l & l \cdot x_t < L \bigwedge l \cdot x_t > 0 \\ 0 & sonst \end{cases} \tag{8.21}$$

Der Gewinnvortrag nimmt ab, wenn die Zahlung des Betrachtungszeitpunkts negativ ist und genügend Gewinnvorträge aus der Vorperiode zur Verfügung stehen. Sind die Zahlungen positiv, steigt der Gewinnvortrag, solange die absolute betragliche Beschränkung nicht erreicht ist, allerdings lediglich bis zur Berücksichtigungsquote.

Ist die Zahlung negativ, stehen aber keine Gewinnvorträge der Vorperiode zur Verfügung oder ist die Zahlung positiv und die absolute betragliche Beschränkung ist überschritten, verändert sich der Gewinnvortrag des Betrachtungszeitpunkts nicht.

Die Gewinnvorträge mit betraglicher Beschränkung verändern sich identisch zu jenen ohne Beschränkungen oder langsamer. Dadurch ist der Gewinnvortrag mit betraglicher Beschränkung stets kleiner gleich jenem ohne Beschränkungen. Verglichen mit dem Gewinnvortrag ohne betragliche Kompensationsbeschränkung (vgl. Gleichung 8.14), steigt der Gewinnvortrag in diesem Fall durch die betragliche Kompensationsbeschränkung langsamer, es gilt $g_t^B \leq g_t$.

Die Verlustverrechnung wird durch die betraglichen Gewinn-Beschränkungen nicht unmittelbar beeinflusst, wie an der Definition des Gewinnvortrags (8.20) am letzten Term gut abgelesen werden kann. Durch die betraglichen Gewinn-Beschränkungen wird vielmehr die Bildung der Gewinnvorträge verzögert.

Die Grenzteilsteuerfunktion lautet für die betragliche Gewinn-Beschränkung:

$$T'(x_t) = \begin{cases} s & x_t > -g_{t-1}^B \\ 0 & x_t < -g_{t-1}^B \end{cases} \tag{8.22}$$

Die Besteuerung mit einem betraglich gewinn-beschränkten Verlustrücktrag ist asymmetrisch für die Asymmetrieachse $a = -g_{t-1}^B$. Null-asymmetrisch ist sie für den Fall, dass keine Gewinnvorträge vorhanden sind. Die wünschenswerten Eigenschaften der Grenzteilsteuerfunktionen (W1a-W2) werden offensichtlich weiterhin eingehalten.

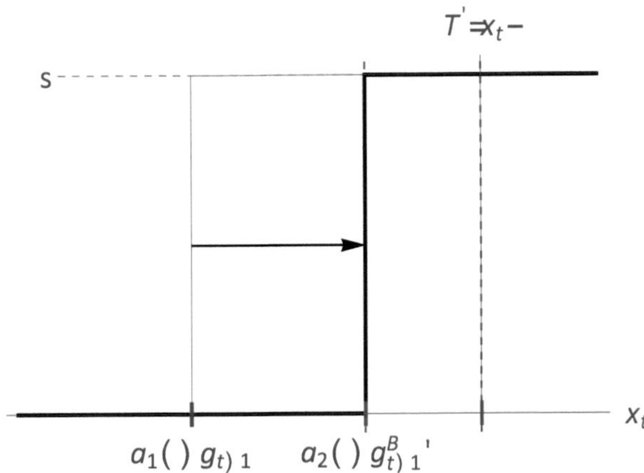

Abbildung 8.5: Gewöhnliche Grenzteilsteuerfunktion bei Verlustrücktrag mit Kompensationsbeschränkung

Die Asymmetrieachse verschiebt sich im Vergleich zum Fall ohne Beschränkung nach rechts, weil die Gewinnvorträge durch die Beschränkungen kleiner werden.

8.2.2.2 Neubildungsbeschränkung

Die andere Variante der Beschränkung ist die betragliche Bemessung der Beschränkung am Verlustrücktragsbestand. Die Herleitung des Verlustrücktrags bei betraglicher Neubildungsbeschränkung erfolgt analog zu jener des Gewinnvortrags bei betraglicher Kompensationsbeschränkung und lautet:

$$v_t^B = v_{t-1}^B + min\left\{\langle -l \cdot x_t \rangle^+, L\right\} - min\left\{\langle x_t \rangle^+, v_{t-1}^B\right\} \tag{8.23}$$

Die Grenzteilsteuerfunktion des Verlustrücktrags wird über Gewinnvorträge dargestellt. Der Gewinnvortrag bei betraglicher Neubildungsbeschränkung ergibt sich spiegelverkehrt zu jenem des Verlustrücktrags:

$$g_t^B(x_t) = g_{t+1}^B + \langle x_t \rangle^+ - min\left\{g_{t+1}^B, \langle -l \cdot x_t \rangle^+; L\right\} \tag{8.24}$$

Die ausführliche Diskussion zum Verlustrücktrag der betraglichen Kompensationsbeschränkung gilt entsprechend. Die schwache Ableitung des Gewinnvortrags bei betraglicher Neubildungsbeschränkung lautet:

$$\frac{\partial g_t^B(x_t, g_{t-1}^B, l, L)}{\partial x_t} = \begin{cases} l & \left(x_t < 0 \bigwedge x_t > -\frac{L}{l} \bigwedge x_t > -\frac{g_{t-1}^B}{l}\right) \\ 1 & x_t > 0 \\ 0 & sonst \end{cases} \tag{8.25}$$

Es ist leicht ersichtlich, dass die Gewinnvorträge durch die betragliche Neubildungsbeschränkung langsamer gemindert werden, aber in gleichem Maße wie im unbeschränkten Fall wachsen, es gilt $g_t^B \geq g_t$.

Die Verlustverrechnung des Gewinnvortrags der betraglichen Verlust-Beschränkung wird von der betraglichen Beschränkung beeinflusst, wie der letzte Term der Definition des Gewinnvortrags (8.24) zeigt. Die Neubildung von Gewinnvorträgen wird von der Verlustverrechnung nicht berührt. Sind nicht genügend Gewinnvorträge vorhanden $> -\frac{g_{t-1}^B}{l}$ kommt es zu keiner Besteuerung. Es ist zu bedenken, dass Verluste nunmehr zur Berücksichtigungsquote l die Bemessungsgrundlage der Besteuerung senken.

Die Grenzteilsteuerfunktion lautet damit für die betragliche Beschränkung:

$$\begin{aligned} T'(x_t) &= \begin{cases} s & x_t > 0 \\ s \cdot (1-l) & 0 > x_t > -g_{t-1}^B/l \wedge x_t > -\frac{L}{l} \\ 0 & x_t < -g_{t-1}//l \end{cases} \\ &= (s - l \cdot \Theta(-x_t))\, \Theta\left(x_t + g_{t-1}^B/l\right) \Theta\left(x_t + L/l\right) \end{aligned} \tag{8.26}$$

Durch die absoluten Verlust-Beschränkungen verändert sich die Gestalt der Grenzteilsteuerfunktion nicht ($l = 1$), allerdings kann sich die Asymmetrieachse in beide Richtungen verschieben. Denn einerseits vergrößern sich die Gewinnvorträge durch die absolute betragliche Verlust-Beschränkung, andererseits ist die Verlust-Verrechnung im Besteuerungszeitpunkt beschränkt. Aus letzterem Grund kann sich die Achse bei einer Linksverschiebung maximal bis zu $-\frac{L}{l}$ bewegen. Die Besteuerung bleibt global-asymmetrisch. Die wünschenswerten Eigenschaften der Teilsteuerfunktion bleiben erhalten.

Die relative betragliche Verlust-Beschränkung ändert die Gestalt der Grenzteilsteuerfunktion. Nachstehendes Diagramm zeigt den Einfluss einer relativen Beschränkung auf die Grenzteilsteuerfunktion.

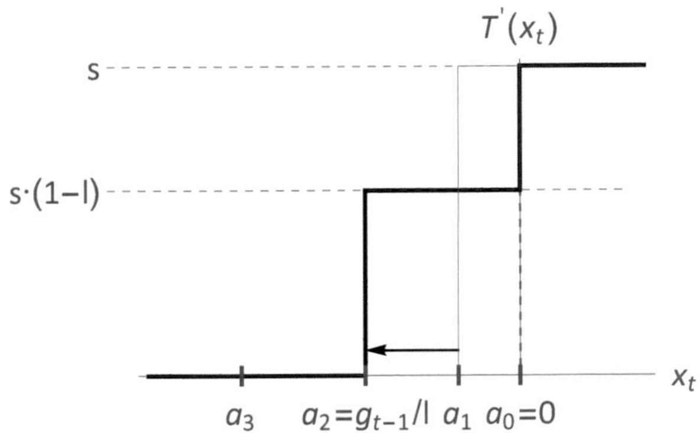

Abbildung 8.6: Gewöhnliche Grenzteilsteuerfunktion bei Verlustrücktrag mit Neubildungsbeschränkung

Die Besteuerung mit betraglicher Verlust-Beschränkung ist global null-asymmetrisch. Die wünschenswerten Eigenschaften der Grenzteilsteuerfunktionen werden auch hier weiterhin eingehalten.

Der Verlustrücktrag des deutschen Einkommensteuergesetzes ist nach § 10d Abs. 1 Satz 1 EStG auf einen Verlust-Betrag von 1.000.000 EUR beschränkt. Es handelt sich dabei um eine absolute betragliche Neubildungsbeschränkung des Verlustrücktrags. Eine relative Beschränkung kennt die deutsche Regel nicht. Die Einkommensteuer mit Verlustrücktrag-Regel ist daher asymmetrisch, wenn von den Wirkungen in Abschnitt 8.2.1.3 abstrahiert wird. Warum die Vernachlässigung dieser gerechtfertigt ist, ist Thema des nächsten Abschnitts. Die wünschenswerten Eigenschaften der Teilsteuerfunktion bleiben erhalten. Dies gilt nach den §§ 8 Abs. 1 KStG i. V. m. 10d Abs. 1 Satz 1 EStG auch für die Körperschaftsteuer. Das Gewerbesteuerrecht kennt nach § 10d GewStG keinen Verlustrücktrag.

8.2.3 Zeitliche Beschränkungen

Durch die zeitliche Beschränkung hat der Verlustrücktrag nur eine bestimmte Überlebensdauer. Wird die Überlebensdauer der Verlustrückträge überschritten, wird der veraltete Verlust aus seinem Bestand herausgekürzt. Davon betroffen ist der Verlust, der genau vor der festgelegten Überlebensdauer entstanden ist. Die Kürzung darf nicht dazu führen, dass die Verlustrückträge, die bereits verrechnet wurden, doppelt berücksichtigt werden.

Verkompliziert wird diese Anpassung dadurch, dass die zeitliche Beschränkung eine FIFO-Reihenfolge impliziert. Beim Herauskürzen der untergehenden Verlustrückträge ist diese Reihenfolge zu berücksichtigen. Nachfolgende Abbildung skizziert die Ableitung der vorläufigen Gewinnvorträge bzw. Verlustrückträge.

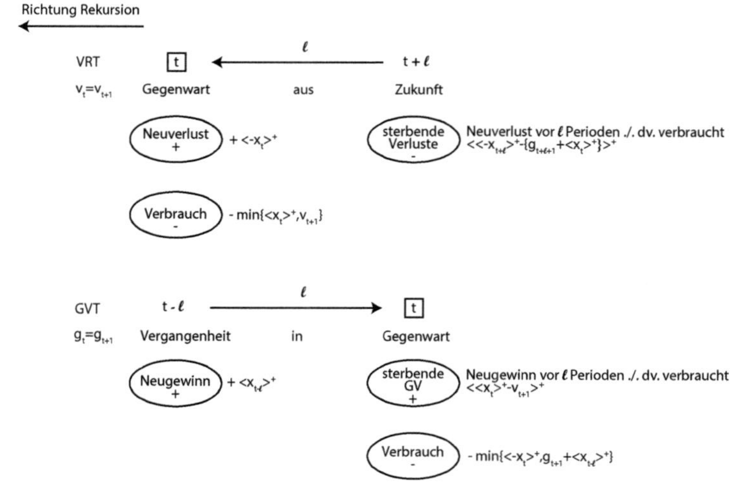

Abbildung 8.7: Ableitung des Verlustrücktrags bei zeitlicher Beschränkung

Im Folgenden wird die Definition des Verlustrücktrags abgeleitet. Die Verlustrückträge ergeben sich aus den Verlustrückträgen der Folgeperiode. Zudem müssen folgende Änderungen berücksichtigt werden:

- Im Betrachtungszeitpunkt kommt es zu einem Anstieg der Verlustrückträge, falls in diesem Zeitpunkt eine negative Zahlung realisiert wird.

- Bei einer positiven Zahlung werden Verlustrückträge im Betrachtungszeitpunkt verbraucht.

- Der Verlust am Lebenshorizont in $t + \ell$ scheidet aus. Allerdings nur, falls er nicht bereits verbraucht ist. Der Teil, der bereits verbraucht ist, bestimmt sich durch zwei Komponenten:

  - Zum einen über den Gewinnvortrag der Folgeperiode des Lebenshorizonts, der begrenzt, wie viele Verluste in der Lebensphase des Verlusts verrechnet werden.

  - Zum anderen über einen möglichen Neuverlust des Betrachtungszeitpunkts, da dieser in den Gewinnvorträgen noch nicht erfasst ist.

Obenstehende Logik kann durch die Definition einer wechselseitigen Rekursion[229] erfasst werden. Dabei sind einige Bedingungen an die Definition zu stellen, damit die rekursive Funktionsdefinition wohldefiniert ist. Eine informale Beschreibung dieser Voraussetzungen soll an dieser Stelle genügen:[230]

1. Die Definition muss einen Rekursionsanfang umfassen, wobei sich die Definition für diese Werte nicht auf sich selbst beziehen darf.

2. Referenziert die Funktion auf sich selbst, so muss der Bezug stets näher am Rekursionsanfang sein.

Eine rekursive Funktion, die diese Eigenschaften erfüllt, ist wohldefiniert[231] und damit eindeutig.[232] Dadurch wird verhindert, dass die Funktion in einen infiniten Regress gerät.[233]

Unter Berücksichtigung voranstehender Punkte ergeben sich die Verlustrückträge durch folgende rekursive Definition:

$$\begin{aligned} v_t^z(x_t, v_{t+1}, g_{t+\ell+1}) &= \underbrace{v_{t+1}^z}_{Altverluste} + \underbrace{\langle -x_t \rangle^+}_{Neuverluste} - \underbrace{min\left[v_{t+1}^z, \langle x_t \rangle^+\right]}_{Verbrauch\, Verluste} \\ &\quad - \underbrace{\left\langle -x_{t+\ell} - g_{t+\ell+1}^v - \langle x_t \rangle^+ \right\rangle^+}_{untergehende\, Verluste} \end{aligned} \tag{8.27}$$

[229] Vgl. Sedlacek (2013), S. 62.
[230] Vgl. Lipschutz und Lipson (2007), S. 52.
[231] Vgl. Lipschutz und Lipson (2007), S. 52.
[232] Vgl. Makinson (2008), S. 107.
[233] Vgl. Sedlacek (2013), S. 62.

Als Rekursionsanfang gilt bereits Ausgeführtes für den Verlustrücktrag ohne Beschränkungen. Alle Referenzierungen der beiden rekursiven Definitionen auf sich selbst liegen in der Zukunft, in welcher sich der Rekursionsanfang befindet. Der vorläufige Gewinnvortrag könnte freilich auch über den einer Periode früher beschrieben werden, allerdings wäre der Verbrauch dann doppelt berücksichtigt. Durch die weitere Vorverlegung und alleinige Berücksichtigung eines Anstiegs der Gewinnvorträge durch die Bemessungsgrundlage der Verlustverrechnung im Betrachtungszeitpunkt kann dieses Problem vermieden werden.

Die schwache Ableitung des Verlustrücktrags nach der wirtschaftlichen Bezugsgröße ist:

$$\frac{\partial v_t^z(x_t, v_{t+1}^z, g_{t+\ell+1}^v)}{\partial x_t} = \begin{cases} 0 & (x_t > 0 \bigwedge g_{t+\ell+1}^v + x_t + x_{t+\ell} < 0 \bigwedge v_{t+1}^z > x_t) \\ & \bigvee (g_{t+\ell+1}^v + x_t + x_{t+\ell} \geq 0 \bigwedge v_{t+1}^z \leq x_t) \\ 1 & g_{t+\ell+1}^v + x_t + x_{t+\ell} < 0 \bigwedge x_t > 0 \\ -1 & sonst \end{cases} \tag{8.28}$$

Die Verlustrücktrag-Anpassung mit zeitlichen Beschränkungen unterscheidet sich in drei wichtigen Punkten von jener ohne zeitliche Beschränkung.

1. Es kommt zu einem paradoxen Effekt. Denn im Fall einer positiven Zahlung im Betrachtungszeitpunkt steigt der Verlustrücktrag, wenn dadurch die verrechenbaren Gewinne mit dem Verlust am Planungshorizont steigen, weil weniger Verlustrückträge sterben und dafür in einer früheren Periode verbraucht werden können.

2. Die Entwicklung der Verlustrückträge ist nicht mehr nur von der Folgeperiode und der Zahlung des Betrachtungszeitpunkts abhängig. Eine Rolle spielen nun auch die Zahlungen am Lebenshorizont sowie der Gewinnvortrag der Folgeperiode am Lebenshorizont der Verlustrückträge. Die Differenzengleichung ist daher nicht mehr erster, sondern höherer Ordnung.

3. Neue Einflussgröße ist der vorläufige Gewinnvortrag, der die zeitliche Beschränkung des Verlustrücktrags kontrolliert. Es besteht ein wechselseitiger rekursiver Zusammenhang zum Gewinnvortrag, der gleichgerichtet berechnet wird. Dieser Gewinnvortrag wird nachfolgend abgeleitet und muss später auf seine Eigenschaften untersucht werden, ob er sich für eine Übertragung auf die Teilsteuerfunktion eignet.

Die Kehrseite der Medaille, die Gewinnvorträge, erfahren Anpassungen mit ähnlichen Überlegungen. Da die Gewinnvorträge zeitlich nur begrenzt zur Verfügung stehen, müssen die Gewinne aus dem Gewinnbestand eliminiert werden, sobald die Überlebensdauer der Verluste abläuft. Dabei darf es wiederum nicht zu einer Doppelberücksichtigung ausscheidender Gewinnvorträge kommen.

Eine positive Zahlung am Beginn der Lebensphase lässt den Gewinnvortrag steigen. Im Betrachtungszeitpunkt werden Gewinne verbraucht, wenn negative Zahlungen realisiert werden. Positive Zahlungen haben in der Vorperiode vor genau der Überlebensdauer zu einer Gewinnvortragserhöhung geführt und müssen bei ihrem Ausscheiden aus dem Gewinnvortrag herausgekürzt werden, sofern sie in der Zwischenzeit nicht verbraucht wurden. Ob diese Gewinnvorträge bereits verbraucht wurden, vermag der Verlustvortrag der Vorperiode zu bemessen:

$$g_t^v = \underbrace{\langle x_{t-\ell}\rangle^+}_{Neugewinne} + \underbrace{g_{t+1}^v}_{Altgewinne} - \underbrace{min\left[\langle -x_t\rangle^+ ; g_{t+1}^v + \langle x_{t-\ell}\rangle^+\right]}_{Verbrauch\,Gewinnvorträge} - \underbrace{\left\langle x_t - v_{t+1}^z\right\rangle^+}_{untergehende\,Gewinnvorträge} \tag{8.29}$$

Der Gewinnvortrag des Betrachtungszeitpunkts hängt nunmehr nicht nur von der Folgeperiode und dem externen deterministischen Schock ab, sondern zusätzlich vom Verlustvortrag der Folgeperiode und von den Zahlungen am Beginn der Lebensphase der Gewinnvorträge. Damit ist keine einfache Differenzengleichung erster Ordnung, sondern einer höheren Ordnung, gegeben. Der externe Schock ist zwar rückwärts gerichtet, alle Selbstreferenzierungen aber weiterhin vorwärts, sodass die rekursive Funktion wohldefiniert bleibt.

Wegen des wechselseitigen rekursiven Zusammenhangs der Gewinnvor- und Verlustrückträge sind die Gewinne ebenfalls rückwärts zu berechnen, damit dieser problemlos aufgelöst werden kann. Der so ermittelte Gewinnvortrag darf nicht für die Teilsteuerfunktion eingesetzt werden, weil die zeitliche Zuordnung der Gewinnvorträge nicht plausibel ist. Für die Ermittlung der Verlustrückträge spielt dieser Umstand keine Rolle, weil durch den vorläufigen Gewinnvortrag nur die Höhe der verrechneten Gewinnvorträge bestimmt wird. Nachfolgendes Beispiel demonstriert diesen Umstand:

t	0	1	2
x_t	$+1$	-1	-1
g_t	1	0	0
$g_t'(\ell = 2)$	1	1	0

Tabelle 8.1: Zeitliche Zuordnung der vorläufigen Gewinnvorträge

Im Beispiel folgen auf einen Gewinn zwei Verlustjahre. Der Gewinnvortrag wird im Zeitpunkt 1 mit den Verlusten verrechnet. Diese Verrechnungsreihenfolge ist dadurch vorgegeben, dass die Verlustverrechnung möglichst früh beim Unternehmer durchgeführt wird, wenn dieser eine Gegenwartspräferenz hat. Beim vorläufigen Gewinnvortrag findet die Verrechnung allerdings erst am Lebenshorizont statt. Da die Trennung in untergehende und verbrauchte Verluste erst zu diesem Zeitpunkt getroffen werden muss, ist diese unterschiedliche Zuordnung bei der Berechnung des Verlustrücktrags nicht ausschlaggebend. Durch den Verzicht auf die richtige Zuordnung beim vorläufigen Gewinnvortrag ist es möglich die wechselseitige Rekursion ohne Weiteres aufzulösen, indem die beiden Beziehungen simultan rückwärts berechnet werden. Für die Angabe der Teilsteuerfunktion kann der vorläufige Gewinnvortrag nicht eingesetzt werden.

Allerdings kann der Gewinnvortrag analog zu den Überlegungen des Verlustrücktrags abgeleitet werden. Nachfolgende Skizze zeigt die Ableitung des Gewinnvortrags, der, anders als der vorläufige Gewinnvortrag, vorwärts berechnet wird.

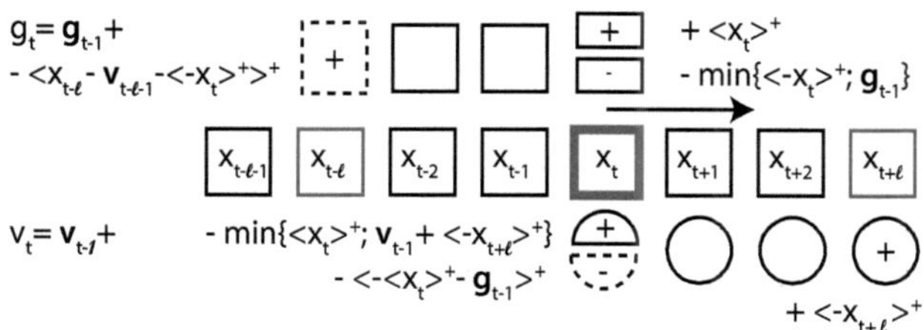

Abbildung 8.8: Ableitung des Gewinnvortrags bei zeitlicher Beschränkung

Der Gewinnvortrag eines Zeitpunkts basiert auf dem der Vorperiode. In der Betrachtungsperiode erhöht sich der Gewinnvortrag, falls eine positive Zahlung vorliegt. Bei einer negativen Zahlung wird ein Teil des Gewinnvortrags verbraucht. Am Ende der Lebensphase der Gewinnvorträge scheiden die untergehenden Gewinnvorträge aus, wenn damals in dieser Periode eine positive Zahlung zu einem Zuwachs der Gewinnvorträge geführt hat und diese noch nicht verbraucht sind. Der Teil der bereits verbrauchten Gewinnvorträge kann mithilfe der Verlustrückträge der Vorperiode zuzüglich eines eventuellen Zuwachses im Betrachtungszeitpunkt bestimmt werden.

Der Verlustrücktrag wird nun ebenfalls ausgehend vom Wert der Vorperiode - also vorwärts gerichtet - berechnet. Im Betrachtungszeitpunkt wird entweder ein Verlustrücktrag verbraucht, weil er mit einer positiven Zahlung verrechnet wird oder ein bisher nicht verrechneter Verlustrücktrag geht unter, weil seine Lebensdauer überschritten ist. Am Anfang des Verlustrücktrag-Zeitraums erhöht eine negative Zahlung den Verlustrücktrag-Bestand.

Der Gewinnvortrag ergibt sich durch folgende rekursive Beziehung:

$$g_t^z = g_{t-1}^z + \langle x_t \rangle^+ - min\left\{\langle -x_t \rangle^+ ; g_{t-1}^z\right\} - \left\langle x_{t-\ell} - v_{t-\ell-1}^v - \langle -x_t \rangle^+ \right\rangle^+ \tag{8.30}$$

Der dazugehörige vorläufige Verlustrücktrag lautet:

$$v_t^v = v_{t-1}^v + \langle -x_{t+\ell} \rangle^+ - min\left\{\langle x_t \rangle^+ ; v_{t-1}^v + \langle -x_{t+\ell} \rangle^+\right\} - \left\langle - \langle x_t \rangle^+ - g_{t-1}^z \right\rangle^+ \tag{8.31}$$

Der Rekursionslauf ist nun vorwärts gerichtet. Dadurch findet die Verlustverrechnung nun möglichst spät statt und erfüllt die gebotene Verlustverrechnungs-Reihenfolge. Alle Selbstreferenzierungen sind durch den geänderten Lauf nun vorwärts bezogen, da sich der Rekursionsanfang in der Vergangenheit befindet.

Die Definition des Gewinnvortrags unterscheidet sich genau um folgenden Term von dem der unbeschränkten Verlustrücktragsverrechnung:

$$\Delta(x_t) = g_t^z - g_t = -\left\langle x_{t-\ell} - v_{t-\ell-1}^v - \langle -x_t \rangle^+ \right\rangle^+ \tag{8.32}$$

Die Veränderung des Gewinnvortrags durch die zeitliche Beschränkung ergibt sich als:

$$\Delta'(x_t) = \begin{cases} -1 & x_t < 0 \wedge v_{t-\ell-1}^v - x_{t-\ell} < x_t \\ 0 & sonst \end{cases} \tag{8.33}$$

Die zeitliche Beschränkung beeinflusst die Gewinnvortragsentwicklung ausschließlich negativ oder nicht. Der Gewinnvortrag ist daher im beschränkten Fall stets kleiner gleich dem im unbeschränkten Fall $g_t^z \leq g_t$. Bedeutet dieses Ergebnis nun, dass es für negative Bemessungsgrundlagen zu paradoxen Effekten kommen kann, d. h. der Gewinnvortrag steigt trotz einer negativen wirtschaftlichen Bezugsgröße?

Diese Frage kann mit der schwachen Ableitung des Gewinnvortrags beantwortet werden:

$$\frac{\partial g_t^z(x_t, g_{t-1}^z, v_{t-\ell-1}^v)}{\partial x_t} = \begin{cases} 0 & \left(v_{t-\ell-1}^v - x_{t-\ell} > x_t \bigwedge x_t < 0\right) \\ & \veebar \left(x_t < 0 \bigwedge x_t < -g_{t-1}^z\right) \\ 1 & x_t > -g_{t-1}^z \\ -1 & v_{t-\ell-1}^v - x_{t-\ell} < -g_{t-1}^z \wedge x_t < 0 \end{cases} \tag{8.34}$$

Der Gewinnvortrag ändert sich nicht, wenn die Zahlung im Betrachtungszeitpunkt negativ ist und ausschließlich eine der folgenden Bedingungen gilt:

- Die negative Zahlung ist betraglich kleiner als der untergehende Gewinnvortrag, der sowieso korrigiert würde. Eine Verrechnung mindert die Gewinnvorträge nicht initial, da sie bereits aufgrund der zeitlichen Beschränkung untergehen.
- Die negative Zahlung hat bereits alle Gewinnvorträge der Vorperiode aufgebraucht.

Positive Zahlungen im Betrachtungszeitpunkt lassen den Gewinnvortrag steigen. Negative Zahlungen betraglich bis in Höhe des Gewinnvortrags lassen den Gewinnvortrag sinken.

Für den Fall, dass der noch nicht verrechnete Gewinnvortrag, der potenziell stirbt, betraglich größer ist als der Gewinnvortrag der Vorperiode, kommt es bei negativen Zahlungen zu einem scheinbar paradoxen Effekt: der Gewinnvortrag steigt bei einer negativen Bemessungsgrundlage im Betrachtungszeitpunkt. Folgende Überlegungen zeigen jedoch, dass die Bedingung für diesen Fall ins Leere läuft. Die Voraussetzung $v_{t-\ell-1}^v - x_{t-\ell} < -g_{t-1}^z$ kann niemals erfüllt sein. Es gilt $v_{t-\ell-1}^v = \sum_{i=t-l-1}^{t-1} \langle -x_i \rangle^+$und $g_{t-1}^z = \sum_{i=t-l-1}^{t-1} \langle -x_i \rangle^+ - c$, wobei c den Verbrauch der Gewinnvorträge angibt. Maximal verbraucht werden könnten genau die Verlustrückträge, die in $t-l-1$ existiert haben. Mit der Folge, dass $c = v_{t-\ell-1}^v$ festgelegt ist. Einsetzen liefert $\sum_{i=t-l-1}^{t-1} \langle -x_i \rangle^+ - x_{t-l} < -\left(\sum_{i=t-l-1}^{t-1} \langle x_i \rangle^+ - \left\langle \sum_{i=t-l-1}^{t-1} \langle -x_i \rangle^+ \right\rangle\right) \Rightarrow -x_{t-l} < -\sum_{i=t-l-1}^{t-1} \langle x_i \rangle^+$ und diese Bedingung kann offensichtlich nur für positive x_{t-l} erfüllt sein. Der umgekehrte Fall dagegen kann erfüllt sein und somit der erste Teil der XOR-Bedingung. Hier würde eine Veränderung der wirtschaftlichen Bezugsgröße im negativen Bereich über die Gewinnverrechnung zwar dazu führen, dass der Gewinnvortrag abnimmt, dieser wäre aber ohnehin untergegangen - sprich der scheinbar paradoxe Effekt löst sich durch einen Gegeneffekt auf. Es handelt sich genau um den Mechanismus, der eine Doppelberücksichtigung ausschließt.

Für die Ableitung der gewöhnlichen Teilsteuerfunktion bereitet der komplexe intertemporale Zusammenhang vorerst keine Schwierigkeiten, allerdings ist der Einsatz dieser in Fällen mit zeitlicher Beschränkung nicht uneingeschränkt geeignet, da Steuerwirkungen in weiteren Perioden ausgelöst werden können.

Mit den oben gefundenen Gewinnvorträgen kann die Teilsteuerfunktion abgebildet werden:

$$T(x_t, g_{t-1}^z) = s \cdot \begin{cases} x_t & x_t \geq -g_{t-1}^z \\ 0 & x_t < -g_{t-1}^z \end{cases} \tag{8.35}$$

Die Grenzteilsteuerfunktion lautet:

$$\frac{\partial T(x_t, g_{t-1}^z)}{\partial x_t} = \begin{cases} s & x_t \geq -g_{t-1}^z \\ 0 & x_t < -g_{t-1}^z \end{cases} = s \cdot \Theta\left(x_t + g_{t-1}^z\right) \tag{8.36}$$

Diese Definition der Teilsteuerfunktion unterscheidet sich im Gewinnvortrag vom unbeschränkten Fall nur in der Definition des Gewinnvortrags der Vorperiode. Dieser ist - wie gezeigt - stets kleiner gleich dem des unbeschränkten Falls. Die Asymmetrieachse ist durch den Gewinnvortrag der Vorperiode vorgegeben. Die zeitliche Beschränkung kann daher die Asymmetrieachse nach rechts verschieben. Diese Wirkung der zeitlichen Beschränkung ist vergleichbar mit jener der betraglichen Gewinn-Beschränkung. Zudem wid durch die zeitliche Beschränkung eine Wirkungsausbreitung nach Abschnitt8.2.1.3 kontrolliert. Im deutschen Fall (mit $\ell = 1$) sind solche Fernwirkungen sogar ausgeschlossen und es kann die gewöhnliche Teilsteuerfunktion zur Beschreibung eingesetzt werden.

8.2.4 Wirkungsexploration

Es wird von einem zeitlich begrenzten Verlustrücktrag von einem Jahr, wie er im deutschen Einkommensteuerrecht zu finden ist, ausgegangen. Daher können nachfolgende Überlegungen mithilfe der gewöhnlichen Teilsteuerfunktion erfolgen.

Die Anknüpfungspunkte des Verlustausgleichs auf Ebene der Bemessungsgrundlage und der der Verlustverrechnung fallen auseinander. Während die gewöhnliche Teilsteuerfunktion in (8.5) für eine wirtschaftliche Bezugsgröße von $X = \Omega \backslash \{zvE\}$ definiert ist, ist die gewöhnliche Teilsteuerfunktion des Verlustrücktrags in (8.12) auf eine wirtschaftliche Bezugsgröße von $X = \Omega\backslash\{GbdE\}$ bezogen. Zur einfacheren Darstellung wird angenommen, dass sich die beiden Definitionen der wirtschaftlichen Bezugsgröße nur um die wirtschaftliche Bezugsgröße SA unterscheiden. Dann kann die Teilsteuerfunktion des Verlustrücktrags auf die wirtschaftliche Bezugsgröße $X = \Omega\backslash\{GbdE, SA\}$, wobei $GbdE + SA = zvE$ gilt, erweitert werden.

Allerdings gilt es beim Verlustrücktrag eine Besonderheit bei der Gewinnvortragsfunktion zu beachten. Ein rationaler Steuerpflichtiger würde nicht unbedingt den maximal möglichen Verlustrücktrag ausschöpfen, denn ein Teil der Gewinne ist ohnehin von der Besteuerung abgeschirmt.[234]

Durch eine kleine Anpassung des Gewinnvortrags kann dieses Kalkül berücksichtigt werden:

$$g_t = g_{t-1} + \langle x_{GbdE} + x_{SA} \rangle^+ - min\left\{ \langle -x_{GbdE} \rangle^+ ; g_{t-1} \right\} \tag{8.37}$$

Dieser Gewinnvortrag bezieht sich nicht mehr ausschließlich auf die wirtschaftliche Bezugsgröße des Gesamtbetrags der Einkünfte, sondern bezieht auch die Sonderausgaben mit ein. Der Verbrauch der Gewinnvorträge bemisst sich weiterhin an der Bemessungsgrundlage der Verlustverrechnung. Anders der Zugang der Gewinnvorträge, dieser bestimmt sich nun zusätzlich auch an der wirtschaftlichen Bezugsgröße Sonderausgaben, denn es wäre nicht optimal, Verlustrückträge zu verrechnen, die keine Besteuerung auslösen. Bezüglich des einkommensteuerlichen Verlustrücktrags besteht seit dem StandOG ein Wahlrecht,[235] sodass diese Optimierung beim Verlustrücktrag berücksichtigt werden kann. Diese Anpassung muss auch bei der gewöhnlichen Teilsteuerfunktion des Verlustrücktrags vorgenommen werden.

$$T(\underline{x}, g_{t-1}) = s \cdot \begin{cases} x_{GbdE} + x_{SA} & x_{GbdE} \geq 0 \\ x_{GbdE} & 0 > x_{GbdE} \geq -g_{t-1} \\ 0 & sonst \end{cases} \tag{8.38}$$

Damit sind die gewöhnlichen Teilsteuerfunktionen (8.5) und (8.38) bekannt und ihre kombinierte Wirkung kann grafisch untersucht werden.

[234] Der interessierte Leser sei auf eigenständige Untersuchungen zu dieser Optimierungsaufgabe verwiesen, vgl. Schult und Hundsdoerfer (1993) oder Pach-Hanssenheimb (1994).
[235] Vgl. Bundesgesetzblatt Teil I Nr. 49 (1993), S. 1571.

Nachfolgende Abbildung zeigt die gewöhnliche Teilsteuerfunktion des Verlustrücktrags und die Kombination jener mit einer Beschränkung des totalen Verlustausgleichs.

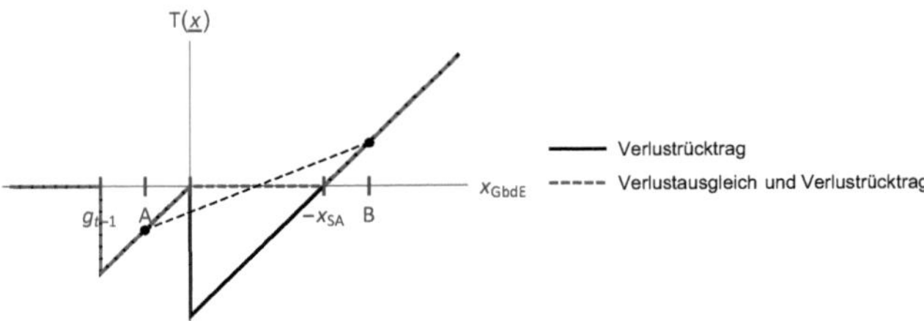

Abbildung 8.9: Gewöhnliche Teilsteuerfunktion bei Verlustrücktrag

In Abb. 8.9 ist ersichtlich, dass der Verlustrücktrag durch das Auseinanderfallen der Bemessungsgrundlagen nicht mehr konvex ist - (W2) ist nicht erfüllt, da die Verbindungslinie der Punkte A und B nicht mehr oberhalb der Teilsteuerfunktion des Verlustrücktrags verläuft. Die Teilsteuerfunktion verläuft durch den Ursprung und erfüllt damit (W1a). Zudem ist die Kombination des Verlustrücktrags mit Ausschluss eines totalen Verlustausgleichs eingezeichnet. Es zeigt sich, dass die Kombination identische Eigenschaften hat.

Die anderen Eigenschaften der Besteuerung mit Verlustrücktrag sind an den gewöhnlichen Grenzteilsteuerfunktionen leicht erkennbar. Diese sind in Abb.8.10 dargestellt.

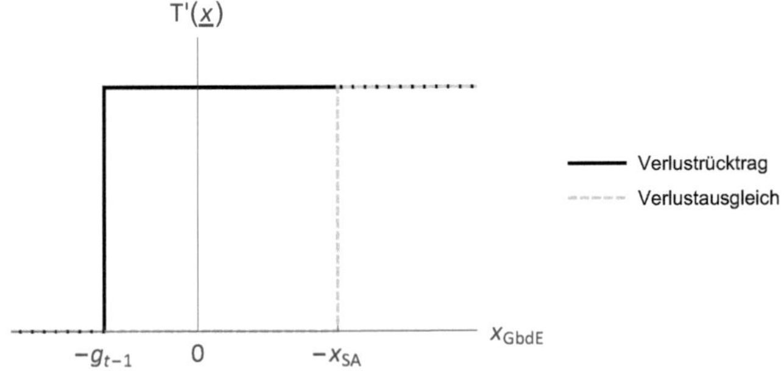

Abbildung 8.10: Gewöhnliche Grenzteilsteuerfunktion bei Verlustrücktrag oder -ausgleich

Für die Asymmetrieachse der Teilsteuerfunktion mit Verlustrücktrag gilt weiterhin $a = -g_{t-1}$. Auch sind die beiden wünschenswerten Eigenschaften (W1b) und (W1c) erfüllt.

Ein Verlustrücktrag steht nach § 8 Abs. 1 Satz 1 KStG i. V. m. § 10d Abs. 1 Satz 1 EStG auch Kapitalgesellschaften offen. Da diese naturgemäß keine außergewöhnlichen Belastungen oder Sonderausgaben haben können, fallen die Bemessungsgrundlagen der Besteuerung und der Verlustverrechnung nicht auseinander. Nachfolgend wird die Teilsteuerfunktion mit Verlustrücktrag für Kapitalgesellschaften in der von der Teilsteuerrechnung gewohnten Darstellungsweise abgeleitet, die sich durch ihre hohe Transparenz bezüglich der steuerlichen Wirkungen auszeichnet. Dabei wird auf die in Abschnitt 4.4 formulierten Rechenregeln für Teilsteuerfunktionen zurückgegriffen.

Der Verlustrücktrag wird körperschaftsteuerlich, aber nicht gewerbesteuerlich, gewährt. Aus Gründern der Vergleichbarkeit zur Teilsteuerrechnung werden die wirtschaftlichen Bezugsgrößen der Teilsteuerfunktion mit $X = \Omega \backslash \{EBT', M_k, M_{ge}\}$ definiert, wobei $x_{EBT} = x_{EBT'} + x_{M_K} + x_{M_{ge}}$gelten soll. Die wirtschaftliche Bezugsgröße $x_{EBT'}$ erfasst alle Sachverhalte, die handelsrechtlich relevant sind, aber von keiner steuerlichen Modifikation getroffen sind; x_{M_k}jene, die körperschaftsteuerlichen Modifikationen unterliegen und schließlich $x_{M_{ge}}$ diejenigen, die gewerbesteuerlichen Modifikationen unterworfen sind.

Die Teilsteuerfunktion mit oben definierten wirtschaftlichen Bezugsgrößen, die nur die Körperschaftsteuer und den Solidaritätszuschlag berücksichtigen, kann auf Basis von (8.12) leicht gefunden werden. Aus Vereinfachungsgründen wird auf die Angabe des Zeitindexes bei der wirtschaftlichen Bezugsgröße verzichtet:

$$\begin{aligned} T(\underline{x}, g_{t-1}) &= (x_{EBT'} + (1+m_k) \cdot x_{M_k}) \cdot t_{k,solz} \cdot \Theta\left(x_{EBT'} + (1+m_k) \cdot x_{M_k} + g_{t-1}\right) \\ &= \left(t_{k,solz} \cdot x_{EBT} + t_{k,solz} \cdot \underbrace{M_k}_{m_k \cdot x_{M_k}} \right) \cdot \Theta\left(x_{EBT} + M_k + g_{t-1}\right) \\ &= t_{k,solz} \cdot x_{EBT} + t_{k,solz} \cdot M_k + \\ &- \left(t_{k,solz} \cdot x_{EBT} + t_{k,solz} \cdot M_k\right) \cdot \Theta\left(-x_{EBT} - M_k - g_{t-1}\right) \end{aligned} \tag{8.39}$$

Die anfängliche Teilsteuerfunktion wird nach Rechenregel 4 in lineare und nichtlineare Terme aufgespalten. Als Steuersatz s dient der kombinierte Steuersatz nach Rechenregel 1.

Die symmetrische Teilsteuerfunktion, die nur die Gewerbesteuer berücksichtigt, lautet

$$T(\underline{x}) = s_{ge} \cdot x_{EBT} + s_{ge} \cdot M_k + s_{ge} \cdot M_{ge} \tag{8.40}$$

Die Kombination von (8.39) und (8.40) ist nach Rechenregel 4 problemlos möglich, sodass sich letztendlich ergibt:

$$\begin{aligned} T(\underline{x}, g_{t-1}) &= t_{k,solz,ge} \cdot x_{EBT} - t_{k,solz} \cdot x_{EBT} \cdot \Theta\left(-x_{EBT} - M_k - g_{t-1}\right) + \\ &+ t_{k,solz,ge} \cdot M_k - t_{k,solz} \cdot M_k \cdot \Theta\left(-x_{EBT} - M_k - g_{t-1}\right) + s_{ge} \cdot M_{ge} \end{aligned} \tag{8.41}$$

Die Gesamtbelastungsgleichung der Teilsteuerrechnung ist damit gefunden. Der Einfluss der Asymmetrien bleibt als Korrekturfaktor der jeweiligen wirtschaftlichen Bezugsgrößen transparent. Eine Ableitung der Gesamtbelastungsgleichung nach einzelnen wirtschaftlichen Bezugsgrößen ist leicht möglich. Beispielsweise nach x_{M_k} ergibt:

$$\frac{\partial T(\underline{x}, g_{t-1})}{\partial x_{M_k}} = (1+m_k) \cdot t_{k,solz,ge} \cdot x_{M_k} - t_{k,solz} \cdot \Theta\left(-x_{EBT'} - (1+m_k) \cdot x_{M_k} - g_{t-1}\right) \tag{8.42}$$

Das Ergebnis bestätigt die Aussage der Rechenregel 5. Eine Erweiterung der Teilsteuerfunktion auf die Anteilseignerebene ist ohne Besonderheiten möglich, warum an dieser Stelle darauf verzichtet wird.

8.3 Verlustvortrag

Ausgehend von der rechtlichen Definition des Gesamtbetrags der Besteuerung, denn hier setzen auch die Verlustverrechnungsvorschriften des Verlustvortrags an, werden die gewöhnlichen und erweiterten Teilsteuerfunktionen abgeleitet. Es gilt $X = \Omega \backslash \{GBdE\}$ für nicht bilanzierende Steuerpflichtige und $X = \Omega \backslash \{EBT\}$ für bilanzierende Unternehmen.

Durch den Verlustvortrag können Verluste mit zukünftigen Gewinnen verrechnet werden. Auch hier gibt es verschiedene Varianten, die nun untersucht werden. Die Untersuchung wird mit dem Fall ohne weitere Beschränkungen begonnen.

8.3.1 Ohne Beschränkungen

Existieren Verlustvorträge aus der Vorperiode, so schmälern diese eine positive Zahlung in maximal ihrer Höhe. Die Bemessungsgrundlage kann nicht negativ werden, weil kein sofortiger Verlustausgleich zugelassen wird. Für negative Zahlungen ist die Bemessungsgrundlage stets null. Diese Logik wird abermals mit der Min-Funktion abgebildet:

$$B_t^* = x_t - min\left\{v_{t-1}; x_t\right\} \tag{8.43}$$

8.3.1.1 Bestand des Verlustvortrags

Verluste in einem Zeitpunkt lassen den Verlustvortrag ansteigen. Können Gewinne mit Verlustvorträgen verrechnet werden, verringert sich der Verlustvortrag:

$$\begin{aligned} v_t(x_t, v_{t-1}) &= v_{t-1} + \langle -x_t \rangle^+ - \langle x_t - B_t^* \rangle^+ \\ &= v_{t-1} \underbrace{+ \langle -x_t \rangle^+}_{Neuverluste} - \underbrace{\langle min\left\{v_{t-1}; x_t\right\} \rangle^+}_{Verbrauch} \end{aligned} \tag{8.44}$$

Die schwache Ableitung der Verlustvortrags-Funktion lautet:

$$\frac{\partial v_t(x_t, v_{t-1})}{\partial x_t} = \begin{cases} -1 & (x_t > 0 \bigwedge v_{t-1} > x_t) \bigvee x_t < 0 \\ 0 & x_t > 0 \bigwedge v_{t-1} < x_t \end{cases} \tag{8.45}$$

Der Verlustvortrag entwickelt sich analog zum Verlustrücktrag in Abschnitt 8.2.1.1 mit dem Unterschied, dass sich der Verlustvortrag zeitlich rückbezieht und mit umgekehrtem Vorzeichen zum Gewinnvortrag des Verlustrücktrags in Gleichung (8.13).

Die wirtschaftliche Bezugsgröße hat entweder keinen Einfluss oder einen negativen Einfluss i. H. v. 1 auf den Verlustvortragsbestand. Anders ausgedrückt erhöht sich der Bestand bei einer negativen wirtschaftlichen Bezugsgröße, bleibt gleich oder verringert sich um eine volle Einheit.

Bei der Formulierung des Verbrauchs der Verluste wird der Optionspreischarakter der steuerlichen Verlustverrechnung offensichtlich. Dieser wird an verschiedenen Stellen der Literatur zur Verlustvortragsbewertung problematisiert.[236] Nachstehende Skizze verdeutlicht diese Sichtweise für den Verbrauch aus der Perspektive des Betrachtungszeitpunkts für den Wirkungszeitpunkt und zieht die Parallelen in Gleichung (8.44).[237]

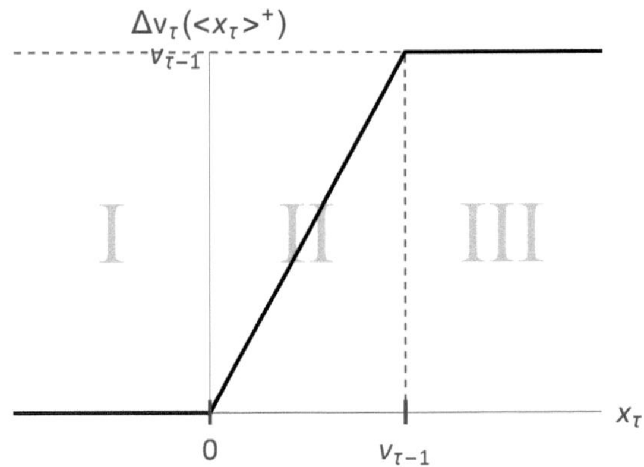

Abbildung 8.11: Optionspreischarakter der steuerlichen Verlustverrechnung

Die Abbildung stellt den Einfluss der Verlustverrechnung auf (in der Literatur meist zukünftige) Bemessungsgrundlagen und Steuerzahlungen dar. Drei unterschiedliche Konsequenzen sind denkbar:

1. Der Verlust hat keinen Einfluss.

2. Die Verluste können relativ zum Einkommen der betrachteten Periode verrechnet werden.

3. Ab einem Maximalbetrag, wenn die Verluste aufgebraucht sind, können keine weiteren Gewinne verrechnet werden.

---

[236] Vgl. i. a. Myers und Majd (1987), S. 345.

[237] Die Abbildung basiert auf Myers und Majd (1987), S. 345, die damit den bedingten Steueranspruch durch die intertemporale Verlustverrechnung im Vergleich zur symmetrischen Verlustverrechnung untersuchen. In der deutschen Bewertungsliteratur wurde der Gedanke aufgegriffen und für die Bewertung von Verlustvorträgen erweitert, in diesem Zusammenhang finden sich bei Piehler und Schwetzler (2010), S. 67 und Streitferdt (2010), S. 1043 ähnliche Skizzen.

In der Literatur wird vorgeschlagen, diese differenzierten Folgen der Verlustverrechnung für Steuerzahlungen mit Methoden der Optionspreistheorie abzubilden. Die Zahlungsstruktur im Bereich I und II stimmt mit der einer europäischen Call-Option überein.[238] Die Beschränkung in Bereich III entspricht der eines CAPs.[239] In Optionspreismodellen sind solche Strukturen selbst unter Unsicherheit und bei Auseinanderfallen der Betrachtungs- und Zahlungsperiode operationalisierbar. Die Auswirkungen dieser komplexen Zahlungsstrukturen sind das Ergebnis der Logik der Verlustvortragsverrechnung. Sie kann in ihrer Struktur mit einer europäischen Put-Option, die in Short-Position gehalten wird,[240] verglichen werden.

8.3.1.2 Gewöhnliche Teilsteuerfunktion

Beim Verlustvortrag fallen die Zeitpunkte der Verluste und ihrer Liquiditätswirkungen auseinander - im Gegensatz zum Verlustrücktrag. Erst in den späteren Perioden können die Verluste Liquiditätswirkungen durch die Verrechnung mit Gewinnen entfalten. Die gewöhnliche Teilsteuerfunktion, die ausschließlich eine Wirkung abbildet, lautet:

$$T(x_\tau, v_{\tau-1}) = s \cdot \langle x_\tau - v_{\tau-1} \rangle^+ = s \cdot \Theta(x_\tau - v_{\tau-1}) \cdot (x_\tau - v_{\tau-1}) \tag{8.46}$$

Und deren schwache Ableitung:

$$\frac{\partial T(x_\tau, v_{\tau-1})}{\partial x_\tau} = s \cdot \Theta(x_\tau - v_{\tau-1}) \tag{8.47}$$

Die gewöhnliche Teilsteuerfunktion unterscheidet im Prinzip drei Fälle, die die nachstehende Abbildung zeigt:[241]

$x_t \backslash v_{t-1}$	$=0$	>0
<0	1	
>0	2	3

Abbildung 8.12: Fallunterscheidungen der gewöhnlichen Teilsteuerfunktion

[238] Vgl. Myers und Majd (1987), S. 345.
[239] Vgl. Piehler und Schwetzler (2010), S. 67.
[240] Vgl. Hull (2009), S. 234 f.
[241] Ähnliche Überlegungen (mit einer anderen Fallgruppierung und natürlich ohne Teilsteuerfunktionen) in einem empirischen Kontext finden sich in Scholes et al. (2009), S. 204-207 oder bei Shevlin (1990), S. 52-54.

Die erste Gruppe umfasst alle Fälle mit negativen Gewinnen. Die Folgen für die Fälle mit und ohne bestehende Verlustvorträge sind identisch. Zwar wird der zusätzliche Verlust den steuerlichen Verlustvortrag erhöhen, es wird aber im Betrachtungszeitpunkt zu keiner Besteuerung kommen ($T = 0$ und $T' = 0$).

Bei positiven Gewinnen müssen zwei Fälle unterschieden werden. Zum einen der Fall zwei, wenn keine Verlustvorträge bestehen. Hier unterliegt die wirtschaftliche Bezugsgröße der gewöhnlichen Besteuerung $T = s \cdot x_\tau$ und $T' = s$.

Zum anderen bestehen bereits Verlustvorträge wie in Fall drei; diese verringern die Steuerbelastung, da sie (zum Teil) bis zu maximal ihrer Höhe verrechnet werden können: $T = s \cdot \langle x_\tau - v_{\tau-1} \rangle^+$ bzw. $T' = s \cdot \Theta(x_\tau - v_{\tau-1})$. Die Grenzteilsteuerbelastung beträgt nur s sofern die wirtschaftliche Bezugsgröße den Bestand der Verlustvorträge der Vorperiode überschreitet.

Aus der Perspektive des Betrachtungszeitpunkts entspricht diese asymmetrische Zahlungsstruktur der des Käufers einer Call-Option mit Basiswert zum Verlustvortrag der Vorperiode. Eine Besteuerung findet nur statt, wenn die wirtschaftliche Bemessungsgrundlage positiv und größer als der Verlustvortrag ist.

8.3.1.3 Erweiterte Teilsteuerfunktion

Vorab wird die *Kausalität*, also die Ursachenzuordnung der Wirkungen, geklärt, weil die Reihenfolge der Wirkungen nicht ohne Weiteres eindeutig ist, wie folgendes Beispiel verdeutlicht.

Ein Unternehmen hat in der ersten und zweiten Periode einen Verlust von 1 und Verlustvorträge von 0. Im Zeitpunkt 3 erwirtschaftet das Unternehmen einen Gewinn i. H. v. 1. Schirmen nun die Verluste aus der ersten oder zweiten Periode den Gewinn des Zeitpunkts 3 von der Besteuerung ab?

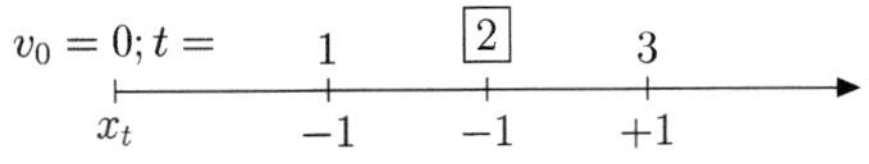

$v_0 = 0; t =$	1	$\boxed{2}$	3
x_t	-1	-1	$+1$

Abbildung 8.13: Mehrdeutigkeit der Ursachenzuordnung

Die Antwort auf diese Frage ist natürlich abhängig von der Zielfunktion der Entscheider. Wird davon ausgegangen, dass die Entscheider bemüht sind, ihren marktorientierten Unternehmenswert zu maximieren und dieser durch Unternehmenszahlungen gebildet wird, ist beispielsweise die Rentabilität die richtige Wahl. Dabei ist die Kausalität des Ursache-Wirkungs-Zusammenhangs zu berücksichtigen.

Eine einfache Möglichkeit Mehrdeutigkeiten aufzulösen stellen Verbrauchsreihenfolgefiktionen dar. Grundsätzlich sind bei den Verlustvorträgen zwei Fälle der eindeutigen Zuordnung von Ursache und Wirkung (hier kurz Ursachenreihenfolge) denkbar:[242]

1. FIFO: Bereits bestehende Verlustvorträge verdrängen vorerst die Gewinne, mit welchen die Verluste des Betrachtungszeitpunkts verrechnet werden könnten. Diese Festlegung der Reihenfolge hat Auswirkungen auf mögliche Verluste, die zwischen der Verlustentstehung und der endgültigen Verrechnung der Verluste des Betrachtungszeitpunkts entstehen. Bei der Behandlung der Zwischenverluste sind nämlich ebenfalls bereits bestehende Verlustvorträge (inklusive jener aus dem Betrachtungszeitpunkt) zu berücksichtigen.

2. LIFO: Die umgekehrte Ursachenreihenfolge der Verlustvorträge ist auch denkbar. Bereits bestehende Verlustvorträge und der Verlust des Betrachtungszeitpunkts sind dann nicht ursächlich für die Verrechnung der nachfolgenden Gewinne, wenn davor zusätzliche Verluste generiert werden, die mit diesen Gewinnen verrechnet werden können. Die Zwischenverluste verdrängen vorerst Gewinne und stehen damit einer Verrechnung mit Verlusten des Betrachtungszeitpunkts und davor nicht zur Verfügung. Diese können erst mit späteren Gewinnen - und Verlustvorträge, die bereits im Betrachtungszeitpunkt bestanden, sogar noch später - verrechnet werden.

Der Unterschied zwischen den beiden Fällen wird an vorangehendem Beispiel erläutert. Es kann i. S. v. FIFO argumentiert werden, dass die Verluste in $t = 2$ keine Steuerzahlung verhindern, weil die Verluste der ersten Periode bereits alle Gewinne verdrängen (Fall 1).

Die Interpretation nach LIFO ist ebenso möglich. Durch die Zwischenverluste in $t = 2$ löst die künftige positive Zahlung keine Steuerzahlung aus und der Verlust aus der ersten Periode zeigt keine Liquiditätswirkung (Fall 2).

Die Mehrdeutigkeit in der Zuordnung von Ursache und Wirkung, ob der Verlust des ersten oder zweiten Zeitpunkts die positiven Zahlungen in der zukünftigen Periode verdrängt, wird durch eine Ursachenreihenfolgefiktion der Verlustvorträge gelöst. Es sei angemerkt,

[242] Die Verbrauchsreihenfolge problematisiert zum Beispiel auch Streitferdt (2010), S. 1052. Ebenso thematisiert das Problemfeld die empirische Literatur und berücksichtigt es zum Beispiel bei der Definition der Marginal Tax Rate, vgl. stellvertretend Shevlin (1990), Graham (1996) oder das Standardlehrwerk Scholes et al. (2009), S. 202-207.

dass es an dieser Stelle um die Zuordnung der Liquiditätskonsequenz mit ihren Ursachen geht und nicht um den "tatsächlich" rechtlichen Verbrauch.

Es gibt Argumente für beide Ursachenreihenfolgen. Argumente für die FIFO-Reihenfolge sind:

- Empirisches Argument: Die *natürliche Zeitrichtung* unterstützt die FIFO-Reihenfolge. Verlustvorträge, die als Erstes entstehen, sind ursächlich für die Verrechnung der ersten Folgegewinne nach der Devise, wer zuerst kommt, mahlt zuerst. Spätere Zwischenverluste sind für die Verlustverrechnung dieser Gewinne nicht notwendig.

- Rechtliches Argument: Die *"tatsächlich" rechtliche* Verlustverbrauchsreihenfolge ist FIFO,[243] wenn die Verlustvorträge zeitlich beschränkt sind, denn hier werden die Verluste mit der kleinsten Überlebensdauer zuerst verbraucht.

Allerdings müssen sich die fiktive Verbrauchsreihenfolge zur Auflösung der Mehrdeutigkeit des Ursache-Wirkungs-Zusammenhangs und die natürlich rechtliche Verbrauchsreihenfolge nicht unbedingt decken. Es können sachliche und funktionale Argumente gefunden werden. Die sachlichen Argumente für die LIFO-Reihenfolge sind:

- Effizienz: Aus der allgemeinen Struktur der Ausgangsfunktion der erweiterten Teilsteuerfunktion (6.1) können Aussagen bezüglich der Effizienz der unterstellten Verbrauchsreihenfolge der Verluste bei der Berechnung der Teilsteuerfunktion abgeleitet werden. Die erweiterte Teilsteuerfunktion wird aus gewöhnlichen Teilsteuerfunktionen (5.1) abgeleitet, die sich sowohl auf den Wirkungs- als auch auf den Bezugszeitpunkt beziehen. Die Wirkungs- und Bezugszeitpunkte werden dabei über die rekursiv definierte Verlustvortragsfunktion in der Form $v_t(x_t, v_{t-1}(x_{t-1}, v_{t-2}(.)))$ verbunden. Die Ausgangsfunktion kann daher wie folgt dargestellt werden:

$$\begin{aligned} T_0^{++}(x_t) &= \underbrace{\delta^0 \cdot T(x_{0,}0)}_{V} + \underbrace{\delta^1 \cdot T(x_{1,}v(x_0, 0))}_{V} + \\ &+ \underbrace{\delta^2 \cdot T(x_{2,}v(x_1, v(x_0, 0)))}_{G} + \underbrace{\delta^3 \cdot T(x_{3,}v(x_2, v(x_1, v(x_0, 0))))}_{G} + ... \end{aligned} \tag{8.48}$$

Angenommen im Zeitpunkt 0 besteht kein Verlustvortrag und es wird ein Verlust realisiert, im darauf folgenden Zeitpunkt kommt es zu einem Zwischenverlust. Zu

[243] Vgl. Heuermann (2011), S. 1492.

späteren Zeitpunkten folgen ausschließlich Gewinne. Betraglich entsprechen sich Gewinne und Verluste.

Die erste Erkenntnis trifft die LIFO- und FIFO-Reihenfolge gleichermaßen. Durch den Verlustvortrag ist eine Wirkung zum Zeitpunkt 0 ausgeschlossen.

Nach der FIFO-Reihenfolge würde der Verlust des Zeitpunkts 0 im Zeitpunkt 2 verrechnet werden (die gewöhnliche Teilsteuerfunktion im Zeitpunkt 2 wäre zu berechnen). Da nun aber die Zwischenverluste des Zeitpunkts 1 nicht mehr im Zeitpunkt 2 verrechnet werden können, wird ihr Wert durch den prioritär verrechneten Verlust beeinflusst (die gewöhnliche Teilsteuerfunktion im Zeitpunkt 1 wäre zu berechnen). Auf der einen Seite kann der Zwischenverlust im Zeitpunkt 2 nicht mehr verrechnet werden, auf der anderen Seite kann er anstatt dessen zum späteren Zeitpunkt 3 verrechnet werden (die gewöhnliche Teilsteuerfunktion im Zeitpunkt 3 wäre zu berechnen). Gäbe es weitere Zwischenverluste (nicht im Beispiel), würden diese die Berechnung weiterer gewöhnlicher Teilsteuerfunktionen notwendig machen. Es ist leicht ersichtlich, dass durch die FIFO-Reihenfolge und Wertbeeinflussungen der Zwischenverluste viele gewöhnliche Teilsteuerfunktionen zu berechnen wären.

Nicht so bei der LIFO-Reihenfolge; der Gewinn im Zeitpunkt 2 wird dem Zwischenverlust zugeordnet, der Gewinn des Zeitpunkts 3 dem Verlust aus Zeitpunkt 0. Für die Wertbestimmung des Verlustes in Zeitpunkt 0 ist ausschließlich der Gewinn in Zeitpunkt 3 relevant (die gewöhnliche Teilsteuerfunktion im Zeitpunkt 3 wäre zu berechnen), darüber hinaus sind die Verlustvorträge ja 0. Für die Zwischenverluste spielt der Verlust aus dem Zeitpunkt 0 keine Rolle, wie an der gewöhnlichen Teilsteuerfunktion des Zeitpunkts 2 unmittelbar gesehen werden kann. Hier gilt $T(x_{2,}v(x_1))$, die Verlustvorträge aus den anderen Zeitpunkten sind nicht relevant. Dank der LIFO-Reihenfolge ist einzig die Berechnung der gewöhnlichen Teilsteuerfunktion des Zeitpunkts 3 für den Verlust aus Zeitpunkt 0 notwendig, auf die anderen Berechnungsschritte kann verzichtet werden. Dass sich das Beispiel verallgemeinern lässt, ist unmittelbar einsichtig, sodass festgestellt werden kann: die LIFO-Reihenfolge ist bei der Berechnung der Verlustauswirkungen effizienter.

- Komplexität: Obige Überlegungen, dass bei der LIFO-Reihenfolge nur ein einziger Zeitpunkt und zwar jener der Verlustverrechnung relevant ist, vereinfacht die Ableitung der erweiterten Teilsteuerfunktion erheblich:

$$\frac{\partial T^{+}(x_t)}{\partial x_t} = \delta^{\tau^*} \cdot \frac{\partial T(x_{\tau^*}, f(x_t))}{\partial f(x_t)} \cdot f'(x_t) \tag{8.49}$$

	t	0	1	2
	x_t		-1	$+1$
(1)	v_t	1	2	1
(2)	v_t	0	1	0

Tabelle 8.2: Problem bestehender Verlustvorträge am Ende des Betrachtungszeitraums

Wobei τ^* den Verrechnungszeitpunkt nach der LIFO-Reihenfolge darstellt. Das Vorgehen setzt allerdings zwei Bedingungen voraus:

1. Zum einen, dass die (marginalen) Verluste in einem einzigen Zeitpunkt verrechnet werden. Das ist für die Ableitung der Teilsteuerfunktion des unbeschränkten Verlustvortrags erfüllt.

2. Zum anderen, dass die Einflussrichtung auf die rekursiv definierten Verlustvorträge eindeutig ist, sodass, sofern Zwischenverluste verbraucht sind, diese keine weitere Rolle mehr spielen.

- Bewertungsargument: Es muss eine Lösung für *Verluste am Planungshorizont* gefunden werden. Diese Lösung hat bei der FIFO-Reihenfolge Auswirkungen auf die Bewertung aller Verluste. Bei der LIFO-Reihenfolge ist das Problem entschärft, weil das Bewertungsproblem durch die Ursachen-Wirkungs-Zuordnung, wenn überhaupt, weniger Verlusten zugeordnet wird.

Beispiel Bewertungsproblem am Planungshorizont

In Tab. 8.2 ist ein Beispiel abgebildet, das diesen Zusammenhang veranschaulicht.

In Teilbeispiel (1) besteht ein Verlustvortrag im Zeitpunkt null. Dieser verursacht den Verlustabzug der positiven Zahlung in T nach der FIFO-Reihenfolge. Dagegen existiert in Teilbeispiel (2) kein Verlustvortrag, der als Ursache dient, sondern der zukünftige Verlust in $t = 0$ ist dafür verantwortlich. Der Schluss, dass nun der Verlustvortrag in (1) mehr wert sei als keiner in (2), berücksichtigt das funktionale Argument nicht ausreichend. Denn in Teilbeispiel (1) verbleibt am Ende ein Verlustvortrag, der einer Bewertung bedarf, und folgen, wie im Beispiel, keine Gewinne (oder gehen die Verlustvorträge unter), so ist dieser Wert null. Das Bewertungsproblem der Verlustvorträge wird bei der FIFO-Reihenfolge auf zukünftige Verluste verschoben. Der Wert des Verlustvortrages ist letztendlich von der Behandlung der Verlustvorträge in T abhängig, und da diese keinen Wert haben, sind die Werte der beiden Teilbeispiele identisch.

Die Reihenfolgefiktion LIFO führt unmittelbar zu diesem Ergebnis, da der Verlustvortrag noch keine Verlustverrechnung verursacht hat; dies hat nämlich die zukünftige negative Zahlung. Der Verlustvortrag konnte also noch nicht verrechnet werden und damit ist der Verrechnungszeitpunkt $\tau^* > T$; die Bewertung ist damit von seiner zukünftigen Behandlung abhängig. In Teilbeispiel (1) ist der Verlustvortrag damit ohne Wert und die Werte der beiden Verlustvorträge in beiden Teilbeispielen sind folgerichtig identisch.

- Konsistenz: Der bestehende Verlustvortrag kann als Komponente des Unternehmenswerts verstanden werden. Durch die LIFO-Reihenfolge ist auch die Bewertung der bestehenden Verlustvorträge vorgegeben. Die bestehenden Verlustvorträge eines Zeitpunkts werden ausschließlich von Neuverlusten dieses Zeitpunkts beeinflusst.

Das funktionale Argument ist das gewichtigste aller Argumente im Zusammenhang mit der Untersuchung der Teilsteuerfunktionen. Für die konkrete Ermittlung der Grenzteilsteuerfunktion kann das Problem durch die LIFO-Reihenfolge umdefiniert werden. Es muss lediglich der Verrechnungszeitpunkt nach der LIFO-Reihenfolge gesucht werden. Allerdings fordern die Voraussetzungen der LIFO-Methode eine genaue Untersuchung der Entwicklung der Verlustvorträge, die aber auch bei der FIFO-Reihenfolge notwendig wäre. Diese Rekursionsgleichungen können auch für komplexe Zusammenhänge abgeleitet werden, wie der Verlustrücktrag gezeigt hat.

Beide Reihenfolgen führen zu identischen Wirkungen, allerdings kann auf eine Festlegung nicht verzichtet werden, weil sonst die Zuordnung von Ursache und Wirkung nicht eindeutig ist und damit eindeutige kausale Aussagen in vielen Fällen unmöglich sind. Da die Argumente für die LIFO-Methode als gewichtiger erscheinen, wenn später der Einfluss auf den Unternehmenswert untersucht wird, und die formale Darstellung erheblich erleichtern, wird in der Arbeit die LIFO-Reihenfolge als Maxime der Ursachenzuordnung gewählt. Diese Reihenfolge bestimmt, in welchem Zeitpunkt τ^* der Verlust mit Gewinnen verrechnet werden kann. Warum die Problemumformulierung in einen Verrechnungszeitpunkt so vorteilhaft ist, zeigt der nächste Abschnitt, der die Anwendung der so gefundenen Grenzteilsteuerfunktion in Gleichung (8.49) zeigt.

8.3.2 Anwendung der erweiterten Grenzteilsteuerfunktion

Da sich die Ableitung der Teilsteuerfunktion, die für die Asymmetriedefinition relevant ist, und die Kenngröße Grenzteilsteuerfunktion entsprechen, kann im nächsten Abschnitt zuerst eine Wirkungsexploration der unbeschränkten Verlustvortragsvorschrift vorgenommen werden und auf Grundlage der Ergebnisse können die Auswirkungen auf die Asymmetriedefinition besprochen werden. Die Definition der wirtschaftlichen Bezugsgröße wird nachfolgend nicht weiter konkretisiert.

Die Ergebnisse des vorangehenden Abschnitts zur LIFO-Reihenfolge haben unmittelbare Auswirkungen auf die Interpretation bestehender Verlustvorträge. Diese sind Thema der zweiten Anwendung der Grenzteilsteuerfunktion.

8.3.2.1 Unbeschränkter Verlustvortrag

Wegen der zentralen Rolle der erweiterten Grenzteilsteuerfunktion in dieser Arbeit und um zu zeigen, inwiefern sich diese von der Marginal Tax Rate-Definition der empirischen Literatur unterscheidet, werden die wesentlichen Punkte mit Beispielen erläutert.

Dazu werden folgende Fälle unterschieden, für die unterschiedliche Effekte wirken:

$x_t \backslash v_{t-1}$	$= 0$	> 0
$< v_{t-1}$	2	4
$> v_{t-1}$	1	3

Abbildung 8.14: Die Fälle der erweiterten Grenzteilsteuerfunktionen

Da nun die erweiterte Teilsteuerfunktion im Mittelpunkt des Interesses steht, kann nicht mehr auf die Unterscheidung zwischen den Fällen zwei und vier verzichtet werden. Denn die erweiterte Teilsteuerfunktion berücksichtigt auch Liquiditätseffekte in anderen Zeitpunkten, anders als die gewöhnliche Teilsteuerfunktion.

Wenn es *keinen Verlustvortrag* gibt und die *Bemessungsgrundlage positiv* ist (*Fall eins*), bereitet die Bestimmung der erweiterten Grenzteilsteuerfunktion keine weiteren Schwierigkeiten,[244] denn jeder zusätzliche Euro unterliegt genau dem elementaren Grenzteilsteuersatz. Die intertemporale Verlustverrechnung hat keinen weiteren Einfluss unter dieser

[244] Vgl. Ausführungen im dritten Fall.

Parameterkonstellation und es gelten die allgemeinen Ausführungen zu den erweiterten Grenzteilsteuerfunktionen.

Anders im *zweiten Fall*, wenn zwar *keine Verlustvorträge* existieren, aber die *Bemessungsgrundlage negativ* ist. Da ein sofortiger Verlustvortrag ausgeschlossen ist, kommt es nicht unmittelbar zu einer Steuererstattung. Allerdings werden die Verluste zu Verlustvorträgen und mindern in späteren Zeitpunkten die Steuerlast. Um den Wert der Grenzsteuerentlastung bestimmen zu können, muss der Zeitpunkt τ^* ermittelt werden, wann dieser "Verlustvortrag" die steuerliche Bemessungsgrundlage der späteren wirtschaftlichen Bezugsgröße verringert. Dieser Zeitpunkt entspricht nicht unbedingt dem Zeitpunkt der nächsten positiven Bemessungsgrundlage, weil nach der LIFO-Fiktion mögliche Zwischenverluste zuerst verrechnet werden müssen. Erst wenn die Verlustvorträge wieder null werden, wird die negative Bemessungsgrundlage des Betrachtungszeitpunkts verrechnet.

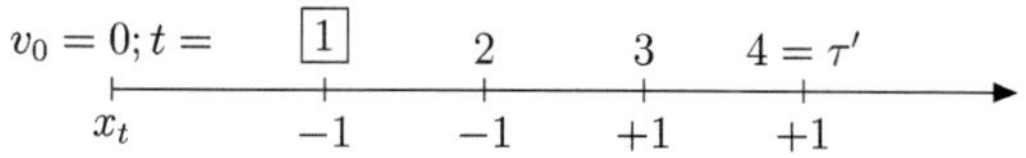

$v_0 = 0; t =$	$\boxed{1}$	2	3	$4 = \tau'$
x_t	-1	-1	$+1$	$+1$

Abbildung 8.15: Erweiterter unternehmenswertbezogener Grenzteilsteuersatz im Verlustfall ohne Verlustvorträge

Beispiel Im Beispiel wird die Auswirkung einer Erhöhung des anfänglichen Verlusts von 0 auf −1 (genauer um eine infinitesimal kleine Einheit) im Zeitpunkt 1 betrachtet, wenn der elementare Teilsteuersatz $s = 0,3$ gilt. Da kein sofortiger Verlustausgleich gewährt wird, sind im ersten Zeitpunkt keine weiteren Wirkungen zu berücksichtigen. Der Verlust kann aber auch nicht in der nächsten Periode verrechnet werden, weil hier erneut Verluste realisiert werden. Der Zeitpunkt 3 steht ebenfalls nicht zur Verfügung, weil zu diesem Zeitpunkt die Verluste des zweiten Zeitpunkts abgezogen werden. Damit können die zusätzlichen Verluste des Zeitpunkts 1 erst im Zeitpunkt 4 die Steuerbelastung verringern. Der Steuerpflichtige muss drei Perioden warten, bevor sich der steuerliche Verlust auswirkt. Damit lautet der *erweiterte unternehmenswertbezogene Grenzteilsteuersatz*:

$$t^{+u'} = s' \cdot \delta^{\tau^*} = 0,3 \cdot 1,1^{-4} \qquad (8.50)$$

Und der *erweiterte zahlungsbezogene Grenzteilsteuersatz*:

$$t^{+z'} = \frac{\partial V^S}{\partial x_1} / \frac{\partial V}{\partial x_1} = s' \cdot \delta^{\tau^* - t} = 0,3 \cdot 1,1^{-3} \tag{8.51}$$

Der Unternehmenswert des Staates zum Zeitpunkt null wird durch die Verrechnung im Zeitpunkt 4 verringert (q^{-4}). Der Gesamtunternehmenswert verändert sich durch die Änderung im Betrachtungszeitpunkt um den Faktor δ, die steuerlichen Regeln beeinflussen ihn aber nicht weiter. Wird als Diskontierungsfaktor $1,1^{-1}$ unterstellt, folgt ein *erweiterter zahlungsbezogener Grenzteilsteuersatz* i. H. v. $0,3 \cdot 1,1^{-3}$. Der Wertbeitrag der wirtschaftlichen Bezugsgröße am Unternehmenswert wird für den Unternehmer um den *erweiterten zahlungsbezogenen Grenzteilsteuersatz* verringert. Diese Verringerung ist kleiner als der *elementare Grenzteilsteuersatz.*

In *Fall drei* ist die *wirtschaftliche Bezugsgröße größer* als die *vorhandenen Verlustvorträge.* Die Überlegungen ähneln in diesem Fall denen des ersten Falls. Zu betonen ist, dass die wirtschaftliche Bezugsgröße schon davor größer als die vorhandenen Verlustvorträge ist. Eine Veränderung der wirtschaftlichen Bezugsgröße führt hier zu keinem Einfluss auf den Wert der Verlustvorträge, weil diese schon verrechnet werden konnten. Damit ist nur die Gewinnbesteuerung ohne Besonderheiten zu beachten.

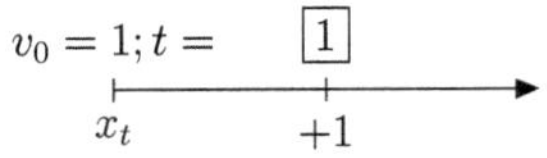

$v_0 = 1; t =$ [1]

x_t +1

Abbildung 8.16: Der zahlungsbezogene erweiterte Grenzteilsteuersatz bei mehr Gewinnen als Verlustvorträgen

Beispiel Die Verlustvorträge im Zeitpunkt null können bereits eine Periode später voll verrechnet werden. Eine weitere Erhöhung der wirtschaftlichen Bezugsgröße im Zeitpunkt 1 führt daher zur üblichen Gewinnbesteuerung. Die Erhöhung der wirtschaftlichen Bezugsgröße im Zeitpunkt 1 erhöht den Gesamtunternehmenswert um δ. Durch die zusätzlichen Gewinne im ersten Zeitpunkt ist der unternehmenswertbezogene Grenzteilsteuersatz: $s \cdot \delta$. Der erweiterte zahlungsbezogene Grenzteilsteuersatz lautet daher $t^{+z'} = s \cdot \delta / \delta = s$, entspricht also genau dem elementaren Grenzteilsteuersatz.

Der *vierte Fall*, wenn *größere Verlustvorträge als Gewinne* existieren, ist nicht so leicht zugänglich wie die anderen Fälle. Hier sind nämlich neben den "direkten" Einflüssen auf

Steuerzahlungen auch diejenigen auf den Wert der Verlustvorträge zu beachten. Ein Mehrverdienst führt nicht nur zu einer höheren Besteuerung durch die zusätzlichen Gewinne, sondern verändert auch den Wert der Verlustvorträge, weil diese nun zum Teil früher verrechnet werden können. Eine Einheit Verlustvortrag kann nun zusätzlich im Betrachtungszeitpunkt verrechnet werden. Dies allerdings führt wiederum zu einer Steuermehrbelastung zu einem späteren Zeitpunkt, wenn die Verlustvorträge in diesem Zeitpunkt ohne den Mehrverdienst vollständig hätten verrechnet werden können, da weniger Verlustvorträge zur Abschirmung der Besteuerung zur Verfügung stehen. Dieser Zeitpunkt wird in Anlehnung an obige Überlegungen mit τ^* bezeichnet. Der Zeitpunkt τ^* weicht in dieser Fallgruppe immer vom Zeitpunkt des Mehrverdiensts ab.

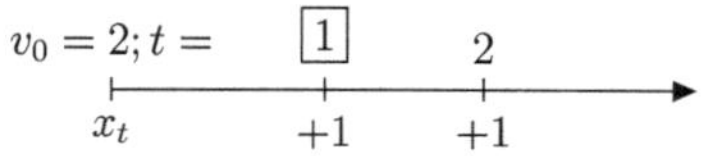

$v_0 = 2; t =$ [1] 2

x_t +1 +1

Abbildung 8.17: Der zahlungsbezogene erweiterte Grenzteilsteuersatz bei größeren Verlustvorträgen als Gewinnen

Beispiel Der Einfluss der Änderung der wirtschaftlichen Bezugsgröße des Zeitpunkts t auf den Gesamtunternehmenswert des Zeitpunkts null ist, wie in den anderen Fällen, $\partial V/\partial x_1 = \delta^t$. Die Veränderung führt beim Unternehmenswert des Staates zu differenzierten Folgen. Die Erhöhung verursacht eine erhöhte Besteuerung im Zeitpunkt t $(s \cdot \delta^t)$, die auf der anderen Seite durch vorhandene Verlustvorträge verhindert werden kann $(-s \cdot \delta^t)$.[245] Dies hat allerdings seinen Preis, denn durch die verfrühte Verrechnung ist eine Verrechnung zum Zeitpunkt t nicht mehr möglich, sondern erst eine spätere $(s \cdot \delta^{\tau^*})$.

Diese Teileffekte ergeben die *erweiterte unternehmenswertbezogene Grenzteilsteuerfunktion:*[246]

$$t^{+u'} = \frac{\partial T^+ (x_t, v_{t-1}(x_t))}{\partial x_t} = s \cdot \delta^t + s \cdot \left(\delta^{\tau^*} - \delta^t\right) = s \cdot \delta^{\tau^*} \tag{8.52}$$

Und die *erweiterte zahlungsbezogene Grenzteilsteuerfunktion*:

$$t^{+z'} = \frac{\partial V_0^S}{\partial x_1} / \frac{\partial V_0}{\partial x_1} = \frac{s \cdot \delta^t + s \cdot \left(\delta^{\tau^*} - \delta^t\right)}{\delta^t} = s \cdot \delta^{\tau^* - t} \tag{8.53}$$

[245] Es sei daran erinnert, dass der Wert des Verlustvortrags für den Staat negativ ist.
[246] Vgl. Formel 8.56 und Erläuterungen auf S. 146.

Alle drei Fälle zu einer *erweiterten zahlungsbezogenen Grenzteilsteuerfunktion* zusammengefasst ergeben:

$$t^{+z'}(x_t, v_{t-1}) = s \cdot \begin{cases} 1 & x_t > v_{t-1} \\ \delta^{\tau^*-t} & sonst \end{cases} \tag{8.54}$$

Ausschlaggebend für den Wert sind die drei Bestandteile:

1. Der zeitliche Einfluss δ auf die Wertschätzung von Liquiditätswirkungen.

2. Der Zeitpunkt τ^* der endgültigen Verrechnung der Verlustvorträge.

3. Der Steuersatz s zum Zeitpunkt der Verlustverrechnung.

Die Diskontierungsfunktion wurde nur als exponentielle Verzinsung konkretisiert. Je nach weiterer inhaltlicher Belegung stehen dank der Ergebnisse in Abschnitt 6.4.2 vielfältige Interpretationsmöglichkeiten offen:

- Nutzentheoretisch kann sie als Erwartungsnutzeneinfluss durch die Besteuerung bezüglich des Unternehmenswertbeitrags durch die wirtschaftliche Bezugsgröße gedeutet werden.

- Kapitalmarkttheoretisch kann sie aus der Perspektive des Anteileigners als die steuerliche Korrektur des kapitalmarkttheoretischen Unternehmenswertbeitrags der wirtschaftlichen Bezugsgröße und aus der Perspektive des Staates als sein Unternehmenswertbeitrag durch die wirtschaftliche Bezugsgröße interpretiert werden.

Die zahlungsbezogene Grenzteilsteuerfunktion in (8.54) interpretiert verrät:

1. dass selbst bei Gewinnen der Einfluss der Besteuerung nicht der einer proportionalen Besteuerung entspricht, sofern Verlustvorträge vorhanden sind.

2. dass auch bei Verlusten ein steuerlicher Einfluss vorliegt, obwohl es in der Betrachtungsperiode nicht unmittelbar zu steuerlichen Wirkungen kommt.

An der erweiterten Grenzteilsteuerfunktion in Gleichung (8.54) sieht man, dass die Besteuerung mit Verlustvortrag der Definition einer asymmetrischen Besteuerung nach D1 entspricht. Überraschend ist allerdings, dass es sich keineswegs um eine null-asymmetrische Besteuerung handelt, sondern die Asymmetrieachse von vorhandenen Verlustvorträgen abhängt. Sind bereits bestehende Verlustvorträge vorhanden, verschieben diese die globale Null-Asymmetrieachse nach rechts. Es existiert immer noch mindestens eine Achse, für welche die Besteuerung global-asymmetrisch bleibt, und damit ist D2 erfüllt. Diese Asymmetrieachse hat durch die Verlustvorträge einen positiven Wert. Werden später die Einflüsse der Besteuerungsasymmetrien auf Unternehmensentscheidungen untersucht, muss dies im Auge behalten werden.

Die oben gefundenen Zusammenhänge für die erweiterte Grenzteilsteuerfunktion werden nachfolgend schematisch dargestellt.

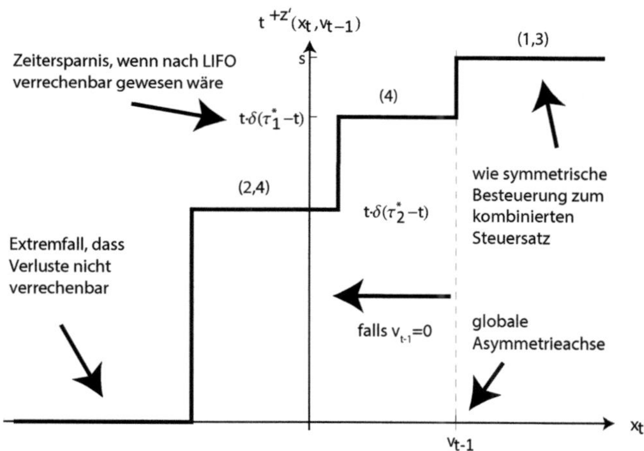

Abbildung 8.18: Die schematische Darstellung der erweiterten zahlungsbezogenen Grenzteilsteuerfunktion

Die Abbildung 8.18 zeigt den erweiterten Grenzteilsteuerverlauf einer wirtschaftlichen Bezugsgröße zum Zeitpunkt t. Schematisch sind darin alle wichtigen Erkenntnisse dieses Kapitels zusammengefasst. Die Fälle eins und drei entsprechen der symmetrischen Besteuerung. Da in dieser Höhe keine Verlustvorträge existieren und keine Verluste realisiert werden, werden diese Gewinne zum elementaren Grenzteilsteuersatz besteuert.

Links von der Asymmetrieachse können entweder Verluste verrechnet werden oder es folgen Neuverluste, wenn die wirtschaftliche Bezugsgröße kleiner als null ist. Bei Gewinnen hängt die Höhe des erweiterten Grenzteilsteuersatzes vom endgültigen Zeitpunkt, wann die Verluste ohne die zusätzliche Investition verrechnet hätten werden können, und dem Betrachtungszeitpunkt ab. Letztendlich ist dies als Zeitersparnis der Verlustverrechnung zu interpretieren, die aus einem zusätzlichen Gewinn resultiert. Bei Verlusten sind ebenfalls diese Größen relevant, nur dass hier der Verlust zum ersten Mal verrechnet werden kann.

Diese Wartezeit bis zur möglichen Verrechnung könnte als Strafe der asymmetrischen Besteuerung interpretiert werden. Die Asymmetrieachse liegt bei den Verlustvorträgen der Vorperiode und nicht bei null.

Der Verrechnungszeitpunkt τ^* hängt von den zukünftigen Gewinnen ab und kann im Extremfall unendlich betragen, nämlich falls keine Gewinne mehr folgen, oder mehr Verluste als Gewinne. Im Fall unter Sicherheit kann τ^* ohne Weiteres bestimmt werden, weil die zukünftigen Gewinne als bekannt vorausgesetzt werden.

Die Teilsteuerfunktion ist für die wirtschaftliche Bezugsgröße 0 selbst 0, wie an der gewöhnlichen Teilsteuerfunktion mit Verlustvortrag (8.46) zu sehen ist. Da der Verlustvortragsbestand bei einer wirtschaftlichen Bezugsgröße von 0 nicht verändert wird, genügt an dieser Stelle die gewöhnliche Teilsteuerfunktion. An der schematischen Darstellung in 8.18 bzw. der Definition in 8.54 wird offensichtlich, dass die anderen wünschenswerten Eigenschaften der Besteuerung beim Verlustvortrag erfüllt sind. Zum einen nimmt die erweiterte Grenzteilsteuerfunktion augenscheinlich mit steigender wirtschaftlicher Bezugsgröße zu (W1b) und ist kleiner 1 (W1c). Zum Anderen ist die Teilsteuerfunktion konvex, weil die Grenzteilsteuerfunktion nicht fällt (W2).

8.3.2.2 Interpretation der bestehenden Verlustvorträge

Durch den Verlustvortrag entfaltet die Besteuerung auch in späteren Zeitpunkten Wirkungen, daher ist der Einsatz der erweiterten Teilsteuerfunktionen geboten. Es ist zu bedenken, dass Verlustvorträge zukünftige Gewinne von der Besteuerung abschirmen. Dadurch gewinnen die Verlustvorträge selbst einen gewissen Wert für den Unternehmer und sind Bestandteil seines Unternehmenswerts.[247] Auf den Gesamtunternehmenswert haben sie dagegen keinen Einfluss, weil sie nur die Aufteilung zwischen den Teilhabern betreffen und nicht die Zahlungen vor Zinsen und Steuern.[248] Während die Verlustvorträge den Unternehmenswert des Unternehmers positiv beeinflussen, ist die Wirkung für den Staat genau gegenteilig.

Zwar sind bestehende Verlustvorträge positiv für die Unternehmer, insgesamt wirken sie aber negativ auf den Unternehmenswert der Unternehmer. Der Wert der Verlustvorträge wird vom Wirkungszeitpunkt der Verlustverrechnung und der Verbrauchsreihenfolge bestimmt. Allerdings ist auch die fiktive Investitionsauszahlung für die Verlustvorträge in

[247] Daher werden sie unter anderem im Rahmen der aktiven latenten Steuern in den Handelsbilanzen berücksichtigt. § 274 Abs. 1 Satz 4 HGB beschränkt die Verlustvorträge auf jene, die die nächsten fünf Jahre verrechenbar sein werden.

[248] Vgl. Anhang A.2, S. 286.

Form der Erstattung unter der symmetrischen Besteuerung ins Kalkül zu nehmen, denn sie werden bei der intertemporalen Verlustverrechnung nicht mehr erstattet.[249] Wird der Einfluss der Regel auf den Unternehmenswert ex ante untersucht und bestehen noch keine Verlustvorträge, so werden diese erst durch oben genannte fiktive Anschaffungsauszahlungen entstehen. Deren fiktive Anschaffungsauszahlung ist aber stets größer als die Rückflüsse durch die ersparten zukünftigen Steuerzahlungen. Dies ist der Grund, warum die intertemporale Verlustverrechnung den Unternehmenswert der Unternehmen vermindert.

Wie wirken sich nun bestehende Verlustvorträge auf Unternehmensentscheidungen aus? Bestehende Verlustvorträge stellen eine positive Wertkomponente des Unternehmens dar, zu der der Steuerpflichtige allerdings nicht kostenlos gelangt. Der scheinbare Widerspruch lässt sich leicht lösen, wenn die fiktiven Anschaffungsauszahlungen des Verlustvortrags als sunk costs[250] verstanden werden.[251]

Die sunk costs haben in den Volks- und Betriebswirtschaften einen unterschiedlichen Schwerpunkt.[252] Während sie in den Volkswirtschaften vor allem als Element von Markteintrittsbarrieren verstanden werden, wird in der Betriebswirtschaft die Irrelevanz bei Entscheidungen thematisiert. Sunk costs sind Kosten, die beim Abbruch der Investition in einem Unterschied zwischen ursprünglicher Investitionsauszahlung und Liquidationserlös je Leistungseinheit münden.[253]

Nach Schneider sind sunk costs Ausgaben der Vergangenheit, die exklusive Produktionskapazitäten schaffen und die noch nicht erfolgswirksam berücksichtigt worden sind.[254] Der "erworbene" Verlustvortrag kann als nicht reversibles immaterielles Gut interpretiert werden, weil er in der Regel nicht übertragen werden kann.[255]

[249] Handelsrechtlich werden die Verlustvorträge nicht zu Anschaffungskosten, sondern mit dem Wert der künftigen Erstattungen angesetzt. Dazu werden die Verlustvorträge, die innerhalb der nächsten fünf Jahre verrechnet werden können, mit ihrem zu dieser Zeit gültigen Steuersatz multipliziert.

[250] Sie sind ein grundlegendes wirtschaftswissenschaftliches Prinzip, das sich in jedem Einführungswerk findet, stellvertretend Mankiw (2012), S. 285 ff. Das Konzept wurde erstmals von Jevons vorgestellt, der es in Jevons (1923) erwähnte. Eine bereits sehr umfassende Definition findet sich bei Clark (1971), S. 54 f.

[251] NB: Die Interpretation ist wichtig, weil sunk costs ein Beispiel sind, dass der homo oeconomicus nicht immer die Entscheidungen der Akteure adäquat darstellt, vgl. Thaler (2000), S. 276 f.

[252] Vgl. Schaub (1996), S. 7.

[253] Vgl. Krahnen (1991), S. 21. In einer Konkretisierung fügt er die Forderung der Gleichzeitigkeit zu seiner Definition, indem er den Kaufpreis als impliziten Mietpreis einführt. Auf diese Erweiterung wird nachfolgend verzichtet, weil die Irrelevanz der sunk costs für Investitionsentscheidungen und damit nicht die genaue Bestimmung im Vordergrund steht. Es wird also die traditionelle Rechnungssichtweise eingenommen und von der historischen und simultanen Sichtweise Abstand genommen.

[254] Vgl. Schneider (1997), S. 419.

[255] Was Anderes wären handelbare Verlustvorträge, wie sie von einigen Autoren vorgeschlagen werden, vgl. z. B. Schneider (1988), S. 1228 f. Diese sind reversibel, weil sie jederzeit über den Markt verkauft und später wieder angeschafft werden können.

Die Höhe der sunk costs wird von Wieandt (1994) als Unterschied zwischen Anschaffungsauszahlung und Veräußerungszahlung vor Ablauf der Nutzungsdauer determiniert.[256] Anders als fixe Kosten können sunk costs selbst bei Stilllegung nicht eliminiert werden.[257] Sind die Verlustvorträge erst einmal gebildet, stellen die Anschaffungsauszahlungen keine entscheidungsrelevante Größe mehr dar.[258]

Die Verlustvorträge stellen eine eigene positive Wertkomponente des Unternehmenswerts der Unternehmer dar (für den Staat umgekehrt eine negative Wertkomponente).[259] Wenn der Einfluss der Besteuerung auf die Unternehmenswerte untersucht wird, müssen nicht nur die "direkten Steuerzahlungen", sondern muss auch der Verlustvortrag beachtet werden.

Der Verlustvortrag wird nach der LIFO-Reihenfolge mit positiven zukünftigen Bemessungsgrundlagen verrechnet, eine Auswirkung der bestehenden Verlustvorträge auf den Wert der wirtschaftlichen Bezugsgrößen scheidet durch diese Verbrauchsfiktion aus:

$$\partial_{v_{t-1}} T^{+u/z'}(x_t, v_{t-1}) = \frac{\partial T^{+u/z}(.)}{\partial v_{t-1}} \tag{8.55}$$

Wird die erweiterte Grenzteilsteuerfunktion bezüglich der wirtschaftlichen Bezugsgröße untersucht, ist zu bedenken, dass in diesem Fall eine Veränderung der wirtschaftlichen Bezugsgröße auch eine Auswirkung auf den Wert der Verlustrückträge hat, und zwar auf den Zeitpunkt, wann Letztere verrechnet werden können. Die erweiterte Grenzteilsteuerfunktion ergibt sich nicht mehr alleine aus dem Wert der zukünftigen Gewinne, sondern zudem aus der Veränderung des Werts der Verlustvorträge:

$$t^{+u/z'}(x_t, v_{t-1}(x_t)) = \frac{\partial T^{+u/z}(.)}{\partial x_t} + \frac{\partial T^{+u/z}(.)}{\partial v_{t-1}} \cdot \frac{\partial v_{t-1}}{\partial x_t} \tag{8.56}$$

Der *erweiterte unternehmenswertbezogene Grenzsteuersatz* besteht aus zwei Komponenten. Zum einen aus dem Einfluss der "asymmetrischen" Steuerzahlungen ohne Verlustvortrag (allerdings schon in richtiger Reihenfolge) auf den Unternehmenswert und zum anderen aus dem Einfluss der Verlustvorträge auf den Unternehmenswert, die durch die intertemporale Verlustverrechnung entstehen. Der Wert des Beitrags der Verlustvorträge zum Unternehmenswert ist abhängig von den zukünftigen wirtschaftlichen Bezugsgrößen. Auch

[256] Vgl. Wieandt (1994), S. 1030; Clark (1971), S. 180.
[257] Vgl. Schaub (1996), S. 19 f.; Baumol, Panzar und Willig (1988), S. 280.
[258] Ein Kennzeichen versunkener Kosten, vgl. Schaub (1996), S. 22.
[259] Und muss daher beim effektiven Teilsteuersatz berücksichtigt werden.

dieser Bestandteil des Unternehmenswerts der Unternehmer muss bei Unternehmensentscheidungen berücksichtigt werden. Dies gilt analog für die *erweiterten zahlungsbezogenen Grenzsteuerfunktionen*. Diese Abhängigkeit der Grenzteilsteuerfunktion von bestehenden Verlustvorträgen kann besonders einfach aufgelöst werden, indem bei der Untersuchung der Veränderung der wirtschaftlichen Bezugsgröße Verlustvorträge vorrangig verrechnet werden und die wirtschaftliche Bezugsgröße danach nach der LIFO-Reihenfolge folgt.

8.3.3 Betragliche Beschränkung

In den meisten Ländern ist der intertemporale Verlustvortrag nicht unbeschränkt möglich. In Deutschland ist ein Verlustvortrag derzeit noch zeitlich unbeschränkt möglich, allerdings wird der Verlustvortrag durch die Mindestgewinnbesteuerung betraglich beschränkt.

Durch die betragliche Beschränkung können Verluste mit zukünftigen Gewinnen nun nicht mehr voll verrechnet werden, sondern maximal in Höhe der Beschränkung:

$$B_t^* = x_t - min\left\{v_{t-1}; x_t; L\right\} \tag{8.57}$$

Verluste in einer Periode lassen den Verlustvortrag ansteigen. Können Gewinne mit Verlustvorträgen verrechnet werden, verringert sich der Verlustvortrag:

$$\begin{aligned} v_t &= \langle -x_t\rangle^+ + v_{t-1} - \langle x_t - B_t^*\rangle^+ \\ &= v_{t-1} + \underbrace{\langle -x_t\rangle^+}_{Neuverluste} - \underbrace{\langle min\left\{v_{t-1}; l\cdot x_t; L\right\}\rangle^+}_{Verbrauch\ Altverluste} \end{aligned} \tag{8.58}$$

Die Auswirkung der betraglichen Beschränkung kann untersucht werden, indem der Einfluss der betraglichen Beschränkung auf die Verlustverrechnung analysiert wird.

$$\begin{aligned} f(x_t) &= v_t^{mB} - v_t^{oB} \\ &= \left[v_{t-1}^{mB} + \langle -x_t\rangle^+ - \langle min\left\{v_{t-1}; l\cdot x_t; L\right\}\rangle^+\right] \\ &\quad - \left[v_{t-1}^{oB} + \langle -x_t\rangle^+ - \langle min\left\{v_{t-1}; x_t\right\}\rangle^+\right] \end{aligned} \tag{8.59}$$

Dies geschieht durch einen Vergleich der Verlustvorträge ohne und mit Beschränkung. Im Zeitpunkt der Unternehmensgründung können noch keine Verlustvorträge bestehen; mit der Folge, dass in diesem Zeitpunkt $v_{-1}^{mB} = v_{-1}^{oB} = 0$ vorausgesetzt werden kann. In der Gründungsperiode sind die Verlustvortragsbestände damit identisch.

$$\begin{aligned} f(x_0) &\overset{v_{-1}^{mB}=v_{-1}^{oB}=0}{=} v_{-1}^{mB} - v_{-1}^{oB} - \langle min\{0; l \cdot x_t; L\}\rangle^+ + \langle min\{0; x_t\}\rangle^+ \\ &\overset{L\geq 0}{=} 0 \end{aligned} \tag{8.60}$$

Diese identischen Verlustvorträge können in den Folgeperioden zu abweichenden Verrechnungen führen.

$$\begin{aligned} f(x_1) &\overset{v_0^{mB}=v_0^{oB}=v_0}{=} max\{min\{v_0; x_1\} - min\{0; l \cdot x_1; L\}; 0\} \\ &\overset{L\geq 0, v_0\geq 0, x\epsilon\mathbb{R}}{=} min\{v_0; x_1\} - min\{0; l \cdot x_1; L\} \end{aligned} \tag{8.61}$$

$$f'(x_1) = \begin{cases} 1 & L/l < x_1 \wedge v_0/l > x_1 \\ 0 & sonst \end{cases} \tag{8.62}$$

Allerdings, wie $f'(x_1) \geq 0$ zeigt, nur derart, dass die Verlustvortragsbestände mit Beschränkung größer als jene ohne Beschränkungen sind. Mit diesem Vorwissen kann in der allgemeinen Gleichung zusätzlich $v_t^{mB} \geq v_t^{oB}$ vorausgesetzt werden, sodass $f'(x_t)$ allgemein ermittelt werden kann.

$$f(x_t) \overset{v_t^{mB}\geq v_t^{oB}}{=} min\{v_{t-1}; x_t\} - min\{0; l \cdot x_t; L\} \tag{8.63}$$

$$f'(x_t) = \overset{L\geq 0, v_0\geq 0, x\epsilon\mathbb{R}, v_t^{mB}\geq v_t^{oB}}{=} \begin{cases} 0 & (L/l > x_t \wedge v_{t-1}^{oB} > x_t) \vee v_{t-1}^{mB}/l < x_t \\ 1 & sonst \end{cases} \tag{8.64}$$

Damit sind die Verlustvorträge mit Beschränkung stets größer oder gleich denjenigen ohne Beschränkung. Daher kann sich durch die betragliche Beschränkung die Asymmetrieachse nach rechts verschieben. Diese Aussage ist vom Bezugspunkt des Vergleichs abhängig. Findet der Vergleich mit dem Ausgangspunkt identischer Verlustvorträge statt, ist sie natürlich hinfällig. Allerdings ist der Vergleich nicht unbedingt vollständig.

Entsprechen sich die Verlustvorträge am Anfang, z. B. weil die Beschränkung erst eingeführt wird, so verschiebt sich die Asymmetrieachse nicht, allerdings sinkt der Wert eines Neuverlusts, weil dieser erst verrechnet werden kann, sobald die Altverluste verrechnet sind und diese Altbestände nun langsamer sinken.

Es kann aber auch vorkommen, dass durch die Mindestgewinnbesteuerung noch Verlustvorträge existieren, die ohne eine Beschränkung bereits verrechnet wären. Wird zusätzlich das Argument der sunk costs berücksichtigt, so ist unmittelbar einsichtig, dass es durch die betragliche Beschränkung zu paradoxen Effekten kommen kann und zwar dann, wenn Verlustvorträge durch die Beschränkung weiterhin eine Wertkomponente des Unternehmens darstellen. Bei Aussagen über die Wirkungen der betraglichen Beschränkung sind daher die genauen Anfangsbedingungen anzugeben, wie obenstehende informale induktive Herleitung plastisch vor Augen geführt hat.

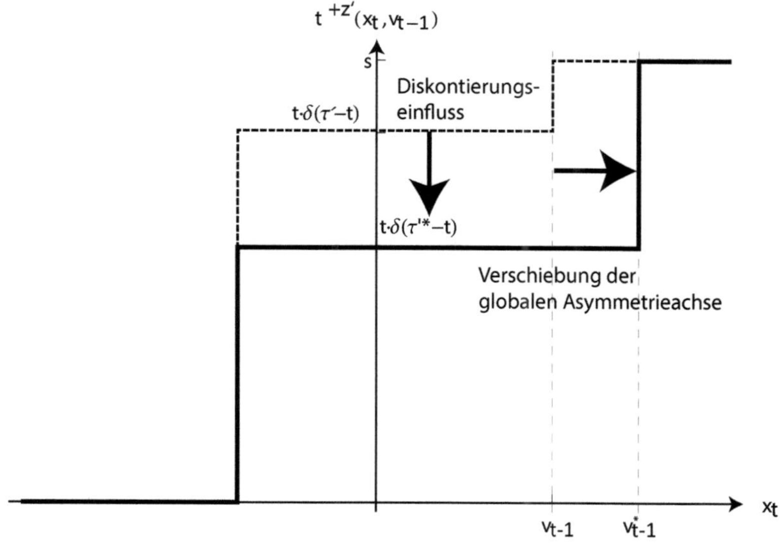

Abbildung 8.19: Der schematische Einfluss der betraglichen Beschränkung auf die erweiterte zahlungsbezogene Grenzteilsteuerfunktion

Damit können die Auswirkungen auf die Grenzteilsteuerfunktion beschrieben werden. Durch die betragliche Beschränkung kommt es zu zwei Einflüssen auf die Grenzteilsteuerfunktion, wenn das Unternehmen neu gegründet wird:

1. Die globale Asymmetrieachse kann sich nach rechts verschieben.

2. Da die Verlustvorträge durch die Zwischenverluste weniger schnell abgebaut werden, findet die Verrechnung der Neuverluste des Betrachtungszeitpunkts später statt mit der Folge, dass sich der Einfluss der Diskontierung erhöht.

Obenstehende Abbildung zeigt schematisch den Einfluss der betraglichen Beschränkung. Es ist offensichtlich, dass es weiterhin eine globale Asymmetrieachse gibt, die durch die betragliche Beschränkung nach rechts verschoben sein kann, sofern die betragliche Beschränkung bereits Verlustvorträge der Vorperiode beeinflusst hat. Die wünschenswerten Eigenschaften der erweiterten Grenzteilsteuerfunktion sind weiterhin erfüllt (W1a-W1c). Die Grenzteilsteuerfunktion bleibt sogar konvex (W2).

8.3.4 Zeitliche Beschränkung

Auch zeitliche Beschränkungen werden im Folgenden untersucht, obwohl diese nicht mehr im deutschen Ertragsteuerrecht implementiert sind,[260] weil:

- solche immer wieder gefordert werden, um die stetig wachsenden Verlustvorträge der Unternehmen in den Griff zu bekommen.[261]
- diese Art der Verlustverrechnungsbeschränkungen in vielen anderen Ländern geläufig ist.[262] Die meisten Staaten begrenzen den Verlustvortrag sowohl zeitlich als auch betraglich.[263]
- von der Verfassungsmäßigkeit einer solchen Regelung in der Literatur ausgegangen wird .[264]

Die Definition des Verlustvortrags mit zeitlicher Beschränkung erfolgt analog zu der des Verlustrücktrags bzw. des Gewinnvortrags. Ein besonderes Augenmerk ist wiederum auf die widersprüchliche Verrechnungsreihenfolge zu legen.

Verluste, die zuletzt entstanden sind, werden als Erste verrechnet. Diese Ursachenzuordnung empfehlen die Überlegungen zur Kausalität der Verluste, weil dadurch keine Auswirkungen auf Verlustvorträge in nachfolgenden Perioden berücksichtigt werden müssen.

[260] Vgl. Schneider (1992), S. 756.
[261] Vgl. Dorenkamp (2010), S. 52; hier insbesondere die Übersicht in der Fußnote 156.
[262] Vgl. Rennings (2011), S. 743 oder auch Endres et al. (2011), S. 22 f.
[263] Vgl. Endres et al. (2011), S. 105 f.
[264] Vgl. Klemt (2011), S. 1688; Kube (2011), S. 1792 Nr. 6; auch wenn es Gegenstimmen dazu gibt, vgl. beispielsweise Berg und Schmich (2002) S. 348.

Bei der Berücksichtigung der zeitlichen Beschränkung der Verluste ist allerdings der Verlust, der untergeht, in der Weise zu bemessen, als seien die Verluste, die zuerst eingehen, zuerst verrechnet worden. Nur diese Reihenfolge sichert die korrekte Bemessung der untergehenden Verluste, die rechtlich vorgegeben ist.

Beim Verlustrücktrag wurde die Hilfsgröße Gewinnvortrag abgeleitet, um später die Teilsteuerfunktion angeben zu können. Dieser Umweg bleibt beim Verlustvortrag erspart, weil die Teilsteuerfunktion über den Verlustvortrag angegeben wird.

Die Bemessungsgrundlagenfunktion berücksichtigt eine mögliche Verrechnung mit Verlustvorträgen:

$$B_t^* = x_t - min\left\{v_{t-1}; x_t\right\} \tag{8.65}$$

Weitere Besonderheiten sind bei der Bemessungsgrundlagenfunktion nicht gegeben, da die zeitliche Beschränkung nicht die Verrechnung, sondern die Entwicklung der Verlustvorträge betrifft. Die Verlustvorträge entwickeln sich wie folgt:

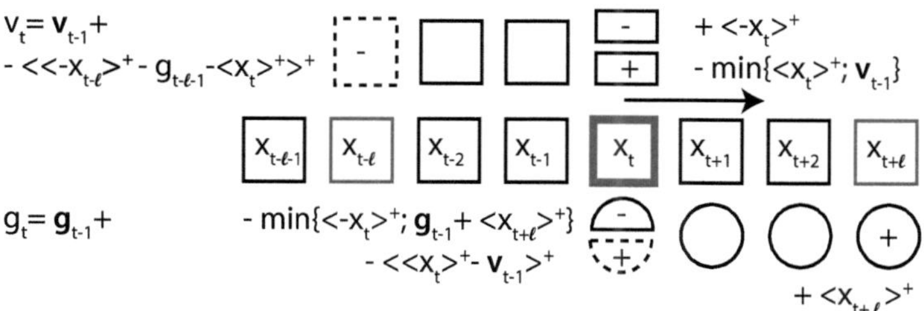

Abbildung 8.20: Ableitung des Verlustvortrags bei zeitlicher Beschränkung

Der Verlustvortrag des Betrachtungszeitpunkts steigt, sofern in diesem Zeitpunkt eine negative Bemessungsgrundlage der Verlustverrechnung vorliegt. Ist diese Bemessungsgrundlage positiv, so kommt es zu einer Verrechnung mit Verlustvorträgen, solange welche vorhanden sind. Verlustvorträge, die bereits ihre Überlebensdauer überschritten haben, werden aus dem Bestand der Verlustvorträge herausgekürzt. Allerdings nur, wenn diese nicht bereits in der Vergangenheit verrechnet wurden. Letztere Einschränkung können die Gewinnrückträge der Vorperiode des Entstehungszeitpunkts der Verluste bemessen.

Die Gewinnrückträge steigen, wenn eine positive Bemessungsgrundlage der Verlustverrechnung am zukünftigen Lebenshorizont vorliegt. Dieser zukünftige Bezug ist unproblematisch, weil es sich um keinen Selbstbezug, sondern einem deterministischen Schock handelt. Im Betrachtungszeitpunkt fallen die Gewinnrückträge, sofern eine negative Bemessungsgrundlage der Verlustverrechnung vorliegt, da diese verbraucht werden. In jedem Fall müssen im Betrachtungszeitpunkt die Gewinnrückträge herausgekürzt werden, die ihren Zenit überschritten haben. Genau vor der Lebensdauer kamen Gewinnvorträge hinzu, wenn die Bemessungsgrundlage der Verlustverrechnung im Betrachtungszeitpunkt positiv ist.

Der Rekursionsanfang ist durch Verlustvorträge fest vorgegeben. Wurde das Unternehmen neu gegründet, so gilt für die Verlustvorträge $v_{<0} = 0$ und es gibt keinen Gewinnrücktrag für $g_{<-\ell} = 0$. Hat das Unternehmen bereits existiert, so können auch andere Werte fest vorbestimmt sein.

Dank dieser Überlegungen lässt sich der Verlustvortrag folgendermaßen angeben:

$$v_t^z(x_t) = \underbrace{v_{t-1}^z}_{Altbestand} + \underbrace{\langle -x_t \rangle^+}_{Neuverluste} - \underbrace{min\left\{v_{t-1}^z; \langle x_t \rangle^+\right\}}_{Verbrauch\ Altverluste} - \underbrace{\left\langle \overbrace{\langle -x_{t-\ell} \rangle^+}^{alte\ Neuverluste} - \overbrace{\left(g_{t-\ell-1}^v + \langle x_t \rangle^+\right)}^{befristeter\ GV} \right\rangle^+}_{untergehende\ Verluste} \tag{8.66}$$

Mit seinen dazugehörigen vorläufigen Gewinnvorträgen:

$$g_t^v = g_{t-1}^v + \langle x_{t+\ell} \rangle^+ - min\left\{\langle x_{t+\ell} \rangle^+; g_{t-1}^v + \langle x_{t+\ell} \rangle^+\right\} - \left\langle \langle x_t \rangle^+ - v_{t-1} \right\rangle^+ \tag{8.67}$$

Die Ableitung der Verlustvortragsfunktion nach x_t ist:

$$\frac{\partial v_t^z(x_t, v_{t-1}^z, g_{t-\ell-1}^v)}{\partial x_t} = \begin{cases} 0 & (x_t \geq -(g_{t-\ell-1}^v + x_{t-\ell}) \wedge x_t \geq v_{t-1}^z) \vee \\ & (x_t > 0 \wedge x_t < -(g_{t-\ell-1}^v + x_{t-\ell}) \wedge x_t < v_{t-1}^z) \\ 1 & x_t < -\left(g_{t-\ell-1}^v + x_{t-\ell}\right) \bigwedge x_t > 0 \\ -1 & sonst \end{cases} \tag{8.68}$$

8.3.5 Wirkungsexploration des deutschen Verlustvortrags

Es wird die Teilsteuerfunktion für Kapitalgesellschaften mit Verlustvortrag in der Darstellungsweise der Teilsteuerrechnung abgeleitet um die Steuerwirkungen offen zu legen.

Die Definition der wirtschaftlichen Bezugsgrößen wird aus der Wirkungsexploration des Verlustrücktrags übernommen. Es gilt $X = \Omega \backslash \{EBT', M_k, M_{ge}\}$.

Der Verlustvortrag ist sowohl für die Körperschaftsteuer als auch Gewerbesteuer möglich. Allerdings unterscheiden sich ihre Bemessungsgrundlagen, warum die Teilsteuerfunktionen getrennt ermittelt und später mithilfe von Rechenregel 3 zusammengefasst werden.

Über die erweiterte Grenzteilsteuerfunktion in (8.54) kann die erweiterte Teilsteuerfunktion abstrakt angegeben werden. Auf den Zeitindex der wirtschaftlichen Bezugsgröße wird aus Darstellungsgründen verzichtet.

$$\begin{aligned} T^+(x, v_{t-1}) &= \int_0^x T^{+'}(y, v_{t-1})dy \\ &= s \cdot \underbrace{\int_0^x \begin{cases} 1 & y_t > v_{t-1} \\ \delta^{T^*(v_{t-1}-y_t)} & sonst \end{cases} dy}_{B^*(x)} \\ &= s \cdot B^*(x) \end{aligned} \tag{8.69}$$

Nach Rechenregel 1 kann für s der kombinierte Steuersatz $t_{k,solz}$ verwendet werden. Es soll $A(x) = 1 - B^*(x)$ gelten. Die Teilsteuerfunktion, welche ausschließlich die Körperschaftsteuer und den Solidaritätszuschlag berücksichtigt und nach Rechenregel 4 aufbereitet ist, lautet:

$$
\begin{aligned}
T^{+}(\underline{x}, v_{t-1}) &= t_{k,solz} \cdot B_k^*(x_{EBT'} + (1+m_k) \cdot x_{M_k}) \\
&= t_{k,solz} \cdot \big(x_{EBT'} + (1+m_k) \cdot x_{M_k}\big) + t_{k,solz} \cdot A_k(x_{EBT'} + (1+m_k) \cdot x_{M_k}) \\
&= t_{k,solz} \cdot x_{EBT} + t_{k,solz} \cdot M_k + t_{k,solz} \cdot A_k(x_{EBT} + M_k)
\end{aligned} \tag{8.70}
$$

Für die Gewerbesteuer lautet sie:

$$
\begin{aligned}
T^{+}(\underline{x}, v_{t-1}) &= s_{ge} \cdot B_{ge}^*(x_{EBT'} + (1+m_k) \cdot x_{M_k} + (1+m_{ge}) \cdot x_{M_{ge}}) \\
&= s_{ge} \cdot x_{EBT} + s_{ge} \cdot M_k + s_{ge} \cdot M_{ge} + s_{ge} \cdot A_{ge}(x_{EBT} + M_k + M_{ge})
\end{aligned} \tag{8.71}
$$

Und die zusammengesetzte Teilsteuerfunktion in der Darstellungsweise der Teilsteuerrechnung ist schließlich:

$$
\begin{aligned}
T^{+}(\underline{x}, v_{t-1}) &= t_{k,solz,ge} \cdot x_{EBT} + t_{k,solz,ge} \cdot M_k - t_{k,solz} \cdot A_k(x_{EBT} + M_k) \\
&\quad + s_{ge} \cdot M_{ge} - s_{ge} \cdot A_{ge}(x_{EBT} + M_k + M_{ge})
\end{aligned} \tag{8.72}
$$

Die so gefundene Teilsteuerfunktion zeigt die steuerlichen Wirkungen transparent auf. Die Definition des nichtlinearen Terms ist abstrakt gehalten. Wird der zukünftige Verlauf der wirtschaftlichen Bezugsgrößen konkretisiert, kann auch diese Abstraktion aufgelöst werden.

8.4 Zinsverrechnung

Durch Zinsgestaltung lassen sich Gewinne besonders leicht beeinflussen und zwischen Unternehmen oder Personen verschieben. Daher versucht der Staat die Zinsverrechnung durch verschiedene Regeln zu beschränken.

8.4.1 Zinsausgleich

Prinzipiell können Zinsen mit anderen Einkunftsquellen ausgeglichen werden. Ist weder ein vertikaler noch ein horizontaler Zinsausgleich in Ermangelung anderer Einkünfte möglich, unterliegt ein verbleibender Zinssaldo möglichen Beschränkungen durch die Verlustverrechnung.

Zusätzlich werden der vertikale und der horizontale Zinsausgleich durch Sondervorschriften eingeschränkt.

8.4.1.1 Gewerbesteuerliche Zinshinzurechnung

Zum einen die gewerbesteuerlichen Zinshinzurechnungen, die gewerbesteuerlich einen vollständigen Zinsabzug verhindern, sofern die Summe der Zinsaufwendungen den Freibetrag (FB) der Vorschrift überschreitet. In diesem Fall wird ein Viertel der Aufwendungen bzw. fiktiven Anteile der anderen Tatbestände gewerbesteuerlich hinzugerechnet. Diese Vorschrift gilt nur, sofern die Zinsen abgezogen wurden, also nicht spiegelverkehrt für Zinserträge.

Die gewerbesteuerlichen Zinshinzurechnungen beeinflussen direkt die Gewerbesteuerlast und indirekt die gewerbesteuerliche Anrechnung auf die Einkommensteuerschuld, sofern natürliche Personen das Steuersubjekt sind. Da die gewerbesteuerliche Anrechnung nicht auf gleicher Ebene, wie die Asymmetrie durch die Zinshinzurechnung, ansetzt, darf ihre Asymmetrie nicht zusätzlich in der Teilsteuerfunktion berücksichtigt werden. Es gilt implizit, dass x_{EBIT} so hoch ist, dass es nicht zur Höchstbetragsbeschränkung der gewerbesteuerlichen Anrechnung kommt.

Es handelt sich bei der Vorschrift um definitive Modifikationen, die sich intertemporal nicht auswirken. Daher kann für die Abbildung der Vorschrift die gewöhnliche Teilsteuerfunktion eingesetzt werden. Für diese gilt $X = \Omega \backslash \{EBIT, I\}$ und $\underline{m}_{ge} = \begin{pmatrix} 0 \\ 0,25 \end{pmatrix}$.[265] Der Gewerbesteuerhebesatz wird mit $h = 4,5$ und der Einkommensteuersatz mit $s_e = 0,45$ angenommen.

$$b^*(x_I) = m_{ge} \cdot \Theta(-x_I - FB) \cdot x_I \tag{8.73}$$

[265] Eine weitere Aufteilung der wirtschaftlichen Bezugsgröße in die Größen, für welche unterschiedliche fiktive Zinsaufwendungen vom Gesetzgeber unterstellt werden, wäre möglich.

Die Teilsteuerfunktion ist daher:

$$T(\underline{x}) = t_{e,solz,ge} \cdot x_{EBIT} + t_{e,solz,ge} \cdot x_I - s_{ge} \cdot (1 - 3,8/h \cdot (1 + s_{solz})) \cdot m_{ge} \cdot \Theta(-x_I - FB) \cdot x_I \quad (8.74)$$

Und die Grenzteilsteuerfunktion:

$$\begin{aligned} \frac{\partial T(\underline{x})}{\partial x_I} &= t_{e,solz,ge} - s_{ge} \cdot (1 - 3,8/h \cdot (1 + s_{solz})) \cdot m_{ge} \cdot \Theta(-x_I - FB) \\ &= 0,491935 - 0,00429625 \cdot \Theta(-x_I - FB) \end{aligned} \quad (8.75)$$

Der Einfluss der gewerbesteuerlichen Zinshinzurechnung ist bei natürlichen Personen durch die gewerbesteuerliche Anrechnung vernachlässigbar klein, auch wenn es sich um eine extreme Form der Asymmetrie handelt.

Bei juristischen Personen wirkt sich die gewerbesteuerliche Zinshinzurechnung ausschließlich auf die Gewerbesteuer aus. Jedoch können durch den veränderten Gewerbesteueraufwand die ausschüttungsfähigen Gewinne beeinflusst werden, wodurch die Steuerbelastung der Anteilseigner tangiert wird.

Auf Ebene der Kapitalgesellschaft (KapG) lautet die Teilsteuerfunktion ohne weitere Modifikationen:

$$T_{KapG}(\underline{x}) = t_{k,solz,ge} \cdot x_{EBIT} + t_{k,solz,ge} \cdot x_I - s_{ge} \cdot m_{ge} \cdot \Theta(-x_I - FB) \cdot x_I \quad (8.76)$$

Und ihre Ableitung:

$$\begin{aligned} \frac{\partial T_{KapG}(\underline{x})}{\partial x_I} &= t_{e,solz,ge} - s_{ge} \cdot m_{ge} \cdot \Theta(-x_I - FB) \\ &= 0,31575 - 0,039375 \cdot \Theta(-x_I - FB) \end{aligned} \quad (8.77)$$

Während die Zinsaufwendungen bei der Einkommensteuer und damit beim Solidaritätszuschlag voll berücksichtigt werden,[266] werden sie bei der Gewerbesteuer, sofern der Freibetrag überschritten ist, nur zu 75 % berücksichtigt. Dies führt dazu, dass der kombinierte Steuersatz in diesem Fall um rund 4 % korrigiert wird. Da es sich bei Zinsaufwendungen um negative wirtschaftliche Bezugsgrößen handelt, wird dadurch die Steuererstattung von rund 32 % auf 28 % verringert.

Wird nun auch die Anteilseignerebene (AE) miteinbezogen, so ist die Teilsteuerfunktion:

$$T_{KapG,AE}(\underline{x}) = T_{KapG}(\underline{x}) + (\underline{x} \cdot \underline{1} - T_{KapG}(\underline{x})) \cdot t_{AE} \tag{8.78}$$

Und ihre Ableitung:

$$\begin{aligned} \frac{\partial T_{KapG,AE}(\underline{x})}{\partial x_I} &= t_{e,solz,ge} + (1 - t_{e,solz,ge}) \cdot t_{AE} - (1 - t_{AE}) \cdot s_{ge} \cdot m_{ge} \cdot \Theta(-x_I - FB) \\ &= t_{KapG,AE} - (1 - t_{AE}) \cdot s_{ge} \cdot m_{ge} \cdot \Theta(-x_I - FB) \\ &= 0,510659 - 0,028159 \cdot \Theta(-x_I - FB) \end{aligned} \tag{8.79}$$

Auf Ebene der Kapitalgesellschaft ist der Korrekturfaktor der Asymmetrie größer, da durch die gesunkene Steuererstattung auf der Ebene der Kapitalgesellschaft weniger ausgeschüttet werden kann, was zu einer Steuerentlastung auf Anteilseignerebene führt.

8.4.1.2 Abgeltungsteuer

Im Zuge der Unternehmensteuerreform 2008 wurden die Einkünfte aus Kapitalvermögen umfänglich aus der Regelbesteuerung herausgenommen und unterliegen fortan der Abgeltungsteuer. Die wichtigsten Charakteristika der Abgeltungsteuer sind:

- Außer einer Pauschale von 801 EUR ist kein Werbungskostenabzug zugelassen.
- Die Einkünfte aus Kapitalvermögen unterliegen im positiven Wertebereich einem linearen Tarif von $s = 0,25$ zuzüglich des Solidaritätszuschlags.

[266] Auf die Berücksichtigung der steuerlichen Übernahme-Regelungen für Zinsen wird an dieser Stelle verzichtet.

- Verluste aus Einkünften aus Kapitalvermögen sind vertikal nicht mit anderen Einkünften verrechenbar, dürfen aber intertemporal vorgetragen werden. Aus Sicht der Einkünfte aus Kapitalvermögen ist damit ein sofortiger Verlustausgleich unterbunden.

- Innerhalb der Einkünfte aus Kapitalvermögen wird ein horizontaler Verlustausgleich zwischen Einkünften aus Veräußerungen von Aktien i. S. d. § 20 Abs. 2 Satz 1 Nr. 1 Satz 1 mit anderen Einkünften aus Kapitalvermögen beschränkt. Erstere dürfen aber wiederum intertemporal mit sich selbst verrechnet werden.

- Komplizierte Ausnahmeregeln schließen bestimmte Tatbestände von der Abgeltungsteuer aus und unterwerfen diese mit teilweisen Einschränkungen der Regelbesteuerung.

Hinsichtlich der asymmetrischen Besteuerung sind das Werbungskostenabzugsverbot und die vertikalen und horizontalen Verrechnungsbeschränkungen mit intertemporalem Verlustvortrag von besonderem Interesse, die nachfolgend in Teilsteuerfunktionen gegossen werden und sich den Ergebnissen des Kapitels stellen.

Nach § 20 Abs. 9 EStG ist ausschließlich eine Werbungskostenpauschale i. H. v. 801 EUR möglich, die tatsächlichen Werbungskosten dürfen nicht abgezogen werden. Es gilt $X = \Omega \backslash \{KV, WK\}$ und $\underline{m} = \begin{pmatrix} 0 \\ -1 \end{pmatrix}$, wobei KV für Einkünfte aus Kapitalvermögen und WK für die dazugehörigen Werbungskosten steht. Die Modifikationen beziehen sich ausschließlich auf die Abgeltungsteuer. Die gewöhnliche Teilsteuerfunktion lautet:

$$
\begin{aligned}
T(\underline{x}) &= t_{AbgSt,Solz} \cdot x_{KV} + t_{AbgSt,Solz} \cdot (1 - m_{WK}) \cdot x_{WK} \\
&= t_{AbgSt,Solz} \cdot x_{KV} \\
&= 0,26375 \cdot x_{KV} \qquad (8.80)
\end{aligned}
$$

An der gewöhnlichen Teilsteuerfunktion ist sofort ersichtlich, dass es sich im Fall des Werbungskostenabzugsverbots um keine Asymmetrie handelt.

Nach § 20 Abs. 6 EStG ist der vertikale Verlustausgleich von Einkünften aus Kapitalvermögen mit anderen Einkunftsarten ausgeschlossen. Bezüglich der Abgeltungsteuer kann dies als Beschränkung des totalen Verlustausgleichs verstanden werden. Es gilt

$X = \Omega \backslash \{KV\}$, wobei KV die Einkünfte aus Kapitalvermögen nach § 20 Abs. 1 und 2 EStG repräsentiert. Die gewöhnliche Teilsteuerfunktion lautet:

$$T(x) = s \cdot \langle x \rangle^{+} \tag{8.81}$$

Die Ähnlichkeit zu (8.5) ist offensichtlich.

Zudem ist der horizontale Verlustausgleich von Einkünften aus der Veräußerung von Aktien i.S.d. § 20 Abs. 2 Satz 1 Nr. 1 Satz 1 EStG mit anderen Einkünften aus Kapitalvermögen nach § 20 Abs. 6 EStG eingeschränkt.

Es gilt $X = \Omega \backslash \{KV, VÄ\}$, wobei $VÄ$ für Einkünfte aus der Veräußerung von Aktien i.S.d. § 20 Abs. 2 Satz 1 Nr. 1 Satz 1 EStG und KV für die restlichen Einkünfte aus Kapitalvermögen nach § 20 Abs. 1 und 2 steht. Die gewöhnliche Teilsteuerfunktion ist:

$$T(\underline{x}) = s \cdot (x_{KV} + x_{VÄ}) - s \cdot \langle -x_{VÄ} \rangle^{+} \tag{8.82}$$

Die Ähnlichkeit zu (8.8) ist offensichtlich. Damit gelten die Analysen des Abschnitts 8.1 analog.

8.4.1.3 Zinsschranke

Die Zinsschranke beschränkt den horizontalen Zinsausgleich mit anderen Einkünften. Gilt keine der Ausnahmeregelungen und ist die Freigrenze überschritten, so dürfen maximal 30 % des EBITDA abgezogen werden.

Ansatzpunkt der Zinsschranke sind nicht nur Zinsen, sondern auch das steuerliche EBITDA. Für die gewöhnliche Teilsteuerfunktion gilt $X = \Omega \backslash \{EBITDA, I\}$; sie lautet:

$$T(\underline{x}) = s \cdot (x_{EBITDA} + max(-0,3 \cdot \langle x_{EBITDA} \rangle^{+}, x_I)) \tag{8.83}$$

Ihre Ableitung nach x_I ist:

$$\frac{\partial T(\underline{x})}{\partial x_I} = s \cdot \Theta(0,3 \cdot \langle x_{EBITDA} \rangle^{+} + x_I) \tag{8.84}$$

An der Ableitung der Teilsteuerfunktion lässt sich erkennen, dass es sich dabei um eine asymmetrische Besteuerung der Zinsen handelt, denn sie ist nicht symmetrisch (D1), wie durch die Heaviside-Theta-Funktion erkannt werden kann. Sie ist für $a = -0,3 \cdot \langle x_{EBITDA}\rangle^{+}$ in keinem Bereich lokal symmetrisch (D2). Die wünschenswerten Eigenschaften werden offensichtlich eingehalten, da $T(0) = 0$ (W1a), (8.84) nur die Werte 0 und s annehmen kann (W1b+W1c) und die gewöhnliche Teilsteuerfunktion konvex ist, wie man sich an Abb. 5.3 klar machen kann, die die Teilsteuerfunktion einer Grenzteilsteuerfunktion mit gleichem Aufbau abbildet (W2).

Übrigens führt die Zinsschranke nicht nur dazu, dass es sich um eine asymmetrische Besteuerung bezüglich der Zinsen handelt. Durch ihre Konstruktion in Abhängigkeit vom EBITDA, ist sie auch bezüglich x_{EBITDA} asymmetrisch, wie die Ableitung nach x_{EBITDA} zeigt:

$$\frac{\partial T(\underline{x})}{\partial x_{EBITDA}} = s - s \cdot 0,3 \cdot \Theta(-0,3 \cdot \langle x_{EBITDA}\rangle^{+} - x_I) \tag{8.85}$$

Die Eigenschaften der Besteuerung finden sich analog zur Besteuerung bezüglich der Zinsen, nur dass nun $a = x_I/0,3$ gilt.

8.4.2 Intertemporaler Zinsabzug

Die Zinsausgleichsbeschränkungen sind im Fall der Abgeltungsteuer und der Zinsschranke durch Zinsabzugsbestimmungen ergänzt.

8.4.2.1 Abgeltungsteuer

Bei der Abgeltungsteuer führen die Zinsausgleichsbeschränkungen nicht zu Definitiveffekten, denn Verluste dürfen nach § 20 Abs. 6 Satz 2 EStG jeweils unbeschränkt vorgetragen werden, sprich mit zukünftigen positiven Erfolgen intertemporal verrechnet werden. Ein Verlustrücktrag ist nicht möglich. Die erweiterte Grenzteilsteuerfunktion (8.54) gilt entsprechend für den totalen und horizontalen Verlustausgleich der Abgeltungsteuer.

8.4.2.2 EBITDA-Vortrag der Zinsschranke

Nicht genutztes 30%-EBITDA-Volumen wird bis zu fünf Jahre nach der FIFO-Reihenfolge vorgetragen und erhöht den abziehbaren Nettozinsaufwand in den Folgejahren. Diese Regel folgt genau der Verlustrücktragsregel mit zeitlicher Beschränkung in (8.30) und (8.31) mit:

$$x_t := 0,3 \cdot \langle x_{EBITDA,t} \rangle^+ + x_{I,t} \tag{8.86}$$

Nachfolgendes Beispiel verdeutlicht dies aus Vereinfachungsgründen für $\ell = 2$ (denn eigentlich müsste natürlich $\ell = 5$ gelten). Im Beispiel sind die kursiven Werte vorgeben. Der Rekursionsbeginn der Gewinnvorträge und Verlustrückträge ist mit 0 vorgegeben.

	t	0	1	2	3
(1)	$x_{EBITDA,t}$	*0*	*2000*	*100*	*100*
(2)	$x_{I,t}$	*0*	*-100*	*-100*	*-100*
(3)	x_t	0	500	-70	-70
(4)	g_t^z	*0*	500	430	0
(5)	v_t^v	70	...		

Zuerst wird x_t in Zeile (3) mit der Definition in (8.86) berechnet. Der Verlustrücktrag (oder im Fall der Zinsschranke besser Zinsrücktrag) im Zeitpunkt 0 in Zeile (2) kann mit (8.31) gefunden werden. Andere Werte müssen für das Beispiel nicht berechnet werden. Die Werte für die Gewinnvorträge (bei der Zinsschranke EBITDA-Vortrag) in Zeile (4) können mit (8.30) berechnet werden. Im Zeitpunkt 1 wird ein EBITDA-Vortrag i. H. v. 500 aufgebaut. In Zeitpunkt 2 und 3 werden davon jeweils 70 verbraucht, wobei im letzten Zeitpunkt die verbleibenden EBITDA-Vorträge durch die zeitliche Restriktion untergehen.

Die gewöhnliche Grenzteilsteuerfunktion kann analog zu (8.36) angegeben werden. Allerdings kann diese durch die zeitliche Beschränkung $\ell = 5 > 1$ nicht mehr alle Wirkungen abbilden, sodass auf die erweiterte Teilsteuerfunktion zurückgegriffen werden muss. Diese kann wie folgt angegeben werden.

$$t^{+z'}\left(\underline{x}_t, g_{t-1}^z\right) = s \cdot \begin{cases} 1 & x_I > 0 \\ \delta^{T^*-t} & 0 > x_I > -0,3 \cdot x_{EBITDA} - g_{t-1}^z \\ 0 & sonst \end{cases} \tag{8.87}$$

wobei τ^* den erstmaligen Verrechnungszeitpunkt der vollständigen EBITDA-Vorträge angibt, wenn $g^z_{\tau^*} = 0$ gilt oder $\tau^* = 0$, falls Gewinnvorträge sonst untergehen würden, wie im letzten Zeitpunkt des Beispiels.

8.4.2.3 Zinsvortrag der Zinsschranke

Verbleibende nicht abziehbare Zinsaufwendungen durch die Zinsschranke sind als Zinsvortrag in die Folgeperioden zu übertragen. Diese Regel entspricht genau dem unbeschränkten Verlustvortrag, wobei abermals die Definition in (8.86) gilt, wie nachfolgendes Beispiel verdeutlicht, bei welchem der Rekursionsanfang v_0=0 vorgegeben ist.

	t	0	1	2
(1)	$x_{EBITDA,t}$		*100*	*1000*
(2)	$x_{I,t}$		*-100*	*-100*
(3)	x_t		-70	200
(4)	v_t	*0*	70	0

Aus den Angaben des Beispiels ergeben sich die Wert in Zeile (3) nach Definition (8.86). Die Verlustvorträge oder an dieser Stelle passender Zinsvorträge entwickeln sich wie in Zeile (4) angegeben. Im Zeitpunkt 1 werden Zinsvorträge gebildet. Im Zeitpunkt 2 werden keine Zinsvorträge neu gebildet aber i. H. v. $min\{70, 200\} = 70$ verbraucht.

Die erweiterte Grenzteilsteuerfunktion kann analog zu (8.54) gefunden werden:

$$t^{+z'}(\underline{x}_t, v_{t-1}) = s \cdot \begin{cases} 1 & x_{I,t} > -0,3 \cdot x_{EBITDA} + v_{t-1} \\ \delta^{\tau^*-t} & sonst \end{cases} \tag{8.88}$$

wobei τ^* den erstmöglichen Verrechnungszeitpunkt der Zinsvorträge angibt, an welchem $v_{\tau^*} = 0$ gilt.

Im Fall des Zinsvortrags ist die Besteuerung asymmetrisch, weil sie für kein a symmetrisch ist (D1) und es für $a = -0,3 \cdot x_{EBITDA} + v_{t-1}$ eine Achse gibt, die global eine gerade Funktion ausschließt (D2). Die wünschenswerten Eigenschaften (W1a, W1b, und W1c) gelten offensichtlich. Aus der Ähnlichkeit zum Verlustvortrag lässt sich folgern, dass auch die Besteuerung mit Zinsvortrag bezüglich der wirtschaftlichen Bezugsgröße x_I konvex verläuft.

8.5 Zusammenfassung

- Es finden sich in der deutschen Ertragsbesteuerung Asymmetrien durch die Beschränkung des Verlustausgleichs auf verschiedenen Besteuerungsebenen. Die Analyse der Kombination der Besteuerungsasymmetrien zeigt, dass die Konvexität durch Verlustausgleichsbeschränkungen auf Ebene der Teilbemessungsgrundlage und Bemessungsgrundlage die Konvexität erhöhen.
- Der Einfluss der wirtschaftlichen Bezugsgröße auf den Bestand der Verlustrückträge ist beim unbeschränkten Verlustrücktrag eindeutig.
- Die Teilsteuerfunktionen können beim Verlustrücktrag über Gewinnvorträge dargestellt werden.
- Auch beim Verlustrücktrag kommt es keineswegs ausschließlich zu Wirkungen im Betrachtungszeitpunkt. Dadurch ist die Gleichsetzung des Verlustrücktrags mit einem sofortigen Verlustausgleich problematisch.
- Bei den betraglichen Beschränkungen sind Gewinn- und Verlust-Beschränkungen in der absoluten und relativen Variante zu unterscheiden. Die betragliche Gewinnbeschränkung verschiebt die Asymmetrieachse der gewöhnlichen Teilsteuerfunktion nach rechts im Vergleich zum unbeschränkten Verlustrücktrag. Ebenso die absolute Verlust-Beschränkung. Nicht so die relative Verlust-Beschränkung, hier ist zudem nicht die volle Verrechnung eines infinitesimal kleinen Verlustrücktrags sichergestellt.
- Bei der zeitlichen Beschränkung ist der Einfluss der wirtschaftlichen Bezugsgröße auf den Verlustrücktragsbestand nicht mehr eindeutig, da die Korrektur der untergehenden Verlustrückträge zu paradoxen Effekten führt.
- Beim unbeschränkten Verlustvortrag ist der Einfluss der wirtschaftlichen Bezugsgröße auf den Verlustvortragsbestand eindeutig.
- Die gewöhnliche Teilsteuerfunktion hat beim unbeschränkten Verlustvortrag die Zahlungsstruktur eines Käufers einer Call-Option.

- Die Ursachenzuordnung nach der LIFO-Reihenfolge der Verlustvorträge ist effizient und reduziert die Komplexität der erweiterten Grenzteilsteuerfunktion ganz erheblich.

- Dadurch kann das Problem der Ermittlung der erweiterten Grenzteilsteuerfunktion in ein Problem des Verrechnungszeitpunkts umdefiniert werden. Allerdings ist dabei die Bedingung der vollen Verlustverrechnung in einem Zeitpunkt zu erfüllen und die Einflussrichtung der wirtschaftlichen Bezugsgröße auf den Verlustvortragsbestand sollte eindeutig sein.

- Die erweiterte Teilsteuerfunktion für den Verlustvortrag konkretisiert die Beziehung (8.54).

- Eine Besteuerung mit intertemporalem Verlustvortrag stellt eine asymmetrische Besteuerung dar. Die wünschenswerten Eigenschaften sind dabei erfüllt.

- Die Asymmetrieachse der Besteuerung mit intertemporalem Verlustvortrag liegt genau bei den bestehenden Verlustvorträgen.

9 Teilsteuerfunktion unter Unsicherheit

Nachfolgend wird die Teilsteuerfunktion - insbesondere die Grenzteilsteuerfunktion - unter Unsicherheit untersucht.

Weniger Probleme machen dabei die Vorschriften, wenn die Wirkungs- und Betrachtungszeitpunkte zusammenfallen.

Unter Unsicherheit gewinnt der Entscheidungszeitpunkt zusätzlich an Bedeutung, denn er bestimmt den Informationsstand, über welchen der Entscheider in ihm verfügt. Der Entscheidungszeitpunkt hat nämlich einen erheblichen Einfluss auf die Form des Erwartungswerts der Teilsteuerfunktion, da die Variablen entweder:

- schon als bekannt vorausgesetzt werden können oder
- als Zufallsvariable in den Erwartungswert eingehen.

Der Entscheidungszeitpunkt soll in diesem Kapitel der Betrachtungszeitpunkt sein. In diesem Zeitpunkt löst sich die Unsicherheit auf und damit ist der Informationsstand des Entscheiders vorgegeben. Nach diesem Zeitpunkt sind die wirtschaftlichen Bezugsgrößen unsicher, in allen Zeitpunkten, die davor liegen, sind die wirtschaftlichen Bezugsgrößen bereits realisiert und damit sicher. In genau diesem Zeitpunkt können die wirtschaftlichen Bezugsgrößen sowohl sicher als auch unsicher sein. Diese Zwitterstellung wird durch die wirtschaftliche Bezugsgröße $\tilde{x} = x + \tilde{X}$ ausgedrückt.

Fallen die Entstehungs- und Wirkungszeitpunkte auseinander, verkompliziert die Ermittlung der Verrechnungszeitpunkte und die Bewertung des Auseinanderfallens der Zeitpunkte die Angabe des Teilsteuerfunktionals unter Unsicherheit.

Die Asymmetriedefinition findet unter Sicherheit statt, warum es sich bei nachfolgenden Ausführungen stets um eine Wirkungsexploration der asymmetrischen Vorschriften handelt.

9.1 Verlustausgleich

Unter Sicherheit wurden Beschränkungen des totalen und horizontalen Verlustausgleichs thematisiert. Beide Beschränkungen führen zu einer asymmetrischen Besteuerung.

Die Beschränkung des totalen Verlustausgleichs wird formal in Beziehung (8.5) dargestellt. Nachfolgend werden der Erwartungswert dieser Vorschrift bei normalverteilter wirtschaftlicher Bezugsgröße und seine Ableitung untersucht. Die Annahme der Normalverteilung bei der statischen Betrachtung hat ihren Charme durch den zentralen Grenzwertsatz. Dieser sagt in seiner ursprünglichen Form aus, dass die Summe aus beliebig unabhängig zufallsverteilter Größen in genügend großer Zahl gegen die Normalverteilung tendiert.[267] Für diese Konvergenzaussage sind Verallgemeinerungen verfügbar, die auch schwache Abhängigkeiten der Zufallsgrößen zulassen.[268]

Es hat sich in Gleichung (5.18) gezeigt, dass der Erwartungswert der Teilsteuerfunktion über die Faltung mit der gespiegelten Wahrscheinlichkeitsfunktion ermittelt werden kann:[269]

$$E(T(\tilde{x})) = \frac{e^{-\frac{(x+\mu_2)^2}{2\sigma_2^2}} \cdot s \cdot \sigma_2}{\sqrt{2\pi}} + \frac{1}{2} \cdot s \cdot (x+\mu_2) \cdot \left(1 + erf\left(\frac{x+\mu_2}{\sqrt{2}\sigma_2}\right)\right) \tag{9.1}$$

Ebenso seine Ableitung nach der wirtschaftlichen Bezugsgröße:

$$E(T'(\tilde{x})) = \frac{1}{2}s\left(1 + erf\left(\frac{x+\mu}{\sqrt{2}\sigma}\right)\right) \tag{9.2}$$

Beide Funktionen sind nachfolgend mit verschiedenen Standardabweichungen und einem Erwartungswert von 0 ohne totalen Verlustausgleich abgebildet. Ein positiver Erwartungswert der Normalverteilung würde die Funktionen nach links verschieben (und umgekehrt). Dies ist in der Beziehung (9.2) besonders deutlich, da x und μ ausschließlich im Verbund als $(x + \mu)$ auftreten.

---

[267] Vgl. Eberhard et al. (1993), S. 152.
[268] Vgl. Durrett (2010), S. 129.
[269] erf bezeichnet die Fehlerfunktion mit $erf(x) = \frac{2}{\sqrt{\pi}} \int_0^x e^{-\tau^2} d\tau$, Gautschi (1972), S. 297.

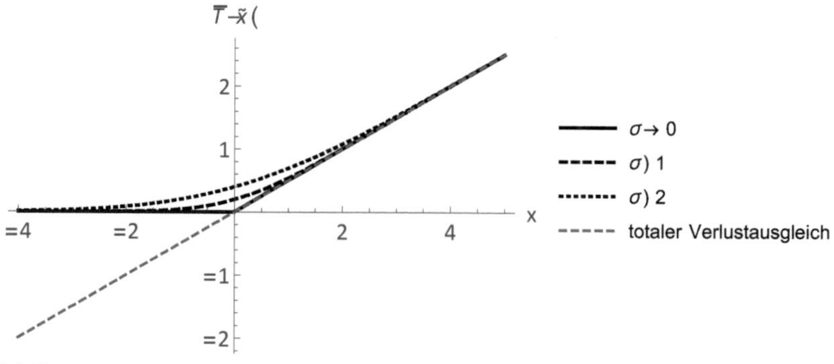

(a) Erwartungswert der Teilsteuerfunktion

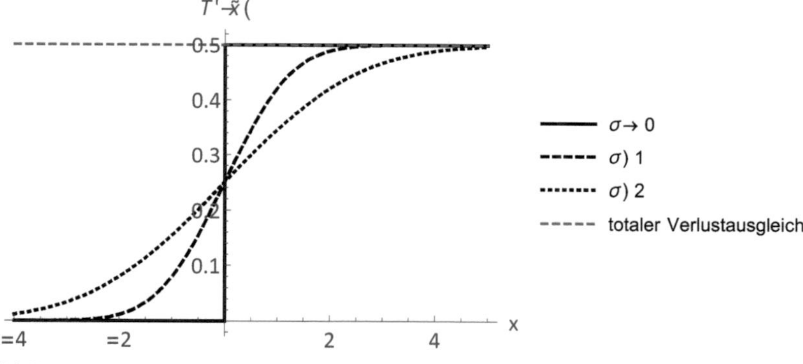

(b) Erwartungswert der Grenzteilsteuerfunktion

Abbildung 9.1: Unter Unsicherheit ohne totalem Verlustausgleich

In den Abb. 9.1 ist zusätzlich der Fall mit totalem Verlustausgleich eingezeichnet, für welchen die Besteuerung symmetrisch ist (D1), wie in Abb. 9.1 (b) leicht ersichtlich ist. Für eine Standardabweichung von $\sigma \to 0$ ergeben sich die Teilsteuerfunktion und ihre Ableitung unter Sicherheit, deren konvexen Verlauf Abb. 9.1 (a) zeigt. Die Unsicherheit glättet den konvexen Verlauf der Teilsteuerfunktion. Eine zunehmende Standardabweichung erhöht die erwartete Steuerbelastung, da dadurch mehr Werte in den Bereich links der Asymmetrieachse streuen und vermehrt Realisationen der Restriktion des totalen Verlustausgleichs unterliegen. An 9.1 (b) wird die symmetrische Natur der Normalverteilung deutlich, die dafür verantwortlich ist, dass die Teilsteuerfunktion genau beim halben Steuersatz die y-Achse schneidet.

Wird der totale Verlustausgleich beschränkt, kann aber weiterhin ein horizontaler Verlustausgleich zugelassen sein, den die Teilsteuerfunktion in (8.6) abbildet. Der horizontale Verlustausgleich über zwei wirtschaftliche Bezugsgrundlagen, die zufallsverteilt sind, wird im Folgenden untersucht. Es wird angenommen, dass beide Zufallsgrößen standardnormalverteilt sind und miteinander korrelieren. Die Summe zweier Normalverteilungen ergibt wiederum eine Normalverteilung. Für die Summe zweier Zufallsgrößen gilt, dass $\mu = \mu_1 + \mu_2$ und $\sigma^2 = \sigma_1^2 + \sigma_2^2 + 2\rho\sigma_1\sigma_2$ sind, wobei ρ den Korrelationskoeffizienten zwischen den Zufallsgrößen angibt. Es ergibt sich damit folgender Erwartungswert der Grenzteilsteuerfunktion:

$$E(\frac{\partial T(\tilde{\underline{x}})}{\partial x_1}) = \frac{1}{2}s\left(1 + erf\left(\frac{x + \mu_1 + \mu_2}{\sqrt{2\left(\sigma_1^2 + 2\rho\sigma_1\sigma_2 + \sigma_2^2\right)}}\right)\right) \tag{9.3}$$

Der Zusammenhang zu (9.2) ist gut erkennbar. Ein positiver Erwartungswert der konsolidierten Zufallsgröße verschiebt die Funktion nach links. Die Standardabweichung der konsolidierten Zufallsgröße und damit die Korrelation der Zufallsgrößen hat einen Einfluss auf die Fehlerfunktion.

Den Erwartungswert der Teilsteuerfunktion und ihre Ableitung stellen nachfolgende Diagramme für verschiedene Korrelationskoeffizienten dar.

Für einen Korrelationskoeffizienten gegen -1 nivellieren sich die zufälligen Größen, sodass sich die konsolidierte wirtschaftliche Bezugsgröße wie unter Sicherheit verhält. Ist der Korrelationskoeffizient 1, sind die Zufallsgrößen gleichläufig und damit ohne Portfolio-Effekte. Die konsolidierte wirtschaftliche Bezugsgröße ist gleich jener ohne explizite Modellierung zweier wirtschaftlicher Bezugsgrößen mit einer Standardabweichung von 2, da $\sigma^2 = 1^2 + 1^2 + 2 = 4 \Rightarrow \sigma = 2$ gilt. Die (Grenz-)Teilsteuerfunktionen in Abb. 9.1 mit $\sigma = 2$ und in Abb. 9.2 mit $\rho = 1$ entsprechen sich.

Sind die wirtschaftlichen Bezugsgrößen stochastisch unabhängig ($\rho = 0$), verringert sich die Standardabweichung der konsolidierten wirtschaftlichen Bezugsgröße durch Portfolio-Effekte mit der Folge, dass die Steuerbelastung geringer ist. Diese Portfolio-Effekte können steuerlich als horizontaler Verlustausgleich interpretiert werden. Die Grenzteilsteuerfunktion verläuft im positiven Bereich oberhalb und im negativen Bereich unterhalb der Variante ohne Portfolioeffekte.

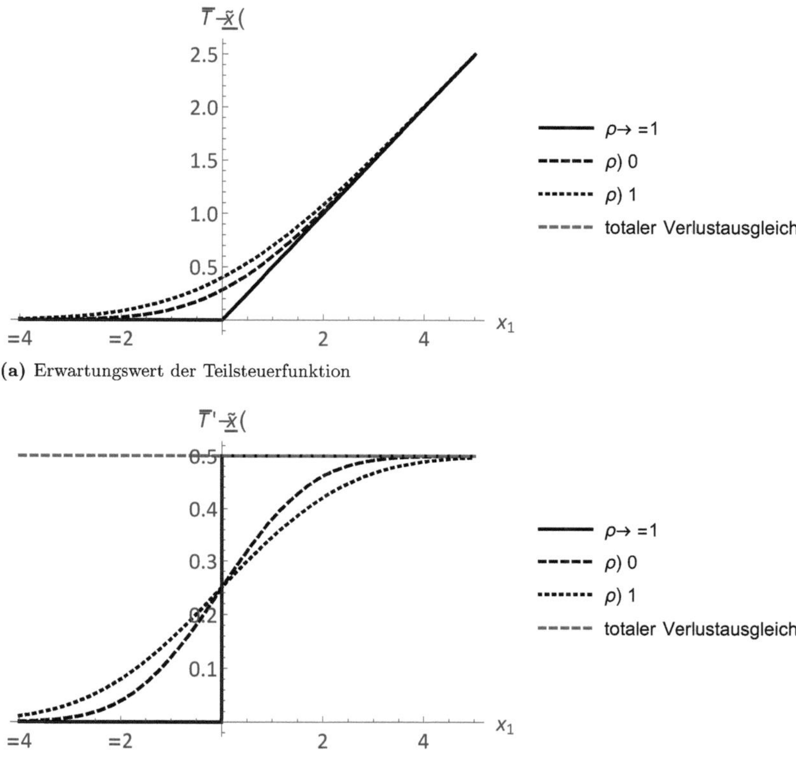

(a) Erwartungswert der Teilsteuerfunktion

(b) Erwartungswert der Grenzteilsteuerfunktion

Abbildung 9.2: Unter Unsicherheit ohne totalem mit horizontalem Verlustausgleich

Ist ein horizontaler Verlustausgleich ausgeschlossen, wie in der Teilsteuerfunktion (8.8) formuliert, hat die Korrelation zwischen der beschränkten und unbeschränkten wirtschaftlichen Bezugsgröße keinen Einfluss auf den Erwartungswert der Teilsteuerfunktion. Die Teilsteuerfunktion kann mithilfe der Faltung mit der gespiegelten Wahrscheinlichkeitsverteilung ermittelt werden.

$$E(T(\tilde{x})) = \frac{1}{2} \cdot s \cdot \left(x - 2\mu_1 + \mu_2 + e^{-\frac{(x+\mu_2)^2}{2\sigma_2^2}} \cdot \sigma_2 \cdot \sqrt{\frac{2}{\pi}} + (x + \mu_2) \cdot erf\left(\frac{x + \mu_2}{\sqrt{2}\sigma_2}\right)\right) \quad (9.4)$$

Die Korrelation spielt für den Erwartungswert keine Rolle, was sich auch in der Ableitung zeigt:

$$E(T'(\tilde{x})) = \frac{1}{2}s\left(1 + erf\left(\frac{x+\mu_2}{\sqrt{2}\sigma_2}\right)\right) \tag{9.5}$$

Dieses Ergebnis veranschaulicht auch Abb. 9.3 für die Korrelationen $\rho = 0$ und $\rho = -1$, für welche die Erwartungswerte der Teilsteuerfunktionen übereinander verlaufen.

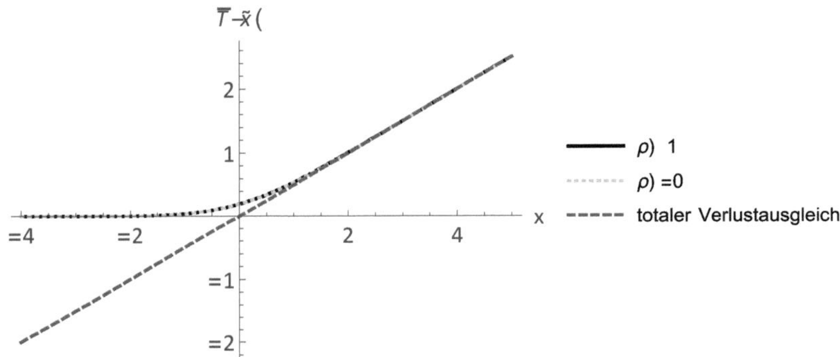

Abbildung 9.3: Teilsteuerfunktion unter Unsicherheit ohne horizontalem Verlustausgleich

9.2 Verlustrücktrag

Da der Verlustrücktrag in Deutschland auf eine Periode zeitlich beschränkt ist, kann zur Untersuchung der Regelung die gewöhnliche Teilsteuerfunktion in (8.15) eingesetzt werden. Annahmegemäß entsprechen sich Betrachtungs- und Entscheidungszeitpunkt. Daher handelt es sich bei den Gewinnvorträgen der Vorperiode um eine deterministische Größe, während die wirtschaftliche Bezugsgröße des Betrachtungszeitpunkts eine stochastische Größe ist. Der Erwartungswert der Teilsteuerfunktion kann über die Faltung mit der gespiegelten Wahrscheinlichkeitsverteilung der wirtschaftlichen Bezugsgröße ermittelt werden:

$$E(T(\tilde{x}_t, g_{t-1})) = \frac{s}{2} \cdot \sigma\sqrt{\frac{2}{\pi}} \cdot e^{-\frac{(x_t+g_{t-1}+\mu)^2}{2\sigma^2}} + \frac{s}{2}(x_t + g_{t-1} + \mu) \cdot erf\left(\frac{x_t + g_{t-1} + \mu}{\sqrt{2}\sigma}\right) \tag{9.6}$$

Ebenso seine Ableitung nach der wirtschaftlichen Bezugsgröße:

$$E(T'(\tilde{x}_t, g_{t-1})) = \frac{1}{2}s\left(1 + erf\left(\frac{x_t + g_{t-1} + \mu}{\sqrt{2}\sigma}\right)\right) \tag{9.7}$$

Diese Zusammenhänge stellt Abb. 9.4 für verschiedene Standardabweichungen, einen Erwartungswert $\mu = 0$ und $g_{t-1} = 1$ dar.

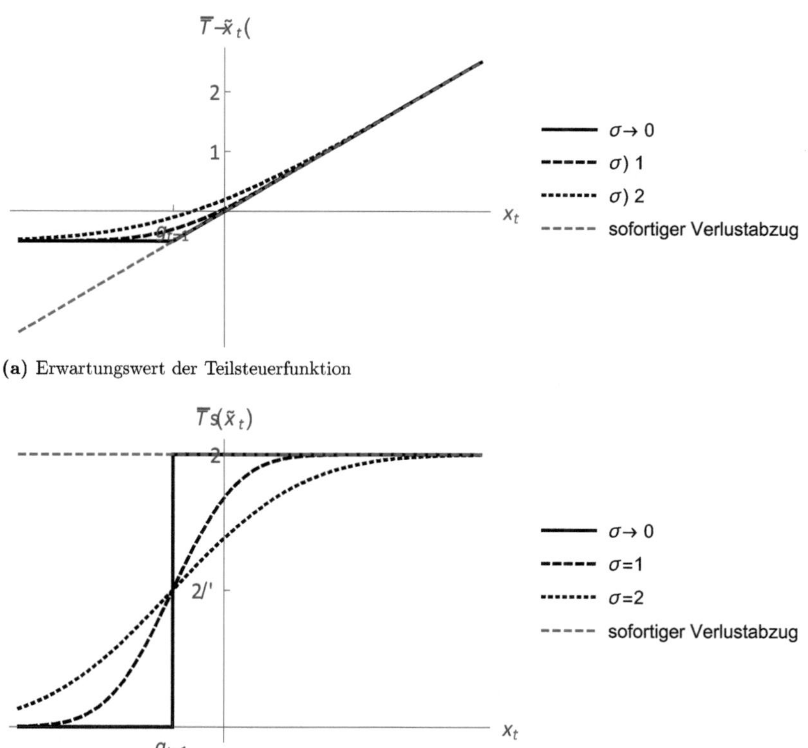

Abbildung 9.4: Unter Unsicherheit mit Verlustrücktrag

Für den Verlustrücktrag gelten analog die Ergebnisse für den totalen Verlustausgleich unter Unsicherheit. Allerdings hat der zusätzliche Parameter der Gewinnvorträge der Vorperiode einen Einfluss auf die Lage der Funktion. Durch die Gewinnvorträge kann es zu einer Steuererstattung kommen. Die Unsicherheitseffekte bleiben von den Gewinnvorträgen unbeeinflusst.

Einen positiven Gewinnvortrag verschiebt die Grenzteilsteuerfunktion nach links. Dies führt für eine negative wirtschaftliche Bezugsgröße zu einer Steuererstattung bis die Asymmetrieachse erreicht ist. Beim sofortigen Verlustausgleich können keine Gewinnvorträge gebildet werden, warum diese symmetrische Teilsteuerfunktion von dem Parameter der Gewinnvorträge aus der Vorperiode unbeeinflusst bleibt.

9.3 Verlustvortrag

Wie schon bei den Untersuchungen unter Sicherheit ausgeführt, lassen alle Volkswirtschaften - so auch Deutschland - eine intertemporale Verlustverrechnung in Form eines Verlustvortrags zu.[270] Dadurch verkompliziert sich die Formalisierung der Teilsteuerfunktionen erheblich.[271] Während die funktionale Form der Verlustverrechnung mithilfe der gewöhnlichen Grenzteilsteuerfunktion ohne größere Schwierigkeiten beschrieben werden kann, wenn die Wahrscheinlichkeiten bekannt sind, ist die Form der erweiterten Grenzteilsteuerfunktion beim *Verlustvortrag* nicht sofort erkennbar.

Wichtige Einflussgrößen bei der intertemporalen Verlustverrechnung sind der Verrechnungszeitpunkt des Verlustes (τ^*) und die Methode der zeitlichen Abbildung. Unter Sicherheit ist der Zeitpunkt determiniert, während es sich unter Unsicherheit dabei um eine Zufallsvariable handelt. Es ist ex ante nicht klar, wann die Verluste mit Gewinnen verrechnet werden können, wohl aber ihre Verrechnungswahrscheinlichkeiten.

Unter Sicherheit wird als mögliche Methode der zeitlichen Abbildung die exponentielle Diskontierung eingeführt. Unter Einbezug von Kapitalmarkt- oder nutzentheoretischen Modellen, kann das Teilsteuerfunktional zur Wirkungsexploration weiter inhaltlich belegt werden. Unter Unsicherheit können zusätzliche Anpassungen des Zinssatzes angebracht sein, weil es sich beim Verrechnungszeitpunkt ($\tilde{\tau}^*$) eben um eine Zufallsvariable handelt.

Zahlreiche empirische Untersuchungen haben gezeigt, dass der Steuertarif der Unternehmen in verschiedenen Ländern zwar nominell proportional ist, "effektiv" aber nichtlinear.[272] Zudem haben sich in der jüngeren Vergangenheit die Zeichen verdichtet, dass diese

[270] Vgl. Cooper und Knittel (2006), S. 652.
[271] Vgl. Graham und Smith (1999), S. 2242.
[272] Vgl. Graham und Smith (1999), S. 2244.

Nichtlinearitäten auf wichtige Unternehmensentscheidungen Einfluss nehmen.[273] Wenn der Einfluss der asymmetrischen Besteuerung auf Investitionsentscheidungen untersucht wird, muss der "effektive" Tarifverlauf näher bekannt sein, weil die konkrete Form der Teilsteuerfunktion Entscheidungen eines rationalen Entscheiders beeinflussen können.

9.3.1 Literaturüberblick

Bei der weiteren Charakterisierung der erweiterten Teilsteuerfunktion kann die Verlustbewertungsliteratur weiterhelfen, die analoge Probleme zu bewältigen hat.

In einem einfachen Binomialmodell untersuchen Barlev und Levy (1975):

1. die Wahrscheinlichkeit der Verlustverrechnung,
2. die erwartete "Steuerentlastung" (bzw. den Wert der Verlustverrechnung) aus den Verlustvorträgen und
3. den Einfluss auf Finanzierungsentscheidungen.[274]

Majd und Myers (1985) arbeiten den optionspreisähnlichen Charakter des bedingten Steuerzahlungsanspruchs, den ein Verlustvortrag darstellt, heraus und operationalisieren Methoden der Optionspreisbewertung um den Wert von Verlustvorträgen zu ermitteln. Bei Drukarczyk (1997) und Popp (1999) finden sich allgemeine Hinweise zur Verlustvortragsbewertung, unter anderem die Problematik der Interdependenz des Zinssatzes und der Risikostruktur des Bewertungsproblems. Schosser (2008) untersucht den Einfluss von Verlustvorträgen auf den Unternehmenswert mit einer arbitragefreien Bewertung ohne Kapitalkosten über stochastische Diskontierungsfaktoren. Den Wert von Verlustvorträgen, wenn Unternehmen eine unsichere Lebensdauer haben, beleuchtet Diller (2008). Verschiedene Verfahren der Verlustbewertung unter Unsicherheit vergleichen Piehler und Schwetzler (2010), indem sie als Referenzmodell eine Simulation in einem Binomialbaum entwickeln. Zwischenverluste sind in keiner der zitierten Untersuchungen Thema, da entweder nur Gewinne zugelassen werden oder auf eine Abbildung der intertemporalen Verlustverrechnung verzichtet wird. Streitferdt (2010) sucht den Wert von steuerlichen Verlustvorträgen in einer risikoneutralen Bewertung, indem er das Wahrscheinlichkeitsmaß anpasst, und integriert dabei auch umfassend die intertemporalen nominellen (sic!) Ver-

[273] Als Beleg mögen die Literaturzusammenfassung von Sarkar und Goukasian (2006), S. 294 und die Ergebnisse ihrer eigenen Arbeit dienen.
[274] Vgl. Barlev und Levy (1975), S. 173.

lustverrechnungsvorschriften. Keine der Untersuchung bezieht Anpassungsreaktionen der Unternehmen durch die Verlustvorträge mit ein.

Im Folgenden wird das Untersuchungsmodell von Barlev und Levy (1975) detailliert erläutert und als Grundlage gewählt, um ein eigenes Modell zu entwickeln, mithilfe dessen die Grenzteilsteuerfunktion unter Unsicherheit konkretisiert werden kann. Ihr Modell ist eine einfache und sehr elegante Möglichkeit die Verlustverrechnungsmöglichkeiten unter Unsicherheit näher zu untersuchen, wobei die anfänglichen Prämissen später sehr umfangreich aufgelöst werden können. Zwar untersuchen die Autoren damit ursprünglich die Verlustvortragsbewertung und Verrechnungswahrscheinlichkeiten, letztendlich handelt es sich bei der weiteren Konkretisierung der erweiterten Grenzteilsteuerfunktionen um genau die gleichen Probleme. Damit die Auswirkungen der Asymmetrien, hier insbesondere der intertemporalen Vorschriften, in das Teilsteuerfunktional im Zeitpunkt ihrer Entstehung verdichtet werden können, muss im Fall des Verlustvortrags $\tilde{\tau}^*$ bestimmt werden. Dadurch kann die vereinfachte Version der erweiterten Grenzteilsteuerfunktion (8.54) eingesetzt werden.

Mithilfe des Modells werden auch zeitliche Beschränkungen der Verlustverrechnung auf die erweiterte Grenzteilsteuerfunktion analysiert, da eine zeitliche Beschränkung der deutschen Verlustvorträge immer wieder diskutiert wird.

9.3.2 Barlev-Levy-Modell

Vorerst werden die Grenzteilsteuerfunktionen im Barlev-Levy-Modell abgeleitet, danach motiviert eine kritische Diskussion wichtige Anpassungen und Erweiterungen. Es zeigt sich, dass es sich bei den Teilsteuerfunktionen, die mit dem Ausgangsmodell abgeleitet werden, noch nicht um erweiterte Teilsteuerfunktionen handelt. In nachfolgender Untersuchung werden die erweiterten Grenzteilsteuerfunktionen für den deutschen Verlustvortrag (und jene, die diskutiert werden) unter Unsicherheit abgeleitet.

Es wird ein Unternehmen angenommen, das im Entscheidungszeitpunkt 0 einen Verlust (negative Nettozahlung) erwirtschaftet und diesen durch einen Verlustvortrag intertemporal verrechnen darf:

$$X_0 < 0 \tag{9.8}$$

Vorerst wird unterstellt, dass beim Auftreten eines Gewinns (P) der anfängliche Verlust verrechnet werden kann. Sobald in einem der Zeitpunkte ein Gewinn auftritt, ist dieser so groß wie der entstandene Verlust.[275] Es gilt also:

$$|X_t| := \Delta h = L = P \tag{9.9}$$

Die Gewinne entwickeln sich unabhängig:

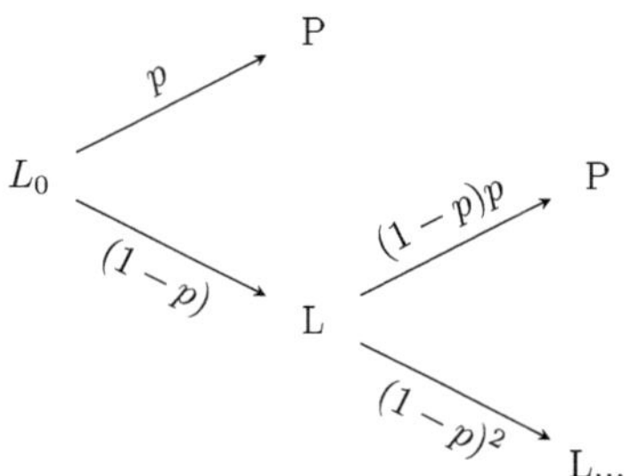

Abbildung 9.5: Gewinnentwicklung des Unternehmens

Ausgehend von einem Verlust im Betrachtungszeitpunkt hat das Unternehmen mit der Wahrscheinlichkeit p einen Gewinn oder mit der Gegenwahrscheinlichkeit $q = 1 - p$ einen Verlust (L). Vorerst haben Gewinne und Verluste die identische Schrittweite $\Delta h = 1$.

9.3.2.1 Implementierung des Verlustvortrags

Wird nun der Verlustvortrag mithilfe des Modells untersucht, muss dieses um Diskontierungsfaktoren erweitert werden. Es wird angenommen, dass sich die Zinssätze p. a. im Zeitablauf nicht ändern sowie, dass die Wahrscheinlichkeiten, mit welchen Verluste in einer Periode vollständig verrechenbar sind, konstant bleiben.

Darf das Unternehmen seinen Verlust ein Jahr vortragen, so ist die Wahrscheinlichkeit, dass es zu einer erfolgreichen Verlustverrechnung kommt:

[275] Diese Annahme wird vorübergehend unkritisch von den Autoren übernommen, vgl. Barlev und Levy (1975), S. 174, später aber ausführlich diskutiert.

$$P(X_1 = P) = p \tag{9.10}$$

Die Wahrscheinlichkeit, dass Verluste in einem Zeitpunkt die Verrechnung verhindern, beträgt:

$$P(X_1 = L) = 1 - p = q \tag{9.11}$$

Ist nun ein Verlustvortrag über zwei Jahre möglich und auch im zweiten Folgejahr die Wahrscheinlichkeit, dass hier Gewinne in Höhe des Verlustes folgen p,[276] ist die Wahrscheinlichkeit, dass die Verluste aus 0 verrechnet werden können:

$$F(2) = P(X_1 = P \bigvee \left(X_1 = L \bigwedge X_2 = P\right)) = p + q \cdot p \tag{9.12}$$

Die Wahrscheinlichkeitsfunktion im Barlev-Levy-Modell zeigt die implizierte FIFO-Reihenfolge der Verlustverrechnung besonders deutlich:

$$F(\tau^*) = \tau^* \cdot p \cdot q^{\tau^*-1} \tag{9.13}$$

Bei der ersten Verrechnungsmöglichkeit, das ist wenn genau einmal p realisiert wird, wird der Verlust verrechnet. Solche Realisationen kommen genau $\begin{pmatrix} \tau^* \\ 1 \end{pmatrix} = \tau^*$-mal vor.

Die Verteilungsfunktion des Verrechnungszeitpunkts ist im Barlev-Levy-Modell:

$$F(\tau^*) = \sum_{k=1}^{\infty} B(k \mid p, \tau^*) = \sum_{k=1}^{\infty} \begin{pmatrix} \tau^* \\ k \end{pmatrix} \cdot p^k \cdot p^{\tau^*-k} = 1 - q^{\tau^*} \tag{9.14}$$

Das ist die Wahrscheinlichkeit, dass der Verlust mindestens einmal in den τ^* folgenden Perioden verrechnet werden kann, also die Summe der Wahrscheinlichkeiten (diese sind binomialverteilt), dass der Verlust einmal, zweimal, ... bis unendlich oft innerhalb der τ^* Jahre verrechnet werden kann. Dies kann auch durch die Wahrscheinlichkeit des komplementären Ereignisses, dass innerhalb der τ^* Jahre kein einziges Mal ein Gewinn erwirt-

[276] Es spielt für p keine Rolle, ob im Folgejahr ein Verlust oder Gewinn im Unternehmen erwirtschaftet wurde, d. h. es wird Unabhängigkeit der Zufallsgrößen unterstellt. Auch diese Annahme wird an geeigneter Stellte detailliert betrachtet.

schaftet wurde, ausgedrückt werden. Existiert keine Verlustvortragsbeschränkung, so gilt $\lim_{\tau^* \to \infty} F(\tau^*) = 1 - 0$, d. h. der Verlust kann in jedem Fall verrechnet werden, solange die Möglichkeit des Gewinns existiert. Dies ist der Fall, wenn $q \neq 1$ gilt und das Unternehmen schon lange genug lebt.

Für die Grenzteilsteuerfunktion bedeutet die Berücksichtigung dieses Einflusses der Unsicherheit Folgendes. Zukünftige Gewinne ermöglichen die Verrechnung eines Verlustes des Betrachtungszeitpunkts. Da die Verrechnung zu späteren Zeitpunkten wirkt, können gewöhnliche Teilsteuerfunktionen diesen Effekt nicht mehr abbilden. Der Einsatz von erweiterten Teilsteuerfunktionen ist geboten. Bestehende Verlustvorträge werden in der Arbeit von Barlev und Levy nicht thematisiert.[277]

$$T^{+'}(\tilde{x}_t, 0) = \begin{cases} s & x_t \geq 0 \\ s \cdot \delta^{\tilde{\tau}^*} & x_t < 0 \end{cases} \tag{9.15}$$

Da bestehende Verlustvorträge in der Vorperiode des Betrachtungszeitpunkts nicht berücksichtigt werden, verschiebt sich die globale Asymmetrieachse durch die Verlustverrechnung nicht. Der Verrechnungszeitpunkt der Neuverluste bestimmt sich unter anderem anhand:

- der zukünftigen Zahlungen, die unsicher sind und
- der FIFO-Reihenfolge, da Barlev und Levy den baldmöglichsten Gewinn als Verrechnungszeitpunkt bestimmen.

Der Erwartungswert der erweiterten Teilsteuerfunktion kann alternativ über den erwarteten Diskontierungsfaktor formuliert werden. Er lautet dann:

$$\bar{T}^{+'}(\tilde{x}_t, 0) = s \cdot \begin{cases} 1 & x_t \geq 0 \\ \bar{\delta}^{\tilde{\tau}^*} & x_t < 0 \end{cases} \tag{9.16}$$

[277] Vgl. Barlev und Levy (1975), S. 175-176.

mit dem erwarteten Diskontierungsfaktor:

$$\bar{\delta}^{\tilde{\tau}^*}(p, \tau_{max}) = \sum_{k=1}^{\tau_{max}} \delta^k \cdot q^{k-1} \cdot p = \frac{p \cdot \delta \cdot (1 - q^{\tau_{max}} \cdot \delta^{\tau_{max}})}{1 - \delta \cdot q} \tag{9.17}$$

Der Erwartungswert der "erweiterten" Teilsteuerfunktion bildet bei Verlusten eine Steuererstattung ab, die im Erwartungswert zwischen s und 0 liegt. Die genaue Höhe ist von der möglichen Verrechnungsdauer, der Gewinnwahrscheinlichkeit und der Diskontierung abhängig. Diese Abhängigkeit veranschaulicht Abb. 9.6 für einen Diskontierungsfaktor von $\delta = 1/1,1$.

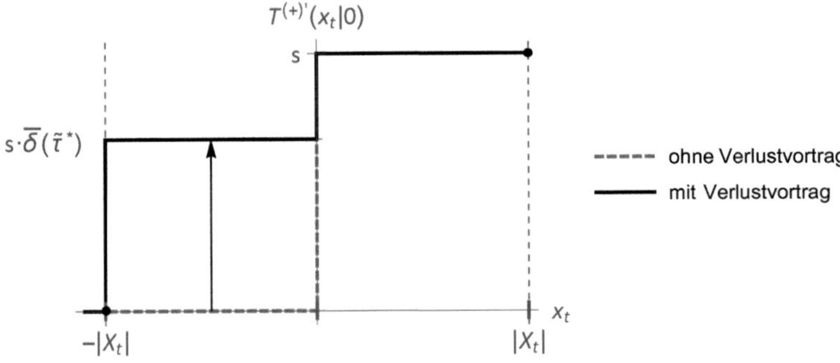

(a) Einfluss der Verlustvortragsverrechnung auf die Grenzteilsteuerfunktion

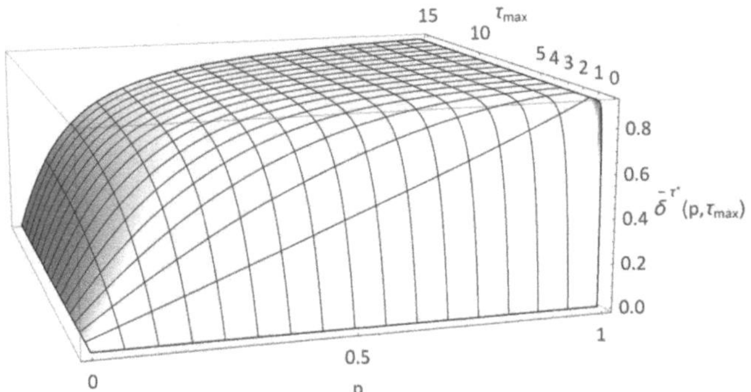

(b) Einfluss wesentlicher Parameter auf den Erwartungswert der Diskontierung bei Verlust

Abbildung 9.6: Einfluss der Unsicherheit auf die Grenzteilsteuerfunktion

In Abhängigkeit der nachfolgenden Zahlungsrealisationen bestimmt sich der Verrechnungszeitpunkt. Im Barlev-Levy-Modell ist das derjenige beim ersten Gewinn. Diesem Zahlungszeitpunkt wird ein Diskontierungswert zugeordnet, der den Wert der Steuererstattung beeinflusst. Diese diskontierten Steuererstattungen werden im Prinzip Wahrscheinlichkeiten zugeordnet und der Erwartungswert wird ermittelt.

Die Abb. 9.6 (b) zeigt den Erwartungswert des Diskontierungsfaktors in Abhängigkeit wichtiger Parameter. Für große Gewinnwahrscheinlichkeiten bleibt der Erwartungswert selbst bei engen zeitlichen Beschränkungen nahe dem Wert einer sofortigen Verlustverrechnung. Selbst bei großen Verlustwahrscheinlichkeiten (immerhin 50 %) und einer moderaten zeitlichen Beschränkung (z. B. fünf Jahre) bleibt der Diskontierungsfaktor hoch.[278] Diese Ergebnisse sind konsistent mit jenen von Barlev und Levy (1975) für den Wert der Verlustvorträge. Die erwartete Wertschätzung der Verlustvorträge wäre durch die Beschränkung auf fünf Jahre Überlebensdauer noch rund 81,7 % des sofortigen Verlustvortrags, wohingegen sie ohne Beschränkung lediglich 83,3 % wäre. Der geringe Einfluss der zeitlichen Beschränkung scheint mittlerweile allgemein akzeptiert zu sein[279] und ist ein starkes Argument für eine solche Limitation.

Allerdings sind die Deduktionen mit Vorsicht zu genießen, weil die abgeleitete "erweiterte" Teilsteuerfunktion T^+ der Definition von T^+ nicht genügt, denn sie bildet die Wirkungen der Änderungen der wirtschaftlichen Bezugsgröße des Bezugszeitpunkts nicht vollständig ab. Die Annahme, dass ein bestehender Verlustvortrag nicht berücksichtigt wird, ist widersprüchlich zur Annahme, dass die Verluste mit der FIFO-Reihenfolge verrechnet werden. Denn in dieser Reihenfolge hätten bestehende Verlustvorträge einen definitiven Einfluss auf den Verrechnungszeitpunkt, da diese ja zuerst verrechnet werden müssten.

Dieses Problem wird am Beispiel von Barlev und Levy (1975) auf S. 176 besonders deutlich, denn die Verluste der Vorperioden führen nicht alleine dazu, dass kein Verlustrücktrag möglich ist und daher mit dieser Wahrscheinlichkeit auf den Verlustvortrag zurückgegriffen werden muss, sondern auch dazu, dass die ersten Gewinne nicht zur Verlustverrechnung des Betrachtungszeitpunkts zur Verfügung stehen.

[278] Vgl. Barlev und Levy (1975), S. 176. In der ursprünglichen Untersuchung wird zusätzlich ein Verlustrücktrag zugelassen und ein kleinerer Diskontierungsfaktor unterstellt, wodurch die Ergebnisse dort noch eindeutiger sind.
[279] Vgl. Haegert und Kramm (1977), S. 205.

9.3.2.2 Modellkritik

Bisher wurden die Modellannahmen von Barlev und Levy (1975) unkritisch übernommen. Diese werden nun eingehend diskutiert und teilweise aufgehoben, damit die erweiterte Grenzteilsteuerfunktion unter Unsicherheit abgeleitet werden kann.

9.3.2.2.1 Unabhängige Gewinne Die Gewinne des Unternehmens wurden und werden in der Untersuchung als unabhängig voneinander vorausgesetzt, d. h. für die Wahrscheinlichkeit, dass Gewinne in einem Zeitpunkt mit Verlusten verrechnet werden können, spielt die Realisation im Vorjahr keine Rolle. Durch diese Annahme besitzt das Modell die Markov-Eigenschaft, denn der Prozess ist gedächtnislos.

Für diese Annahme sprechen folgende Punkte:[280]

1. Für die eigentlich interessanten Unternehmen, die gesunden und vorläufigen Verlustunternehmen, ist die Annahme durchaus plausibel.

2. Stochastisch abhängige Gewinne können mit Wirkungen der asymmetrischen Besteuerung interagieren. Ziel der Wirkungsexploration ist die Isolierung der reinen Effekte durch eine asymmetrische Besteuerung, was durch die Annahme unabhängiger Gewinne gelingt. Die gefundenen reinen Effekte können von Einflüssen stochastischer Gewinne moderiert werden.

3. Durch die Annahme ist in vielen Fällen eine analytische Handhabung möglich.

Es gibt grundsätzlich drei unterschiedliche Arten von Unternehmen. Insbesondere der erste Punkt bedarf einer Erläuterung. Die Argumentation ist an jene von Barlev und Levy angelehnt. Die erste Gruppe sind die chronischen Verlustunternehmen, bei welchen die Wahrscheinlichkeit, dass nach einem Verlustjahr wieder Verluste folgen, sehr hoch ist:

- Diese Unternehmen können sich nicht an Veränderungen des Marktes anpassen, sind also wenig wettbewerbsfähig und krank. Die Wahrscheinlichkeit einer Beendigung ist hoch.

- Sie werden aus bestimmten Gründen künstlich am Leben erhalten, man denke zum Beispiel an die Hoffnung, den Verlustmantel in der Zukunft zu "Steuersparzwecken" einsetzen zu können.

[280] Die Argumentation ist angelehnt an Barlev und Levy (1975), S. 174 Fußnote 3. Diese teilen die Unternehmen in zwei Kategorien, die Unternehmen mit "chronic losses" und solche, die "well-managed" sind. Auf die mögliche Motivation der Unternehmen wird dort allerdings nicht eingegangen.

- Die Verluste werden systematisch, z. B. durch eine aggressive internationale Steuerplanung, eingegangen, sind also "künstlich".

Empirische Untersuchungen deuten darauf hin, dass viele der chronischen Verlustunternehmen in Deutschland aus letzteren beiden Gründen der Gruppe angehören und einen Großteil des Verlustbestands aller deutschen Unternehmen ausmachen.[281]

Die zufälligen Verlustunternehmen bilden die zweite Gruppe. Sie sind die gesunden Unternehmen, die sich eben an Veränderungen anpassen können. Hier sind die Verluste zufällig, z. B. durch unvorhersehbare Veränderungen, und die Gewinne wenig abhängig von vergangenen Realisationen: die Gewinne sind unabhängig voneinander.[282]

Die vorläufigen Verlustunternehmen stellen die letzte Gruppe dar. Die Verluste sind bei diesen Unternehmen systembedingt, aber nicht absichtlich provoziert. Insbesondere Start-up-Unternehmen sind hier betroffen, da diese oft Anlaufverluste verdauen müssen, aber nach einer Startphase zur zweiten Gruppe gehören. Andere Unternehmen in ähnlicher Situation sind diejenigen, die umstrukturiert werden müssen, weil z. B. ein Geschäftsmodell wegfällt und sich die Sanierung über einen längeren Zeitraum hinzieht.

Für die erste Gruppe wäre die Annahme definitiv nicht geeignet, weil hier eine Abhängigkeit der Unternehmensgewinne im Zeitablauf nicht geleugnet werden kann. Allerdings sind diese Unternehmen genau jene Unternehmen, die volkswirtschaftlich nicht wünschenswert und daher nicht unbedingt von Interesse sind. Das sind hingegen die gesunden Unternehmen, bei welchen viele Argumente für eine unabhängige Gewinnentwicklung sprechen.

Die letzte Gruppe kann als Sonderfall der zweiten Gruppe aufgefasst werden, wenn davon ausgegangen wird, dass in der Start- bzw. Sanierungsphase kontrolliert Verluste eingegangen werden und für diese kritische Phase Planungssicherheit vorausgesetzt wird. In der anschließenden Phase können die Verluste unter Unsicherheit genutzt werden. Das heißt der Wert des Verlustes, der unter Planungssicherheit entstanden ist, kann unter Unsicherheit ermittelt werden.

Die Annahme einer unabhängigen Gewinnentwicklung kann für die zweite und dritte Gruppe nicht als unrealistisch verworfen werden. Sicherlich gibt es Modelle, die bei einigen Unternehmen die Gewinnentwicklung treffender beschreiben, bei der Wirkungsexploration ist aber die Konsistenz und Transparenz schwer zu gewichten als eine zusätzliche

[281] Diese Vermutung drängt sich z. B. durch Ergebnisse der Untersuchungen von Broer (2010), S. 404 u. 409 auf.

[282] Hinweise, dass zu dieser Gruppe gewerbliche Einzelunternehmen gehören, finden sich bei Wegener (2014), S. 129.

Annahme. Es geht an dieser Stelle nicht darum, den Wert des Verlustes möglichst genau zu ermitteln, sondern die Wirkungen der Asymmetrien auf Unternehmen unter Unsicherheit zu explorieren. Die Annahme stellt sich am Ende der Untersuchung in einer kritischen Diskussion den gefundenen Ergebnissen. Dazu bieten sich Simulationen an, denn bei diesen lassen sich abhängige Gewinne ohne Weiteres integrieren.[283]

9.3.2.2.2 Ursachenreihenfolge Im Barlev-Levy-Modell wird die FIFO-Reihenfolge impliziert, was dazu führt, dass nicht alle Wirkungen, die von einem Betrachtungszeitpunkt ausgehen, erfasst werden. Dieses Problem kann durch zweierlei Modifikationen verhindert werden:

1. Die Auswirkungen auf die Zwischenverluste werden explizit berechnet und miteinbezogen.
2. Es wird bei der Ermittlung des Verrechnungszeitpunkts die LIFO-Reihenfolge unterstellt und das Problem der Zwischenverluste damit umgangen.

In den Vorabschnitten der Arbeit wurden gute Argumente für die zweite Anpassung gefunden, sodass auch dieses Modell dahingehend angepasst wird. Der Verlust darf nicht mit den ersten folgenden Gewinnen verrechnet werden, sondern mit dem ersten Gewinn, der folgt unter der Bedingung, dass alle Zwischenverluste verrechnet sind.

Die Integration von Verlustverrechnungsbeschränkungen ist unter Sicherheit einfach möglich, wenn die LIFO-Reihenfolge angewendet werden kann. Das ist der Fall bei:

1. der unbeschränkten Verlustverrechnung und
2. der betraglich beschränkten Verlustverrechnung, solange es sich nicht um eine relative Neubildungsbeschränkung handelt.

Die Beschränkungen verschieben in diesen Fällen den eindeutigen Verlustverrechnungszeitpunkt und vereinfachen die Darstellung der erweiterten Grenzteilsteuerfunktion erheblich. Bei zeitlichen Beschränkungen und der relativen Neubildungsbeschränkung sind die Einflüsse vielfältiger.

In Anlehnung an die Erkenntnisse unter Sicherheit kann die Bedingung für eine Verrechnung hinsichtlich des Verlustvortragsbestands folgendermaßen formuliert werden. Es muss gelten:

[283] So erläutern beispielsweise auch Ewert und Niemann (2012), S. 84 den Vorteil einer numerischen Simulation.

$$v_{\tau^*} = v_{t-1} \tag{9.18}$$

Das heißt sämtliche Verlustvorträge, die in t und in der Zwischenzeit entstanden sind, sind aufgebraucht, da mit der Annahme, dass mit der Wahrscheinlichkeit p alle Verluste verrechnet werden können, garantiert ist, dass sich in τ^* im Gewinnfall alle Verluste aus t verrechnen. Die Teilsteuerfunktion kann dann mit (8.49) angegeben werden, wobei zwei Punkte zu bedenken sind, wenn diese Definition unter Unsicherheit verwendet wird:

- $\tilde{\tau}^*$ ist eine Zufallsgröße mit der Folge, dass dadurch auch die Grenzteilsteuerfunktion $\tilde{T}'(x_t)$ zufallsverteilt ist. Wenn es der Untersuchungsgegenstand zulässt, kann mit dem Erwartungswert der Grenzteilsteuerfunktion operiert werden.
- Die Unsicherheit kann Auswirkungen auf den Diskontierungszinssatz haben, wenn Kapitalmarktmodelle eingesetzt werden oder es sich nicht um einen risikoneutralen Entscheider handelt.

Das Ereignis, dass der Verlust in einem bestimmten Zeitpunkt τ^* verrechnet werden kann, ist mit der Wahrscheinlichkeit $p(\tau^*)$ verknüpft. Ist diese Wahrscheinlichkeitsverteilung bekannt, kann die Verteilung der Grenzteilsteuerfunktion und damit ihr Erwartungswert angegeben werden:

$$E(t^{z+'}(\tilde{x}_t)) = s \cdot E\left(\delta^{\tilde{\tau}^*}\right) \tag{9.19}$$

Das Problem reduziert sich auf die Ermittlung der Wahrscheinlichkeit, dass $v_{\tau^*} = v_t$ erreicht wird. Die Frage nach der gesuchten Wahrscheinlichkeit kann auch so umschrieben werden: Wann kehrt der Verlustvortrag zu seinem Ausgangspunkt plus einer zusätzlichen Verlustverrechnung zurück? Dieses Problem ist unter dem Namen First-Passage oder First-Hitting-Time bekannt.

Sind bereits Verlustvorträge vorhanden, so haben diese eine eigene Komponente des Unternehmenswerts und verdrängen die potenziellen Gewinne nach Verrechnung der Zwischenverluste (vgl. Abschnitt 8.3.2.2), d. h. bestehende Verluste werden ebenfalls prioritär verrechnet. Daher muss die Bedingung, die an die erst-mögliche Verrechnung der Verluste des Betrachtungszeitpunkts gestellt wird, umformuliert werden zu:

$$v_\tau = 0 \tag{9.20}$$

Gesucht wird der Verrechnungszeitpunkt, an welchem erstmalig alle Verlustvorträge verbraucht sind. Zur Lösung der obigen Reihenfolgeprobleme muss die Entwicklung des *Verlustvortragsbestands* näher bestimmt werden. Der Verlustvortragsbestand verhält sich (vorerst ohne Beschränkungen), wie unter Sicherheit der Abschnitt 8.3.1.1 gezeigt hat, folgendermaßen:

- entweder er wird sich erhöhen, weil das Unternehmen zusätzliche Verluste erwirtschaftet oder
- er wird sich verringern, weil das Unternehmen durch Gewinne Verluste verrechnen kann.

Entwickeln sich die Gewinne unabhängig, so können die Verlustvortragsbestände über einen Random Walk beschrieben werden. Der Random Walk ist einer der einfachsten stochastischen Prozesse. Er ist zeit- sowie zustandsdiskret[284] und es gibt geschlossene Lösungen zur Ermittlung der First-Passage-Time. Ausgehend vom symmetrischen Random Walk, d. h. es gilt $p = 1 - q = 1/2$ und die Wahrscheinlichkeiten einer Aufwärtsbewegung und Abwärtsbewegung um eins entsprechen sich, können auch Lösungen für den asymmetrischen Random Walk bestimmt werden.[285] Beim asymmetrischen Random Walk - auch Random Walk mit Drift genannt - müssen sich die Gewinn- und Verlustwahrscheinlichkeiten nicht entsprechen.[286] Die Wahrscheinlichkeit, dass ein zusätzlicher Verlust den Verlustvortrag erhöht, kann hier kleiner als die Hälfte sein. Dieser Fall ist besonders interessant, da der andere Fall, dass die Neuverlustwahrscheinlichkeit größer als die Hälfte ist, gleichbedeutend mit der Aussage wäre, dass ein Verlust wahrscheinlicher als ein gleich hoher Gewinn wäre oder anders formuliert das Unternehmen im Durchschnitt keine Gewinne erwirtschaftet.

Der Verlustvortrag wird also als stochastischer Prozess formuliert:

$$v_T = \sum_{j=t}^{T} \widetilde{X}_j \tag{9.21}$$

wobei $\widetilde{X}_j = 1$ mit der Wahrscheinlichkeit p und $\widetilde{X}_j = -1$ mit der Gegenwahrscheinlichkeit $q = 1 - p$ gelten. Der Verlustvortrag erhöht sich also mit der Wahrscheinlichkeit p und verringert sich mit der Wahrscheinlichkeit q, er darf nur nicht negative Werte annehmen.

[284] Vgl. Dixit und Pindyck (1993), S. 61.
[285] Vgl. Shreve (2003), S. 120.
[286] Vgl. Dixit und Pindyck (1993), S. 62.

9.3.2.2.3 Diskontierung

Der Diskontierungsfaktor wird von Barlev und Levy nicht weiter problematisiert.[287] Es wird nicht klar, um welchen Diskontierungszinssatz - vielleicht einen Marktzinssatz - es sich beim "Firmenzinssatz" ρ handelt. Es ist nicht eindeutig, inwiefern das Risiko in den Wahrscheinlichkeiten, den Zahlungen oder dem Zinssatz berücksichtigt wird. Da später auf Grundlage des Erwartungswertes entschieden wird, ist wohl ein risikoneutraler Entscheider unterstellt und damit eine Berücksichtigung nicht unbedingt notwendig.

In dieser Untersuchung genügt es die Form der Grenzteilsteuerfunktion zu konkretisieren. Dies ist auch ohne die genaue Kenntnis des Einflusses der Unsicherheit auf den Markt möglich, wenn risikoneutrale Entscheider unterstellt werden oder davon ausgegangen wird, dass der Zinssatz eine Modifikation in Form eines Risikozuschlags erfährt. Die alternativen Varianten der Risikoberücksichtigung am Kapitalmarkt erscheinen aus folgenden Gründen problematisch:

- Es würde naheliegen durch eine Manipulation der Wahrscheinlichkeiten das Modell in eine risikoneutrale Welt zu transformieren. Dabei bestünde allerdings das Problem, dass die steuerlichen Vorschriften an den betraglichen Nominalwerten der realen Welt ansetzen. Ein Maßwechsel würde fordern, dass die Vorschriften eventuell an dieses neue Maß angepasst werden müssten.

- Genauso würde eine Berücksichtigung des Risikos in den Zahlungen dazu führen, dass die steuerlichen Vorschriften ohne Korrektur nicht auf diese korrigierten Zahlungen angewendet werden könnten.

Die Anpassung des Zinssatzes durch die Unsicherheit wird ausschließlich durch die Zufallskomponente ausgelöst. Es kann daher der Risikozuschlag des gesamten Unternehmens auch für diese Berechnungen verwendet werden.

9.3.3 Wahrscheinlichkeitsverteilung

Es kann für einige Fälle eine exakte Wahrscheinlichkeitsverteilung ermittelt werden. In den anderen Fällen verbleibt nur eine numerische Ermittlung.

[287] Vgl. Barlev und Levy (1975), S. 175.

9.3.3.1 Exakte Lösung

Unter der Annahme, dass vorerst keine anderen Verlustvorträge vorhanden sind und in t=1 ein Verlust in Höhe -1 erwirtschaftet wurde,[288] kann die Frage, wann dieser Verlust aufgebraucht ist, als First-Passage-Time formuliert werden:[289]

$$\tau^* = min\{\tau; v_\tau = 0\} \tag{9.22}$$

Die Wahrscheinlichkeit, dass der Verlustvortrag genau in $\tau^* = 2j-1, j \in \mathbb{N}$ verbraucht ist (das ist nur bei ungeraden Anzahlen möglich), ist unter einem symmetrischen Random Walk mit folgender Wahrscheinlichkeit gegeben:[290]

$$P(\tau^* = 2j-1) = \frac{1}{2j-1} \cdot \binom{2j}{j} \cdot 2^{-2j} = \underbrace{\frac{(2j-2)!}{j!(j-1)!}}_{Pfadanzahl} \cdot \left(\frac{1}{2}\right)^{2j-1} , j \in \mathbb{N} \tag{9.23}$$

Mit diesem Ergebnis kann bereits untersucht werden, ob überhaupt sichergestellt ist, dass der Verlustvortrag jemals abgebaut wird. Die Antwort lautet für den symmetrischen Random Walk fast sicher $(P(\tau^* < \infty) = 1)$.[291] Der Erwartungswert auf die First-Passage-Time bleibt beim symmetrischen Random Walk allerdings unendlich.[292]

Auf Grundlage der Ergebnisse des symmetrischen Random Walks lassen sich die Zusammenhänge für den asymmetrischen Random Walk ableiten.[293] Der erste Faktor in (9.23) gibt die Anzahl der Pfade an, die erstmals in diesem Zeitpunkt auf die Schranke treffen. Die Anzahl wird nicht von den Wahrscheinlichkeiten beeinflusst. Damit die Schranke getroffen wird, sind genau j Gewinnrealisationen (p) und $j-1$ Verlustrealisationen (q) notwendig, dadurch kann der Verlust des Zeitpunkts 1 endlich verrechnet werden:

[288] Diese Annahme wird später aufgelöst.

[289] In der Standardformulierung der Irrfahrttheorie würde der Prozess bei 0 starten und die Frage nach der First-Passage-Time der Schranke -1 gestellt werden. Die Ergebnisse wären identisch, weil sich die Irrfahrt insgesamt verschiebt: Startpunkt ist nun 1 und die Schranke 0.

[290] Für die Herleitung vgl. z. B. Shreve (2003), S. 126 Formel 5.2.22 oder Feller (1968), S. 75.

[291] Vgl. Shreve (2003), S. 120 ff. insbesondere Theorem 5.2.2 oder Feller (1968), S. 75 2.2-2.3 i.V.m. S. 78 3.7.

[292] Vgl. Shreve (2003), S. 124.

[293] Die Ableitung findet sich beispielsweise bei Shreve (2003), S. 126 oder Redner (2001), S. 9.

$$P(\tau^* = 2j-1, p) = \frac{1}{4j-2} \cdot \binom{2j}{j} \cdot p^j \cdot q^{j-1} = \frac{1}{\tau^*} \cdot \binom{\tau^*}{\frac{\tau^*+1}{2}} \cdot p^{\frac{1}{2}(\tau^*+1)} \cdot q^{\frac{1}{2}(\tau^*-1)}, j \in \mathbb{N} \quad (9.24)$$

Wird für $j \leftarrow \frac{\tau^*+1}{2}$ eingesetzt, ergibt sich die Wahrscheinlichkeitsfunktion direkt in Abhängigkeit von τ^*, bleibt allerdings nur für ungerade τ^* definiert.

Dass es für $0,5 \leq p < 1$ auch beim asymmetrischen Random Walk zur sicheren Verrechnung kommt zeigt die Verteilungsfunktion der Verrechnungszeitpunkte:

$$F(\infty) = \sum_{j=1}^{\infty} P(2j-1, p) = \frac{1 - \sqrt{(2p-1)^2}}{2(1-p)} = 1 \quad (9.25)$$

Angegeben ist die Verteilungsfunktion für unendliche erstmalige Verrechnungszeitpunkte. Am handlichen Ergebnis ist sofort ersichtlich, dass eine sichere Verrechnungswahrscheinlichkeit nur für $0,5 \leq p < 1$ gegeben ist, denn es muss $p \neq 1$ erfüllt sein, damit sie definiert ist. Für $p < 0,5$ ist nur noch der Anteil $\frac{p}{q}$ verrechenbar.

Dieser Zusammenhang kann auch allgemeiner für $v \geq 0$ mithilfe erzeugender Funktionen hergeleitet werden.[294]

$$P(\tau^*, p, v) = \frac{(1+v)}{\tau^*} \binom{\tau^*}{\frac{\tau^*+v+1}{2}} p^{\frac{\tau^*-v+1}{2}} q^{\frac{\tau^*-v-1}{2}} \quad (9.26)$$

Die Verluste v können aus den Verlustvorträgen der Vorperiode oder der wirtschaftlichen Bezugsgröße des Betrachtungszeitpunkts stammen $v = v_{t-1} - x_t$, wobei x_t im Modell auf -1 normiert ist.

In Abb. 9.7 sind für verschiedene Verlustvorträge exemplarisch die Wahrscheinlichkeitsverteilungen der First-Hitting-Time abgebildet, die gelten falls in $t = 0$ ein Verlust realisiert wird und bereits Verlustvorträge aus der Vorperiode bestehen. Die erste der drei Teilabbildungen zeigt die Wahrscheinlichkeitsverteilung ohne bestehende Verlustvorträge (9.24) als Sonderfall der Wahrscheinlichkeitsverteilung mit bestehenden Verlustvorträgen (9.26).

[294] Vgl. Feller (1968), S. 351 f. Eine alternative Formulierung als explizite Funktion findet sich ebenda, S. 368.

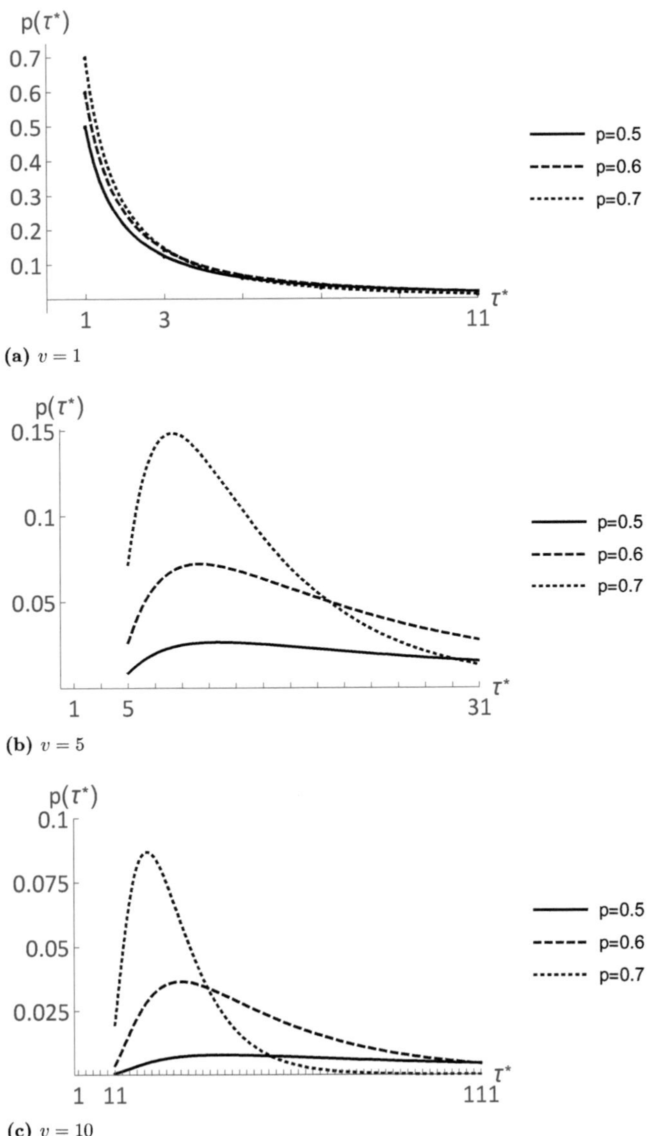

(a) $v = 1$

(b) $v = 5$

(c) $v = 10$

Abbildung 9.7: Wahrscheinlichkeitsverteilung der First-Hitting-Time für verschiedene Verlustvorträge

Die Wahrscheinlichkeit, dass der Verlust abgebaut wird, ist beim ersten Schritt am größten, danach müssen vorerst Zwischenverluste abgebaut werden. Bei höheren Anfangsverlusten ist dieser abnehmende Zusammenhang nicht mehr eindeutig. Hier steigt die Wahrscheinlichkeit vorerst an, bevor sie danach abnimmt.[295] Denn nur wenn es bis zum Zeitpunkt 5 in Abb. 9.7 (b) in den Vorperioden zu keinem Verlust kommt, kann es zu einer erfolgreichen Verrechnung kommen. In Zeitpunkt 7 dagegen sind mehrere Kombinationen möglich, welche in den Vorperioden genau einen Zwischenverlust realisieren und zu einer endgültigen Verlustverrechnung führen.

9.3.3.2 Vergleich mit Barlev-Levy-Modell

Die Wahrscheinlichkeitsverteilung der Verrechnungszeitpunkte, die die richtige Verbrauchsreihenfolge impliziert, ist nun bekannt und damit kann ein erster Vergleich zum Ausgangsmodell gewagt werden. Dabei muss auf die Beziehung ohne bestehende Verlustvorträge (9.24) zurückgegriffen werden, da das Barlev-Levy-Modell solche nicht kennt. Die Wahrscheinlichkeitsverteilung des Barlev-Levy-Modells ist in Gleichung (9.13) angegeben.

Mit der Gewinnwahrscheinlichkeit p ist die darauffolgende Realisation ein Gewinn. In diesem Fall entsprechen sich die beiden Modelle, denn in der Modellerweiterung haben in diesem Fall Zwischenverluste keinen Einfluss. Im Verlustfall müssen die nachfolgenden Zeitpunkte beachtet werden, hier ist die Verrechnungswahrscheinlichkeit im Ausgangsmodell anfangs größer, weil keine Zwischenverluste (und jetzt gibt es mindestens einen) nicht verrechnet werden müssen, bevor es zur Verlustverrechnung kommt.

Allerdings kommt es später zu einer Rangfolgeumkehr der Modelle, da es in der Modellerweiterung auf mehr Pfaden noch nicht zur Verlustverrechnung gekommen ist und dieser Effekt überhand nimmt. Ab diesem Punkt ist die Wahrscheinlichkeit der Verrechnung in der Modellerweiterung größer. Die Lage des Zeitpunkts dieser Umkehr ist von der Gewinnwahrscheinlichkeit abhängig und umso später, je kleiner diese ist. Dies kann intuitiv nachvollzogen werden, weil bei einer 100%-igen Gewinnwahrscheinlichkeit die Verluste in beiden Modellen bereits in der ersten Folgeperiode verrechnet werden können.

[295] Dieses Muster zeigt sich übrigens auch bei der empirischen Verteilung der US-amerikanischen Unternehmen, vgl. Cooper und Knittel (2006), S. 662, wobei bei dieser Induktion an die vereinfachte Prämisse der unabhängigen Gewinne gedacht werden muss.

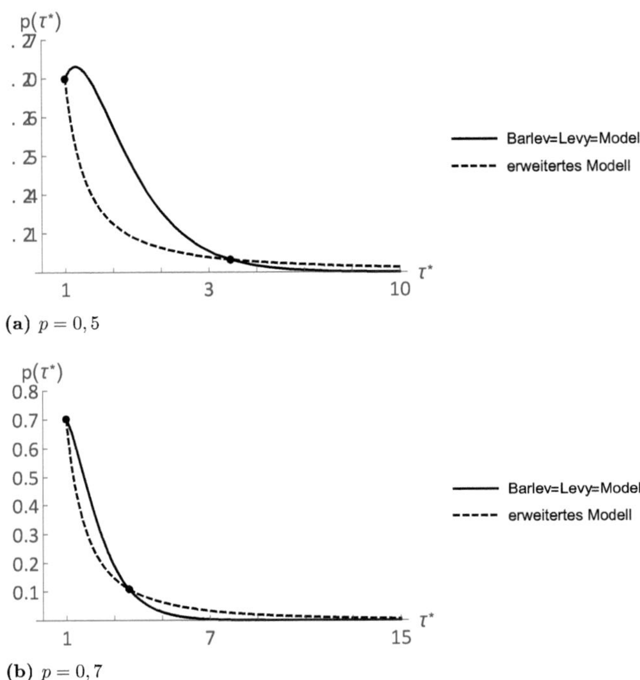

(a) $p = 0,5$

(b) $p = 0,7$

Abbildung 9.8: Wahrscheinlichkeitsverteilung bei verschiedenen Gewinnwahrscheinlichkeiten

Da sich die Verlustverrechnungswahrscheinlichkeiten in den jeweiligen Modellen zu eins kumulieren, kann gefolgert werden, dass die Verteilungsfunktionen der Modelle, die anfänglich auseinanderdriften, sich durch diese Umkehr der Rangfolge zu späteren Zeitpunkten wieder annähern. Der anfängliche Unterschied ist für kleine Gewinnwahrscheinlichkeiten größer, da hier die Wahrscheinlichkeit von Zwischenverlusten, die diesen Unterschied auslösen, größer ist.

Das Ausgangsmodell berücksichtigt keine bestehenden Verlustvorträge im Betrachtungszeitpunkt, obwohl, wie oben dargelegt, diese den Verlustverrechnungszeitpunkt und damit die Verlustverrechnungswahrscheinlichkeiten beeinflussen. Nachfolgendes Diagramm visualisiert den Einfluss der bestehenden Verlustvorträge im Betrachtungszeitpunkt im erweiterten Modell und vergleicht es mit dem Ausgangsmodell bei einer Gewinnwahrscheinlichkeit von p=0,7.

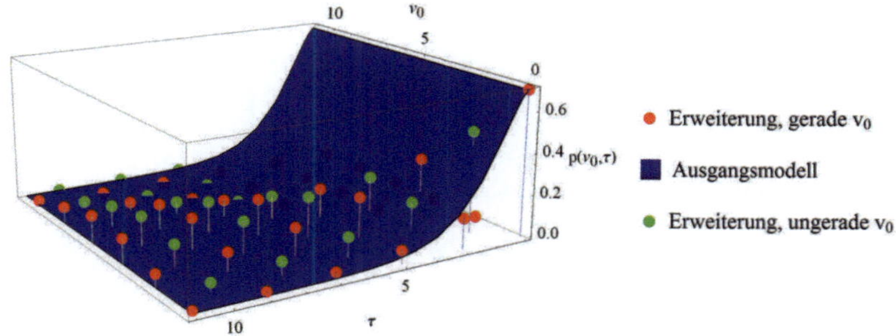

Abbildung 9.9: Einfluss bestehender Verlustvorträge auf die Verlustverrechnungswahrscheinlichkeiten

Bestehen keine Verlustvorträge im Betrachtungszeitpunkt, decken sich die Erläuterungen mit denen der Abb. 9.8.

Überraschen mag zunächst der nächste Fall, wenn genau ein Verlustvortrag im Betrachtungszeitpunkt vorhanden ist, da die Modellerweiterung bereits im ersten möglichen Zeitpunkt über der Wahrscheinlichkeit des Ausgangsmodells liegt und nicht wie davor anfangs darunter. Existiert genau ein Verlustvortrag, so ist im ersten nachfolgenden Zeitpunkt keine endgültige Verrechnung des Neuverlustes möglich, weil selbst bei einer Gewinnrealisation prioritär der bestehende Verlustvortrag verrechnet wird. So ist eine Verrechnung des Neuverlustes erstmals überhaupt in der weiter nachfolgenden Periode möglich. Während im Ausgangsmodell also bereits in dem dem Betrachtungszeitpunkt nachfolgenden Zeitpunkt eine Verrechnung möglich war, ist dies in der Erweiterung erst eine Periode später möglich. Diese Verrechnungswahrscheinlichkeit bleibt sehr wohl unter derjenigen des ersten Verrechnungszeitpunkts im Ausgangsmodell.

Der bestehende Verlustvortrag vermindert nicht nur die anfänglichen Verrechnungswahrscheinlichkeiten im erstmöglichen Verrechnungszeitpunkt, sondern verschiebt zudem den Zeitpunkt, ab welchem eine Verrechnung überhaupt erst möglich ist, weil davor die bestehenden Verlustvorträge berücksichtigt werden müssen. Das Ausgangsmodell hat nicht nur die Verrechnungswahrscheinlichkeiten anfänglich überschätzt, sondern auch die Verrechnungszeitpunkte, in welchen eine Verrechnung des Neuverlusts überhaupt möglich ist, anders zugeordnet.

Durch obige Modellerweiterung ist die Berücksichtigung von Verlustvorträgen im Betrachtungszeitpunkt möglich.

9.3.3.3 Markov-Ketten

An verschiedenen Stellen können nachfolgend keine analytischen Lösungen abgeleitet werden, weil:

1. die Differenzialgleichungen mathematisch nicht lösbar sind oder

2. das Unternehmen einer zeitlichen Restriktion unterliegt.

Von Interesse sind in letzterem Fall nicht die Verteilungsfunktion oder der durchschnittliche Verrechnungszeitpunkt in der zeitlichen Grenzwertbetrachtung, sondern nach einem vorgegeben Zeithorizont.

Ein naheliegender Ausweg, die Wahrscheinlichkeitsverteilung, die Verteilungsfunktion oder den durchschnittlichen Verrechnungszeitpunkt dennoch zu ermitteln, besteht in der Strapazierung von Monte-Carlo-Simulationen, um für einzelne Beispiele z. B. den Einfluss der Beschränkung zu bestimmen. Eine superiore Alternative sind Markov-Ketten, die in der Literatur der Betriebswirtschaftlichen Steuerlehre bisher kaum eingesetzt worden sind.[296]

Dieser Ansatz ist zwar nicht so allgemein wie die analytischen Ableitungen, da die Ergebnisse stets von den eingangs bestimmten Parametern abhängen. Durch die transparente Integration der Besteuerungsasymmetrien in der Übergangsmatrix können aber dennoch induktive Schlüsse gewagt werden. Denn anders als bei Simulationen, die eher an eine Blackbox erinnern, deren Ergebnisse stark interpretiert werden müssen, bleiben bei Markov-Ketten die Wirkungen der Besteuerung durch die Strukturveränderungen in den Übergangsmatrizen offensichtlich. Da die Methode wenig bekannt ist, wird sie nachfolgend ausführlich dargestellt.

Eine Markov-Kette ist durch einen Ausgangsvektor und eine Übergangsmatrix bestimmt.[297] Der Ausgangsvektor bestimmt den Zustand, in dem sich die Markov-Kette anfangs befindet. In der Übergangsmatrix werden jedem Übergang von einem Zustand in den nächsten Zustand Wahrscheinlichkeiten zugeordnet. Die Zeilensumme der Wahrscheinlichkeiten ergibt eins.[298] Die Zeilen und Spalten dieser Matrix repräsentieren die möglichen Zustände. Die Elemente der Matrix zeigen die Wahrscheinlichkeiten des Übergangs von einem Zustand in einen Anderen an: p_{ij}. Ist kein Übergang möglich, so ist die Wahrscheinlichkeit

[296] Die einzige Ausnahme zur Asymmetrischen Besteuerung stellt die empirische Untersuchung von Cui (2013) dar, die Markov-Ketten einsetzt, um die Auswirkungen der Rechtsänderungen bezüglich der Verlustverrechnung empirisch zu untersuchen, indem sie die Übergangsmatrizen schätzt. Eine Implementierung der Verlustverrechnung in die Markov-Ketten nimmt sie nicht vor.

[297] Vgl. Strook (2013), S. 26.

[298] Vgl. Privault (2013), S. 80.

null. Eine absorbierende Schranke wird durch eine 100 %-Übergangswahrscheinlichkeit p_{ij} mit $i = j$ angegeben.[299]

Im Fall der Verlustverrechnung sind die Zustände diejenigen, die der Verlustvortrag einnehmen kann. Im Modell kann der Verlustvortrag nur ganzzahlige, nicht negative Werte annehmen, die durch die Zeilen i und Spalten j dargestellt werden. Die aktuelle Höhe des Verlustvortrags wird durch die Zeile angegeben $v_t = i$, die zukünftige Höhe der Verlustvorträge durch die Spalte $v_{t+1} = j$.

Der Vektor $\underline{s}$, der den Ausgangszustand der Markov-Kette beschreibt, ist ein Einheitsvektor für den Fall, dass der Ausgangspunkt deterministisch ist, dessen Element $s_{v_0+1} = 1$ ist:

$$\underline{s} = \begin{pmatrix} 0 \\ \vdots \\ 1 \\ \vdots \\ 0 \end{pmatrix} \tag{9.27}$$

Die Übergangsmatrix für einen unbeschränkten Verlustvortrag hat nachfolgende Struktur:

$$\underline{T} = \begin{pmatrix} p_{0,0} & \cdots & p_{0,j} & \cdots & p_{0,J} \\ \vdots & \ddots & \vdots & & \vdots \\ p_{i,0} & \cdots & p_{i,j} & & p_{i,J} \\ \vdots & & \vdots & \ddots & \vdots \\ p_{I,0} & \cdots & p_{I,j} & \cdots & p_{I,I} \end{pmatrix} = \begin{pmatrix} 1 & 0 & 0 & 0 & \dots \\ p & 0 & q & 0 & \dots \\ & \ddots & \ddots & \ddots & \\ 0 & \cdots & p & 0 & q \\ 0 & \dots & & & 1 \end{pmatrix} \tag{9.28}$$

Ist der Zustand null erreicht, kann der Verlust verrechnet werden. Wird der I-te Zustand erreicht, ist das Unternehmen insolvent und es ist keine weitere Verlustverrechnung mehr möglich. Beide Zustände sind absorbierend, es gilt: $p_{0,0} = p_{I,I} = 1$ und $p_{0,j>0} = p_{I,j<I} = 0$.

In den anderen Zuständen:

[299] Vgl. Kemeny und Snell (1983), S. 35.

- nimmt der Zustand mit der Gewinnwahrscheinlichkeit $p_{i,j-1} = p$ ab oder mit der Gegenwahrscheinlichkeit $p_{i,j+1} = q$ zu. Die Markov-Kette kann nicht in ihrem Zustand verharren, es gilt $p_{i,i} = 0 \; i\epsilon\mathbb{N}^+ \setminus \{0, I\}$.[300]
- Außerdem kann in keine anderen Zustände übergegangen werden $p_{i,j} = 0$ mit $i, j\epsilon\mathbb{N}^+ \setminus \{(i, i-1), (i, i+1), (0, 0), (I, I)\}$.

Diese Struktur wird anhand des nachfolgenden Beispiels erläutert. Es wird ein unbeschränkter Verlustvortrag betrachtet und eine Gewinnwahrscheinlichkeit $p = 0,6$ unterstellt. Ausgangspunkt ist ein Verlustvortrag i. H. v. 2. Die Insolvenzschranke wird bei einem Verlustvortragsbestand von 5 angenommen. Die zugehörige Markov-Kette stellt Abb. 9.10 dar.

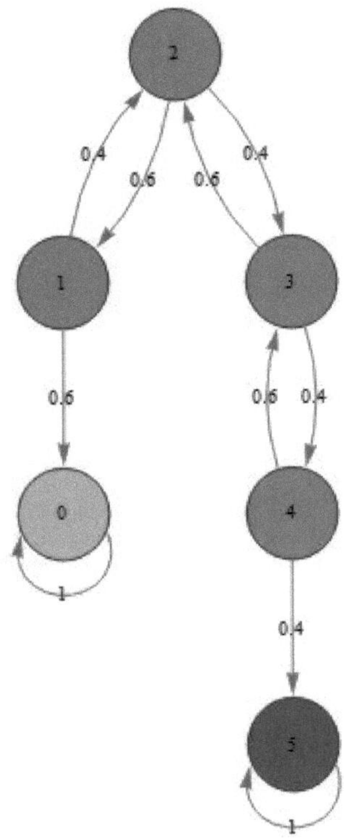

Abbildung 9.10: Markov-Kette mit Insolvenzschranke bei fünf Verlustrealisationen

[300] Vgl. Lunze (2006), S. 359.

Ausgehend von Verlusten i. H. v. 2, d. h. die Markov-Kette befindet sich im Zustand zwei, können in der nächsten Periode mit der Wahrscheinlichkeit p Gewinne realisiert werden, der Verlustvortrag nimmt auf Zustand eins ab. Oder es folgt mit der Gegenwahrscheinlichkeit ein Verlust und damit erhöht sich der Verlustvortrag bzw. der Zustand der Markov-Kette. Diese Möglichkeiten bestehen auch in den anderen transienten Zuständen[301] eins, drei und vier.

Wird der Zustand null erreicht, kann der Verlustvortrag erfolgreich verrechnet werden und er verbleibt in diesem Zustand. Dieser Zustand ist absorbierend. Da mindestens ein Zustand absorbierend ist, handelt es sich insgesamt um eine absorbierende Markov-Kette.[302]

Wird der Zustand fünf erreicht, ist das Unternehmen insolvent und der Verlust kann nicht mehr verrechnet werden. Auch dieser Zustand ist absorbierend. Bei den Zuständen null und fünf handelt es sich um rekurrente Zustände,[303] d. h. die Markov-Kette kehrt in jedem Fall irgendwann in einen der Zustände zurück.

Wird die Spalte des Zielzustands 0 durch die eines Nullvektors $\underline{z}$ in der Übergangsmatrix $\underline{T}$ ausgetauscht, ergibt sich die modifizierte Übergangsmatrix $\underline{M}$. Die Wahrscheinlichkeitsverteilung der First-Hitting-Time $\tilde{\tau}^*$ des Zustands 0 in τ^* kann ermittelt werden, indem die modifizierte Übergangsmatrize $(\tau^* - 1)$-mal mit sich selbst und schließlich mit dem ausgetauschten Vektor multipliziert wird.[304] Die Zeile in der ersten Spalte, die den Startzustand der Markov-Kette repräsentiert, beinhaltet dann die Wahrscheinlichkeit $P(\tau^*)$ der First-Hitting-Time τ^*. Durch Multiplikation mit dem Startvektor ergibt sich direkt die gesuchte Wahrscheinlichkeit:

$$P(\tau^*) = \underline{M}^{\tau^*-1}.\underline{z}.\underline{s} \tag{9.29}$$

Die Berechnung wird am Beispiel erläutert. Für das Beispiel ergeben sich folgende Übergangsmatrix, folgender Zielvektor $\underline{z}$ und folgende modifizierte Übergangsmatrix $\underline{M}$:

301 Vgl. Ibe (2013), S. 63; Privault (2013), S. 121.
302 Vgl. Kemeny und Snell (1983), S. 43 oder Lunze (2006), S. 358.
303 Vgl. Norris (2009), S. 24.
304 Vgl. Hastings (2006), S. 287.

$$\underline{T} = \begin{pmatrix} 1 & 0 & 0 & 0 & 0 & 0 \\ 0,6 & 0 & 0,4 & 0 & 0 & 0 \\ 0 & 0,6 & 0 & 0,4 & 0 & 0 \\ 0 & 0 & 0,6 & 0 & 0,4 & 0 \\ 0 & 0 & 0 & 0,6 & 0 & 0,4 \\ 0 & 0 & 0 & 0 & 0 & 1 \end{pmatrix}; \underline{z} = \begin{pmatrix} 1 \\ 0,6 \\ 0 \\ 0 \\ 0 \\ 0 \end{pmatrix} \Rightarrow \underline{M} = \begin{pmatrix} 0 & 0 & 0 & 0 & 0 & 0 \\ 0 & 0 & 0,4 & 0 & 0 & 0 \\ 0 & 0,6 & 0 & 0,4 & 0 & 0 \\ 0 & 0 & 0,6 & 0 & 0,4 & 0 \\ 0 & 0 & 0 & 0,6 & 0 & 0,4 \\ 0 & 0 & 0 & 0 & 0 & 1 \end{pmatrix} \tag{9.30}$$

Der erwartete Diskontierungsfaktor ergibt sich mit (9.29) durch:

$$E(\bar{\delta}) = \sum_{t=v_0}^{\tau_{max}} \left[\delta^t \cdot f(t)\right] \tag{9.31}$$

Es wird sich später zeigen, dass sich bereits für moderate Werte τ_{max} gute Ergebnisse erzielen lassen.

Nachstehendes Diagramm visualisiert die Ergebnisse für mehrere Verrechnungszeitpunkte und vergleicht die Lösung der Markov-Ketten mit einer Dimension der Übergangsmatrix von $I = 10$ und der exakten Lösung ohne Insolvenzschranke in (9.26):

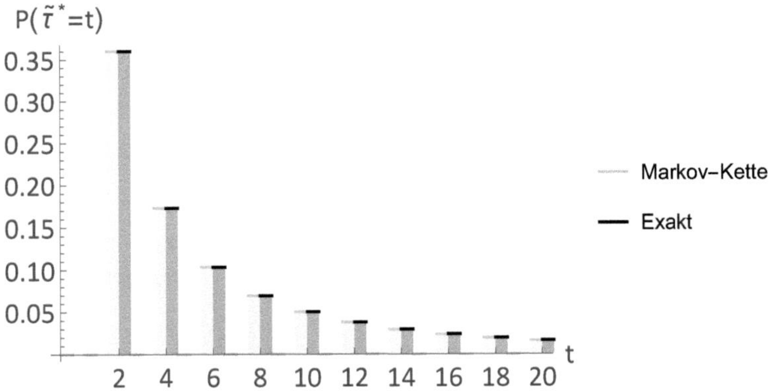

Abbildung 9.11: Vergleich der numerischen und exakten Lösung

Solange sich die zweite "absorbing barrier" - die Insolvenzschranke - nicht auswirken kann, entsprechen sich die Ergebnisse. Die Insolvenzschranke wirkt sich mindestens $2 \cdot I - v = 18$ Zeitpunkte nicht aus. Die Abweichungen in späteren Zeitpunkten bleiben moderat. Eine

Möglichkeit, die Ergebnisse zu verbessern, stellt die Verschiebung der Insolvenzschranke und damit Vergrößerung der Übergangsmatrix dar.

9.3.4 Verteilungsfunktion

Mit welcher Wahrscheinlichkeit der Verlustvortrag genutzt werden kann, also die Verlustvorträge vollständig verbraucht werden ohne auf die absorbing barrier zu treffen, kann mit der Differenzenrechnung oder den Markov-Ketten beantwortet werden.

9.3.4.1 Exakte Lösung

Das Problem ähnelt der Fragestellung des bekannten Problems des "Gamblers Ruins", bei welchem in seiner Standardform nach der Wahrscheinlichkeit des totalen Verlusts der eigenen Spieleinsätze gefragt wird, wenn beide Spieler einen gewissen Betrag einsetzen.[305] Wird eine der Barrieren (einer der Spieler hat kein Geld mehr) erreicht, ist das Spiel beendet. Bei beschriebenem Verhalten werden die Barrieren als absorbierend bezeichnet.[306]

Es ist bekannt, dass der Verlust mit der Wahrscheinlichkeit p um eine Einheit abnimmt oder mit der Wahrscheinlichkeit q um eine Einheit zunimmt. Die Wahrscheinlichkeit, dass der Verlustvortrag v vollständig genutzt werden kann ($F(v)$), setzt sich aus den bedingten Wahrscheinlichkeiten zusammen:

- der vollständigen Nutzung eines um eins verminderten Verlustvortrags $F(v-1)$ mit der Wahrscheinlichkeit p und
- der vollständigen Nutzung eines um eins erhöhten Verlustvortrags $F(v+1)$ mit der Wahrscheinlichkeit $q = 1 - p$.

Daher ergibt sich folgende homogene Differenzengleichung zweiter Ordnung:

$$F(v) = p \cdot F(v-1) + (1-p) \cdot F(v+1) \tag{9.32}$$

[305] Vgl. z. B. Feller (1968), S. 344.
[306] Eine anschauliche Erklärung findet sich z. B. in James (2003), S. 338.

Die allgemeine Lösung der Gleichung enthält genau zwei Konstanten (A, B) und ist:

$$F(v) = \left(\frac{p}{1-p}\right)^{v} A + B \tag{9.33}$$

Diese Konstanten sind durch zwei Randbedingungen bestimmt. Die erste Randbedingung ergibt sich, wenn man sich die totale Verlustverrechnungswahrscheinlichkeit für einen Verlust von 0 überlegt. An dieser Stelle sind eben genau alle Verluste verrechnet, d. h. die Verrechnung ist sicher:

$$F(0) = 1 \tag{9.34}$$

Die andere Randbedingung ergibt sich, wenn vorerst unterstellt wird, dass ein Unternehmen nur einen bestimmten Verlust a verdauen kann. Wird dieser überschritten, geht das Unternehmen insolvent und die Verlustvorträge können nicht mehr verrechnet werden.[307]

Nachfolgende Randbedingung verhindert die weitere Verrechnung:

$$F(a) = 0 \tag{9.35}$$

Dadurch können die Konstanten bestimmt und substituiert werden. Es ergibt sich folgende Lösung:

$$F(v, p, a) = \frac{\left(\frac{p}{1-p}\right)^{a} - \left(\frac{p}{1-p}\right)^{v}}{-1 + \left(\frac{p}{1-p}\right)^{a}} \tag{9.36}$$

Für obiges Beispiel (a=5,v=2,p=0,6) im Vorabschnitt ergibt sich: $\frac{\left(\frac{0,6}{0,4}\right)^{2} - \left(\frac{0,6}{0,4}\right)^{5}}{1 - \left(\frac{0,6}{0,4}\right)^{2}} = 0,810427.$

Entsprechen sich die Wahrscheinlichkeiten für eine Verringerung und eine Erhöhung der Verlustvorträge, also beträgt die Wahrscheinlichkeit $p = q = 0,5$, vereinfacht sich die Beziehung in 9.36 weiter:

307 Natürlich könnte an dieser Stelle argumentiert werden, dass die Verluste in einer anderen Form genutzt werden können, z. B. durch Verkauf (solange keine Mantelkaufregelungen dies verhindern). Darum geht es hier aber nicht, es wird nur eine weitere Verrechnung mit den Spielregeln der intertemporalen Verlustverrechnung ausgeschlossen.

$$F\left(v,\frac{1}{2},a\right)=\lim_{p\to 1/2}\frac{\left(\frac{p}{1-p}\right)^a-\left(\frac{p}{1-p}\right)^v}{-1+\left(\frac{p}{1-p}\right)^a}=1-\frac{v}{a} \tag{9.37}$$

In diesem Fall spielt die absolute Größe der Verlustvorträge keine Rolle. Relevant ist der relative Verlustvortragsbestand bezogen auf die maximal stemmbaren Verluste.[308] Die Wahrscheinlichkeit, ob Verluste überhaupt jemals verrechnet werden, darf also nicht isoliert anhand des Verlustbestandes beantwortet werden. Bei der Beantwortung müssen die Möglichkeiten, wie weit diese Bestandsgröße steigen könnte, mit einbezogen werden.

Dieser Sonderfall erscheint aber in der Realität wenig verlockend, denn selbst ein risikoneutraler Entscheider, der keine Risikokompensation verlangt, wäre indifferent, weil der Erwartungswert null beträgt:

$$E(V)=(a-v)\cdot(1-F(v,1/2,a))-v\cdot F(v,1/2,a)=0 \tag{9.38}$$

Interessant ist jedoch, dass der Erwartungswert unabhängig von den Ausprägungen von v und a ist und das Ergebnis für andere Werte als $p=0,5$ durch Anpassungen von v und a nicht zustande kommen kann.[309].

Ohne Insolvenzschranke ist die Verlustverrechnung sicher, solange $p>q$ gilt.

$$\lim_{a\to\infty}F(v,p,a)=\lim_{a\to\infty}\frac{\left(\frac{p}{1-p}\right)^a-\left(\frac{p}{1-p}\right)^v}{-1+\left(\frac{p}{1-p}\right)^a}=1 \tag{9.39}$$

Ist dagegen $q>p$, so kann nur ein Anteil der Verluste verrechnet werden und zwar:

$$\lim_{a\to\infty}F(v,p,a)=\lim_{a\to\infty}\frac{\left(\frac{p}{1-p}\right)^a-\left(\frac{p}{1-p}\right)^v}{-1+\left(\frac{p}{1-p}\right)^a}=\left(\frac{p}{1-p}\right)^v \tag{9.40}$$

[308] Diese prominente Erkenntnis aus der Random Walk-Forschung kann auf unterschiedlichste Weise hergeleitet werden; eine moderne und elegante Variante über Laplace Transformationen findet sich in Redner (2001), S. 45.

[309] Diese Aussage ist gleichwertig mit dem zentralen Ergebnis im Gamblers Ruins Spiel, dass ein faires Spiel immer fair ist und ein Unfaires unfair bleibt, vgl. Feller (1968), S. 346.

9.3.4.2 Numerische Lösung

Bei der Markov-Kette beschränkt die Insolvenzschranke die Dimension der Übergangsmatrizen. Wird die Insolvenzschranke weiter nach oben verschoben, hat dies Folgen:

1. Die Übergangsmatrix vergrößert sich.
2. Der Zeitraum für die Wahrscheinlichkeiten von $\tilde{\tau}^*$, für welchen die Insolvenzschranke keine Rolle spielt, verlängert sich.
3. Es treffen immer mehr Realisationen auf die "absorbing barrier" im Zustand eins und nicht im Zustand der Insolvenzschranke, d. h. es können immer mehr Verlustvorträge verbraucht werden, bevor das Unternehmen insolvent geht.

Dies ist intuitiv unmittelbar einsichtig: Je mehr Verluste ein Unternehmen verdauen kann, desto besser die Chancen einer erfolgreichen Verlustverrechnung.

Die Wahrscheinlichkeit, dass die Verluste verrechnet werden können bevor das Unternehmen insolvent geht, können im Markov-Ketten-Modell durch folgendes lineares Gleichungssystem und die Gegenwahrscheinlichkeit ermittelt werden,[310] wobei das Vorgehen sehr an die Überlegungen der analytischen Herleitung erinnert:

$$\begin{aligned} f_{15} &= q \cdot f_{25} + 0 \\ f_{25} &= q \cdot f_{35} + p \cdot f_{15} \\ &\vdots \\ f_{45} &= q + p \cdot f_{35} \end{aligned} \tag{9.41}$$

Die Wahrscheinlichkeit, dass der Zustand ausgehend von eins die Insolvenzschranke erreicht, ergibt sich:

- mit der Verlustwahrscheinlichkeit aus der Wahrscheinlichkeit, dass er vom zweiten Zustand zur Insolvenzschranke gelangt und
- mit der Gewinnwahrscheinlichkeit aus der Wahrscheinlichkeit, dass er vom null-ten Zustand die Insolvenzschranke erreicht.

[310] Vgl. Hastings (2010), S. 340.

Da dieser Zustand für Gleichung eins allerdings absorbierend ist, kann dies nicht vorkommen. Ähnlich die Argumentation bei der letzten Gleichung. Hier wird mit der Verlustwahrscheinlichkeit die Insolvenzschranke erreicht. Die Wahrscheinlichkeit des Erreichens, wenn sich Ausgangs- und Zielzustand entsprechen, beträgt 100 %.

Die Gesamtwahrscheinlichkeit, dass der Verlustvortrag verbraucht werden kann, ergibt sich durch:

$$f_{20} = 1 - f_{25} \tag{9.42}$$

Im Beispiel kann der Verlust mit einer Gesamtwahrscheinlichkeit von 0,810427 verbraucht werden. Der andere Anteil der Realisationen ist durch die Insolvenzschranke, die die Dimension der Übergangsmatrix bestimmt, beeinflusst. Existiert keine Insolvenzschranke, so ist aus der exakten Lösung bekannt, dass die Verrechnung sicher ist. Der Einsatz der numerischen Lösung für den Fall ohne Insolvenzschranke fordert zumindest eine genügend hohe Insolvenzschranke, damit die Ergebnisse nicht verzerrt werden.

9.3.5 Durchschnittliche Verrechnungsdauer

Die durchschnittliche Verrechnungsdauer im Modell kann analytisch hergeleitet werden. Sie stellt eine gut untersuchte empirische Kenngröße der Verlustvorträge dar und kann daher Rückschlüsse auf die empirische Plausibilität der Modellaussagen gewähren. Welche Modellparameter die durchschnittliche Verrechnungsdauer beeinflussen, ist daher von besonderem Interesse.

9.3.5.1 Exakte Lösung

Die erwartete Dauer der Verlustverrechnung lässt sich über Differenzengleichungen relativ unproblematisch ermitteln. Die Dauer der Verlustverrechnung verlängert sich um einen Zeitschritt Δt sofern der Verlustvortrag steigt oder fällt. Mit der Wahrscheinlichkeit p nimmt der Verlustvortrag durch Gewinne i. H. v. Δh ab. Werden Verluste realisiert, das ist mit der Gegenwahrscheinlichkeit q der Fall, steigen die Verlustvorträge um Δh in Δt:

$$D(v) = p \cdot (D(v - \Delta h) + \Delta t) + q \cdot (D(v + \Delta h) + \Delta t) \tag{9.43}$$

Bisher wird ein Zeitschritt je Zeiteinheit unterstellt und es können Gewinne oder Verluste in Höhe von eins realisiert werden. Die erwartete Dauer der Verlustverrechnung ist in diesem Fall bei einem Gewinn gleich der um eins erhöhten erwarteten Dauer der Verlustverrechnung des Vorschrittes mit nun einer Einheit Verlustvortrag weniger. Im Verlustfall erhöht sich ebenfalls die erwartete Dauer, allerdings ist nun eine Einheit mehr Verlustvortrag vorhanden. Mit den Parametern $\Delta h = 1$ und $\Delta t = 1$ gilt:

$$D(v) = p \cdot (D(v-1)+1) + q \cdot (D(v+1)+1) = p \cdot D(v-1) + q \cdot D(v+1) + 1 \quad (9.44)$$

Es handelt sich um eine inhomogene Differenzengleichung, deren allgemeine Lösung lautet:

$$\frac{1-p+2 \cdot p \cdot v - v}{(1-2 \cdot p)^2} + \left(\frac{p}{1-p}\right)^v \cdot A + B = 0 \quad (9.45)$$

Die unbestimmten Konstanten A und B können durch folgende Randbedingungen weiter festgelegt werden. Die erwartete Dauer der Verlustvortragsverrechnung im Fall, dass die Verlustvorträge bereits null sind, ist natürlich null.

$$D(0) = 0 \quad (9.46)$$

Ebenso gilt dies, wenn die Insolvenzschranke a erreicht wird, weil dann keine Verluste mehr verrechnet werden können. Der Insolvenzschranke a liegt der Gedanke zugrunde, dass ein Unternehmen nicht beliebig viele Verluste verdauen kann:

$$D(a) = 0 \quad (9.47)$$

Die erwartete Dauer der Verlustverrechnung ergibt für einen gegebenen Verlustbestand unter der Gewinnwahrscheinlichkeit p sowie der Insolvenzschranke a die partikuläre Lösung:

$$D(v,p,a) = \frac{a - a \cdot \left(\frac{p}{1-p}\right)^v - v \cdot \left(1 - \left(\frac{p}{1-p}\right)^a\right)}{(1-2p) \cdot \left(1 - \left(\frac{p}{1-p}\right)^a\right)} \quad (9.48)$$

Zwei Sonderfälle für die erwartete Dauer der Verlustverrechnung sind noch von besonderem Interesse. Für den Fall des *symmetrischen Random Walks* vereinfacht sich die Formel (9.48) zu:

$$D(v, \frac{1}{2}, a) = (a - v)v \tag{9.49}$$

Wird auf die *Insolvenzschranke (die zweite "absorbing barrier") verzichtet*, vereinfacht sich die Formel zu:

$$D(v, p, \infty) = \frac{v}{2p - 1} \tag{9.50}$$

Ohne Insolvenzschranke ist die erwartete Dauer der Verlustverrechnung ausschließlich durch die Verluste und die Gewinnwahrscheinlichkeit bestimmt.

9.3.5.2 Empirische Plausibilität

Nachfolgend ist die zu erwartende Dauer der Verlustverrechnung ohne Insolvenzschranke, die sich nach (9.50) ergibt, abgebildet.

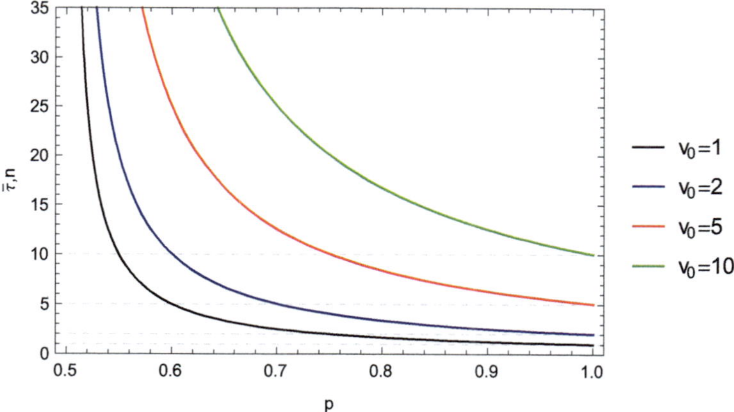

Abbildung 9.12: Zu erwartende Dauer der Verlustverrechnung in Abhängigkeit von der Gewinnwahrscheinlichkeit

Selbst geringe Verlustvortragsbestände brauchen bei hohen Gewinnwahrscheinlichkeiten längere Zeit, bis sie durchschnittlich verrechnet werden. Werden die Verlustvortragsbestände erhöht, erhöht sich die Verrechnungsdauer der Verlustvorträge schnell. Gravierender ist aber der Einfluss einer geringen Gewinnwahrscheinlichkeit, weil hier die Wahrscheinlichkeit von Zwischenverlusten steigt, die die Verrechnungsdauer verlängern.

Diese Zusammenhänge bestätigen auch empirische Studien. Cooper und Knittel (2006) finden für die amerikanischen Verlustvorträge heraus, dass zwischen Entstehung und Verrechnung große Abstände liegen können.[311] Nach zehn Jahren bleiben immerhin 10 bis 20 % der Verlustvorträge immer noch ungenutzt (exklusive derjenigen, die verfallen sind). Dwenger (2008) untersucht die deutschen Verlustvorträge und spricht hier sogar von einem Rätsel der ungenutzten Verlustvorträge;[312] vielleicht ist die träge Verlustverrechnung ein weiterer Erklärungsbaustein zur Lösung dieser Frage? Ramb (2006) stellt fest, dass insbesondere mittelgroße und große Unternehmen häufiger Verluste generieren und längere Zeit brauchen diese zu verrechnen.[313] Broer (2010) findet heraus, dass sich das Hauptverlustvortragsvolumen auf wenige Unternehmen konzentriert. Auch das deckt sich mit den Modellergebnissen, denn hat ein Unternehmen erst einmal Verlustvorträge, fällt es ihm schwerer diese wieder abzubauen.[314] Außerdem beschreibt Broer eine Branchenabhängigkeit der Ergebnisse.[315] Hier könnte der oben gefundene Zusammenhang, dass der Erwartungswert den durchschnittlichen Verrechnungszeitpunkt beeinflusst, einen Erklärungsbeitrag liefern, da sich riskantere Branchen ihr Risiko vergüten lassen. Den Einfluss dieser Parameter untersucht nachfolgender Abschnitt.

9.3.5.3 Einfluss wichtiger Parameter

Dank der bisher gefundenen Lösung können ein beliebiger Verlust im Betrachtungszeitpunkt oder bereits bestehende Verlustvorträge untersucht werden. Die Parameter Erwartungswert und Standardabweichung beeinflussen die Ergebnisse wie folgt:

- Der Erwartungswert, wenn ein Zeitschritt je Zeiteinheit angenommen wird, beträgt $\mu = \Delta h \cdot \frac{t}{\Delta t}(p - q) = \Delta h \cdot n \cdot (p - q) = 2 \cdot p - 1$.[316] Obige Untersuchung hat gezeigt, dass die Verlustverrechnungsdauer umso niedriger ist, je höher die Gewinn-

[311] Vgl. Cooper und Knittel (2006), S. 652.
[312] Vgl. Dwenger (2008), S. 8.
[313] Vgl. Ramb (2006), S. 14.
[314] Vgl. Broer (2010), S. 409.
[315] Vgl. Broer (2010), S. 409.
[316] Vgl. Feller (1968), S. 223 f.

wahrscheinlichkeit ist. Eine niedrigere Verlustverrechnungsdauer impliziert also eine höhere Gewinnwahrscheinlichkeit und einen höheren Erwartungswert.

- Eine veränderte Gewinnwahrscheinlichkeit hat aber nicht nur Auswirkungen auf den Erwartungswert, denn die Standardabweichung der Zufallsverteilung ist mit $\sigma = \sqrt{4 \cdot (\Delta h)^2 \cdot n \cdot p \cdot (1-p)} = 2 \cdot \Delta h \cdot \sqrt{n \cdot p \cdot (1-p)} = 2 \cdot \sqrt{p - p^2}$ vorgegeben.[317] Eine Erhöhung der Verlustwahrscheinlichkeit - solange $q < 0,5$ - kann auch als Erhöhung der Standardabweichung interpretiert werden. Analog zum Vorpunkt bedeutet eine niedrigere Verlustverrechnungsdauer eine höhere Gewinnwahrscheinlichkeit und eine höhere Standardabweichung.

Es kann noch keine eindeutige Aussage gemacht werden, ob ein höherer Erwartungswert oder eine höhere Standardabweichung zu einer Verkürzung der Verlustverrechnungsdauer führen.

Bisher entspricht ein Zeitschritt einer Zeiteinheit, im Folgenden werden kleinere Zeitschritte je Zeiteinheit zugelassen. Dadurch werden $n = t/\Delta t$ Schritte im Binomialmodell realisiert und:

- am Ende einer Zeiteinheit ist die "Realisation" nicht mehr auf einen einzigen Betrag determiniert.

- der Neuverlust bei einer Verrechnung mit einem Folgegewinn ist nicht zwingend betraglich identisch.

- eine weitere Variation des Erwartungswerts und der Standardabweichung ist möglich.

Nachfolgende Wahrscheinlichkeitsverteilung zeigt die Wahrscheinlichkeiten am Ende einer Zeiteinheit nach zehn Schritten bei einer Sprungweite von $\Delta h = 1/10$. Für diese Parameterkonstellation bleibt der Erwartungswert weiterhin $\mu = \Delta h \cdot n \cdot (p-q) = 2 \cdot p - 1$. Die Standardabweichung verringert sich allerdings, da $\sigma = 2 \cdot \Delta h \cdot \sqrt{n \cdot p \cdot (1-p)} = \frac{\sqrt{10}}{10} \cdot 2 \cdot \sqrt{n \cdot p \cdot (1-p)}$ gilt und $\frac{2 \cdot \sqrt{10}}{10} < 1$ ist.

[317] Vgl. Feller (1968), S. 227 f.

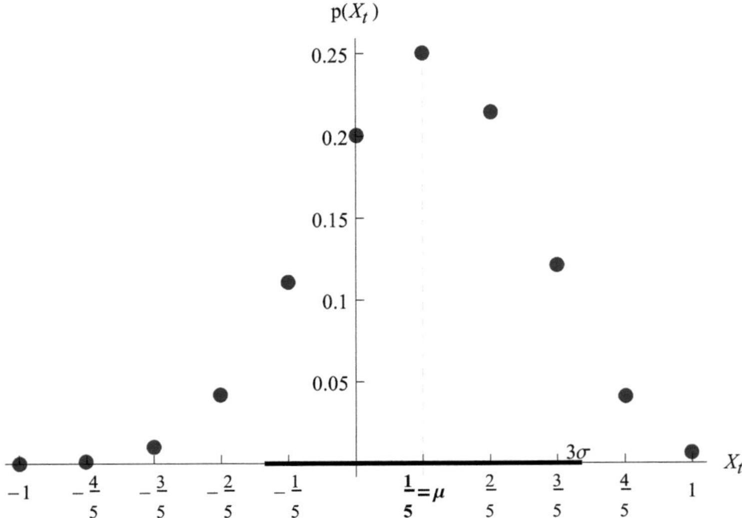

Abbildung 9.13: Gleichbleibender Erwartungswert bei Schrittvariation

Die partikuläre Lösung der Gleichung (9.43) ohne die Einschränkungen von (9.44) mit unveränderten Randbedingungen ist:

$$D(v, p, a, \Delta h, \Delta t) = \frac{a - a \cdot \left(\frac{p}{1-p}\right)^{v/\Delta h} - v \cdot \left(1 - \left(\frac{p}{1-p}\right)^{a/\Delta h}\right) \cdot \Delta t}{(1-2p) \cdot \left(1 - \left(\frac{p}{1-p}\right)^{a/\Delta h}\right) \cdot \Delta h} \tag{9.51}$$

Ohne Insolvenzschranke gilt:

$$D(v, p, \infty, \Delta h, \Delta t) = \frac{v \cdot \Delta t}{\Delta h \cdot (2p-1)} \tag{9.52}$$

Für oben abgebildete Wahrscheinlichkeitsverteilung, bei welcher sich der Erwartungswert nicht ändert, sehr wohl aber die Standardabweichung, ist offensichtlich, dass sich die Verrechnungsdauer nicht ändert, da sich die Ergebnisse der Beziehungen (9.52) mit $\Delta t = 1/10$ und $\Delta h = 1/10$ und (9.50) entsprechen. Dies lässt den Schluss zu, dass eine veränderte Standardabweichung keinen Einfluss auf die erwartete Dauer der Verlustverrechnung hat, ein veränderter Erwartungswert dagegen schon.

Werden die Zeitschritte immer weiter verkleinert, kann das bisher diskrete Random Walk-Modell in ein stetiges Modell übergeführt werden.[318] Es handelt sich dann um einen stochastischen Prozess in Form einer Brownschen Bewegung mit Drift:[319]

$$dx = \alpha \cdot dt + \sigma \cdot dz \tag{9.53}$$

wenn die Gewinnwahrscheinlichkeit mit $p = \frac{1}{2}\left(1 + \frac{\alpha}{2} \cdot \sqrt{\Delta t}\right)$ und die Sprungweite mit $\Delta h = \sigma \cdot \sqrt{\Delta t}$ vorgegeben werden. Einsetzen der zwei Vorgaben in die Gleichung (9.52) ergibt:

$$D(v, p, \infty) = \frac{v}{\alpha} \tag{9.54}$$

Die erwartete Dauer der Verlustverrechnung ist nur vom Neuverlust und von bestehenden Verlusten der Vorperiode sowie der Driftrate α der Brownschen Bewegung abhängig. Die Standardabweichung nimmt keinen Einfluss auf die Dauer der Verlustverrechnung.

9.3.6 Erweiterte Grenzteilsteuerfunktion

Es werden verschiedene Darstellungen der erweiterten Grenzteilsteuerfunktion, die sich hinsichtlich ihrer Eignung in verschiedenen Einsatzgebieten unterscheiden, hergeleitet und die Lösungen miteinander verglichen. Vorgestellt werden die exakte, numerische und approximative Lösung.

9.3.6.1 Exakte Lösung

Die Ermittlung der exakten Lösung ist für einen Neuverlust ohne Verlustvorträge einfach darstellbar, wenn der Zeitschritt und die Sprungweite auf eins normiert sind. Die Wahrscheinlichkeitsfunktion wurde für diesen Fall in Gleichung (9.24) bereits abgeleitet.

Der Erwartungswert des Diskontierungsfaktors ergibt sich, indem die Wahrscheinlichkeit, dass ein Verlust in einem bestimmten Zeitpunkt verrechnet werden kann, mit dem zugehörigen Diskontierungsfaktor multipliziert wird. Da eine erfolgreiche Verrechnung nur in ungeraden Zeitpunkten möglich ist, sind nur diese bei der Ermittlung zu berücksichtigen.

[318] Vgl. Herleitung in Cox und Miller (1965), S. 205 ff.
[319] Vgl. Dixit und Pindyck (1993), S. 68 und 65.

Für alle anderen Zeitpunkte resultiert eine Wahrscheinlichkeit von 0. Der Erwartungswert des Diskontierungsfaktors kann unter den Annahmen $0,5 \leq p \leq 1$ und $q \geq 1$ wie folgt vereinfacht werden.

Die erweitere Teilsteuerfunktion mit Verlustrealisation im Betrachtungszeitpunkt lautet daher:

$$\bar{T}^{+'}(-1,0) = \sum_{j=1}^{\infty} P(2j-1,p) \cdot \delta^{j-1} = \frac{1-\sqrt{1-4 \cdot p \cdot (1-p) \cdot \delta^2}}{2 \cdot (1-p) \cdot \delta} \tag{9.55}$$

Ebenso ist die exakte Lösung für beliebige Verluste, die hinsichtlich bestehender Verlustvorträge oder der wirtschaftlichen Bezugsgröße interpretiert werden können dank Gleichung (9.26) darstellbar, wenn der Zeitschritt und die Sprungweite weiterhin auf eins normiert bleiben:

$$\bar{T}^{+'}(x_t, v_{t-1}) \quad = \quad s \cdot \begin{cases} 1 & x_t > v_{t-1} \\ \bar{\delta} & sonst \end{cases} \tag{9.56}$$

mit

$$\begin{aligned} \bar{\delta}(p,v,\delta) \quad &= \quad \sum_{j=\frac{v+1}{2}}^{\infty} P(2j-1,p,v) \cdot \delta^{2j-1} \\ &= \quad p^v q^{-v} {}_2F_1\left(\frac{v}{2}, \frac{v+1}{2}; v+1; -4(p-1)p \cdot \delta^2\right) \end{aligned} \tag{9.57}$$

wenn $v = v_{t-1} - x_t$ gilt.

Bei der Funktion ${}_2F_1$ handelt es sich um die hypergeometrische Funktion, hier um den Spezialfall der Gaußschen hypergeometrischen Funktion.[320] Hypergeometrische Funktionen sind eine Lösung hypergeometrischer Differenzialgleichungen.[321] Obige hypergeome-

---

[320] Sie ist definiert durch ${}_2F_1(a,b;c;z) = \frac{\Gamma(c)}{\Gamma(a)\Gamma(b)} \sum_{n=0}^{\infty} \frac{\Gamma(a+n)\Gamma(b+n)}{\Gamma(c+n)} \frac{z^n}{n!}$, vgl. Oberhettinger (1972), S. 556.

[321] Vgl. Weisstein, Eric W. "Hypergeometric Function." From MathWorld–A Wolfram Web Resource. http://mathworld.wolfram.com/HypergeometricFunction.html.

trische Funktion kann durch nachfolgende quadratische Transformation in eine andere Form überführt werden,[322] da $c = 2b$ gilt:[323]

$$ {}_2F_1(a, b; c; z) = (1-z)^{-a/2}\, {}_2F_1(\frac{1}{2}a, b - \frac{1}{2}a, b + \frac{1}{2}, \frac{z^2}{4z-4}) \tag{9.58} $$

Damit ergibt sich mit weiteren Umstellungen:

$$ \begin{aligned} \bar{\delta}(p, v, q) &= p^v \delta^v \left(1 - 4(1-p)p\delta^2\right)^{-v/4} \\ &\cdot {}_2F_1(\frac{v}{4}, -\frac{v}{4} + \frac{1+v}{2}, \frac{1}{2} + \frac{1+v}{2}, \frac{16\,(p-1)^2 p^2 \delta^2}{-4 - 16(p-1)p\delta^2}) \\ &= p^v \delta^v 2^{v/2} \left(2\delta^2(p-1)p + \sqrt{4\delta^2(p-1)p+1} + 1\right)^{-\frac{v}{2}} \end{aligned} \tag{9.59} $$

Dieser Ausdruck ist analytisch gut greifbar und kann ohne weitere Probleme nach v abgeleitet werden. Die erste Ableitung ergibt:

$$ \begin{aligned} \partial_v \bar{\delta}(p, v, \delta) &= 2^{\frac{v}{2}-1} \left(-log\left(2\delta^2(p-1)p + \sqrt{4\delta^2(p-1)p+1} + 1\right) + 2log(\delta p) + log(2)\right) \cdot \\ &\quad (\delta p)^v \left(2\delta^2(p-1)p + \sqrt{4\delta^2(p-1)p+1} + 1\right)^{-\frac{v}{2}} \end{aligned} \tag{9.60} $$

Es gilt $\partial_v \bar{\delta}(p, v, q) \leq 0$, wenn folgende Beziehung gilt:

$$ 2\,log(\delta p) + log(2) \leq log\left(2\delta^2(p-1)p + \sqrt{4\delta^2(p-1)p+1} + 1\right) \tag{9.61} $$

Der Verlustvortrag bleibt nur einflusslos, wenn $\delta = 1 \wedge p \geq \frac{1}{2}$ gilt, was durch Einsetzen und Potenzieren zur natürlichen Basis unmittelbar ersichtlich ist.[324] Dies ist plausibel, denn ohne eine Diskontierung und weitere Beschränkung des Verlustvortrags kann dieser unter diesen Annahmen immer sicher verrechnet werden.

Mit identischen Überlegungen folgt für den Fall $0 < \delta < 1 \wedge p > 0$, dass der Wert des Verlustvortrags mit steigenden Verlustvorträgen abnimmt. Die zweite Ableitung ergibt:

---

[322] Vgl. Andrews, Askey und Roy (1999), S. 130.

[323] Eine Übersicht der Voraussetzungen findet sich unter http://dlmf.nist.gov/15.8#iii.

[324] NB: $e^{2log(p)+log(2)} = 2\,p^2$ und $e^{log\left(2(p-1)p+\sqrt{4(p-1)p+1}+1\right)} = 2(p-1)p + \sqrt{4(p-1)p+1} + 1$.

$$\partial_{v,v}\bar{\delta}(p,v,q) = 2^{\frac{v}{2}-2}\left(-log\left(2\delta^2(p-1)p+\sqrt{4\delta^2(p-1)p+1}+1\right)+2log(\delta p)+log(2)\right)^2 \cdot(\delta p)^v\left(2\delta^2(p-1)p+\sqrt{4\delta^2(p-1)p+1}+1\right)^{-\frac{v}{2}} \tag{9.62}$$

Die ersten und dritten Faktoren mit positiver Basis sind stets positiv, ebenso der zweite quadratische Faktor. Der vierte Faktor ist für $0 \leq p \leq 1$ und $0 \leq \delta \leq 1$ ebenfalls immer positiv.[325] Es ist damit allgemein nachgewiesen, dass die Grenzteilsteuerfunktion[326] in dem Bereich der Verlustverrechnung streng konvex ist, solange $0 < \delta < 1$ sichergestellt ist und zumindest konvex bleibt, falls $0 < \delta \leq 1$ gilt.

Auch der Erwartungswert der erweiterten Grenzteilsteuerfunktion bleibt konvex. Dass dies unter Unsicherheit keineswegs selbstverständlich ist, haben die Faltungsüberlegungen des Abschnitts 5.3.2 zur Ableitung des Erwartungsnutzeneinflusses durch die Besteuerung gezeigt.

Für das Asymmetriemaß nach (5.20) ergibt sich:

$$AA(v)=\frac{1}{2}\left(-log(2)-2\cdot log(p)-2\cdot log(\delta)+log\left(1+2\cdot(p-1)\cdot p\cdot\delta^2+\sqrt{1+4\cdot(p-1)\cdot p\cdot\delta^2}\right)\right) \tag{9.63}$$

Es hat die bemerkenswerte Eigenschaft, dass das lokale Asymmetriemaß global den gleichen Wert annimmt.

9.3.6.2 Numerische Lösung

Bei der Wirkungsexploration mithilfe der Grenzteilsteuerfunktionen mit Verlustverrechnung sind bestehende Verlustvorträge ein wichtiger Bestandteil.

Nachfolgende Tabelle berechnet die Wahrscheinlichkeitsverteilung der Zufallsgröße $\tilde{\tau}^*$ des Beispiels ($p = 0,6$, $I = 10$) für verschiedene bestehende Verlustvorträge mithilfe von Markov-Ketten nach (9.29), wobei maximal $\tau_{max} = 10$ Berechnungsschritte durchgeführt werden. Auf Grundlage der Wahrscheinlichkeitsverteilung lassen sich die Verteilungsfunktion und die erwartete Diskontierung ableiten.

[325] Auflösen nach δ ergibt $0 < p < 1 \land -\sqrt{-\frac{1}{4p^2-4p}} \leq \delta \leq \sqrt{-\frac{1}{4p^2-4p}}$, $\sqrt{-\frac{1}{4p^2-4p}} \geq 1$ für alle $0 < p < 1$ mit der Folge, dass für die relevanten Wertebereiche der Parameter der Ausdruck immer positiv ist.

[326] Eine Multiplikation mit dem Steuersatz ändert an der Eigenschaft nichts.

$v_{t-1}\backslash\tau^*$		1	2	3	4	5	6	7	8	9	10
(1)	0	0,6	0	0,144	0	0,069	0	0,042	0	0,028	0
(2)	1	0	0,36	0	0,173	0	0,104	0	0,070	0	0,050
(3)	2	0	0	0,216	0	0,156	0	0,112	0	0,084	0
(4)	3	0	0	0	0,13	0	0,124	0	0,105	0	0,084
(5)	4	0	0	0	0	0,078	0	0,093	0	0,0896	0
(6)	5	0	0	0	0	0	0,047	0	0,067	0	0,073
(7)	6	0	0	0	0	0	0	0,028	0	0,047	0
(8)	δ^{τ^*}	0,909	0,826	0,751	0,683	0,621	0,564	0,513	0,467	0,424	0,386

Tabelle 9.1: Numerische Ermittlung der Wahrscheinlichkeitsverteilung

$v_{t-1}\backslash\tau^*$		v	$F_{\tau_{max}}(v)$	$F_{\infty}(v)$	$\approx \bar{\delta}$	$\bar{\delta}$
(1)	0	1	0,8825	0,9912	0,7297	0,75
(2)	1	2	0,7563	0,9779	0,5259	0,5625
(3)	2	3	0,5671	0,9581	0,3517	0,4219
(4)	3	4	0,4445	0,9283	0,2407	0,3164
(5)	4	5	0,2607	0,8836	0,1342	0,2373
(6)	5	6	0,1864	0,8166	0,0857	0,1780
(7)	6	7	0,0750	0,716122	0,0343101	0,1335

Tabelle 9.2: Kennwerte der numerischen Wahrscheinlichkeitsverteilung

In der Tabelle sind die Wahrscheinlichkeiten $P(\tau^*)$ und die dazugehörigen bestehenden Verlustvorträge abgebildet. Die Summe einer Zeile gibt die Schätzung für die Verteilungsfunktion für einen bestimmten bestehenden Verlustvortrag an. Der Vergleich mit dem analytisch gefundenen Wert, für den $\tau^*_{max} \to \infty$ gilt, gibt Aufschluss über die Genauigkeit der Berechnung. Zum einen informiert er bezüglich der begrenzten Dimensionalität der Übergangsmatrix, da aus den Vorabschnitten bekannt ist, dass eine Verrechnung sicher ist. Insbesondere für höhere Verlustbestände sollte eine Erhöhung der Dimensionalität in Erwägung gezogen werden, wobei eine Vergrößerung die Berechnungszeit exponentiell anwachsen lässt. Zum anderen gibt die Abweichung zwischen $F_{\tau_{max}}$ und F_{∞} Aufschluss über den Einfluss der Berechnungsschrittzahl, die relativ Rechenzeit unaufwendig erhöht werden kann. Die niedrige Schrittzahl ist im Beispiel der Darstellung geschuldet.

Die gewichtete Summe mit den jeweiligen Diskontierungsfaktoren in Zeile 8 ergibt den Erwartungswert des Diskontierungsfaktors für einen bestimmten bestehenden Verlust. Nachstehende Tabelle fasst die Ergebnisse zusammen.

Eine Erhöhung der Berechnungsschrittanzahl auf $\tau_{max} = 100$ würde für Zeile 7 beispielsweise eine deutlich bessere Schätzung i. H. v. 0,11473 liefern. Eine Erhöhung der Dimension der Übergangsmatrix auf $I = 30$, die hinsichtlich des Rechenaufwands immer noch sehr unproblematisch ist, 0,1335.

Nachstehende Abbildung zeigt die Wahrscheinlichkeitsverteilung für verschiedene bestehende Verlustvorträge, wobei bei der Berechnung eine Übergangsmatrix mit hoher Dimension ($I = 30$) angenommen wurde.

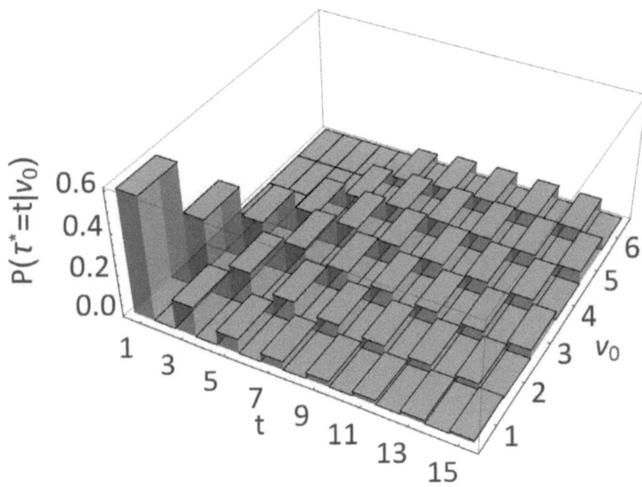

Abbildung 9.14: Auswirkungen bestehender Verlustvorträge auf die Wahrscheinlichkeitsverteilung der First-Hitting-Time

Die bestehenden Verlustvorträge verschieben den Zeitpunkt, ab dem eine erstmalige Verrechnung möglich ist und verringern für die niedrigen Zeitpunkte die Wahrscheinlichkeit der erfolgreichen Verrechnung. Später kehrt sich der Effekt um, weil durch bestehende Verlustvorträge noch mehr Realisationen nicht verrechnet werden konnten. Werden die Wahrscheinlichkeiten mit ihren Diskontierungsfaktoren gewichtet um die erwartete Diskontierung zu ermitteln, haben die bestehenden Verlustvorträge einen Einfluss auf die optimale Wahl des Zeithorizonts für eine gute Schätzung.

Die erweiterte Grenzteilsteuerfunktion ist:

$$T^{+'}(x_t, v_{t-1}) = \begin{cases} 1 & x_t \geq v_{t-1} \\ \bar{\delta}(v_{t-1}) & sonst \end{cases} \tag{9.64}$$

Der Wert für $\bar{\delta}(v_{t-1})$ kann für das Beispiel aus Tab. 9.2 entnommen werden.

9.3.6.3 Approximative Lösung

Die Angabe der Grenzteilsteuerfunktion für Verlustvorträge kann, wie oben ausgeführt, auf die Bestimmung der Wahrscheinlichkeitsverteilung der Verrechnungszeitpunkte reduziert werden (vgl. 9.19).

Eine idealisierte Darstellung der erweiterten Grenzteilsteuerfunktion kann über eine lineare Approximation gefunden werden. Wenn die durchschnittliche Verrechnungsdauer bekannt ist, kann eine Schätzung des Erwartungswerts der erweiterten Grenzteilsteuerfunktion für $x_t < v_{t-1}$ angeben werden:

$$E(T^{+'}(\tilde{x}_t)) = s \cdot \sum_{\tau^*=t}^{\infty} p(\tau^*) \cdot \delta^{\tau^*} \approx s \cdot \delta^{\sum_{\tau^*=t}^{\infty} p(\tau^*) \cdot \tau^*} \tag{9.65}$$

Die Schätzung vereinfacht die Findung der erweiterten Teilsteuerfunktion in der Art, dass nicht mehr die Wahrscheinlichkeitsverteilung der einzelnen Verrechnungszeitpunkte bekannt sein muss, sondern der durchschnittliche Verrechnungszeitpunkt zur Angabe der erweiterten Teilsteuerfunktion genügt. Allerdings ist der Einsatz der linearen Approximation nur sinnvoll, wenn ihre Güte zufriedenstellend ist und sie wichtige Eigenschaften der exakten erweiterten Teilsteuerfunktion weiterhin gut abbildet.

Die erweiterte Teilsteuerfunktion ist von den Verlustvorträgen der Vorperiode und der wirtschaftlichen Bezugsgröße des Betrachtungszeitpunkts abhängig. Verluste, die den Wert der erweiterten Teilsteuerfunktion beeinflussen, können aus den Verlustvorträgen der Vorperiode oder der wirtschaftlichen Bezugsgröße der Betrachtungsperiode stammen $v = v_{t-1} - x_t$.

Die lineare Approximation in (9.65) kann durch die gefundenen Lösungen für die durchschnittliche Verrechnungsdauer angegeben werden:

$$\begin{aligned} E(T'(\tilde{x}_t, v_{t-1})) &= s \cdot \begin{cases} 1 & x_t - v_{t-1} \geq 0 \\ \delta^{\frac{v_{t-1}-x_t}{2p-1}} & sonst \end{cases} \\ &\approx s \cdot \begin{cases} 1 & x_t - v_{t-1} \geq 0 \\ e^{-i \cdot \frac{(v_{t-1}-x_t)}{2p-1}} & Sonst \end{cases} \end{aligned} \tag{9.66}$$

Bestehen Verluste oder wird ein Neuverlust im Betrachtungszeitpunkt realisiert, ist der Erwartungswert der idealisierten erweiterten Grenzteilsteuerfunktion von den beiden abhängig sofern $x_t < v_{t-1}$. Eine alternative Darstellung wäre über die stetige Verzinsung möglich.

Abbildung 9.15 zeigt den gefundenen Erwartungswert der erweiterten Grenzteilsteuerfunktion.

Je höher die bestehenden Verlustvorträge und Neuverluste sind, desto niedriger ist die erwartete erweiterte Grenzteilsteuerfunktion. Mit zunehmenden Verlusten fällt die Funktion degressiv. Die Besteuerung hat unter Unsicherheit eine globale Asymmetrieachse. Diese wird von den bestehenden Verlusten nach rechts verschoben. Für diese Achse ist die Besteuerung global asymmetrisch.

Die gefundene Grenzteilsteuerfunktion unterscheidet sich in keiner wichtigen Eigenschaft zu jener unter Sicherheit in (8.54). Die Grenzteilsteuerfunktion nimmt bis zum nominellen Steuersatz zu.

Der Bereichsbeginn des maximalen Steuersatzes ist von den vorhandenen Verlustvorträgen abhängig. Bestehen Verlustvorträge, liegt er im positiven Wertebereich der wirtschaftlichen Bezugsgröße. Existieren keine Verlustvorträge, so beginnt dieser Bereich bei 0.

Im Bereich der Zunahme ist die Funktion konvex. Während bei der Variante unter Sicherheit die Zunahme treppenförmig (diskret) verläuft und wegen der Unstetigkeitsstellen (bei den Treppensprüngen) auf die allgemeine Konvexitätsdefinition zurückgegriffen werden muss, nimmt sie im Fall unter Unsicherheit stetig zu und es konnte mithilfe der funktionalen Konvexitätsdefinition gezeigt werden, dass sie in diesem Bereich streng konvex ist.

Das Asymmetriemaß für die Approximation im Bereich $x_t < v_{t-1}$ in der stetigen Variante ergibt:

$$AA(v) = \frac{i}{2p-1} \tag{9.67}$$

Und zeigt damit, wie die exakte Lösung, eine Unabhängigkeit zur Verlusthöhe. Das Asymmetriemaß ist stets positiv für $p > 0,5$.

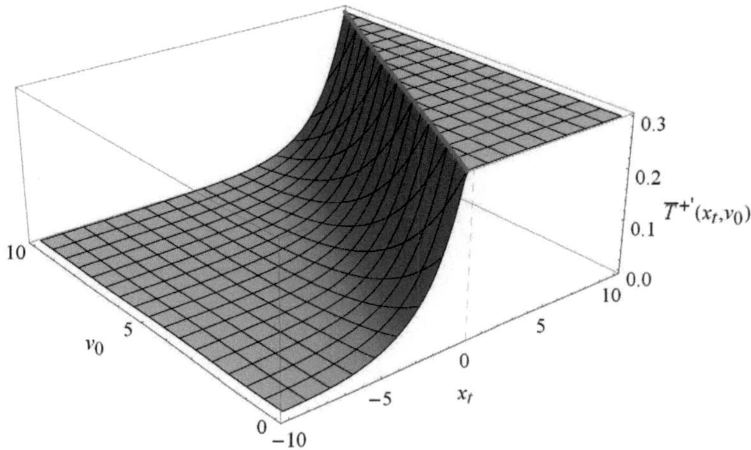

(a) in Abhängigkeit von bestehenden Verlusten und Neuverlusten

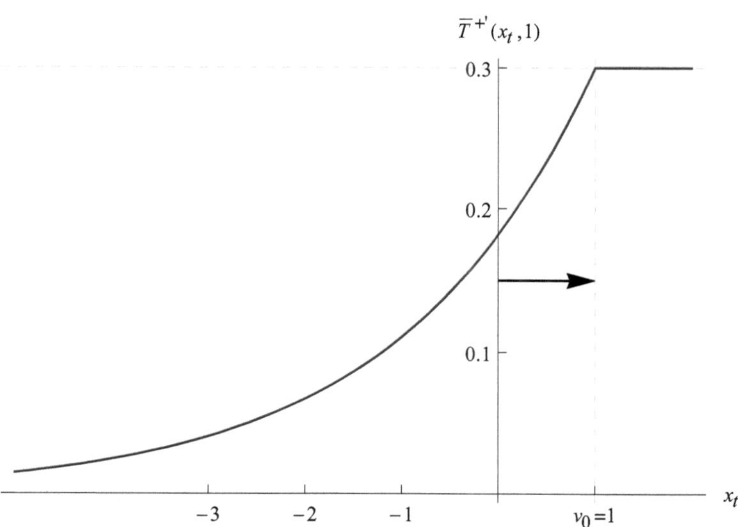

(b) in Abhängigkeit von Neuverlusten bei bestehenden Verlusten $v_0 = 1$

Abbildung 9.15: Erwartete erweiterte Grenzteilsteuerfunktion

9.3.6.4 Vergleich der Lösungen

Für den Fall ohne Verlustvorträge vergleicht folgendes Diagramm die Approximation des Erwartungswerts des Diskontierungsfaktors mit der exakten Lösung für die Parameter: $\Delta t = 1$, $\Delta h = 1$, $v_0 = 0$.

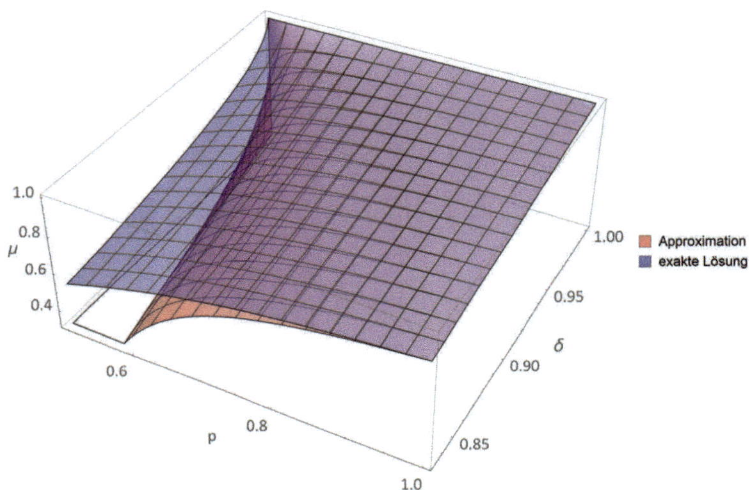

Abbildung 9.16: Vergleich der Approximation mit der exakten Lösung

Die Näherung ist für hohe Gewinnwahrscheinlichkeiten sehr gut. Allerdings weichen die Ergebnisse der beiden Lösungen für Gewinnwahrscheinlichkeiten nahe 0,5 sehr stark voneinander ab. Erhöhen sich die Gewinnwahrscheinlichkeiten leicht, unterscheiden sich der Näherungs- und der exakte Wert nur noch wenig.

Nachstehendes Diagramm stellt die Näherungslösung der exakten Lösung bei unterschiedlichen Wahrscheinlichkeiten mit bestehenden Verlustvorträgen gegenüber. Dabei werden die Parameter $\Delta t = 1$, $\Delta h = 1$ und $v_0 = 0$ angenommen.

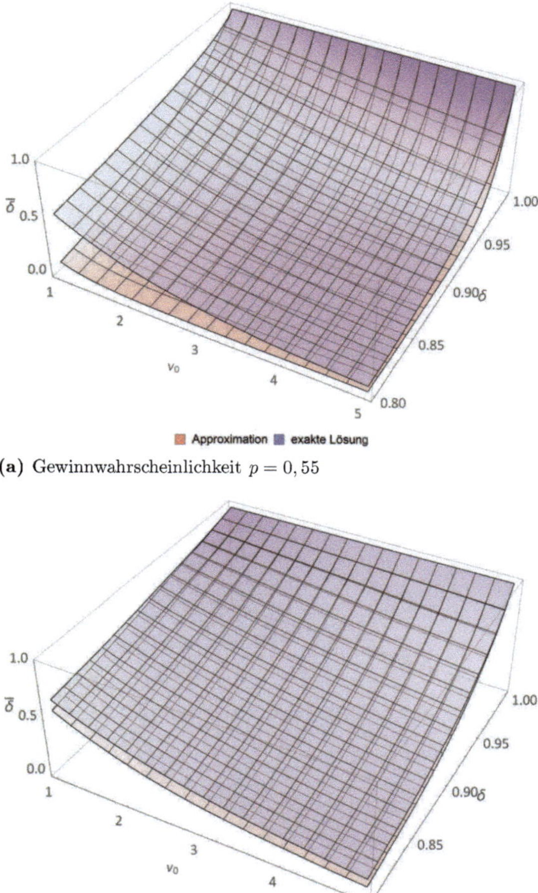

(a) Gewinnwahrscheinlichkeit $p = 0,55$

(b) Gewinnwahrscheinlichkeit $p = 0,7$

Abbildung 9.17: Vergleich der approximierten mit der exakten Lösung

Für Wahrscheinlichkeiten nahe der Gewinnwahrscheinlichkeit $0,5$ verliert die Näherung abermals ihre Güte. Allerdings zeigt sie für größere Wahrscheinlichkeiten eine gute Übereinstimmung mit der exakten Lösung, unabhängig vom Bestand der Verlustvorträge im Betrachtungszeitpunkt. Je höher der Verlustvortragsbestand im Betrachtungszeitpunkt ist, desto besser scheint die Näherungslösung mit der exakten Lösung übereinzustimmen. Die Näherung unterschätzt den exakten Erwartungswert der Diskontierungsfaktoren.

Nachfolgend ist der berechnete erwartete Diskontierungsfaktor mit einer Gewinnwahrscheinlichkeit $p = 0,6$ und einem Verlustvortrag $v_0 = 2$ mithilfe von Markov-Ketten abgebildet. Dabei wurde der Erwartungswert auf T Perioden beschränkt.

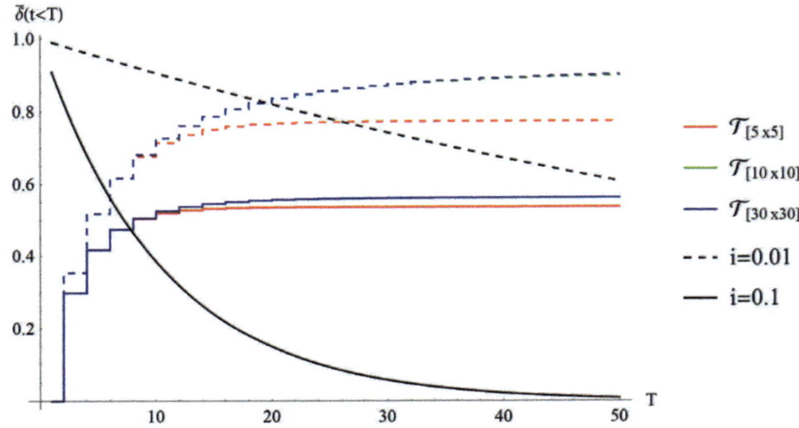

Abbildung 9.18: Vergleich der numerischen mit der exakten Lösung

Die Farben drücken die Dimension der Übergangsmatrix der Markov-Kette, die dabei angenommen wurde, aus. Bei den durchgezogenen Linien wird ein Zinssatz von $i = 10\,\%$ bei der Diskontierung unterstellt, die gestrichelten Graphen zeigen die Variante mit einem Zinssatz von $i = 1\,\%$ und die schwarzen Linien die sichere Diskontierung für beide Zinssätze im Zeitablauf.

Das Diagramm macht mehrere Implikationen der verschiedenen Übergangsmatrizen deutlich:

- Für kleine Zinssätze ist der Einfluss des Diskontierungsfaktors nahezu linear (schwarze Linie, gestrichelt), in diesen Fällen kann die Näherungslösung sehr gute Ergebnisse liefern.
- Je kleiner der Diskontierungszinssatz ist, desto höher ist der erwartete Diskontierungsfaktor (vgl. durchgezogene und gepunktete Linien). Für einen Zinssatz von null

ergäbe sich eins. Wenn $i = 0$ gilt, bedeutet dies, dass die Wahrscheinlichkeiten der First-Hitting-Time nicht gewichtet werden und die erwartete Diskontierung dann die totale Verlustverrechnungswahrscheinlichkeit angibt. Die allgemeine Herleitung in (9.25) hat bereits gezeigt, dass der Verlust auf jeden Fall irgendwann verrechnet wird.

- Der Einfluss der Insolvenzschranke macht sich insbesondere bei kleinen Übergangsmatrizen bemerkbar. Zwar hat die Schranke in den ersten Zeitpunkten keinen Einfluss (vgl. Abb. 9.11), später saugt die Insolvenzschranke allerdings Realisationen weg, für welche der Verlustvortrag nicht mehr verbraucht werden kann.

- In die allgemeinen Ansätze ist die Implementierung einer Insolvenzschranke unproblematisch, so auch bei der Markov-Kette. Sie verringert bei Letzterer den Rechenaufwand, weil die Insolvenzschranke die Dimension der Übergangsmatrix determiniert und die Übergangsmatrix klein bleiben kann, ohne die Ergebnisse zu verfälschen.

- Eine zeitliche Lebensdauer der Unternehmen kann analytisch nicht operationalisiert werden. Bei Markov-Ketten kann sie ohne Probleme implementiert werden, denn sie gibt die Anzahl der Zeitpunkte vor (T), die in die Bestimmung des Erwartungswerts des Diskontierungsfaktors eingehen.

- Mit Markov-Ketten kann bereits nach wenigen Zeitpunkten der Erwartungswert der Diskontierung abgeschätzt werden. Auf die Schätzgüte haben insbesondere Einfluss:

  - der Diskontierungszinssatz (vgl. durchgezogene und gepunktete Linien).

  - die Dimension der Übergangsmatrix wegen der Insolvenzschranke. Allerdings sind die Unterschiede zwischen einer 10x10 und 30x30 Übergangsmatrix vernachlässigbar, was durch den immer geringeren Anteil der Realisationen, der durch die Insolvenzschranke beeinflusst wird, erklärt werden kann.

  - die Überlebensdauer des Unternehmens. Für einen Wert von 10 zeigen sich bereits gute Schätzwerte für den erwarteten Diskontierungssatz, wenn ein Zinssatz von $i = 10\,\%$ angenommen wird.

In beiden Fällen zeigt die Näherung ein gutes Verhalten für größere Gewinnwahrscheinlichkeiten und für Gewinnwahrscheinlichkeiten nahe 0,5 weicht sie stark von der exakten Lösung ab. Mögliche Gründe für diese Abweichung sind:

- Wie bei der Herleitung des symmetrischen Random Walks in Gleichung (9.23) erläutert wurde, strebt der Erwartungswert der Dauer der Verlustverrechnung gegen unendlich. Im nahen Bereich um $p \to 0,5$ zeigt die Wahrscheinlichkeit der totalen Verlustverrechnung Unregelmäßigkeiten, wie die Beziehung (9.25) gezeigt hat.

- Für den asymmetrischen Random Walk nahe dem symmetrischen Random Walk fallen beim Erwartungswert der Diskontierungsfaktoren vor allem die frühen Verrechnungszeitpunkte stark ins Gewicht, weil spätere mit einem sehr niedrigen Diskontierungsfaktor gewichtet werden und genau in diesen Fällen schnell sehr hohe Verrechnungszeitpunkte erreicht werden.

- Da die Lösung in diesen Fällen sehr von den frühen Verrechnungszeitpunkten abhängt, wirken sich Unschärfen durch die diskrete Verzinsung stark aus.

Für die Näherungslösung mit stetiger Verzinsung ergibt sich die allgemein bekannte Beziehung:

$$\bar{\delta}^*(p,i,v) = \lim_{n\to\infty} \left(\frac{1}{1+i/n}\right)^{n\cdot\frac{v}{2p-1}} = e^{-i\cdot\frac{v}{2p-1}} \tag{9.68}$$

Die stetige Verzinsung wird durch den Zinssatz und Zeitpunkt - nichts anderes ist ja der durchschnittliche Verrechnungszeitpunkt der Verlustverrechnung - bestimmt. Für die exakte Lösung bei stetiger Verzinsung und eine sehr kleine Schrittweite zeigt sich, dass sie der Näherungslösung entspricht.

$$\begin{aligned}
\bar{\delta}(p,v,\delta) &= \lim_{n\to\infty} \sum_{\tau=\frac{v\cdot n+1}{2}}^{\infty} P(2\tau-1,p,v\cdot n)\cdot\left(\frac{1}{1+i/n}\right)^{2\tau-1} \qquad (9.69)\\
&= \lim_{n\to\infty} \sum_{\tau=\frac{v\cdot n+1}{2}}^{\infty} \frac{(1+v)}{\tau_1}\binom{\tau_1}{\frac{\tau_1+v+1}{2}}(1-p)^{\frac{\tau_1-v-1}{2}}p^{\frac{\tau_1+v+1}{2}}\left(\frac{1}{1+i/n}\right)^{2\tau-1}\\
&= e^{-i\cdot\frac{v}{2p-1}}
\end{aligned}$$

Die Näherungslösung ist in diesem Fall damit die exakte Lösung, weil die Standardabweichung keinen Einfluss auf den Verrechnungszeitpunkt hat. Damit gelingt der Vergleich zum Verrechnungszeitpunkt unter Sicherheit.

Auch wenn die Näherungslösung nur unter bestimmten Annahmen gute Ergebnisse liefert, bildet sie jedoch alle wichtigen Eigenschaften des Funktionals ab. Die Näherungslösung hat ihren Charme auf der einen Seite in ihren identischen Eigenschaften zur exakten Lösung und auf der anderen Seite in ihrer einfachen analytischen Fassbarkeit. Insbesondere bei analytischen Modelluntersuchungen bietet sich ihr Einsatz daher an.

Bei Untersuchungen mit Gewinnwahrscheinlichkeiten nahe bei 0,5, bei welchen quantitative Ergebnisse von Interesse sind, sollte auf die exakte Lösung zurückgegriffen werden.

Die Markov-Ketten liefern exakte Ergebnisse für numerische Beispiele. Eine analytische Handhabung, um allgemeine Ergebnisse zu finden, ist allerdings nicht möglich.

Die Analyse mithilfe der Markov-Ketten hat, verglichen mit den anderen numerischen Verfahren, den Vorteil, dass die Ergebnisse berechnet werden können und nicht im Rahmen einer stochastischen Simulation geschätzt oder angenähert werden müssen.

Die Berechnung kann sich in zwei Punkten als vordergründig problematisch erweisen:

- Zum einen nehmen die Zustände, die eine Markov-Kette einnehmen kann, über große Zeiträume zu, sofern die Markov-Kette nicht beschränkt ist. Es ist unmittelbar einsichtig, dass eine Markov-Kette mit der unbeschränkten Möglichkeit der Zustandszunahme bei Untersuchungen über längere Zeiträume Probleme bereitet, weil sich die Übergangsmatrizen exponentiell aufblähen, auch wenn sie weiterhin gut lösbar bleiben. Einen Ausweg stellt die Einführung einer "absorbing barrier" dar, die die annehmbaren Zustände begrenzt, allerdings müssen die Auswirkungen auf den Untersuchungsgegenstand im Auge behalten werden. Die Möglichkeit eine Grenzwertbetrachtung der zweiten "absorbing barrier" - wie bei den allgemeinen Herleitungen - ist im Fall der Markov-Ketten nur in Grenzen möglich.

- Zum anderen ist die Berechnung der Wahrscheinlichkeitsverteilung der First-Hitting-Time umso rechenaufwendiger, je länger der betrachtete Zeitraum ist. Da die Zeitpunkte in die Grenzteilsteuerfunktion diskontiert eingehen, sind die bald folgenden Zeitpunkte von besonderem Interesse, weil diese sich gewichtig im Untersuchungsobjekt niederschlagen. Die Implementierung der Diskontierung bereitet keine weiteren Schwierigkeiten. Auf die Abbildung eines sehr großen Zeitraums kann in der Regel daher verzichtet werden.

Die Einschränkungen sind verkraftbar. Die Ermittlung des durchschnittlichen Verrechnungszeitpunkts, kann mit ihnen zwar mit Markov-Ketten nur suboptimal umgesetzt werden, für diese Probleme konnten allgemeine Lösungen angegeben werden. Insgesamt ist der Untersuchungsansatz mit Markov-Ketten höchst flexibel und wird sich bei den Beschränkungen der Verlustverrechnung als sinnvolle Ergänzung zu den allgemeinen Ergebnissen erweisen. Die Zahlenbeispiele geben weitere Aufschlüsse bezüglich des Einflusses der Beschränkungen auf die Grenzteilsteuerfunktion.

9.3.7 Relative Kompensationsbeschränkung

Mit den obigen Werkzeugen lassen sich die Auswirkungen der relativen betraglichen Beschränkungen auf die Verlustvortrags-Verrechnung untersuchen. Nachfolgend wird der Einfluss der relativen betraglichen Beschränkungen auf:

- den Erwartungswert der Verlustverrechnungszeitpunkte und
- die Wahrscheinlichkeitsverteilung dieser Zeitpunkte

untersucht und anhand der gefundenen Ergebnisse werden die Auswirkungen auf die Grenzteilsteuerfunktionen diskutiert.

9.3.7.1 Wahrscheinlichkeitsverteilung

Eine Ermittlung der Wahrscheinlichkeitsverteilung über Markov-Ketten kann die Funktionsweise der relativen Kompensationsbeschränkung beleuchten.

Durch eine Umdefinition der Zustände der Markov-Kette kann auch eine Verlustverrechnung mit einer relativen betraglichen Beschränkung implementiert werden. Das Vorgehen wird für den Fall einer relativen betraglichen Beschränkung von $l = 0,5$ am Beispiel erläutert. Der erste und der letzte Zustand bleiben unverändert erhalten. Zwischen allen Zuständen wird jeweils ein weiterer Zustand eingeführt, der eine halbe Verlustvortragseinheit repräsentiert. Die Übergangsmatrix lautet:

$$\underline{T} = \begin{pmatrix} 1 & 0 & \cdots & & & & \\ 0,6 & 0 & 0 & 0,4 & 0 & \cdots & \\ 0 & 0,6 & 0 & 0 & 0,4 & 0 & \cdots \\ 0 & \cdots & \ddots & \ddots & \ddots & \ddots & \ddots \\ 0 & \cdots & & 0,6 & 0 & 0 & 0,4 \\ 0 & \cdots & & & & & 1 \end{pmatrix} \tag{9.70}$$

Der zweite Zustand repräsentiert einen halben Verlustvortrag. Im Gewinnfall kann genau dieser verrechnet werden. Im Verlustfall erhöht sich der Verlustvortrag aber nicht spiegelbildlich um den halben, sondern um einen ganzen Verlustvortrag, d. h. nicht der dritte Zustand, sondern der vierte wird in diesem Fall mit der Verlustwahrscheinlichkeit erreicht. Die Wahrscheinlichkeitsverteilung der First-Hitting-Time bei unbeschränkter und bei relativ betraglich beschränkter Verlustverrechnung stellt nachfolgendes Diagramm gegenüber.

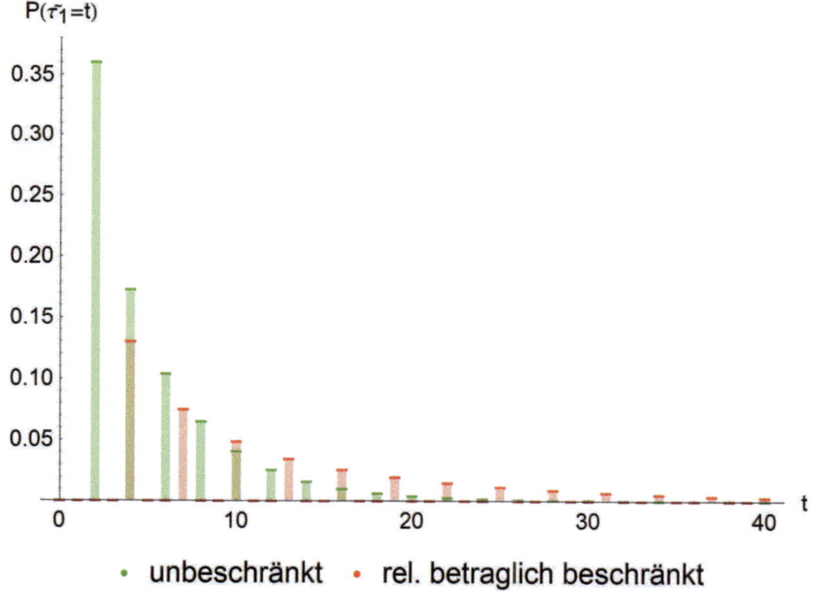

Abbildung 9.19: Wahrscheinlichkeitsverteilung der First-Hitting-Time ohne und mit betraglicher Beschränkung

Die relativ betraglich beschränkte Verlustverrechnung verzögert die Verlustverrechnung und damit den Verbrauch der Verlustvorträge, da nur noch die Hälfte der Gewinne mit Verlusten verrechenbar ist. Die zwei bestehenden Verlustvorträge des Beispiels sind nun nicht mehr frühestens nach zwei Perioden verbraucht, sondern erst nach vier Zeiteinheiten. Dies deckt sich mit der Intuition, wie der relative kompensationsbeschränkte Verlustvortrag funktioniert.

Ein Zwischenverlust führt dazu, dass zwei weitere Perioden für die Verrechnung gebraucht werden, mit der Folge, dass die nächste Möglichkeit des vollständigen Verbrauchs der

Verlustvorträge drei Perioden (und nicht zwei wie bei der unbeschränkten Verlustverrechnung) später besteht. Die Wahrscheinlichkeiten des vollständigen Verbrauchs in einem Zeitpunkt sind anfangs geringer als im unbeschränkten Fall, da durch die verzögerte Verlustverrechnung mehr Zwischenverluste möglich sind, die prioritär verrechnet werden. Später überwiegt der Effekt, dass im beschränkten Fall weniger Verlustvorträge bereits voll verrechnet sind und noch zur Verrechnung zur Verfügung stehen. Auch die Zwischenverluste sind von der verzögerten Verrechnung durch die relative Kompensationsbeschränkung getroffen. Zu späteren Zeitpunkten steigt die Verrechnungswahrscheinlichkeit in der beschränkten Variante über jene der ohne Beschränkung, da bei Letzterer die Verlustvorträge bereits verrechnet sind.

Mit der Frage, ob und unter welchen Bedingungen die Verlustvorträge überhaupt noch sicher verrechenbar sind, beschäftigt sich der Folgeabschnitt.

9.3.7.2 Verteilungsfunktion

Die Verteilungsfunktion der Verlustverrechnung mit relativer Kompensationsbeschränkung kann über Differenzengleichungen hergeleitet werden. Bei der Abbildung der Beschränkung in der Differenzengleichung stehen verschiedene Möglichkeiten offen, die diskutiert werden müssen.

1. Die naheliegende Modifikation der Ausgangsgleichung, dass die Symmetrie der Sprungweite Δh im Verlust- und Gewinnfall aufgehoben wird und bei Verlusten nur noch ein Sprung in Höhe von $l \cdot \Delta h$ möglich ist, scheidet aus technischen Gründen aus, weil die Differenzengleichungen dadurch nur noch schwer oder nicht lösbar sind.

2. Eine Berücksichtigung im Zeitschritt im Verlustfall $\Delta t/l$, der mit der Argumentation einer verzögerten Verlustverrechnung konform gehen würde, berücksichtigt mögliche Zwischenverluste nach Δt nicht. Die Betrachtung mit den Markov-Ketten hat aber gezeigt, dass diese sehr wohl auch getroffen sind.

3. Die Beschränkung kann in der Wahrscheinlichkeit berücksichtigt werden. Da bei der relativen Kompensationsbeschränkung ausschließlich die Verrechnung im Gewinnfall beeinflusst ist, kann die Berücksichtigung durch Modifikation der Gewinnwahrscheinlichkeit in der Form $l \cdot p$ erfolgen. Dadurch würden sich Gewinn- und Verlustwahrscheinlichkeit allerdings nicht mehr auf eins addieren. Das Schicksal des verbleibenden Rests $p \cdot (1 - l)$ muss diskutiert werden. Er repräsentiert den Anteil der Verlustverrechnung, der durch die betragliche Beschränkung verhindert worden

ist. Auf diesem Pfad bleibt der Verlustvortrag unverändert. Der Erwartungswert der Veränderung der drei Möglichkeiten entspricht demjenigen, der bei einer direkten Berücksichtigung in der Sprungweite folgen würde, denn es gilt $p \cdot (l \cdot \Delta h) + q \cdot \Delta h = (p \cdot l) \cdot \Delta h + p \cdot (1-l) \cdot 0 + q \cdot \Delta h$. Durch diese Anpassung wird die Berücksichtigung von möglichen Zwischenverlusten nicht verhindert, weil der Zeitschritt Δt bleibt.

Die Differenzengleichung für die Verteilungsfunktion hat mit den Parametern $\Delta h = 1$ und $\Delta t = 1$ damit folgende Form:

$$F(v) = (1-l) \cdot p \cdot F(v-1) + l \cdot p \cdot F(v) + (1-p) \cdot F(v+1) \tag{9.71}$$

Mit den bereits besprochenen Randbedingungen (9.46) und (9.47) ergibt sich als Lösung:

$$F(v,p,a) = \frac{\left(\frac{(1-l)\cdot p}{1-p}\right)^a - \left(\frac{(1-l)\cdot p}{1-p}\right)^v}{\left(\frac{(1-l)\cdot p}{1-p}\right)^a - 1} \tag{9.72}$$

Es ist leicht ersichtlich, dass eine sichere Verrechnung der Verluste nur unter der Bedingung $p > \frac{0,5}{(1-l)}$ gewährleistet ist, denn nur dann ist der erste Term des Zählers und Nenners bei unendlicher Insolvenzschranke jeweils unendlich. Der Grenzwert beträgt:

$$\lim_{a \to \infty} F(v,p,a) = 1, p(1-l) > 0,5$$

Gilt dagegen $p < \frac{0,5}{(1-l)}$, kann nur ein Anteil der Verluste verrechnet werden. Dieser ergibt sich ebenfalls durch eine Grenzwertbetrachtung der Insolvenzschranke in (9.72):

$$\lim_{a \to \infty} F(v,p,a) = \lim_{a \to \infty} \frac{\left(\frac{(1-l)\cdot p}{1-p}\right)^a - \left(\frac{(1-l)\cdot p}{1-p}\right)^v}{-1 + \left(\frac{(1-l)\cdot p}{1-p}\right)^a} = \left(\frac{(1-l)\cdot p}{1-p}\right)^v \tag{9.73}$$

Durch die relative Kompensationsbeschränkung gibt es gesunde Unternehmen, die ihre Verlustvorträge nicht mehr sicher verrechnen können und zwar jene, deren Gewinnwahrscheinlichkeit $p < \frac{1}{2(1-l)}$.

9.3.7.3 Durchschnittliche Verlustverrechnungsdauer

Der Erwartungswert der Verlustverrechnungszeitpunkte wurde in der Gleichung 9.43 über Differenzengleichungen hergeleitet. Auch mit der relativen Kompensationsbeschränkung ist dieser Weg durch die Berücksichtigung in der Gewinnwahrscheinlichkeit gangbar, wie der Vorabschnitt gezeigt hat. Es gilt:

$$D(v) = (1-l) \cdot p(D(v-1)+1) + p \cdot l \cdot (D(v)+1) + (1-p) \cdot (D(1+v)+1) \tag{9.74}$$

Diese Differenzengleichung ist mit den identischen Randbedingungen 9.46 und 9.47 der Differenzengleichung ohne Beschränkung auch ohne Probleme lösbar:

$$D(v) = \frac{a\left(-1+\left(\frac{(1-l)p}{1-p}\right)^{v}\right)+v(1+\left(\frac{(1-l)p}{1-p}\right)^{a})}{(1+(l-2)p)\left(\left(\frac{(1-l)p}{1-p}\right)^{a}-1\right)} \tag{9.75}$$

Für den Fall ohne Insolvenzschranke mit $a \to \infty$ ergibt sich unter der Nebenbedingung des Vorabschnitts, dass $p(1-l) \geq 0,5$:

$$D(v,p,\infty) = \frac{v}{1+(l-2)\cdot p} \tag{9.76}$$

Ist die Nebenbedingung nicht erfüllt, so gibt es keinen endlichen durchschnittlichen Verrechnungszeitpunkt, wie auch nachfolgendes Diagramm visualisiert:

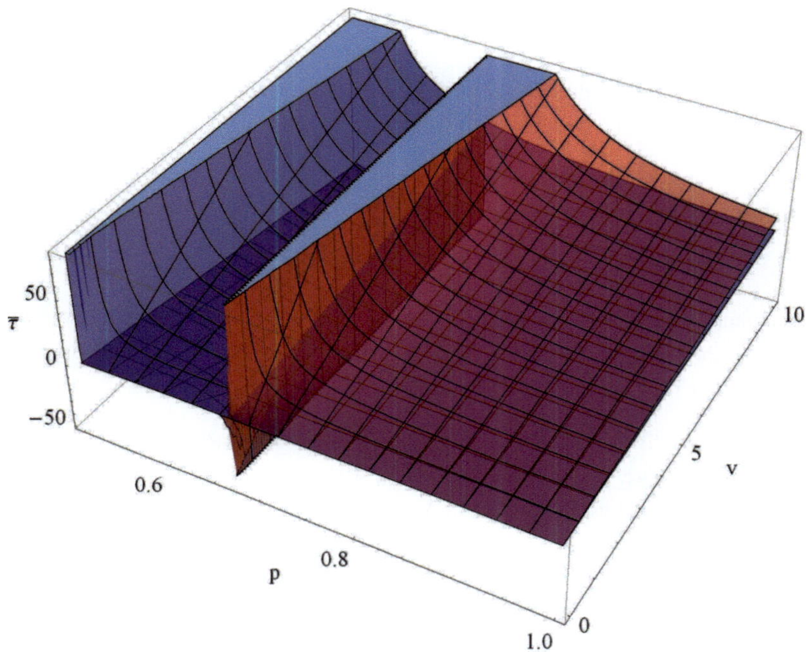

Abbildung 9.20: Erwartete Verlustverrechnungsdauer und relative betragliche Beschränkung

Durch die betragliche Beschränkung der Verlustverrechnung garantiert selbst eine Gewinnwahrscheinlichkeit von $p > 0,5$ nicht mehr einen endlichen durchschnittlichen Verrechnungszeitpunkt. Erst für größere Gewinnwahrscheinlichkeiten (in Abhängigkeit von der betraglichen Beschränkung) ist ein endlicher Erwartungswert sichergestellt. Dieses Ergebnis kann folgendermaßen zusammengefasst werden: Selbst Unternehmen, die betriebswirtschaftlich profitabel agieren, können ihre Verluste im Erwartungswert nicht mehr zwingend verrechnen. Soll mit den Ergebnissen die Approximation angegeben werden, soll in den Fällen $p < \frac{1}{2(1-\ell)}$ der verrechenbare Anteil nach (9.73) zusätzlich berücksichtigt werden:

$$\bar{T}^{+'}(x_t, v_{t-1}) = s \begin{cases} 1 & x_t > v_{t-1} \\ F\left(v_{t-1} - x_t, p, \infty\right) \cdot e^{-i \cdot D(v_{t-1} - x_t, p, \infty)} & sonst \end{cases} \tag{9.77}$$

9.3.8 Zeitliche Beschränkungen des Verlustvortrags

Nachfolgend wird der Einfluss von zeitlichen Beschränkungen der Verlustverrechnung auf die Grenzteilsteuerfunktion unter Unsicherheit untersucht.

9.3.8.1 Ober- und Untergrenze der totalen Verlustverrechnungswahrscheinlichkeit

Von besonderem Interesse sind bei zeitlichen Beschränkungen die totalen Verlustverrechnungswahrscheinlichkeiten, weil dadurch Verlustvorträge zeitgebunden untergehen und damit nicht mehr voll verrechnet werden können.

Das ursprüngliche Barlev-Levy-Modell impliziert bei der Verrechnung eine FIFO-Reihenfolge. Das angepasste Modell unterstellt dagegen eine LIFO-Reihenfolge. Die Untersuchung der zeitlichen Beschränkung von Verlustvorträgen unter Sicherheit hat gezeigt, dass die Wahrheit für zeitliche Beschränkungen zwischen diesen beiden Modellvarianten liegt, da die vollständige Wirkungsexplizierung zwar eine LIFO-Reihenfolge fordert, die untergehenden Verluste aber von der FIFO-Reihenfolge beeinflusst werden.

Die beiden Modellvarianten stecken daher Grenzen ab, innerhalb derer die totale Verlustverrechnungswahrscheinlichkeit liegt. Diese Grenzen können mithilfe voranstehender Ergebnisse relativ einfach ermittelt werden. Da im Barlev-Levy-Modell keine bestehenden Verlustvorträge berücksichtigt werden, wird auch beim erweiterten Modell auf den Fall ohne bestehende Verlustvorträge zurückgegriffen.

Für das Barlev-Levy-Modell ist die Verteilungsfunktion in (9.14) angegeben. Für das weiterentwickelte Modell kann die Verteilungsfunktion für den Sonderfall *ohne bestehende Verlustvorträge* mithilfe von (9.24) abgeleitet werden:

$$\begin{aligned} F(\tau,p,\ell) &= \sum_{\tau=1}^{\ell} P(\tau,p) \\ &= \sum_{\tau=1}^{\ell} \frac{q^{\frac{\tau-1}{2}} \cdot p^{\frac{\tau+1}{2}}}{2\cdot\tau} \cdot \binom{1+\tau}{\frac{1+\tau}{2}} \\ &= 1-p\cdot\binom{2(\ell+1)}{\ell+1}\cdot((1-p)\cdot p)^{\ell}\;{}_2F_1\left(1;\ell+\frac{1}{2};\ell+1;4\cdot(1-p)\cdot p\right) \end{aligned} \tag{9.78}$$

Dieses Ergebnis lässt eine Abgrenzung der totalen Verlustverrechnungswahrscheinlichkeiten in Abhängigkeit von der Gewinnwahrscheinlichkeit und der Zeit zu.

Das erweiterte Modell legt eine Obergrenze für den Einfluss auf die totale Verlustverrechnungswahrscheinlichkeit fest, während das Barlev-Levy-Modell eine Untergrenze dafür darstellt. Der Unterschied zwischen den Modellen nimmt zu, je kleiner die Gewinnwahrscheinlichkeit ist, denn umso größer wird die Verlustwahrscheinlichkeit und damit der Einfluss der Zwischenverluste. Einen ähnlichen Einfluss hat zu Beginn die Zeit, allerdings nimmt der Unterschied nach einem Maximum ab. Dies liegt daran, dass Gewinne wahrscheinlicher sind und sich dieser Vorteil mit zunehmendem Zeitablauf durchsetzen kann. Die Ergebnisse im Grundmodell zur zeitlichen Beschränkung bedürfen vor allem bei kleinen zeitlichen Verlustverrechnungsbeschränkungen oder kleinen Gewinnwahrscheinlichkeiten einer Relativierung.

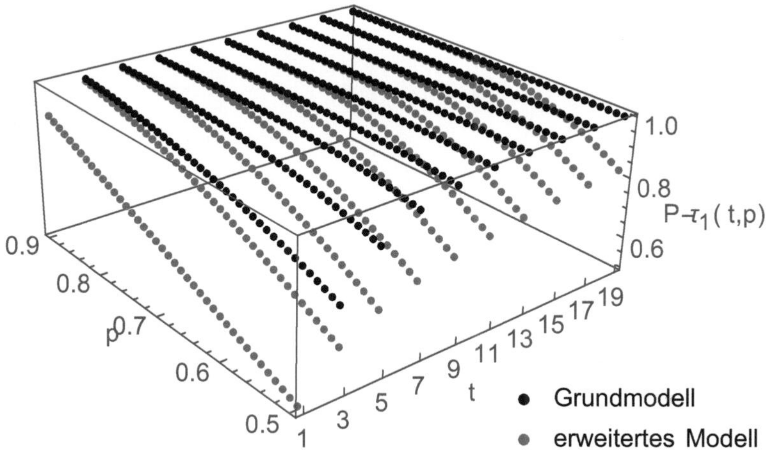

Abbildung 9.21: Totale Verlust-Verrechnungswahrscheinlichkeit im Grund- und erweiterten Modell

Dies macht auch nachfolgendes Diagramm deutlich. Es wird offensichtlich, dass genau im Bereich der häufig vorgeschlagenen zeitlichen Beschränkungen der Unterschied am größten ist. Im Barlev-Levy-Modell sind die totalen Verlustverrechnungswahrscheinlichkeiten teilweise erheblich größer.

Allerdings hat sich im Abschnitt 8.3.4 herausgestellt, dass eine Korrektur der untergehenden Verluste nur die Neuverluste, die bisher nicht verrechnet wurden, berücksichtigen darf. Bei der Bestimmung, welche Verlustvorträge bereits verrechnet wurden, sind durch die zeitliche Beschränkung ältere Verluste prioritär zu berücksichtigen (FIFO), die Auswirkungen sind aber weiterhin anhand der LIFO-Reihenfolge zu bestimmen. Die ermittelte Verteilungsfunktion des erweiterten Modells kann daher nur eine Obergrenze darstellen, die Untergrenze stellt die Verteilungsfunktion des Barlev-Levy-Modells dar.

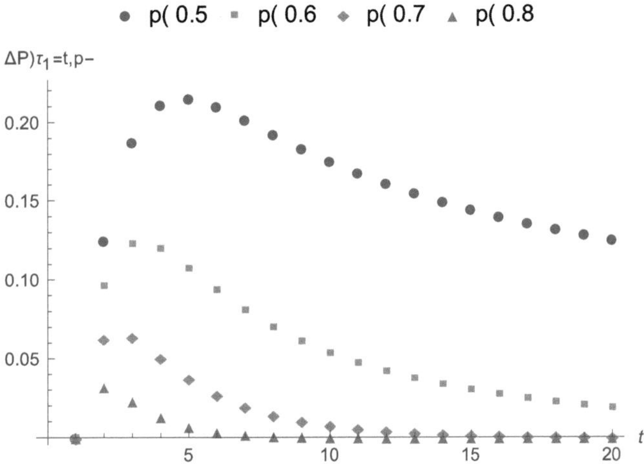

Abbildung 9.22: Unterschied der Verteilungsfunktion in beiden Modellen

Je kleiner die Gewinnwahrscheinlichkeit, desto mehr weichen die Modelle voneinander ab. Dies lässt sich wie folgt erklären. Wenn die Gewinnwahrscheinlichkeit kleiner ist, ist die Wahrscheinlichkeit von Zwischenverlusten größer und damit der Einfluss der unterschiedlichen Verlustvortragsverrechnungsreihenfolgen groß. In diesem Bereich nimmt allerdings auch der Einfluss einer möglichen Rochade der Zwischenverluste mit den Neuverlusten aus dem Betrachtungszeitpunkt bei der Berechnung der untergehenden Verluste zu, mehr dazu im nächsten Abschnitt.

9.3.8.2 Verteilungsfunktion

Die Wahrscheinlichkeitsverteilung der Verrechnungszeitpunkte bei zeitlicher Beschränkung wird an einem Beispiel im Binomialbaum abgeleitet. Es gilt eine zeitliche Beschränkung von 3 Zeiteinheiten.

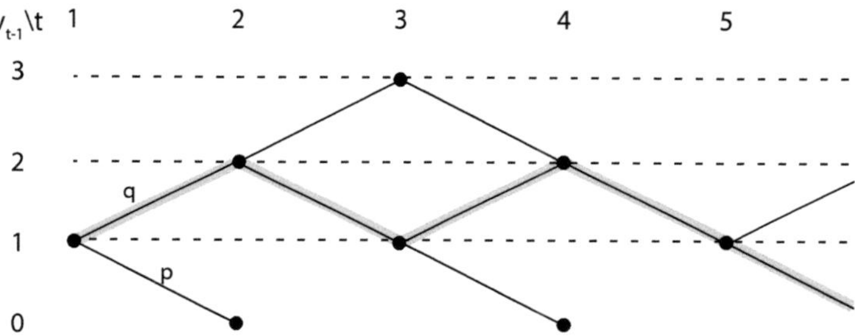

Abbildung 9.23: Visualisierung des Loss-Refresh-Effekts

Ausgangspunkt der Überlegungen ist ein Verlustvortrag $v_0 = 1$ im Zeitpunkt 1. Es kann ein Verlust mit der Wahrscheinlichkeit q oder ein Gewinn mit der Wahrscheinlichkeit p folgen. Bei einem Gewinn, kann der Verlustvortrag bereits in der nächsten Periode verrechnet werden. Bei einem Verlust steigen die Verlustvorträge, eine Verrechnung ist vorerst nicht möglich. Die letzte Realisation in Zeitpunkt 1 wird in der Tabelle weiterverfolgt.

Um die Lebensdauer der Verlustvorträge transparent mitführen zu können, werden diese als Liste angegeben. Die Länge der Liste bestimmt die Lebensdauer eines Neuverlustes - im Beispiel eine Lebensdauer und damit Listenlänge von 3. Die Position in der Liste gibt die verbleibende Lebensdauer an. Wird ein Verlust in einem Zeitpunkt verbraucht, wird dies durch einen Punkt über dem Verlust mit der geringsten Lebensdauer, also der kleinsten Position in der Liste, angedeutet. Die Summe der verbleibenden Verluste (ohne jene mit Punkt) kann als Zustand in einem Zeitpunkt interpretiert werden. Durch Gewinne oder Verluste wechselt der Verlustvortrag daher in einen neuen Zustand.

Zum Zeitpunkt 1 ist annahmegemäß ein Verlustvortrag aus der Vorperiode vorhanden. Daher beträgt der Verlustvortrag der Vorperiode $\{0,0,1\}$. Da der Verlust an dritter Stelle in der Liste steht, verbleibt eine restliche Lebensdauer von 3.

Weil ein Verlust realisiert wird, wechselt der Verlustvortrag in einen höheren Zustand und der Liste wird rechtsseitig ein neues Element 1 hinzugefügt. Da ein Zeitschritt vergangen ist, wird linksseitig die Liste gekürzt. Der aktualisierte Verlustvortrag gibt den Verlustvortrag der Vorperiode des nächsten Zeitpunkts 2 vor.

t	v_{t-1}	$z_t \rightarrow$	z_{t+1}
1	$\{0,0,1\}$	1	2
2	$\{0,\dot{1},1\}$	2	1
3	$\{\dot{1},1,0\}$	1	2
4	$\{\dot{1},0,1\}$	2	1
5	$\{0,\dot{1},0\}$	0	

Tabelle 9.3:
Loss-Refresh-Effekt

In Zeitpunkt 2 wird ein Gewinn realisiert, was zu einem Verbrauch des Verlustes mit der niedrigsten Lebensdauer führt. Dies wird durch einen Punkt kenntlich gemacht. Durch den Gewinn steigt der Verlustvortrag in diesem Zeitpunkt nicht und es wird der Liste rechtsseitig ein neues Element 0 angefügt. Da ein Zeitschritt vergangen ist, wird linksseitig ein Element herausgekürzt. Der Verbrauch des Verlustes ist nach der LIFO-Reihenfolge dem Zwischenverlust zugeordnet, sodass es nicht zu einer endgültigen Verrechnung kommt. Der Verlustvortrag springt in einen niedrigeren Zustand, weil ein Verlust verbraucht wurde.

Im Zeitschritt 3 kommt es erneut zu einem Verlust. Der Verlustvortrag springt in den ursprünglichen Zustand 2 des vorangehenden Zeitpunkts. Der neu hinzugewonnene Verlustvortrag hat eine Lebensdauer von 3 und wird rechtsseitig der Liste angefügt. Der vergangene Zeitschritt wird durch linksseitige Kürzung der Liste berücksichtigt. Eine Korrektur um untergehende Verluste muss nicht erfolgen, da der Verlust, der die Liste verlässt, bereits verbraucht ist. Der Verlust wurde verbraucht und stattdessen wird ein frischer Verlust mit voller Lebensdauer der Liste hinzugefügt. Durch diese Rochade der beiden Verluste, wird die Lebensdauer des ursprünglichen Verlustes aufgefrischt (nicht mehr an Stelle 2, sondern 3 der Liste). Dieser Effekt wird Loss-Refresh-Effekt genannt und kann sich unendlich oft wiederholen. Durch den Loss-Refresh-Effekt wirkt der Verlust auch zu späteren Zeitpunkten, obwohl die Lebensdauer des ursprünglichen Verlustes überschritten ist. Alle Pfade, die die Lebensdauer über Gebühr strapazieren würden, so dass kein Loss-Refresh-Effekt mehr möglich ist, werden von einer absorbing barrier bei 3 aufgefangen, es gilt $a = \ell = 3$. Die Summe der Wahrscheinlichkeiten der Realisationen, bei welchen ein Loss-Refresh-Effekt möglich ist, ist im Beispiel $p \cdot \sum_{i=0}^{\infty} (q \cdot p)^i$.

Allerdings hat die Auffrischkur des Verlustvortrags ihren Preis. Die Rochade war durch einen Zwischengewinn möglich, der in der Verlustvortragsliste durch eine 0 repräsentiert wird und dort einen Platz kostet. Daher bleibt eine Realisation, für welche ein Loss-Refresh-Effekt nicht möglich ist, aber dennoch realisiert werden kann, ohne dass Verlustvorträge untergehen und diese hat im Beispiel die Wahrscheinlichkeit $q^2 \cdot p^3$.

Eine zweite mögliche Realisation zeigt, dass hier kein Loss-Refresh möglich ist, ohne dass Verlustvorträge untergehen.

Der erste Zeitschritt verläuft analog zu vorangehender Realisation.

t	v_{t-1}	$z_t \rightarrow$	z_{t+1}
1	$\{0,0,1\}$	1	2
2	$\{0,1,1\}$	2	3
3	$\{\dot{1},1,1\}$	3	2
4	$\{1,1,0\}$	2	3
5	$\{1,0,1\}$	X	

Tabelle 9.4: Realisation ohne Loss-Refresh-Effekt

Im Zeitschritt 2 folgen allerdings erneut Verluste, sodass der Verlustvortragsliste rechtsseitig ein Element 1 hinzugefügt wird und der Verlust in einen höheren Zustand wechselt. Da ein Zeitschritt vergangen ist, wird die Verlustvortragsliste linksseitig gekürzt ohne weitere Folgen, weil die Position nicht mit einem Verlust besetzt ist.

In Zeitschritt 3 wird ein Gewinn realisiert, damit wird der Verlust mit der kleinsten Lebensdauer vorgemerkt und der Verlustvortragsliste rechtsseitig ein Element 0 angefügt. Da ein Zeitschritt vergangen ist, erfolgt eine linksseitige Kürzung. Da der Verlust bereits vorgemerkt (also verbraucht) ist, geht durch die Kürzung kein Verlust unter.

In Zeitschritt 4 kommt es zu einem Verlust. Dieser führt zu einer rechtsseitigen Erweiterung der Liste mit dem Element 1. Da allerdings ein Zeitschritt vergangen ist, kommt es bei der linksseitigen Verkürzung der Verlustvortragsliste zu einem Untergang eines Verlustes. Dieser Untergang muss dem Verlustvortrag des Zeitschritts 1 zugeordnet werden mit der Folge, dass es für diesen zu keiner endgültigen Verrechnung mehr kommen kann, denn er ist bereits davor untergegangen.

Damit ist für das Beispiel die Verteilungsfunktion für einen Verlustvortrag gefunden:

$$F(1,p) = p \cdot \sum_{i=0}^{\infty} (q \cdot p)^i + q^2 \cdot p^3 \tag{9.79}$$

Die Verteilungsfunktion setzt sich aus zwei Komponenten zusammen. Zum einen aus jener, die die Realisationen berücksichtigt, die an Loss-Refresh-Effekten partizipieren können. Das sind alle diejenigen, die nicht auf die absorbing barrier bei $a = \ell$ treffen. Zum anderen diejenige, die auf Loss-Refresh-Effekte verzichten muss, weil keine Position in der Verlustvortragsliste zum Erkaufen zur Verfügung steht. Wird beispielsweise $p = 0,6$ und $\ell = 3$ angenommen, so führen nach der Verteilungsfunktion (9.79) 0,824034 der möglichen Realisationen zu einer erfolgreichen Verrechnung.

Die zeitliche Beschränkung kann mithilfe der gefundenen analytischen Lösung (9.36) verallgemeinert werden. Der Anteil der Realisationen, die vom Loss-Refresh-Effekt profitieren und letztendlich zu einer erfolgreichen Verlustverrechnung führen, können mit $F(v, p, a = \ell)$ gefunden werden. Daneben gibt es eine Realisation, die zwar nicht am Loss-Refresh-Effekt partizipieren kann, aber dennoch zu einer erfolgreichen Verrechnung führt. Die Wahrscheinlichkeit für diese Realisation beträgt $q^{\ell-v} \cdot p^{\ell}$. Damit ist die allgemeine Verteilungsfunktion gefunden:

$$F(v) = F(v, p, a = \ell) + q^{\ell-v} \cdot p^{\ell} \tag{9.80}$$

Für obiges Beispiel ergibt sich $F(1) = F(1; 0,6; 3) + 0,4^2 0,6^3 = 0,824034$.

9.3.8.3 Wahrscheinlichkeitsverteilung

Mithilfe der Markov-Ketten kann die Wahrscheinlichkeitsverteilung der Realisationen, die von einem Loss-Refresh-Effekt profitieren, berechnet werden. Das Ergebnis muss um den Einfluss der Realisation ohne Loss-Refresh-Effekt ergänzt werden. Im Zeitpunkt $\tau^* = 2\ell - v$ muss die Wahrscheinlichkeitsverteilung um $q^{\ell-v} \cdot p^{\ell}$ angepasst werden.

Die Wahrscheinlichkeitsverteilung der Realisationen mit Loss-Refresh-Effekt kann durch die abgebildete Markov-Kette gefunden werden.

Die Markov-Kette entspricht derjenigen ohne zeitliche Beschränkung mit einer Insolvenzschranke in Zustand 5. In der Markov-Kette repräsentiert die zweite absorbing barrier aber nicht eine Solvenzbedingung, sondern filtert die Realisationen, die vom Loss-Refresh-Effekt profitieren können. Treffen Realisationen auf diese absorbing barrier, so gehen Verluste wegen der zeitlichen Beschränkung unter, ohne dass es zu einer erfolgreichen Verlustverrechnung kam. Dieser Untergang ist nach der FIFO-Reihenfolge, die die zeitliche Restriktion impliziert, dem Ausgangsverlust zuzuordnen. Realisationen, die vom Loss-Refresh-Effekt profitieren können, können durch diesen Effekt Wirkungen in Zeitpunkten nach ihrer Lebensdauer entfalten. Da bei der Ermittlung des Verrechnungszeitpunkts die LIFO-Reihenfolge unterstellt wird, ist sichergestellt, dass alle Wirkungen der Verluste erfasst werden.

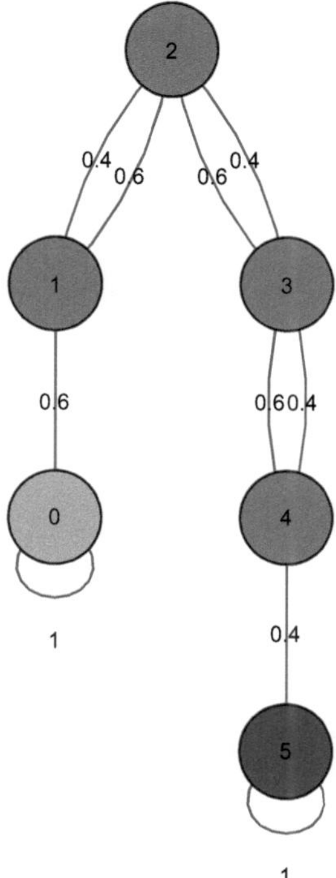

Abbildung 9.24: Markov-Kette bei zeitlicher Beschränkung

Folgende Übergangsmatrix bildet die Entwicklung der Verlustvorträge mit zeitlicher Beschränkung ab:

$$\underline{T} = \begin{pmatrix} 1 & 0 & 0 & 0 & 0 & 0 \\ 0,6 & 0 & 0,4 & 0 & 0 & 0 \\ 0 & 0,6 & 0 & 0,4 & 0 & 0 \\ 0 & 0 & 0,6 & 0 & 0,4 & 0 \\ 0 & 0 & 0 & 0,6 & 0 & 0,4 \\ 0 & 0 & 0 & 0 & 0 & 1 \end{pmatrix} \tag{9.81}$$

Nachfolgend sind die Wahrscheinlichkeitsverteilung der First-Hitting-Time der Verlustverrechnung mit zeitlicher Beschränkung, die mithilfe von (9.29) berechnet wurde, und die analytische Lösung ohne zeitliche Beschränkung abgebildet:

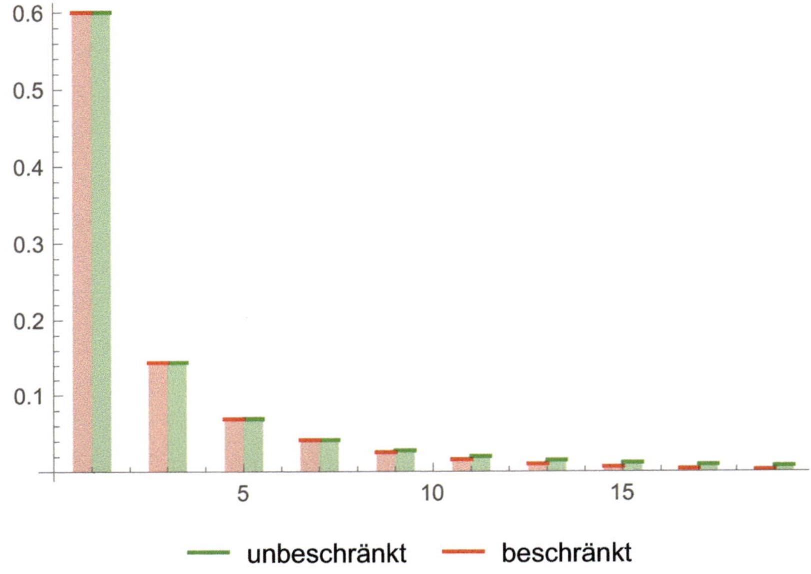

Abbildung 9.25: Einfluss der zeitlichen Beschränkung

Die zeitliche Beschränkung zeigt im Beispiel nahezu keinen Einfluss; für die ersten 8 Folgejahre sogar gar keinen. Letzteres ist schlüssig, da:

1. der älteste Verlustvortrag noch eine Restlebensdauer von 3 Jahren hat.

2. am Lebenshorizont weitere 5 Perioden vergehen würden , bis die Verlustvorträge bei der First-Hitting-Time eine Auswirkung hätten. Denn würden sie überleben, wäre das die Mindestdauer bis zu ihrer Verrechnung.

Bestehen bereits Verlustvorträge, so sind diesen modell-immanent Lebensdauern zugeordnet. Die Information der verbleibenden Lebensdauer der Verlustvorträge ist als Information in der n-ten Übergangsmatrix der Markov-Kette enthalten. Durch die Vorgaben des Modells sind die Zustände mit der verbleibenden Lebensdauer der Verlustvorträge verwoben. Der Startzustand der Markov-Kette wird durch bestehende Verlustvorträge erhöht.

	$v_{t-1} \backslash \tau_L^*$	1	2	3	4	5	6	7	8	9	10
(1)	0	0,6	0	0,144	0	0,069	0	0,041	0	0,026	0
(2)	1	0	0,36	0	0,173	0	0,104	0	0,065	0	0,041
(3)	2	0	0	0,216	0	0,156	0	0,100	0	0,063	0
(4)	3	0	0	0	0,13	0	0,093	0	0,060	0	0,038
(5)	δ^{τ^*}	0,909	0,826	0,751	0,683	0,621	0,564	0,513	0,467	0,424	0,386

Tabelle 9.5: Numerische Ermittlung der Wahrscheinlichkeitsverteilung der Realisationen mit Loss-Refresh-Effekt

Die zweite absorbing barrier bleibt unverändert in Höhe der maximalen Lebensdauer der Verlustvorträge bestehen. Damit werden genau die Realisationen herausgefiltert, die die Kosten für einen Loss-Refresh auf ihrem Weg zur Verlustverrechnung eingehen können.

Die eine Realisation, die auf keinen Loss-Refresh-Effekt angewiesen ist, ist dem Verrechnungszeitpunkt $2\ell - v$ mit der Wahrscheinlichkeit $q^{\ell-v}p^{\ell}$ zugeordnet.

Nachfolgende Tabelle berechnet die Wahrscheinlichkeitsverteilung der Zufallsgröße $\tilde{\tau}_L^*$ des Beispiels ($p = 0,6, \ell = 5$) - d. h. ausschließlich diejenigen Realisationen, welche vom Loss-Refresh-Effekt profitieren könnten - bei verschiedenen bestehenden Verlustvorträgen mithilfe von Markov-Ketten nach (9.29), wobei maximal $\tau_{max} = 10$ Berechnungsschritte durchgeführt werden. Daraus lassen sich die Verteilungsfunktion und die erwartete Diskontierung ableiten.

In der Tabelle sind die Wahrscheinlichkeiten$P(\tau_L^*)$ für die Ausprägungen bis maximale τ_{max}^* abgebildet. Die Summe einer Zeile gibt die Schätzung für die Verteilungsfunktion der Realisationen mit Loss-Refresh-Effekt für einen bestimmten bestehenden Verlustvortrag an. Die Verteilungsfunktion für einen gegebenen Verlustvortrag ergibt sich durch Addition der Wahrscheinlichkeit für die Realisation ohne Loss-Refresh-Effekt $P(\tau_{oL}^*)$. Der Vergleich mit dem analytisch gefundenen Wert, für den $\tau_{max}^* \to \infty$ gilt, gibt Aufschluss über die Genauigkeit der Berechnung.

Die gewichtete Summe mit den jeweiligen Diskontierungsfaktoren in Zeile 5 ergibt den Erwartungswert des Diskontierungsfaktors für die Realisationen mit Loss-Refresh-Effekt. Wird dieser um den Einfluss der Realisation ohne Loss-Refresh-Effekt korrigiert, ergibt sich der Erwartungswert des Diskontierungsfaktors. Nachstehende Tabelle fasst die Ergebnisse zusammen.

$v_{t-1}\backslash\tau^*$	v	$P(\tau^*_{oL})$	τ^*_{oL}	$F_{\tau_{max}}(v)$	$F_\infty(v)$	$\approx \delta_L$	$+\delta_{oL}$
(1)	0	1	0,002	9	0,906919	0,924171	0,737468	0,00469
(2)	1	2	0,005	8	0,767298	0,810427	0,528037	0,0107
(3)	2	3	0,012	7	0,59794	0,63981	0,357508	0,0242
(4)	3	4	0,031	6	0,343904	0,383886	0,191091	0,0551

Tabelle 9.6: Kenngrößen auf Grundlage der numerischen Wahrscheinlichkeitsverteilung

9.3.8.4 Durchschnittliche Verrechnungsdauer

Dank der Erkenntnisse über die Funktionsweise der zeitlichen Beschränkungen ist eine analytische Herleitung mit Differenzengleichungen (9.44) möglich. Denn nun hat sich die zweite Randbedingung (9.46) auch in diesem Fall konkretisiert.

Die zweite Randbedingung implementierte im ursprünglichen Ansatz die Insolvenzschranke. Sie wird bei zeitlichen Beschränkungen eingesetzt, um die Korrektur der untergehenden Verluste zu bestimmen. Dieser Weg kann auch bei den Differenzengleichungen eingeschlagen werden und für die Randbedingung formuliert werden:

$$D(\ell) = 0 \tag{9.82}$$

Die erwartete Dauer der Verlustverrechnung ergibt für einen gegebenen Verlustbestand unter der Gewinnwahrscheinlichkeit p sowie des Lebenshorizonts ℓ die partikuläre Lösung:

$$D(v,p,\ell) = \frac{\ell - \ell \cdot \left(\frac{p}{1-p}\right)^v - v \cdot \left(1 - \left(\frac{p}{1-p}\right)^\ell\right)}{(1-2p) \cdot \left(1 - \left(\frac{p}{1-p}\right)^\ell\right)} \tag{9.83}$$

Allerdings ist die erwartete Dauer der Verlustverrechnung in obiger Gleichung nur für den Anteil der Realisationen valide, für die es zu einer Verrechnung kommt. Dieser Anteil entspricht genau der Obergrenze der Wahrscheinlichkeitsverteilung und wurde in Gleichung (9.80) angegeben. Für die Insolvenzschranke wird nun die Überlebensdauer der Verluste ℓ eingesetzt.

Damit lautet die idealisierte erweiterte Grenzteilsteuerfunktion:

$$\bar{T}^{+'}(x_t, v_{t-1}) = s \begin{cases} 1 & x_t > v_{t-1} \\ F(v_{t-1} - x_t, p, \ell) \cdot e^{-i \cdot D(v_{t-1} - x_t, p, \ell)} & sonst \end{cases} \tag{9.84}$$

Der Einfluss der zeitlichen Beschränkung auf die idealisierte erweiterte Grenzteilsteuerfunktion kann in zwei Teileffekte zerlegt werden. Zum Einen entfalten die Verluste nur noch bei einem bestimmten Anteil der Realisationen Wirkungen, weil durch die zeitliche Beschränkung ein Teil der Verlustvorträge untergeht. Zum Anderen wird die durchschnittliche Verrechnungsdauer beim verbleibenden Anteil beeinflusst. Die durchschnittliche Verrechnungsdauer kann über der Lebensdauer der Verlustvorträge liegen, weil der Loss-Refresh-Effekt dafür sorgt, dass Verluste durch Zwischenverluste länger als ihre Lebensdauer Wirkungen entfalten.

9.3.9 Diskussion der Modellergebnisse

Es handelt sich immer noch um ein sehr einfaches Modell, das die Realität nur eingeschränkt abbildet. In diesem Abschnitt sollen weitere mögliche Einflüsse identifiziert werden, deren Untersuchung erfolgsversprechend sein könnte, aber nicht mehr Bestandteil dieser Arbeit sind.

Die Prämisse unabhängiger Gewinne wurde aus dem Barlev-Levy-Modell übernommen. Daraus resultiert ein Verlustvortrag, der sich im Sinne eines Random Walks entwickelt. Durch dieses einfache Modell wurden mehrere Effekte der Verlustverrechnung und ihre Beschränkungen isoliert.

In der Tat folgt nicht der Verlustvortrag, sondern folgen eher die Gewinne einem Random Walk.[327] Dadurch sind die Gewinne nicht mehr stochastisch unabhängig, sondern ihre Zuwächse. Nachfolgend wird ein Random Walk der Gewinne mit dem Erwartungswert, der meist in den Vorabschnitten unterstellt wurde, simuliert. Als Zuwachs der Gewinne wird eine Standardnormalverteilung angenommen, es handelt sich damit um einen Gaußschen Random Walk ohne Drift. Die Simulation zeigt, dass die gefundenen Effekte unabhängig von dieser Annahme gefunden werden.

[327] Vgl. Ball und Brown (1968), Callen, Cheung und Kwan (1993), Manegold (1981), Bedenken hegt Desai (2003).

$$\tilde{X}_t = \tilde{X}_{t-1} + N(0,1) \tag{9.85}$$

mit $X_0 = \mu$. Nachfolgende Abbildung zeigt typische Realisationen des stochastischen Prozesses in (9.85) mit einem Erwartungswert von $\mu = 0,2$.

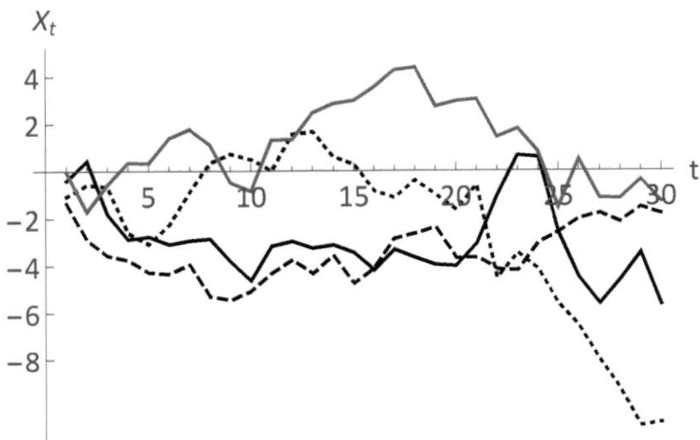

Abbildung 9.26: Realisationen des Random Walks ohne Drift

Der Simulation werden N=100.000 Durchläufe, ein Lebenshorizont von T=30 und ein Verlustvortrag i.H.v. 1 vorgegeben. Aus den Ergebnissen werden die Verteilungen von τ^* in verschiedenen Varianten der Besteuerung ermittelt, τ^* gibt den Zeitpunkt an, in welchem die simulierten Verlustvorträge das erste Mal 0 werden.

Die Abb. 9.27 zeigt die relativen Häufigkeiten der Verrechnungszeitpunkte bei unbeschränktem Verlustvortrag, die aus der Monte-Carlo-Simulation mit abhängigen Gewinnen ermittelt wurden. Eingezeichnet ist auch die theoretische Wahrscheinlichkeitsverteilung des einfachen Modells mit unabhängigen Gewinnen. Die gute Übereinstimmung mag auf den ersten Blick überraschen, ist aber leicht zu erklären.

Sowohl die unabhängigen als auch die abhängigen Gewinne haben einen Erwartungswert von $\mu = 0,2$. Ergebnis der theoretischen Betrachtung im einfachen Modell war unter anderem, dass das Ergebnis ausschließlich vom Erwartungswert der Gewinnverteilung beeinflusst wird. Zudem unterscheiden sich die beiden Ergebnisse dennoch in wesentlichen Punkten.

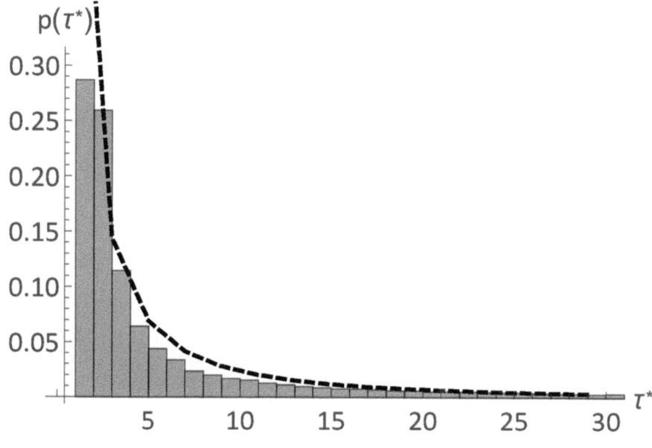

Abbildung 9.27: Simulation des unbeschränkten Verlustvortrags

Insbesondere die relative Häufigkeit des Zeitpunktes 1 (29 %) unterscheidet sich von der theoretischen Vorhersage (60 %). Bei einem Gaußschen Random Walk sind nicht ausschließlich die Realisationen -1 und 1 vorgegeben. Eine Realisation von unter -1, diese wäre für eine erfolgreiche Verrechnung in der Periode notwendig, ist nur zu etwa 16 % wahrscheinlich.

Theoretisch kann über eine Periode von $T = 30$ ein Großteil des Verlustvotrages (99 %) verrechnet werden. In der Simulation bleibt in $T = 30$ ein erheblicher Anteil (27 %) ohne erfolgreiche Verrechnung. Bei dem Random Walk können sich Gewinne durch ihre stochastische Struktur weitaus negativer entwickeln als bei unabhängigen Gewinnen, deren Verlust auf -1 pro Periode begrenzt ist.

Die durchschnittliche Verrechnungsdauer, wenn 30 Zeitpunkte betrachtet werden, beträgt in der Simulation 4,69. Der theoretisch ermittelte Wert im einfachen Modell 4,29. Über alle Zeitpunkte würde er 5 betragen.

Der Erwartungswert des Diskontierungsfaktors beträgt in der Simulation 0,52, der theoretisch ermittelte 0,62 bei einem jährlichen Zinssatz von 0,1.

Das Hauptergebnis, dass die Verlustverrechnungszeitpunkte selbst bei kleinem Verlustvortrag mit nicht zu vernachlässigender Wahrscheinlichkeit hohe Werte annehmen können, zeigt sich auch in der Simulation. Es deutet sich an, dass die Abhängigkeit der Gewinne diesen Effekt sogar weiter verstärkt.

9.4 Zusammenfassung

- Die Unsicherheit glättet den Erwartungswert der Teilsteuerfunktion. Eine erhöhte Standardabweichung erhöht die Glättung und damit die Steuerbelastung.
- Besteht die Bemessungsgrundlage, die Anknüpfungspunkt der asymmetrischen Vorschrift ist, aus korrelierten Zufallsgrößen, so hat die Korrelation einen Einfluss auf die Standardabweichung der Summe der beiden Zufallsgrößen und damit den Erwartungswert der Teilsteuerfunktion. Im Prinzip wirken Portfolioeffekte, die steuerlich als horizontaler Verlustausgleich interpretiert werden können.
- Bei einer Beschränkung des horizontalen Verlustausgleichs, hat die Korrelation keinen Einfluss auf den Erwartungswert der Teilsteuerfunktion. Alleinig die Standardabweichung der Zufallsgröße, welche der horizontalen Verlustausgleichsbeschränkung unterliegt, beeinflusst die Glättung des Erwartungswerts der Teilsteuerfunktion.
- Der Verlustrücktrag verschiebt die Asymmetrieachse der Grenzteilsteuerfunktion, auf die Glättung hat der Verlustrücktrag keinen Einfluss.
- Im Barlev-Levy Modell können keine erweiterten Teilsteuerfunktionen abgeleitet werden, weil nicht alle Wirkungen, die durch einen Verlust ausgehen, erfasst werden.
- Die Modellanpassungen (insbesondere FIFO->LIFO) haben einen erheblichen Einfluss auf die Wahrscheinlichkeitsverteilung der Verrechnungszeitpunkte. Die relative Kompensationsbeschränkung beeinflusst die Wahrscheinlichkeitsverteilung stark. Anfänglich wird die Verlustverrechnung verzögert, im Gegenzug ist die Wahrscheinlichkeit der Verrechnung in späteren Zeitpunkten größer als bei der unbeschränkten Verlustverrechnung. Die zeitlichen Beschränkungen haben einen geringen Einfluss auf die Wahrscheinlichkeitsverteilung.
- Zur Untermalung der Ergebnisse wurde ein Beispiel mit einer Markov-Kette berechnet. Diese Methode kann besonders gut eingesetzt werden, wenn zeitliche Restriktionen des Unternehmens eine Rolle spielen, weil das Unternehmen zum Beispiel nur eine bestimmte Lebensdauer hat.
- Die Verteilungsfunktion der Verluste hat gezeigt, dass der Verlust bei einer unbeschränkten Verlustverrechnung sicher verrechnet werden kann, sofern $p > q$ gilt und das Unternehmen unendlich lange lebt. Bei einer relativen Kompensationsbeschränkung gilt die strengere Bedingung $p > 1/(2-l)$, damit es zu einer sicheren

Verlustverrechnung kommen kann, d. h. auch gesunde Unternehmen, für die gilt $p > 0,5$ und $p < 1/(2-l)$, können die Verluste nicht mehr voll verrechnen, sondern nur den Anteil $\left(\frac{(1-l)\cdot p}{1-p}\right)^v$. Durch zeitliche Beschränkungen können zwar Verluste untergehen, allerdings fällt der Effekt durch den Loss-Refresh-Effekt unterproportional aus.

- Die durchschnittliche Verrechnungsdauer ist größer als anzunehmen wäre. Grund sind die Zwischenverluste, die selbst bei unbeschränkten Verlusten die durchschnittliche Verrechnungsdauer stark erhöhen. Dies deckt sich auch mit empirischen Studien. Die relative Kompensationsbeschränkung vergrößert die durchschnittliche Verrechnungsdauer sogar ins Unendliche, sofern $p < 1/(2-l)$ gilt. Bei zeitlichen Beschränkungen sind durch den Loss-Refresh-Effekt durchschnittliche Verrechnungsdauern über der Lebensdauer möglich.

- Für den Erwartungswert der erweiterten Grenzteilsteuerfunktion wurde für die unbeschränkte Verlustverrechnung eine analytische Lösung gefunden. Dieser Erwartungswert nimmt stetig ab und verläuft konvex. Das Asymmetriemaß ist unabhängig von den Verlusten.

- Eine numerische Lösung zur Angabe des Erwartungswerts der erweiterten Grenzteilsteuerfunktion kann auch unter Beschränkungen ermittelt werden.

- Daneben wurde eine Approximation entwickelt, die in weiten Bereichen eine gutes Verhalten zeigt und die Eigenschaften der analytischen Lösung beim unbeschränkten Verlustvortrag korrekt abbildet. Diese Lösung kann auch bei Verlustvortragsbeschränkungen eingesetzt werden und ist durch ihre mathematischen Eigenschaften ein aussichtsreicher Kandidat für analytische Modelle, die den Einfluss der Verlustvortragsverrechnung untersuchen wollen.

- Die Aufhebung der Annahme unabhängiger Gewinne im Zuge einer Monte Carlo Simulation hat gezeigt, dass die identifizierten Effekte weiterhin zu finden sind. Die Ergebnisse nähren die Vermutung, dass die Abhängigkeit der Gewinne allerdings die Effektstärke moderiert. Ein weiterer Einfluss könnte neben der stochastischen Abhängigkeit der Gewinne sicherlich ein Trend in der Gewinnentwicklung darstellen. Hier besteht weiterer Forschungsbedarf.

10 Investitionsneutrale und asymmetrische Besteuerung

In diesem Teil der Arbeit wird der Einfluss der Besteuerungsasymmetrien auf Investitionsentscheidungen in Modellen untersucht. Dank solcher Steuerwirkungsanalysen können Einflüsse der Besteuerungsasymmetrien in Modellen prognostiziert werden. Der Wert solcher Untersuchungen für die normative Theorie ist unbestritten. Zum Einen kann der Steuerpflichtige dadurch die Konsequenzen der asymmetrischen Besteuerung besser abbilden. Zum Anderen bestätigen neuere empirische Ergebnisse im Einklang mit gefundenen Ergebnissen in Modellen, dass die Besteuerung Auswirkungen auf die Investitionstätigkeit der Unternehmen hat.[328]

10.1 Vorbemerkung

Der Begriff Investition wird in der Literatur ganz unterschiedlich definiert.[329] Die vorgeschlagenen Definitionen lassen sich in zwei Ausprägungen klassifizieren; auf der einen Seite verbindet man einen leistungswirtschaftlichen und auf der anderen Seite einen zahlungswirtschaftlichen Aspekt.[330] Diese gespaltene Interpretation des Begriffs Investition ist schon lange weit verbreitet.[331] Die beiden Gruppen lassen sich wie folgt trennen.

1. Eine ethymologisch konforme Bedeutung als "Einkleidung" von Geld in Betriebsgüter, wobei die Betriebsgüter in der Literatur unterschiedlich weit gefasst werden.[332]

2. Eine sich mit der üblichen Ausdrucksweise deckende Interpretation als Anlage zur Gewinnerzielung.[333]

---

[328] Vgl. Hassett und Hubbard (2002), S. 1338.
[329] Vgl. Kruschwitz (2003), S. 3; Matschke und Matschke (1993), S. 18-36, auf der S. 34 geben sie eine Übersicht klassischer Investitionsbegriffe.
[330] Vgl. Schneider (1992), S. 8.
[331] Vgl. die Untersuchung von Heinen (1957), dessen Literaturauswertung internationaler Quellen ebenfalls zwei Ausprägungen des Begriffs feststellt.
[332] Vgl. Schneider (1992), S. 8 und die weiteren Angaben in FN 4 oder nach Matschke und Matschke (1993), S. 29-30, 34. Varianten sind z. B. mit und ohne Finanzanlagen.
[333] Vgl. Matschke und Matschke (1993), S. 28.

Der Begriff erfuhr in der Vergangenheit einen Wandel in seiner Fokussierung der beiden Aspekte. In der klassischen Investitionstheorie stand die güterwirtschaftliche Sicht im Vordergrund und die Investitionsaktivität wurde als Hilfsfunktion gesehen;[334] und das, obwohl unter Investition verschiedentlich mehr als die Umwandlung von liquiden Mitteln in Unternehmensvermögen gesehen wurde.[335] So zum Beispiel der kombinationsbestimmte Investitionsbegriff,[336] der darunter die Materialisierung einer transzendentalen Unternehmensidee in eine Betriebsapparatur versteht.[337] Die Kosten-Ertragsoptimierung beschränkte sich in dieser Zeit hauptsächlich auf die Wahl der günstigsten Produktionsmethode.[338] Obwohl die entscheidungsorientierte Produktionstheorie von Gutenberg einem marginalistischen Ansatz folgte, hatte dies keine Auswirkungen auf das Verständnis von Investitionen, sie blieben eine Hilfsfunktion.[339] In dieser Ausprägung wäre die Untersuchung des Einflusses der Besteuerung auf die Investition wenig ergiebig, wenn von eigentlichem Interesse die Unternehmensentscheidungen sind.

In der modernen Investitionstheorie wandelte sich allerdings das Verständnis von Investitionen, denn sie wurden vom neoklassischen Denkstil erfasst und Entscheidungen rückten in den Vordergrund.[340] Zielträger ist nicht mehr das organisatorische Unternehmen, sondern sind Personen. Für sie wird das Unternehmen zum Instrument der Zielerreichung, das darin besteht, ihren eigenen Nutzen zu maximieren.[341] Durch diese Perspektive wurde die Vormachtstellung des Leistungsbereichs in der Investitionstheorie endgültig gebrochen.[342] "Die moderne Investitions[...]theorie ist entscheidungsorientiert."[343]

Der homo oeconomicus beginnt sozusagen seinen nutzenmaximierenden Raubzug.[344] Doch was nutzt ihm eigentlich? Der Begriff Nutzen ist bisher so abstrakt formuliert, dass es sich um eine leere Worthülse handelt, solange er nicht weiter durch Zielgrößen konkretisiert wird.[345] Hier sind prinzipiell viele Kandidaten (Gewinne, Einkommen, Vermögen, Umsätze, ...) denkbar, letztendlich ist aber der Konsumstrom als Repräsentant

[334] Seit Anfang des 20. Jahrhunderts, vgl. Schmidt und Terberger (2006), S. 10.
[335] Ein Beispiel dazu ist Schmalenbach und Bauer (1961), S. 88.
[336] Vgl. Matschke und Matschke (1993), S. 34.
[337] Vgl. Ballmann (1954), S. 5.
[338] Vgl. Schmidt und Terberger (2006), S. 33.
[339] Vgl. Schmidt und Terberger (2006), S. 34.
[340] Ab den 60er Jahren , vgl. Schmidt und Terberger (2006), S. 40.
[341] Vgl. Schmidt und Terberger (2006), S. 40.
[342] Vgl. Schmidt und Terberger (2006), S. 42.
[343] Schmidt und Terberger (2006), S. 51.
[344] Soll natürlich keineswegs wertend sein, auch wenn das Konzept des homo oeconomicus viel Kritik erfahren hat, beispielsweise seine "Hyperrationalität" oder sein Egoismus, die unberechtigt sind, vgl. Schmidt und Terberger (2006), S. 41. Die Spezies der Modellwelt unterstellt bereits Fisher (1930), S. 117, wenn er beispielsweise als Antriebsmotor hin zum Gleichgewicht des Zinses die Gewinnmaximierung der einzelnen Wirtschaftssubjekte beschreibt.
[345] Vgl. Schneider (1992), S. 23.

für das Streben der Wirtschaftssubjekte die beste Wahl, denn alle anderen lassen sich auf diesen reduzieren und sind nicht mehr als Mittel zum Zweck (des Konsums).[346]

Konsum ist eine Stromgröße, die durch drei Dimensionen charakterisiert werden kann:[347]

1. die Höhe,
2. die zeitliche Verteilung und
3. die Unsicherheit.

Die Höhe kann in der Einheit Geld bemessen[348] und als "konsumorientiertes" Einkommen verstanden werden.[349] Der bewertete Konsum bildet unter Berücksichtigung seiner zeitlichen Verteilung einen bestimmten Nutzen ab. Dies spiegelt sich auch in der Zielbildung der Unternehmen wider. Die Zielvorschrift der Unternehmen lautet den Nutzen der Wirtschaftssubjekte zu maximieren, wobei die Zielgröße der Konsum seiner Anteilseigner ist.[350]

Die Unsicherheit kann nach herrschender Meinung auf zweierlei Arten berücksichtigt werden.[351] Der Entscheider kann die Dimension in der Abbildung des Konsumstroms auf den Nutzen berücksichtigen (individualistisch) oder er fragt sich, wie diese Unsicherheit von anderen auf einem Kapitalmarkt behandelt werden würde (marktorientiert). Zudem können bei der Abbildung der Zeit und der Unsicherheit Probleme entstehen, wenn mehrere Wirtschaftssubjekte am Entscheidungsprozess beteiligt sind, da die Entscheidungen präferenzabhängig werden.[352] Diese Probleme sind Gegenstand der institutionenorientierten Sichtweise der Investitionstheorie[353] und werden in dieser Arbeit ausgeklammert.[354]

[346] Eine schöne Diskussion dazu findet sich bei Schmidt und Terberger (2006), S. 46-51.

[347] Vgl. Schmidt und Terberger (2006), S. 50 oder Fisher (1930), S. 10, 71 der noch zusätzlich die Zusammensetzung aufführt, wenn man annimmt, dass man alles in Zahlungsäquivalenten ausdrücken kann und alle nicht-finanziellen Aspekte ausgeblendet werden, entfällt dieses Charakteristikum.

[348] Vgl. schon Fisher (1930), S. 6-7 für den Konsum.

[349] Abgrenzung zum Einkommensbegriff des Steuerrechts, vgl. Schneider (1992), S. 65. Und auch hierzu schon Fisher (1930), S. 10-12.

[350] Diese Aussage ist nur richtig, solange die Organisation von Entscheidungsproblemen und damit Agent-Prinzipal-Konflikte ausgeklammert werden. Aber wie Schneider (1992) auf S. 26 in diesem Kontext so schön schreibt: "Heroische Vereinfachungen sind die Muttermilch der Theorie"; zu der Aufgliederung der Zielbildung ebenda, S. 26-27. Nicht zu verwechseln mit den Zielgrößen innerhalb des Modells, die Schneider (1992) auf den S. 65-66 als Vermögens-, Entnahme- und Wohlstandsstreben identifiziert und feststellt, dass sie sich nur unter gewissen Voraussetzungen gleichen. So bereits die Sichtweise von Fisher (1930), vgl. Hirshleifer (1958), S. 339.

[351] Vgl. Kruschwitz und Löffler (2002), S. 1.

[352] Vgl. Terberger (1997), S. 55.

[353] Vgl. Terberger (1997), S. 55-77.

[354] Siehe FN 350.

Unter obigen Voraussetzungen kann Investition als Handlung verstanden werden, die den Konsumstrom in bestimmter Weise transformiert.[355] Wird die Höhe des Konsumstroms mit Einkommen bemessen und werden alle anderen Aktivitäten, die zur Veränderung des Konsumstroms führen, vernachlässigt, so bildet sich die Investition im Modell durch Veränderung der Zahlungsströme ab und kann durch Betrachtung dieser näher untersucht werden.[356]

Diese Denkweise schlägt sich im "zahlungsorientierten" Investitionsbegriff, der die Investition als Handlung, die zu verschiedenen Zeitpunkten zuerst Auszahlungen, danach Einzahlungen verursacht, beschreibt.[357] Da die Besteuerung den Zahlungsstrom als Auszahlung beeinflusst,[358] beeinflusst sie damit die Investitionen. Da der Investitionsbegriff entscheidungsorientiert ist, werden damit auch Unternehmensentscheidungen beeinflusst. Eine Untersuchung des Einflusses der Besteuerungsasymmetrien auf die Unternehmensentscheidungen kann somit durch die Untersuchung des Einflusses auf die Investitionen vorgenommen werden.

Nachfolgende Betrachtungen werden unter Sicherheit vorgenommen. Sicherheit wird durch die vollkommene Informationslage des Entscheiders verursacht und führt zu sicheren zukünftigen Ergebnissen. Der Unternehmer kann seine Entscheidungen deterministisch fällen, da alle zukünftigen Entscheidungsparameter vorab bestimmt sind.

Die Besteuerung von Investitionen kann sich unter Sicherheit unterschiedlich auswirken.[359] Um Aussagen bezüglich des Einflusses der Besteuerung auf Investitionen treffen zu können, ist sich die betriebswirtschaftliche Forschung einig,[360] dass es eines Nullpunkts oder anders ausgedrückt eines Eichstrichs bedarf. Erst dadurch sind Aussagen möglich, ob eine bestimmte Ausgestaltung eines Steuersystems die Investitionstätigkeit hemmt oder fördert.[361] Ein investitionsneutrales Steuersystem ist Ausgangspunkt jedes Messkonzepts, welches Aussagen über den Einfluss einer Besteuerung treffen will.

Entscheidungsneutralität hat verschiedene Gesichter.[362] Wenn im Folgenden die Einflusslosigkeit der Besteuerung auf Investitionsentscheidungen gefordert wird, so wird darunter verstanden, dass die Besteuerung keinen Einfluss auf unternehmerische Investitionsent-

---

355 Vgl. Terberger (1997), S. 51.
356 Vgl. ebenda, S. 51.
357 Stellvertretend Kruschwitz (2003), S. 4; Schneider (1992), S. 20; Schmidt und Terberger (2006), S. 52.
358 Bei einem sofortigen Verlustausgleich sogar die Einnahme.
359 Vgl. Haase (2010), S. 197 - 202.
360 Zum Beispiel die Begründung bei Schneider (1992), S. 251.
361 Vgl. Schneider (1992), S. 194.
362 Vgl. dazu die Klassifikation der Entscheidungsneutralität in König und Wosnitza (2004), S. 143 f. oder Schanz und Schanz (2011), S. 160.

scheidungen hat. Freilich sind die Einflüsse der Besteuerung auf die Unternehmer und damit seine Investitionsentscheidungen sehr vielfältig, man denke zum Beispiel an die psychologischen Einflüsse. Damit eine Untersuchung der Einflüsse auf Investitionsentscheidungen möglich ist, müssen weitere einschränkende Annahmen getroffen werden.

Einflusslosigkeit der Besteuerung kann letztendlich nur in einer Modellwelt zufriedenstellend gefordert werden, in der die Handlungsziele der Unternehmer genügend konkretisiert sind. Meist wird das Modell eines vollkommenen und vollständigen Kapitalmarkts unterstellt, so auch hier, auch wenn vorerst auf diese Annahme verzichtet wird, um den Einfluss der Asymmetrien auf Investitionen genauer lokalisieren zu können. In dieser Welt kann die Bedingung eines investitionsneutralen Steuersystems als eine Besteuerung beschrieben werden, die die Kapitalwerte der Investitionen nicht beeinflusst,[363] oder zumindest nicht ihre Reihenfolge (gleichwertig mit unternehmerischen Handlungen) verändert, d. h. keinen Einfluss auf die Investitionsentscheidungen eines Unternehmens hat, wenn dieses alleine seine Gewinne maximiert.

Es ist zu betonen, dass nachfolgend der Einfluss der asymmetrischen Besteuerung auf die Investitionsentscheidungen bestimmt und nicht ein ideales Steuersystem entwickelt wird.

10.2 Investitionsneutrale Steuersysteme

Von besonderem Interesse ist nachfolgend nicht die Besteuerung insgesamt, sondern hauptsächlich die Asymmetrie der Besteuerung. Stellvertretend wird der Einfluss der Verlustverrechnung der Besteuerung auf Investitionsentscheidungen untersucht. Die Aussage, ob eine symmetrische Verlustverrechnung eine Bedingung für die Investitionsneutralität darstellt, kann nicht losgelöst von der Definition der Bemessungsgrundlage erfolgen. So ist beispielsweise eine Kopfsteuer offensichtlich investitionsneutral, da sie unabhängig von den Investitionen erhoben wird, obwohl sie auf keine Verlustverrechnung angewiesen ist.

Unter Sicherheit gibt es unendlich viele investitionsneutrale Steuersysteme.[364] Ein Steuersystem gilt im Kontext der Zielgröße des Kapitalwerts als investitionsneutral, wenn der nachsteuerliche Kapitalwert mit dem vorsteuerlichen Kapitalwert:

- streng monoton wachsend verknüpft ist und

[363] Vgl. Kwon (1983), S. 82.
[364] Vgl. König und Wosnitza (2004), S. 186; Kwon (1983), S. 84.

- $f(0) = 0$ gilt.[365]

Zudem ist es sinnvoll die funktionale Verknüpfung auf linear homogene Transformationen zu beschränken, da andernfalls die Steuerbelastungshöhe von der Einteilung der Investitionsobjekte abhängen würde.[366]

Die bekanntesten Spezialfälle sind:

- die Cashflow-Besteuerung,
- die zinsbereinigte Einkommensbesteuerung und
- die Besteuerung des ökonomischen Gewinns.

Die Cashflow-Besteuerung wurde von Brown (1948) vorgeschlagen.[367] Hier wird im Prinzip der Kapitalwert besteuert.[368] Die Anschaffungsauszahlung der Investition führt bei der Cashflow-Besteuerung zu einer Sofortabschreibung.[369] Die Einzahlungsüberschüsse werden mit dem proportionalen Steuersatz einheitlich besteuert.[370] Die Sofortabschreibung am Anfang der Investition macht das Besteuerungssystem besonders "stark" von der Prämisse der sofortigen Verlustverrechnung abhängig.[371] Der Kapitalmarktzins unterliegt nicht der Besteuerung.[372] Die deutsche Ertragsbesteuerung weicht in folgenden wichtigen Punkten von diesem Konzept ab:[373]

- Die Bemessungsgrundlage ist nicht der Einzahlungsüberschuss, sondern der Gewinn nach §§ 4 Abs. 1, 5 Abs. 1 EStG,[374] der sich aus der Reinvermögensrechnung ergibt.[375]
- In der Regel ist keine Sofortabschreibung möglich.

365 Vgl. Schanz und Schanz (2011), S. 165.
366 Vgl. König und Wosnitza (2004), S. 156.
367 Vgl. Brown (1948) und später von Smith (1963), Meade (1978) und Boadway, Bruce und Mintz (1983) wiederentdeckt und erweitert.
368 Vgl. König und Wosnitza (2004), S. 156.
369 Vgl. Smith (1963), S. 90.
370 Vgl. König und Wosnitza (2004), S. 157.
371 Vgl. Kwon (1983), S. 85; Boadway, Bruce und Mintz (1983), S. 49.
372 Vgl. Schneider (1990), S. 455.
373 Vgl. König und Wosnitza (2004), S. 162 f.
374 An diese Größe knüpfen auch die Körperschaft- und Gewerbesteuer an. Der Solidaritätszuschlag auf die Einkommen- oder Körperschaftsteuer basiert ebenfalls indirekt als Zuschlagssteuer auf dieser Größe.
375 Eine Ausnahme stellt die Gewinnermittlung nach § 4 Abs. 3 dar, allerdings sind i. d. R. auch hier keine Sofortabschreibungen möglich.

- Kapitalmarktzinsen, die bei der Cashflow-Besteuerung steuerfrei sind, sind in Deutschland ertragsteuerlich relevant.

Hinter der zinsbereinigten Einkommensbesteuerung verbirgt sich eine Spielart der Cashflow-Besteuerung.[376] Abweichend von der Cashflow-Besteuerung ist keine anfängliche Sofortabschreibung notwendig, dafür sind Abschreibungen und die Verzinsung des Restbuchwerts vom Einzahlungsüberschuss abzugsfähig.[377] Der Barwert dieser Abzüge entspricht der sofortigen Abschreibung der Cashflow Besteuerung.[378] Ist ein sofortiger Verlustausgleich ausgeschlossen,[379] aber eine intertemporale Verrechnung von Verlusten zugelassen, erhöht ein Verlustvortrag das Eigenkapital und damit die Verzinsung darauf, sodass selbst beim Fehlen einer sofortigen Verlustverrechnung die Besteuerung investitionsneutral bleibt.[380] In Deutschland finden sich keine Elemente der zinsbereinigten Einkommensbesteuerung, aber in vielen anderen Ländern, wie Dänemark, Schweden, Finnland und Brasilien.[381] Die zinsbereinigte Besteuerung umgeht die Steuerumgehungsanfälligkeit der Cashflow-Besteuerung und die hohen Informationserfordernisse der nachfolgenden Besteuerung des ökonomischen Gewinns.[382]

Ein künstliches Steuersystem, das die Eigenschaft der Investitionsneutralität ebenfalls erfüllt, ist die Besteuerung des ökonomischen Gewinns[383], der auf Preinreich (1951) zurückgeht. Die Besteuerung des ökonomischen Gewinns ist niveauinvariant,[384] da exakt der kapitaltheoretische Gewinn besteuert wird, und daher die zinstragende Alternativanlage und die Investition identische Bemessungsgrundlagen haben.[385] Wird der ökonomische Gewinn besteuert, hat die Besteuerung keinen Einfluss auf den Kapitalwert, weil sich die Einflüsse gegenseitig aufheben und Alternativanlage und Investition gleichermaßen von der Besteuerung getroffen werden.[386] Bei der Besteuerung des ökonomischen Gewinns handelt es sich um eine Einkommensbesteuerung, auch wenn sie nur wenig mit der deut-

376 Vgl. Schanz und Schanz (2011), S. 183. Ein tabellarischer Vergleich der beiden Steuersysteme findet sich ebenda, S. 195 oder bei Schneider (1992), S. 235.
377 Vgl. Boadway und Bruce (1984), S. 236.
378 Vgl. Boadway und Bruce (1984), S. 234.
379 Obwohl ursprünglich so gefordert, vgl. Boadway und Bruce (1984), S. 234.
380 Vgl. Schanz und Schanz (2011), S. 191.
381 Vgl. Schanz und Schanz (2011), S. 195-199 mit weiteren Beispielen. Eine übersichtliche Fortentwicklung in europäischen Ländern findet sich bei Panteghini (2001b), S. 208 f.
382 Vgl. Boadway und Bruce (1984), S. 231 f.
383 Warnende Worte gegen diese Benennung finden sich bei Schneider (1992), S. 219, da der Begriff zu allgemein sei, er schlägt alternativ kapitaltheoretischer Gewinn vor.
384 Vgl. Samuelson (1964), S. 604.
385 Vgl. Schneider (1992), S. 226.
386 Vgl. König und Wosnitza (2004), S. 163 f.

schen Besteuerung gemeinsam hat.[387] Sie ist vielmehr Explikation der römisch-rechtlichen Frucht- und Quellentheorie[388] und als solche sehr gut inhaltlich interpretierbar.

Dieses Besteuerungskonzept wird hier als Ausgangspunkt nachfolgender Untersuchung der Verlustverrechnung gewählt, da es eine Variante der Einkommensbesteuerung ist, auf welche in dieser Arbeit ein Schwerpunkt gelegt wird.[389]

10.3 Ökonomischer Gewinn

Zunächst ist zu klären, inwiefern die Besteuerung des ökonomischen Gewinns bestimmte Verlustverrechnungsvorschriften voraussetzt, damit die Besteuerung investitionsneutral bleibt. Diese Frage ist keineswegs unumstritten.[390] Schneider isoliert die Bedingung, dass der Verlustvortrag doch von Nöten sei, wenn späteren Ausgabenüberschüssen nicht genügend Einnahmenüberschüsse gegenüberstünden.[391] Ein weiterer Hinweis findet sich in der Literatur bei Wenger (1983), der die Gleichmäßigkeit der Besteuerung des ökonomischen Gewinns untersucht und hier die Äquivalenz der Forderung nach Investitionsneutralität nachweist und als Ergebnis hat, dass im Falle des ökonomischen Gewinns die oft geforderte lineare Tariffunktion relaxiert werden kann.[392] Da die Asymmetrien oben über nicht-lineare Teilsteuerfunktionale definiert werden und die Argumentation bei Wenger (1983) keine weiteren Anforderungen an die funktionale Form des Tarifs stellt, spricht dies für die Interpretation bei Kwon (1983). Letzterer konstatiert, dass die Besteuerung des ökonomischen Gewinns keine bestimmte Verlustverrechnung voraussetzt.

Einigkeit herrscht in dem Punkt, dass der ökonomische Gewinn nicht in dem Maß auf Verlustverrechnungsvorschriften angewiesen ist, wie z. B. die Cashflow-Steuer.[393] Heute scheint eine symmetrische Besteuerung als eine Grundvoraussetzung einer entscheidungsneutralen und damit investitionsneutralen Besteuerung zu gelten.[394] Eine barwertgleiche Umperiodisierung des Verlustausgleichs durch einen verzinslichen Verlustvortrag kann das

[387] Vgl. Schneider (1990), S. 455.

[388] Vgl. Schneider (1987), S. 381-384 oder Schneider (1992), S. 228.

[389] Ähnliche Argumentation z. B. Wosnitza (2000), S. 768, der die Argumentation für die Untersuchung der Einkommensteuer führt, welche letztendlich ja auch Grundlage der Ermittlung der anderen Unternehmenssteuern ist.

[390] Vgl. Kwon (1983), S. 86 und anderer Meinung mit Gegenbeispiel Schneider (1992), S. 223 in FN 29.

[391] Vgl. Schneider (1990), S. 457. Ob bei Gültigkeit der Bedingung noch von einem Anlagegut geredet werden kann, bleibt in meinen Augen zu diskutieren. Oder Schneider (1992), S. 213-215, 267 ff.

[392] Vgl. Wenger (1983), S. 218, 231 f.

[393] Vgl. Schneider (1992), S. 223 oder Schneider (1990), S. 457.

[394] Vgl. Wosnitza (2000), S. 770.

Problem der sofortigen Verlustverrechnung bei den neutralen Besteuerungssystemen in vielen Fällen umgehen,[395] aber nicht in allen.[396]

Als Zwischenergebnis kann festgehalten werden, dass die Besteuerung des ökonomischen Gewinns auf die sofortige Verlustverrechnung angewiesen sein soll und als eine Bedingung gilt, damit die Besteuerung des ökonomischen Gewinns allgemein investitionsneutral ist. Im Folgenden wird gezeigt, dass die Besteuerung des ökonomischen Gewinns nicht unbedingt eine symmetrische Verlustverrechnung voraussetzt. Erst Arbitrageargumente relativieren diese Aussage schließlich wieder, sodass bei einer Marktbewertung eine symmetrische Verlustverrechnung vorliegen muss, damit die Besteuerung des ökonomischen Gewinns keine Bewertungsänderung und damit keinen Einfluss auf die Investitionsentscheidungen auslöst. Die Aufteilung des Problems in ein einzelwirtschaftliches und Marktteilprobleme ist in diesem Kontext ungewöhnlich,[397] führt aber letzten Endes im Ergebnis zu einem theoretischen Messkonzept, mit dem es möglich ist, den Einfluss der Asymmetrien auf Investitionsentscheidungen unter Sicherheit zu quantifizieren.

10.3.1 Einzelwirtschaftliche Betrachtung

Der Einfluss der Besteuerung auf das Investitionsverhalten wird nun mithilfe des mikroökonomischen Fisher-Hirshleifer-Modells[398] untersucht. Insbesondere im Zuge der komparativen Statik ist dieses Vorgehen elaboriert,[399] daneben wurde das Modell auch zur Ableitung investitionsneutraler Steuersysteme verwendet.[400] Allerdings wurden in den bisherigen Untersuchungen symmetrische Besteuerungssysteme unterstellt. Hier erfährt

[395] Vgl. Kwon (1983), die Cashflow-Steuer betreffend S. 85 und im Zuge praktischer Umsetzungsüberlegungen für den ökonomischen Gewinn S. 86. An dieser Stelle soll darauf hingewiesen werden, dass die Besteuerung mit einem verzinslichen Verlustvortrag allerdings nach der Definition sowieso symmetrisch wäre, solange die Verlustvorträge endgültig verrechnet werden können. Nichts anderes als eine Umperiodisierung stellt auch die zinskorrigierte Einkommensteuer dar, s. o. Eine andere Möglichkeit wäre die Handelbarkeit von Verlusten, wie sie von Schneider (1992), S. 271 vorgeschlagen wird.

[396] Das Beispiel 6 in Schneider (1992), S. 223 würde z. B. wieder ins Leere laufen, da nach den Verlusten nicht mehr genügend Gewinne folgen, mit welchen der verzinste Verlustvortrag verrechnet werden könnte.

[397] Hinweise, die so ein Vorgehen rechtfertigen, finden sich z. B. bei Schneider (1992), S. 567, der in einem anderen Kontext (zur Finanzierungstheorie) vermutet, dass Probleme oft aus der Vermischung der einzelwirtschaftlichen Sphäre und Marktsphäre resultieren. Vielleicht ein Grund der voranstehenden widersprüchlichen Aussagen in der Literatur? Eine weitere Begründung ist, dass die Zerlegung in Teilprobleme eine allgemein elaborierte wissenschaftliche Methode darstellt, vgl. Descartes (1975), Kap. II Vier Regeln (die zweite seiner vier Regeln der Wahrheitsfindung, die er aus der Analysis und Algebra entlehnt). Und die Beste aller Begründungen sind die Ergebnisse!

[398] Vgl. Fisher (1930) sowie Hirshleifer (1958); eine anschauliche Zusammenfassung findet sich beispielsweise in Schneider (1992), S. 118-123.

[399] Vgl. Schanz und Schanz (2011), S. 11-128.

[400] Vgl. König und Wosnitza (2004), S. 145-154.

das Modell eine Erweiterung indem auch asymmetrische Besteuerungssysteme zugelassen werden. Mithilfe der Erweiterung wird nachgewiesen, dass der ökonomische Gewinn auch unter asymmetrischer Besteuerung investitionsneutral bleibt, solange von Marktargumenten abstrahiert wird.

Im Fisher-Hirshleifer-Modell werden simultan Investitions- und Konsumentscheidungen betrachtet.[401] Es gelten die Standardannahmen der Haushaltstheorie:[402]

- Die Annahme der Existenz von Präferenzen stellt sicher, dass verschiedene (Güter-) Konsumbündel vergleichbar sind.[403]
- Die Transität garantiert Konsistenz, was sich grafisch dadurch äußert, dass sich die Indifferenzkurven nicht schneiden.[404]
- Die Voraussetzung der Nichtsättigung postuliert, dass ein Entscheider sich bei sonst gleichbleibenden Gütermengen im Güterbündel durch die Erhöhung der Menge eines Gutes stets besser stellt.[405]
- Um Tauschbereitschaft zu gewährleisten, muss zu jedem Güterbündel die Besser- und Schlechtermenge abgeschlossen sein. Diese Bedingung entspricht der Stetigkeit.[406]
- Die Grenzrate der Substitution nimmt ab. Grafisch bedeutet das, dass die Indifferenzkurve von unten streng konvex ist.[407]

10.3.1.1 Ohne Steuern

Im nachfolgenden Modell handelt es sich um eine intertemporale Entscheidung mit Budget-Restriktion.[408] Es wird von einem rationalen Entscheider ausgegangen, der versucht seinen Nutzen (U) über ein gegebenes Vermögen (W_1) zu maximieren. Das Problem lässt sich wie folgt formulieren:

[401] Vgl. Hirshleifer (1958), S. 352 oder König und Wosnitza (2004), S. 7.
[402] Vgl. Reiß (2007), S. 249 f. oder König und Wosnitza (2004), S. 7.
[403] Vgl. Reiß (2007), S. 228.
[404] Vgl. Schneider (1995), S.17, S. 23 f.; über die Wichtigkeit dieser Grundvoraussetzung Neumann und Morgenstern (1953), S. 19 f.
[405] Vgl. König und Wosnitza (2004), S. 136.
[406] Vgl. Reiß (2007), S. 236.
[407] Vgl. allgemein Reiß (2007), S. 239-241 oder König und Wosnitza (2004), S. 13. Eine intuitive Erläuterung dazu findet sich für intertemporale Entscheidungen bei Varian (2001), S. 175.
[408] Vgl. dazu Varian (2001), S. 172-191.

$$\mathscr{L} = U(C_1, C_2) + \lambda \cdot (W_1 - C_1 - ...) \qquad (10.1)$$

Der Nutzen wird rein monetär abgewogen, der Konsum (C_t) wird durch Zahlungen repräsentiert. Der rationale Entscheider kann Konsum (Zahlungen) im ersten Zeitpunkt über eine Finanzanlage (F_t) oder ein Investitionsobjekt (I_t) in die zweite Periode transformieren. Er kann sein Vermögen im Zeitpunkt 1 entweder konsumieren, anlegen oder investieren.[409]

$$0 = W_1 - F_1 - I_1 - C_1 \qquad (10.2)$$

Am Ende der Zeitpunkts 2 wird das gesamte Vermögen konsumiert sein.

$$W_2 = 0 \qquad (10.3)$$

Das heißt, der Konsum im Zeitpunkt 2 ist durch die Erträge der Anlage und Investition vorgegeben. Die Anlage erwirtschaftet eine Rendite i.H.v. r,[410] die Transformationsfunktion der Investition hat eine abnehmende positive Steigung[411] und wird darüber hinaus nicht weiter bestimmt.[412]

$$C_2 = (1 + r) \cdot F_1 + f(I_1) \qquad (10.4)$$

409 Die Unterscheidung in Anlage in eine Finanzinvestition und Investition in eine Realinvestition geht auf Fisher (1930) zurück, vgl. Hirshleifer (1958), S. 331. Allerdings wird in meiner Arbeit die Existenz des Kapitalmarkts bei der Finanzinvestition vorerst ausgeklammert.

410 Es wird von der Existenz eines Kapitalmarktes abstrahiert. Man stelle sich Robinson Crusoe vor, der in diesen Modellen oft geradestehen muss, welcher Freitag trifft, der anbietet ihm seine Bananensamen mit der Rendite r zu verzinsen. Falls Robinson Crusoe will, kann er aber auch Bananensamen zu diesem Preis leihen. Freitag hat nämlich mehr als genügend Bananensamen und arbeitet anfangs vielleicht nicht so produktiv wie Robinson dafür aber unabhängig von der Menge seiner Bananensamen. Robinson Crusoe steht also vor der Entscheidung: produziert er weiter Bananensamen, legt er welche bei Freitag an/leiht sich dort welche, oder isst er sie?

411 Das impliziert, dass die Investitionsmöglichkeiten voneinander unabhängig sind; eine Diskussion der Folgen wenn dies nicht gegeben ist, findet sich bei Hirshleifer (1958), S. 341 f. Siehe dazu auch die nächste Fußnote.

412 Die Investitionsfunktion kann als Repräsentation vieler Investitionsmöglichkeiten angesehen werden, wobei diese der Rendite nachgeordnet sind, so schon Hirshleifer (1958), S. 331; ein anschauliches Beispiel in Schneider (1992), S. 121.

Obiges Optimierungsproblem ist also konvex, da:

- von einer Nichtsättigung des Entscheiders mit abnehmendem Grenznutzen in der Zielfunktion ausgegangen wird[413] sowie
- von einer steigenden Investitionsfunktion mit abnehmenden Erträgen in der Nebenbedingung.[414] Durch Einsetzen von 10.4 in 10.1 konkretisiert sich das konvexe Optimierungsproblem:

$$\frac{\partial U(C_1, C_2)}{\partial C_t} > 0, \forall t \in \{1, 2\} \tag{10.5}$$

$$\frac{\partial^2 U(C_1, C_2)}{\partial C_t^2} < 0, \forall t \in \{1, 2\} \tag{10.6}$$

$$\frac{\partial f(I_1)}{\partial I_1} > 0, \frac{\partial^2 f(I_1)}{\partial I_1^2} < 0$$

Ferner wird unterstellt, dass ein heutiger Konsum mehr Nutzen stiftet, als ein gleich hoher in der Zukunft, d. h. die Grenzrate der Substitution, die bei intertemporalen Entscheidungen Zeitpräferenzrate heißt, ist positiv.[415]

$$\frac{\partial C_1}{\partial C_2} > 0 \tag{10.7}$$

Der zu lösende Lagrange-Ansatz lautet:

$$\mathscr{L} = U(C_1, (1 + r) \cdot F_1 + f(I_1)) + \lambda \cdot (W_1 - C_1 - F_1 - I_1) \tag{10.8}$$

Gesucht werden die optimalen Parameter C_1 und I_1 oder C_1 und F_1. W_1 ist dabei exogen vorgegeben. Damit ergeben sich folgende Nebenbedingungen durch Gleichsetzen der Ableitung mit null:

$$\frac{\partial \mathscr{L}}{\partial C_1} = \frac{\partial U}{\partial C_1} - \lambda = 0 \tag{10.9}$$

---

[413] Diese gängige Annahme wird erstes Gossensches Gesetz genannt und wurde von Gossen (1854) auf den S. 4 f. erstmals formuliert.

[414] Es handelt sich dabei um eine Standardannahme, stellvertretend König und Wosnitza (2004), S. 14.

[415] Vgl. Schmidt und Terberger (2006), S. 101.

$$\frac{\partial \mathscr{L}}{\partial I_1} = -\lambda - f'(I_1) \cdot \frac{\partial U}{\partial C_2} = 0 \tag{10.10}$$

$$\frac{\partial \mathscr{L}}{\partial F_1} = -\lambda - (1+r) \cdot \frac{\partial U}{\partial C_2} = 0 \tag{10.11}$$

Und als Lösung des Gleichungssystems ergibt sich:

$$\frac{\frac{\partial U}{\partial C_1}}{\frac{\partial U}{\partial C_2}} = \frac{\partial C_2}{\partial C_1} = -f'(I_1) = -(1+r) \tag{10.12}$$

Die Bedingung in 10.12 gibt die wohlbekannte Optimalbedingung für den Parameter I_1 an: Wähle solange die Investition bis ihr Grenzerlös den der Finanzalternative erreicht.[416]

10.3.1.2 In einer Welt mit Steuern

Nachfolgend wird das Modell um eine allgemeine Besteuerung erweitert:

$$T\left(g\left(f\left(I_1\right)\right) + r \cdot F_1\right) \tag{10.13}$$

- Funktion g bildet die wirtschaftlichen Bezugsgrößen $f\left(I_1\right) = x_1$ und $F_1 = x_2$ in die Bemessungsgrundlagenteile $g(x_i) = b_{j,i}, i \epsilon (1,2)$ ab, vgl. Beziehung 4.4. Da die Abbildung dem ökonomischen Gewinn entsprechen soll, kann für $g(F_1) = r \cdot F_1$ geschrieben werden. Für die Realinvestition bleibt die Abbildung vorerst abstrakt formuliert.

- Die Zinsen sind auf der einen Seite von der Bemessungsgrundlage abziehbar und auf der anderen werden sie identisch besteuert. Die Zinsbehandlung ist für Ertragsteuersysteme typisch, wenn keine Thin-Capitalization-Rules (die wiederum selbstständige Asymmetrien darstellen) greifen. Das gilt auch für die deutsche Besteuerung, wenn die Finanztitel im Betriebsvermögen liegen und die Freigrenze der Zinsschranke nicht überschritten wird. Wegen der symmetrischen Behandlung der Zinsen des

[416] Im Robinson Crusoe Beispiel würde die Empfehlung lauten: "Säe solange selbst bis der anfänglich langsamere Freitag produktiver ist." Mit anderer Methode zum gleichen Ergebnis gelangt auch Fisher (1930), S. 514 f., wenn er herausfindet, dass die interne Rendite der Investition im Optimum dem Zinssatz entsprechen muss.

angenommenen Falls müssen für $g(F_1)$ keine weiteren Vorkehrungen getroffen werden.

Der Lagrange-Ansatz mit der allgemein formulierten Teilsteuerfunktion lautet:

$$\mathscr{L} = U\left(C_1, (1+r)\cdot F_1 + f(I_1) - T\left(g\left(f\left(I_1\right)\right) + r\cdot F_1\right)\right) + \lambda \cdot \left(W_1 - C_1 - F_1 - I_1\right) \tag{10.14}$$

Damit ergeben sich folgende Lagrange Bedingungen:

$$\frac{\partial \mathscr{L}}{\partial I_1} = f'\left(I_1\right)\cdot\left(1 - g'\left(f\left(I_1\right)\right)\cdot T'\left(g\left(f\left(I_1\right)\right) + r\cdot F_1\right)\right)\frac{\partial U}{\partial C_2} - \lambda = 0 \tag{10.15}$$

$$\frac{\partial \mathscr{L}}{\partial F_1} = \left(1 + r - r\cdot T'\left(g\left(f\left(I_1\right)\right) + r\cdot F_1\right)\right)\frac{\partial U}{\partial C_2} - \lambda = 0 \tag{10.16}$$

Durch Auflösen von 10.15 und 10.16 nach λ und Gleichsetzen ergibt sich die simultane Bedingung:

$$\left(1 + r\left(1 - T'\left(g\left(f\left(I_1\right)\right) + r\cdot F_1\right)\right) - f'\left(I_1\right)\left(1 - T'\left(g\left(f\left(I_1\right)\right) + r\cdot F_1\right)g'\left(f\left(I_1\right)\right)\right)\right)\frac{\partial U}{\partial C_2} = 0 \tag{10.17}$$

Dieser Zusammenhang gilt für die Besteuerung des ökonomischen Gewinns sehr allgemein, wie leicht gezeigt werden kann, wenn folgende Zusammenhänge, die bei der ökonomischen Gewinnbesteuerung gelten müssen, berücksichtigt werden:

- Für die Grenzinvestition muss im Optimum $f'\left(I_1^*\right) = 1 + r$ gelten, denn hier ist der Entscheider indifferent zwischen einer Anlage in die Real- oder Finanzinvestition. Dies ist die Bedingung der vorsteuerlichen optimalen Aufteilung, vgl. Gleichung 10.12.

- Die Bemessungsgrundlage ist der ökonomische Gewinn. Die Auszahlungen der Realinvestition $f(I)$ werden daher nach folgender Vorschrift abgebildet: $g'\left(f\left(I_1\right)\right) = \frac{r}{1+r}$. An die Teilfunktion werden sonst keine weiteren Bedingungen gestellt.

Werden die Zusammenhänge in obige Gleichung eingesetzt, ergibt sich:

$$1+r\left(1-T'\left(\underbrace{g\left(f\left(I_1\right)\right)+r\cdot F_1}_{\ddot{o}G}\right)\right)=(1+r)\left(1-T'\left(g\left(f\left(I_1\right)\right)+r\cdot F_1\right)\left(\frac{r}{1+r}\right)\right) \tag{10.18}$$

Weitere elementare Umformungen führen zu:

$$1+r-r\cdot T'\left(\ddot{o}G\right)=(1+r)-(1+r)\cdot T'\left(\ddot{o}G\right)\left(\frac{r}{1+r}\right) \tag{10.19}$$

$$T'\left(\ddot{o}G\right)=T'\left(\ddot{o}G\right) \tag{10.20}$$

Das Ergebnis 10.20 bedeutet, dass die Besteuerung des ökonomischen Gewinns investitionsneutral ist, unabhängig davon, welche Form das Teilsteuerfunktional hat. Solange die wirtschaftliche Bezugsgröße über den ökonomischen Gewinn mit der Tariffunktion verknüpft ist, bleibt die optimale Aufteilung in Real- und Finanzinvestition von der Besteuerung unberührt. Diese Aussage ist nicht auf eine symmetrische Besteuerung begrenzt.

Der ökonomische Gewinn ist nicht auf einen sofortigen Verlustausgleich angewiesen, solange die Finanzinvestition und ihre Besteuerung vorgegeben sind und von einem Kapitalmarkt abstrahiert wird. Das Ergebnis kann ohne Weiteres intuitiv nachvollzogen werden.[417] Wenn die Bemessungsgrundlage der Realinvestition der ökonomische Gewinn ist, entsprechen sich die Bemessungsgrundlagen von Real- und Finanzinvestition, dadurch spielt die Form der Tarifvorschrift keine Rolle.

Einen anderen Zugang zu diesem Ergebnis über graphische Herleitungen sind im Anhang A.3 dargestellt.

[417] So z. B. Schneider (1992), S. 242, wenn er schreibt: "Das Grundmodell des kapitaltheoretischen Gewinns ist steuersatzunabhängig. Es lässt also neben konstanten Grenzsteuersätzen auch progressive zu, ohne die Allokation knapper Mittel zu verzerren (...)." Diese Aussage steht allerdings im Widerspruch zu den gefundenen Ergebnissen zur Teilsteuerfunktion, weil die asymmetrische Besteuerung in diesen durch einen veränderbaren Grenzteilsteuersatz ausgedrückt werden kann und zu seinen eigenen Ergebnissen auf der S. 223, wenn er die Ergebnisse von Kwon (1983) ablehnt, dass das Standardmodell keiner symmetrischen Besteuerung bedarf, um seine Investitionsneutralität zu wahren.

10.3.2 Kapitalmarkt

Folgende Prämissen haben sich als Standard in der Investitionstheorie herauskristallisiert:

- Sicherheit
- Vollkommener Kapitalmarkt
- Vollständiger Kapitalmarkt

Maximieren die einzelnen Investoren ihren Nutzen, kann die Investitionsentscheidung separiert (und sogar delegiert) werden.[418] Dieses Herauslösen der Investitionsentscheidung aus dem Komplex vieler anderer Probleme, wie beispielsweise Finanzierungs- und Konsumentscheidungen, gelingt unter Annahmen wie den obigen Prämissen.

Bisher wurde die Finanzinvestition in dieser Arbeit nicht genauer beschrieben,[419] was nun nachgeholt wird. Für Fisher (1930) ist die Finanzinvestition eine Investition in den Kapitalmarkt, dessen Mechanismen er ausführlich beschreibt. Angebot und Nachfrage führen dazu, dass in einem gleichgewichtigen Kapitalmarkt ein einheitlicher Zins herrscht,[420] wobei die Entscheidungen des einzelnen Wirtschaftssubjekts atomistisch sind,[421] d. h. keine Auswirkungen auf den Kapitalmarkt haben. Dadurch kann der Kapitalmarkt als Gerade dargestellt werden, die die beiden konvexen Mengen trennt.[422]

Das Prämissenbündel, unter welchem diese Separation gelingt, wird mit dem Begriff des vollkommenen Kapitalmarkts zusammengefasst. Meinungen darüber, welche Voraussetzungen genau unter dem Mantel des vollkommenen Kapitalmarktes zu versammeln sind, gibt es viele.[423] In dieser Arbeit wird unter dem vollkommenen Kapitalmarkt das Konsiderat der geläufigen Definitionen verstanden,[424] dass da wäre:

- Die Entscheider handeln rational und sind nicht gesättigt.
- Die Marktteilnehmer agieren als Mengenanpasser.
- Es gibt keine Transaktionskosten (außer Steuern).

[418] Vgl. Fisher (1930), Kap. II.VI.65.
[419] Zur Begründung siehe FN 397.
[420] Vgl. Fisher (1930), S. 121.
[421] Vgl. Fisher (1930), S. 100.
[422] Gemeint ist die Investitionsmöglichkeiten- und Konsummenge.
[423] Vgl. Breuer (2012), S. 39.
[424] Vgl. Breuer (2012), S. 39.

Gelten diese Voraussetzungen nicht, so können die Entscheidungen nicht isoliert betrachtet werden. Diese Einschränkung kann für eine Welt nach Steuern insofern gelockert werden, als dass die Aussagen ihre Gültigkeit behalten, solange die Besteuerung keinen Keil zwischen Haben- und Sollzinssatz treibt. Die Untersuchung im Vorkapitel hat sogar gezeigt, dass diese Einschränkungen weiter gelockert werden können, für den Fall, wenn die Finanzinvestitionskurve keine Gerade mehr ist, solange der ökonomische Gewinn besteuert wird. In diesem Fall sind die Investitionsentscheidungen selbst unter einer asymmetrischen Besteuerung, die die Zinsen unterschiedlich hoch besteuert und damit einen Keil in sie treibt, separierbar.

Bisher wurde der Frage nachgegangen, wie die Besteuerung die Unternehmensentscheidungen beeinflusst, ohne sich Gedanken darüber zu machen, welchen Einfluss die Besteuerung selbst auf den vollkommenen Kapitalmarkt (und damit die Unternehmensentscheidungen) hat. Die Vollkommenheit wird in dem Punkt der Besteuerung aufgebrochen, andere Transaktionskosten bleiben weiterhin ausgeschlossen. Dies ist notwendig, weil die Untersuchung der Besteuerung im Modell mit Kapitalmarkt nur sinnvoll ist, wenn diese zugelassen ist.

Der Einfluss der asymmetrischen Besteuerung auf den Kapitalmarkt wurde in der Literatur bisher nur indirekt untersucht,

- zum Einen den der progressiven Besteuerung,
- zum Anderen den der konvexen Besteuerung.

Diese Eigenschaften der Besteuerung sind eng mit der asymmetrischen Besteuerung verwandt.[425]

Schaefer (1982) untersucht die Auswirkungen der Progression auf das Marktgleichgewicht analytisch mit vielen quantitativen Beispielen. Ergebnis ist, dass ein Gleichgewicht ohne zusätzliche Leerverkaufsbeschränkungen ausgeschlossen ist, solange Steuerpflichtige unterschiedlichen Steuersätzen[426] unterliegen und die Besteuerung besonderen Bedingungen folgt.[427] Unbegrenzte Steuerarbitragemöglichkeiten würden ohne die zusätzlichen Beschränkungen ein Gleichgewicht verhindern.[428] Die besondere Besteuerung muss, wenn zu

[425] So weist Schaefer (1982), S. 160 darauf hin, dass die Steuerasymmetrien bei der Zinsbesteuerung mögliche Quelle der Progression sein kann. Allerdings über einen indirekten Effekt im Zusammenspiel mit der Progression, wie aus der Argumentation des Steuer-Swap-Beispiels (von Samuelson (1964), S. 605) in FN 9 gefolgert werden kann. Dennoch zeigt sich auf den S. 171 f., dass er schon nahe mit Steuerasymmetrien, wie sie in dieser Arbeit verstanden werden, argumentiert.
[426] Vgl. Schaefer (1982), S. 159, 175.
[427] Vgl. Schaefer (1982), S. 165 f.
[428] Vgl. Schaefer (1982), S. 160.

mehreren Zeitpunkten ein Handel zugelassen wird, die notwendigen Bedingungen erfüllen, dass die Nachsteuerzahlungen der unterschiedlichen Steuerklassen linear ineinander transformiert werden können.[429] Dieser Bedingung folgt sowohl die Cashflow-Besteuerung[430] als auch die des ökonomischen Gewinns.[431]

Ross (1987) expliziert die Dualität zwischen Arbitragefreiheit sowie positivem Preisfunktional und zeigt die Bedingungen unter welchen bei nichtlinearen Steuertarifen keine lokalen Arbitragegelegenheiten existieren. Die Abwesenheit der lokalen Arbitragegelegenheit wird als - wenn auch schwächere - Bedingung an ein Gleichgewicht in einer Welt mit (nichtlinearer) Besteuerung formuliert. Dabei verhindern lokale Arbitragegelegenheiten nicht per se ein Gleichgewicht, sie müssen in diesem nur verschwunden sein.[432] Ohne Besteuerung bleibt die Differenzierung der Arbitragegelegenheiten in globale, lokale und erweiterbare Arbitragegelegenheiten ergebnislos.[433] Unter Besteuerung existieren implizite Zustandspreise, die verwendet werden können, um nachsteuerliche Zahlungen zu bewerten, wenn es keine lokale Arbitrage gibt.[434] Die Bedingungen an die Preise (bei positiven Zustandspreisen), die gelten müssen, damit es nicht zu lokalen Arbitragegelegenheiten kommt, werden für verschiedene Besteuerungsvarianten analytisch abgeleitet. Neben der einfachen Variante werden diese für unterschiedliche Besteuerung der Akteure, zustandsabhängige Steuerzahlungen und sogar für den Fall, dass Steuergesetze verschiedene Quellen unterschiedlich behandeln, thematisiert.[435]

Dammon und Green (1987) beschäftigen sich mit dem Einfluss differenzierter und progressiver Besteuerung[436] auf Gleichgewichtspreise. Auch bei diesen Autoren ist die Arbi-

[429] Vgl. Schaefer (1982), S. 166.

[430] Schaefer (1982) exponiert in seinem Beitrag die Abwesenheit von Preisarbitrage, vgl. S. 165. Dadurch sind die Eigenschaften der Cashflow-Besteuerung nicht sofort ersichtlich. Der Preis ist durch die sofortige Steuererstattung bei Auszahlung nicht identisch, sondern die Diskontierungssätze. Wird allerdings in der Argumentation der Diskontierungssatz konstant gehalten (weil nicht besteuert) und anstatt dessen ein Einfluss auf den Preis zugelassen, ändern sich die Ergebnisse nicht. Dies erklärt auch das andere Beispiel der Besteuerung des Marktwertes (FN 5), die im Prinzip ebenfalls eine Cashflow-Besteuerung darstellt.

[431] Die Bemessungsgrundlage ist hier der ökonomische Gewinn, der als Verzinsung des Ertragswerts der zukünftigen Zahlungen oder als die um die Ertragswertabschreibung gekürzte vorsteuerliche Zahlung interpretiert werden kann. Der gesamte Ertragswert entspricht im Modell genau dem Preis, sodass die Steuerzahlung auf die Investition als konstanter Abzug in Höhe des Steuersatzes auf den Ertragswert aufgefasst werden kann (reiner Zahlungseffekt, gleichbedeutend mit der Aussage, dass der Kapitalwert beim ökonomischen Gewinn freigestellt wird). Unterscheiden sich die Steuersätze, kann die nachsteuerliche Zahlung durch die lineare Transformation τ_2/τ_1 in die Nachsteuerzahlung der zweiten Steuerklasse überführt werden.

[432] Vgl. Ross (1987), S. 375 f.

[433] Vgl. Ross (1987), S. 377.

[434] Vgl. Ross (1987), S. 378.

[435] Vgl. jeweils Ross (1987), S. 379, 380 f., 381 u. 383. Insbesondere die differenzierte Besteuerung kann in diesen Modellen sehr schön untersucht werden, vgl. Ausführungen im Kapitel 4.6 dieser Arbeit.

[436] Zur Abgrenzung der Asymmetrischen Besteuerung, vgl. Kapitel 4.6.

tragefreiheit die Grundvoraussetzung von Gleichgewichtspreisen. Ihr Ziel ist es, ein Voraussetzungsbündel (an die Wertpapiere und die Besteuerung) zu isolieren, das sicherstellt, dass Arbitragefreiheit ohne Leerverkaufsbedingungen existiert. Dabei knüpft ihre Bedingung nicht an das Nichtvorhandensein lokaler Arbitragen (wie Ross (1987)), sondern die Abwesenheit von Steuerarbitragemöglichkeiten.[437] Die Bedingung ist notwendig und hinreichend für die Existenz eines Gleichgewichts in einem kompetitiven Kapitalmarkt.[438] Ein Vorteil dieses Vorgehens liegt beispielsweise darin, dass die Bedingung auf weniger Informationen zurückgreifen muss.[439] Die Untersuchung erfolgt analytisch mit grafischer Untermalung in einer Edge-Worth-Box.[440]

Basak und Croitoru (2001) zeigen, dass es im Gleichgewicht unter bestimmten Annahmen doch zu Preis- und Steuerarbitragegelegenheiten kommen darf, solange keine Nettoarbitrage gelingt. Letzteres ist Bedingung des Gleichgewichts, d. h. es darf Preisarbitragegelegenheiten geben, wenn sie durch gleich große Steuerarbitragegelegenheiten nivelliert werden.[441] Das hat zur Folge, dass der rationale Entscheider nicht mehr unbedingt seine Steuerzahlungen minimiert um seinen Wohlstand zu maximieren,[442] obwohl weiterhin das aggregierte Steueraufkommen minimiert wird.[443] Außerdem müssen sich selbst bei perfekt substituierbaren Wertpapieren die Grenzsteuersätze nicht mehr entsprechen.[444] Einen Sonderfall stellt die homogene Besteuerung über die Akteure mit linearem Beitrag zur Bemessungsgrundlage dar.[445] Im Modell werden sowohl die Umverteilung als auch der vollständige Steuerabfluss aus dem Modell berücksichtigt.[446] Die Untersuchung wendet Optimierungstechniken auf nichtlineare Märkte an[447] - Methoden der stochastischen Analyse - und modelliert die Unsicherheit durch eine Brownsche Bewegung.[448]

Huang (2005) weist die Existenz eines Gleichgewichts in einem mehrperiodigen Modell mit progressiver Besteuerung nach. Dabei bezieht er eine mögliche Umverteilung durch den Staat in seine Überlegungen mit ein.[449] Im Fokus der Bedingungen steht nicht die

437 Vgl. Dammon und Green (1987), S. 1145, 155-1157.
438 Vgl. Dammon und Green (1987), S. 1158.
439 Vgl. Dammon und Green (1987), S. 1145.
440 Vgl. Dammon und Green (1987), S. 1148.
441 Vgl. Basak und Croitoru (2001), S. 354. Es darf also Fehlbepreisungen geben solange sie sich gegenseitig aufheben.
442 Vgl. Basak und Croitoru (2001), S. 356.
443 Vgl. Basak und Croitoru (2001), S. 349, **365** u. 378.
444 Vgl. Basak und Croitoru (2001), S. 364 f.
445 Vgl. Basak und Croitoru (2001), S. 377.
446 Vgl. Basak und Croitoru (2001), S. 353.
447 Vgl. Basak und Croitoru (2001), S. 349, 356.
448 Vgl. Basak und Croitoru (2001), S. 352 f.
449 Hinweise wie das Gleichgewicht ohne Umverteilung nachgewiesen werden kann, finden sich in Huang (2005) S. 489.

Abwesenheit der Steuerarbitrage (wie bei Dammon und Green (1987)), sondern die Abwesenheit von Nettopreisarbitragemöglichkeit (ähnlich wie Basak und Croitoru (2001)) im Gleichgewicht.[450] Der Beweis kommt mit den Standardannahmen für Präferenzen[451] und Anfangsausstattung aus und schränkt die Form der Steuerfunktionen bis auf die Eigenschaften Stetigkeit und Konvexität nicht weiter ein.[452] Leerverkaufsbeschränkungen werden nicht vorausgesetzt.[453] Die Beweisführung erfolgt analytisch im State-Preference-Framework.[454]

Wilhelm und Schosser (2007) weisen die Existenz eines positiven Bewertungsfunktionals für den Mehrperiodenfall nach. Dazu lassen sie dynamische Handelsstrategien zu.[455] Zusätzlich berücksichtigen sie nicht nur die Besteuerung auf Unternehmensebene, sondern auch auf persönlicher Ebene.[456] Eine Besonderheit stellt die mögliche Kassenhaltung dar, die die meisten anderen Modelle nicht ins Kalkül nehmen.[457] Ergebnis ist, dass das abgeleitete Bewertungsfunktional unter Arbitragefreiheit vom Steuersatz und der Anfangsausstattung abhängen kann,[458] so ist es in jedem Fall bei fehlenden Leerverkaufsbeschränkungen vom Steuersatz abhängig.[459] Werden die Short- und Long-Position unterschiedlich besteuert, sind die Ergebnisse als Preisuntergrenzen zu verstehen.[460] Das Ergebnis beruht ausnahmslos auf Arbitrageüberlegungen und beschäftigt sich nicht weiter mit Gleichgewichten. Es werden konstante Steuersätze angenommen, die sich bei der Besteuerung von Zinsen, Dividenden und Kapitalgewinnen unterscheiden dürfen, aber über die Akteure hinweg homogen sind.[461] Diese Annahme wird später auf zeitlich variable konvexe Abbildungen der wirtschaftlichen Bezugsgrößen auf Steuerzahlungen gelockert.[462] Ergebnis ist eine Bewertungsmethode, die auf Nachsteuerzahlungen und stochastischen Diskontierungsfaktoren beruht.

Agell und Persson (1990) beschäftigen sich mit dem Einfluss der Arbitrage auf progressive Steuertarife. Unter der Prämisse der vollen Umverteilung des konstanten Steueraufkommens und eines nicht-handelbaren exogenen Einkommens leiten die Autoren ab, dass durch

[450] Vgl. Huang (2005), S. 472. Siehe auch die Definition zur starken Arbitragefreiheit auf ebenda, auf S. 477.
[451] Vgl. dazu die Präferenz-Annahmen der Haushaltstheorie in Kap. 10.3.1.
[452] Vgl. Huang (2005), S. 489 f.
[453] Vgl. Huang (2005), S. 472.
[454] Vgl. Huang (2005), S. 473 f.
[455] Vgl. Wilhelm und Schosser (2007), S. 133.
[456] Vgl. Wilhelm und Schosser (2007), S. 142 ff.
[457] Vgl. Wilhelm und Schosser (2007), S. 139 f.
[458] Vgl. Wilhelm und Schosser (2007), S. 134.
[459] Vgl. Wilhelm und Schosser (2007), S. 145.
[460] Vgl. Wilhelm und Schosser (2007), S. 134, 146.
[461] Vgl. Wilhelm und Schosser (2007), S. 142.
[462] Vgl. Wilhelm und Schosser (2007), S. 144.

lokale Arbitragemöglichkeiten der progressive Steuersatz linearisiert wird.[463] Der progressive Steuertarif verringert die Ungleichverteilung der verfügbaren Einkommen, wenn diese als Varianz gemessen wird.[464] Sind die exogenen vorsteuerlichen Einkommen symmetrisch oder linksschief verteilt, führt die Arbitrage sogar zu einer noch "gleicheren" Verteilung der verfügbaren Einkommen, bei rechtsschiefen Verteilungen ist keine eindeutige Aussage möglich.[465]

Raab (1993) untersucht den Einfluss von progressiven Tarifen auf das Gleichgewicht arbitragetheoretisch. Er berücksichtigt unterschiedliche exogene Einkommen, aber keine Umverteilung des Staates.[466] Ist der Markt geräumt, hat der marginale Investor, der den Grenzsteuersatz vorgibt, genau das durchschnittliche exogene Einkommen als Einkommen.[467] Der progressive Steuertarif wird durch Arbitragemechanismen effektiv zu einem proportionalen Tarif in Höhe des marginalen Investors linearisiert.[468] Ergebnis ist, dass der Staat einen Teil seiner Steuereinnahmen durch Steuerarbitrage verliert.[469] Andere Transaktionskosten schirmen den ursprünglichen Tarif wie ein Band um den marginalen Einfluss von Arbitragehandlungen ab, da sich diese nur rentieren, wenn mindestens die zusätzlichen Transaktionskosten als Arbitragegewinn erwirtschaftet werden können.[470]

Die Ergebnisse der Untersuchungen können wie folgt zusammengefasst werden:

- Unbegrenzte Steuerarbitragen verhindern ein Kapitalmarktgleichgewicht.
- Lokale Steuerarbitragen verhindern ein Kapitalmarktgleichgewicht nicht per se, müssen aber im Gleichgewicht verschwunden sein.
- Die Bedingung für ein Kapitalmarktgleichgewicht kann weiter gelockert werden, indem Nettoarbitragen im Gleichgewicht ausgeschlossen werden.
- Selbst bei perfekt substituierbaren Wertpapieren müssen sich die Steuersätze der Marktteilnehmer dann nicht entsprechen.
- Auch in mehrperiodigen Modellen wurden diese Ergebnisse gefunden, solange die Steuerfunktion stetig und konvex ist oder wenn eine Kassenhaltung zugelassen wird

[463] Vgl. Agell und Persson (1990), S. 359.
[464] Vgl. Agell und Persson (1990), S. 359.
[465] Vgl. Agell und Persson (1990), S. 360.
[466] Vgl. Raab (1993), S. 57.
[467] Vgl. Raab (1993), S. 59.
[468] Vgl. Raab (1993), S. 60.
[469] Vgl. Raab (1993), S. 60 f.
[470] Vgl. Raab (1993), S. 66 f.

und die wirtschaftlichen Bezugsgrößen auf Steuerzahlungen zeitlich variabel konvex abgebildet werden.

- Unter der Annahme der vollständigen Umverteilung des Staatsaufkommens werden progressive Tarife linearisiert.
- Ohne eine solche Umverteilung, aber mit Markträumungsbedingung, wurde gezeigt, dass ein progressiver Tarif auf den Steuertarif des marginalen Investors linearisiert wird.
- Unter Progression wird in den Untersuchungen überwiegend die direkte Progression verstanden, die die Konvexität als wichtige Bedingung für die Ergebnisse vertritt.
- Durch die Annahme über den Tarifverlauf, ist die Konvexitätseigenschaft einfach zugänglich. Die Untersuchungen in der Arbeit haben gezeigt, dass auch Teilsteuerfunktionen diese Aufgabe übernehmen können.

Insbesondere mit den Ergebnissen von Raab kann auf den kapitalmarkttheoretischen Einfluss der Besteuerungsasymmetrien geschlossen werden. Bei Markträumung ist der Tarif auf den Steuersatz des marginalen Investors linearisiert (er gibt sogar Hinweise inwiefern andere Transaktionskosten dieses Ergebnis beeinflussen), der das Einkommen $E_0^m = \frac{1}{I} \sum_i E_o^i$ hat.

Mit diesem Ergebnis ist der Steuersatz des marginalen Investors beim Einsatz von Teilsteuerfunktionen noch nicht genügend konkretisiert, weil diese zusätzlich von bestehenden Verlustvorträgen abhängen. Analog zu den Überlegungen bezüglich des Einkommens des marginalen Investors kann für die bestehenden Verlustvorträge abgeleitet werden, dass $V_0^m = \frac{1}{I} \sum_i V_o^i$ gelten muss.

Unterschreiten die kumulierten bestehenden Verlustvorträge aller Marktteilnehmer die kumulierten Gewinne: $\sum_i V_o^i < \sum_i E_o^i$, kann $V_0^m < E_o^m$ gefolgert werden. Da der Verlustvortragsbestand die Asymmetrieachse der Teilsteuerfunktion bestimmt, ist damit der Steuersatz, der für den marginalen Investor gelten muss, gefunden, er lautet schlicht s.

Der Kapitalmarkt verarbeitet die Besteuerungsasymmetrien durch Arbitragemechanismen in der Art, dass im Gleichgewicht der Steuersatz s gelten muss oder anders ausgedrückt, er vergütet Besteuerungsasymmetrien nicht. Dieses Ergebnis hat unmittelbare Folgen für den Einsatz von Gleichgewichtsmodellen zur Ermittlung des Risikozuschlags auf den Kapitalmarktzinssatz unter Untersicherheit. Da Besteuerungsasymmetrien das Gleichgewicht nicht beeinflussen, können Gleichgewichtsmodelle operationalisiert werden, die unter symmetrischer Besteuerung abgeleitet worden sind, um die Wirkungen einer asymmetrischen Besteuerung zu bewerten.

10.4 Anwendung des ökonomischen Gewinns

Wie der ökonomische Gewinn als messtheoretisch gut interpretierbares Werkzeug zur Wirkungsexploration asymmetrischer Vorschriften eingesetzt werden kann, wird nachfolgend mit Beispielen unter Sicherheit gezeigt.

Die Zahlungsreihe, an welcher der ökonomische Gewinn zur Wirkungsexploration verwendet wird, ist aus Schneider (1992), S. 223 entnommen. Mit diesem Beispiel versucht Schneider Kwon (1983) zu widerlegen, der behauptete, dass der ökonomische Gewinn keine sofortige Verlustverrechnung voraussetzt. Die Zahlungsreihe (1) lautet:

	t	0	1	2	C_0
(1)	Q_t	-1000	1200	-110	
(2)	PV_t	-1000	1090,91	-90,9091	0

In den Beispielen wird ein nomineller Steuersatz der Investition von $s = 0,4$ und ein vorsteuerlicher Kapitalmarktzins von $i = 0,1$ unterstellt. Mit diesen Vorgaben ergibt sich (2) ein vorsteuerlicher Kapitalwert $C_0 = 0$.

Als erstes Beispiel werden die Wirkungen der (a)symmetrischen Besteuerung bei der Besteuerung des ökonomischen Gewinns betrachtet.

	t	0	1	2
(1)	Q_t	-1000	1200	-110
(2)	EWA_t	-1000	1100	-100
(3)	$öG_t$	0	100	-10
(4)	Q_t^{sym}	-1000	1160	-106

Vorerst sei die Besteuerung in der realen Welt symmetrisch. Der ökonomische Gewinn (3) ergibt sich durch Ertragswertabschreibung (2) auf den Zahlungsüberschuss (1). Es ergibt sich eine Nachsteuerzahlung (4) von $Q_t^{sym} = Q_t - s \cdot öG$. Der nachsteuerliche Kapitalwert ist $C_0^{sym}(s^*) = \sum_{t=0}^{T} Q_t^{sym} \cdot (1 + i \cdot (1 - s^*))^{-t}$. Der Steuersatz, der am Kapitalmarkt gelten muss, damit $C_0 = C_0^{sym}(s^*)$ gilt, wird effektiver Steuersatz genannt. Im Beispiel ergibt sich $s = s^*$, da die Besteuerung des ökonomischen Gewinns bei der Realinvestition genau die kapitalmarkttheoretischen Gewinne versteuert.

Es ist bekannt, dass die Besteuerung des ökonomischen Gewinns den Kapitalwert einer Investition nicht verändert. Warum ist das so?

Werden die nachsteuerlichen Zahlungen der Investition in der realen Welt am theoretischen Kapitalmarkt repliziert und unterliegen dortige Erträge der kapitalmarkttheoretischen Besteuerung im Gleichgewicht, so heben sich die Besteuerungseffekte der kapitalmarkttheoretischen und der realen Besteuerung genau dann gegenseitig auf, wenn die Erträge in beiden Welten steuerlich gleich behandelt werden.

Im Falle des ökonomischen Gewinns ist sichergestellt, dass ein proportionaler Tarif in beiden Welten auf die gleiche Bemessungsgrundlage bezogen wird. Durch die gleiche Bemessungsgrundlage wird die Investition in beiden Welten gleich behandelt, wenn ein identischer proportionaler Steuersatz $s = s^*$ gilt. Durch die steuerliche Gleichbehandlung verändert die Investition in der realen Welt ihre relative Position gegenüber jener am theoretischen Kapitalmarkt nicht und der Kapitalwert (der den kapitalmarkttheoretischen Wert der Investition angibt) bleibt unverändert 0.

Unterliegt die Investition in der realen Welt nun einer asymmetrischen Besteuerung - im Gleichgewicht der kapitalmarkttheoretischen Welt ist dies aus Arbitragegründen nicht möglich - so werden die Investitionen in beiden Welten selbst dann nicht mehr gleich behandelt, wenn der ökonomische Gewinn als wirtschaftliche Bezugsgröße eingeht. Für die nachsteuerliche Zahlung gilt $Q_t^{asym} = Q_t - T(öG)$.[471]

Zwar sind Abschreibungseffekte durch die Besteuerung des ökonomischen Gewinns weiterhin ausgeschlossen, allerdings hat die asymmetrische Besteuerung einen Einfluss, der bei der kapitalmarkttheoretischen Besteuerung nur durch eine Anpassung des Steuersatzes ausgeglichen werden kann. Die Folge ist, dass sich der effektive und der nominelle Steuersatz selbst bei der Besteuerung des ökonomischen Gewinns nicht mehr entsprechen. Der effektive Steuersatz kann durch die Gleichung $C_0 = C_0^{asym}(s^*)$ gefunden werden. Im Beispiel steigt der effektive Steuersatz auf $s^* = 0,44185$. Bei der Lösung nach s^* handelt es sich um ein Nullstellenproblem nichtlinearer Gleichungen, für welches zahlreiche numerische Verfahren zur Verfügung stehen. Das bekannteste unter ihnen ist das Newton-Verfahren. Von der Richtigkeit des gefundenen Werts für s^* überzeugt nachfolgende Kontrollrechnung:

471 Warum sich der ökonomische Gewinn durchaus als wirtschaftliche Bezugsgröße eignen würde, wird klar, wenn man diesen als Verzinsung des Ertragswerts der Investition interpretiert und die Parallele zwischen Ertragswert und Leistungsfähigkeit einer Investition zieht.

	t	0	1	2	C_0^{asym}
(1)	Q_t^{asym}	-1000	1160	-110	
(2)	PV_t^s	-1000	1098,68	-98,68	0

Der Unterschied beruht alleine auf Asymmetrieeffekten der Besteuerung und kann daher als reiner Asymmetrieeffekt der Besteuerung begriffen werden. Der Gleichgewichtszinssatz des theoretischen Kapitalmarkts ist durch die Besteuerung auf den nachsteuerlichen Zinssatz $(1-s) \cdot i = 0,06$ gesunken. Die Asymmetrie wird im Gleichgewicht nicht berücksichtigt.

Selbst wenn ein Kapitalmarktteilnehmer die Zahlungen am Kapitalmarkt nachbildet, beschert ihm die asymmetrische Besteuerung aus seiner Perspektive eine absolute Einbuße an Kapitalwert, da der Kapitalmarkt die Asymmetrien nicht vergütet. Die gleiche absolute Einbuße an Kapitalwert hat der Kapitalmarktteilnehmer allerdings auch, wenn er die Zahlungen direkt aus der Investition bezieht, solange bei dieser der ökonomische Gewinn besteuert wird. Seine relative Position verändert sich daher nicht.

Der Ansatz eignet sich sowohl für marginale als auch inframarginale Investitionen. Würde die zweite Zahlung des Beispiels in $Q_1 = 1310$ geändert, so würde daraus ein positiver vorsteuerlicher Kapitalwert $C_0 = 100$ folgen. Dadurch nimmt der ökonomische Gewinn im Zeitpunkt 2 auf $öG_2 = 110$ bzw. die Ertragswertabschreibung auf $EWA_2 = 1200$ zu. Ist $s^* = 0,43767$ erfüllt, gilt die Bedingung $C_0 = C_0^{asym}(s^*)$, wie in der Kontrollrechnung nachvollzogen werden kann.

	t	0	1	2	C_0^{asym}
(1)	Q_t^{asym}	-1000	1266	-110	
(2)	PV_t^s	-1000	1198,6	-98,6	100

Der effektive Steuersatz nimmt im modifizierten Beispiel ab, da die Investition insgesamt durch die gestiegene Zahlung weniger von der asymmetrischen Besteuerung beeinflusst wird.

Als zweites Beispiel wird die Cash-Flow-Besteuerung betrachtet, bei der die Investitionsauszahlungen als Sofortabschreibungen steuerlich berücksichtigt werden.

	t	0	1	2
(1)	Q_t	-1000	1200	-110
(2)	Q_t^{sym}	-600	720	-66
(3)	Q_t^{asym}	-1000	720	-110

Im Fall der symmetrischen Besteuerung kann ein $s^* = 0$ ermittelt werden. Dieses Ergebnis ist nicht verwunderlich, da der Staat in den Zeitpunkten 0 und 2 genau den kapitalmarkttheoretischen Unternehmensteil s vergütet, zu dessen Anteil er später an Gewinnen beteiligt ist. Da der Barwert der Ausgaben genau dem Barwert der Einnahmen entspricht, handelt es sich für den Staat um ein Nullsummenspiel, das sich im effektiven Steuersatz $s^* = 0$ widerspiegelt. Die Abweichung zum nominalen Steuersatz kann als isolierter Abschreibungseffekt der Cash-Flow-Besteuerung verstanden werden.

Dieses Ergebnis hängt extrem von der symmetrischen Besteuerung in der realen Welt ab. Unter der asymmetrischen Besteuerung beteiligt sich der Staat nämlich ohne Vergütung. Der effektive Steuersatz steigt auf $s^* = 6$. Unter der kapitalmarkttheoretischen Besteuerung im Gleichgewicht könnten die Zahlungen unter einem Steuersatz von 600 % repliziert werden. Der effektive Steuersatz von über 100 % deutet an, dass sich der Staat durch die asymmetrische Besteuerung nicht nur die Früchte des Kapitals einverleibt, sondern darüber hinaus einen Teil des Kapitalstamms beansprucht.

Die Abweichung zum nominellen Steuersatz kann als Summe verschiedener Effekte interpretiert werden. Zum einen des reinen Abschreibungseffekts 0,4, zum anderen des reinen Asymmetrieeffekts 0,042 und eines einzelwirtschaftlichen Effekts der Abschreibung und Asymmetrie in Höhe von 5,558.

Eine Variante der asymmetrischen Besteuerung wäre nicht die vollständige Beschränkung des Verlustausgleichs, sondern das Zulassen eines intertemporalen Verlustabzugs. Verlustvorträge am Planungshorizont gehen unter.

Die Nachsteuerzahlungen (1) verändern sich bei unbeschränktem Verlustvortrag wie folgt:

	t	0	1	2	C_0^{asym}
(1)	Q_t^{asym}	-1000	1120	-110	
(2)	PV_t^s	-1000	1107,57	-107,57	0

Der effektive Steuersatz lautet dann $s^* = 0,8878$ und kann in der Kontrollrechnung (2) nachvollzogen werden. Durch die intertemporale Verlustverrechnung kommt es bei einem Großteil der Verluste nicht mehr zu Definitiv-, sondern zu Zeiteffekten. Dadurch sinkt der effektive Steuersatz stark.

Als letztes Beispiel wird die Besteuerung der Abschreibung über die Nutzungsdauer untersucht.

	t	0	1	2
(1)	Q_t	-1000	1200	-110
(2)	Q_t^{sym}	-1000	920	134
(3)	Q_t^{asym}	-1000	920	-110

Der effektive Steuersatz steigt bei symmetrischer Besteuerung auf $s^* = 0,521$. Damit kann ein reiner Abschreibungseffekt in Höhe von 0,121 isoliert werden. Der reine Asymmetrieeffekt lautet unverändert 0,042.

	t	0	1	2	C_0^{asym}
(1)	Q_t^{asym}	-1000	920	-110	
(2)	PV_t^s	-1000	1181,38	-181,38	0

Unter asymmetrischer Besteuerung kann der effektive Steuersatz $s^* = 3,213$ ermittelt werden, wie die Kontrollrechnung (2) belegt. Der einzelwirtschaftliche Effekt der Abschreibung und Asymmetrie beträgt 2,771 ($= 3,213 - 0,4 - 0,042$).

10.5 Zusammenfassung

- Aus einzelwirtschaftlicher Perspektive ist der ökonomische Gewinn nicht auf eine symmetrische Besteuerung angewiesen um Investitionsneutralität zu wahren.
- Arbitrageargumente am Kapitalmarkt fordern eine symmetrische Besteuerung auch bei ökonomischen Gewinnen, um Investitionsneutralität sicherzustellen.
- Der theoretische Kapitalmarkt vergütet Asymmetrien im Gleichgewicht nicht. Es kann von einer symmetrischen Besteuerung im Gleichgewicht ausgegangen werden. Dadurch spricht die asymmetrische Besteuerung nicht gegen den Einsatz von Gleichgewichtsmodellen, die unter symmetrischer Besteuerung abgeleitet werden, selbst dann nicht, wenn asymmetrische Besteuerungswirkungen bewertet werden.
- Mit effektiven Steuersätzen, die in der Arbeit jene beschreiben, unter welchen am theoretischen Kapitalmarkt keine Reaktionen der Entscheider ausgelöst werden, können die Besteuerungsasymmetrien quantifiziert werden. Dabei können Asymmetrie-, Abschreibungs- und Verbundeffekte isoliert werden.

11 Stand der Forschung im Lichte der Ergebnisse

Der Einfluss von Besteuerungsasymmetrien auf Investitionsentscheidungen unter Unsicherheit ist unumstritten. Nachfolgend werden zwei Forschungsansätze dazu und ihre Ergebnisse skizziert. Es wird ausblicksartig überlegt, inwiefern die Ergebnisse der Arbeit dabei einen Beitrag leisten.

11.1 Risikoübernahme des Entscheiders

In der Portfolioanalyse wird ein vorgegebener Betrag eines Entscheiders mit gegebener Risikoeinstellung optimal auf mehrere Anlagen aufgeteilt. Wird die Besteuerung in dieses Optimierungskalkül integriert, können Änderungen in der optimalen Aufteilung wichtige Hinweise auf das mögliche Verhalten der Entscheider liefern.

Die Weiterentwicklung des Einkommensteuersystems der USA in den 1940'er Jahren führte zu einer Diskussion, ob hohe Steuersätze die Nachfrage nach hochperformanten Aktien oder anderen riskanten Investitionen verringern würden.[472] In diesem Umfeld präsentierten damals Domar und Musgrave ihre theoretische Modellstudie (die Erste zu diesem Thema), in welcher sie zeigen konnten, dass höhere Steuersätze nicht unbedingt zu einem Sinken der Risikoübernahmebereitschaft führen. Im Gegenteil, sie bewiesen sogar, dass eine proportionale Besteuerung mit vollständiger Verlustverrechnung eine verstärkte Nachfrage nach riskanten Investitionen in ihrem Modell zur Folge hat.

Die beiden Autoren wählen in ihrer grafischen Analyse als Risikomaß das Verlustrisiko, d. h. die möglichen Verluste multipliziert mit ihren Wahrscheinlichkeiten.[473] Der Entscheider ist in ihrem Modell risikoscheu.[474] Ein gegebener Betrag wird zwischen Geldhaltung und einer riskanten Investition aufgeteilt. Es werden die Fälle: keine Verlustverrechnung,

[472] Vgl. Feldstein (1983), S. 194.

[473] Zu dieser Definition vgl. Domar und Musgrave (1944) auf S. 396 und in FN 8 die mögliche Abwandlung bei positivem sicheren Zinssatz. Die Autoren schließen auf S. 397 die Steuerung als geeignetes Risikomaß explizit aus.

[474] Er verlangt für ein erhöhtes Risiko eine Kompensation in Form einer höheren Rendite, vgl. Domar und Musgrave (1944), S. 396.

vollständige Verlustverrechnung und Verlustverrechnungen zwischen den beiden Extremen berücksichtigt.[475]

Die wichtigsten Ergebnisse aus der Analyse von Domar und Musgrave sind, dass im Falle keiner Verlustverrechnung keine eindeutige Aussage möglich ist. Im Rahmen einer vollständigen Verlustverrechnung führt die Besteuerung allerdings eindeutig zu einer erhöhten Übernahme von Risiko. In diesem Fall trägt der Staat ein Teil des Risikos wodurch der Entscheider seine "private" Risikoposition erweitern kann. Die Herleitung war nicht unumstritten.[476]

Tobin (1958) entwickelt die Portfoliotheorie von Markowitz (1952a) weiter, indem er die Erwartungsnutzentheorie von Neumann und Morgenstern (1953) miteinbezieht. Die Wirkungen einer proportionalen Besteuerung mit vollständigem Verlustausgleich untersucht er unter diesem Ansatz grafisch.[477]

Er unterstellt einen risikoaversen Entscheider, der:

- eine quadratische Nutzenfunktion ohne Einschränkung der Wahrscheinlichkeitsverteilungen oder
- alternativ eine zweiparametrige Wahrscheinlichkeitsverteilung mit beliebiger Nutzenfunktion eines risikoaversen Entscheiders hat.[478]

In einem Zeitpunkt wird ein gegebener Betrag optimal zwischen Geld und einer riskanten Anlage aufgeteilt. Dabei optimiert der Entscheider, indem er seine Varianz bei gegebenem Erwartungswert und anderen Nebenbedingungen minimiert. Die Besteuerung führt zu einer Verringerung der Varianz und bestätigt damit das Ergebnis von Domar und Musgrave. Der Entscheider hält seinen Nutzen konstant, indem er vermehrt in die riskante Anlage investiert.[479] Der Anteil, wie viel in riskanten Anlagen gehalten wird, ist dabei unabhängig vom Ausgangsvermögen und der Form der Nutzenfunktion, sofern die Wahrscheinlichkeitsverteilung zweiparametrig ist.[480] Die Annahme der zweiparametrigen

475 Vgl. Domar und Musgrave (1944), S. 389.

476 Stellvertretend vgl. Richter (1960), S. 157 oder Bierwag und Grove (1967), S. 215. Richter hat gezeigt, dass es sich im Aufsatz von Domar und Musgrave nur um abschnittsweise definierte lineare Nutzenfunktionen handeln kann. Diese vertragen sich allerdings nicht mit ihrer geometrischen Darstellung unter der von Domar und Musgrave gewählten Risikodefinition. Die Teilergebnisse der Studie konnten in späteren Untersuchungen dennoch bestätigt werden.

477 Vgl. Tobin (1958), S. 81.

478 Vgl. Tobin (1958), S. 76 u. S. 74.

479 Vgl. Tobin (1958), S. 81.

480 Dieser Zusammenhang ist als Tobin Separationstheorem bekannt geworden, vgl. Näslund (1968), S. 289.

Wahrscheinlichkeitsverteilung muss weiter auf eine bestimmte Klasse von Wahrscheinlichkeitsverteilungen verschärft werden, damit die grafischen Herleitungen ihre Gültigkeit behalten.[481]

Eine algebraische Analyse der Einkommensbesteuerung mit vollständiger Verlustverrechnung unter ähnlichen Annahmen unternimmt Richter (1960). Er unterstellt ebenfalls einen risikoaversen Entscheider mit einer quadratischen Nutzenfunktion und bestätigt die Ergebnisse für die vollständige Verlustverrechnung von Domar und Musgrave (1944) und Tobin (1958). Der Einfluss ist vom Risiko unabhängig, bei Erhöhung der Steuer wird in die Anlage mit dem größeren Erwartungswert vermehrt investiert.Unter der Annahme, dass eine Anlage mit höherem Risiko stets einen höheren Erwartungswert hat, ist diese Aussage gleichwertig mit der Feststellung, dass durch den erhöhten Steuersatz vermehrt in die riskantere Anlage investiert wird.

Zusätzlich wird von Richter (1960) dem Investor in einer Erweiterung die Möglichkeit gegeben, zusätzliche Geldmittel zu einem Zinssatz von r aufzunehmen. In diesem Fall hat die Besteuerung einen anderen Einfluss. Nicht das Verhältnis zwischen den Assets verändert sich, sondern das Gesamtvolumen der Investition.[482]

Penner (1964) untersucht mit der gleichen "Technik" wie Richter, inwiefern steuerbefreite Anleihen nicht steuerbefreite (mit vollständiger Verlustverrechnung) benachteiligen. Er unterstellt ebenfalls einen risikoaversen Investor mit quadratischer Nutzenfunktion und lässt keine Verschuldung zu. Die Ergebnisse zeigen, dass die schon oben besprochenen Effekte unter Unsicherheit dafür sorgen, dass die besteuerte Anlage unter Unsicherheit nicht in dem Umfang benachteiligt wird wie in Modellen unter Sicherheit.[483]

Bierwag verallgemeinert die vorangehenden Ansätze auf beliebig viele Assets und beliebige Nutzenfunktionen, die von den ersten zwei Momenten einer beliebigen Wahrscheinlichkeitsverteilung abhängen.[484] Dabei muss aber ein höherer Erwartungswert einen größeren Nutzen und eine höhere Varianz einen geringeren Nutzen stiften. In dieser allgemeinen

[481] Wieder ist dadurch die Form der Indifferenzkurven nicht sichergestellt. Für einen Beweis der zweiten Aussage durch Widerspruch das Gegenbeispiel der Lognormalverteilung in Feldstein (1969), S. 7 f. Ebenda finden sich auch weitere Quellen in FN 2, die die unplausible Eigenschaft der quadratischen Nutzenfunktion, die steigende Risikoaversion, zum Thema haben.

[482] Vgl. Richter (1960), S. 163.

[483] Vgl. Penner (1964), S. 86.

[484] Vgl. Bierwag und Grove (1966), S. 216. Auf die explizite Berücksichtigung einer Verschuldungsmöglichkeit wird verzichtet, mit dem Hinweis, dass diese durch ein Asset dargestellt werden könnte, vgl. S. 216 FN 1.

Form bestätigt er auch die Ergebnisse der vorangehenden Untersuchung, auch bezüglich des Falls keiner Verlustverrechnung bei Domar und Musgrave (1944).[485]

Noch allgemeiner untersuchen Mossin (1968) und Stiglitz (1969) den Einfluss der Besteuerung auf die Portfoliowahl für die Fälle mit und ohne Verlustausgleich, indem sie in das Framework die differenzierte Definition der Risikoaversion von Arrow (1951) und Pratt (1964) integrieren. Mithilfe des Arrow-Pratt-Maßes konnte die Menge der Entscheider, bei welchen eine unvollständige Verlustverrechnung zu nicht eindeutigen Aussagen führt, weiter eingeschränkt werden.

In der Forschung wurden sukzessive die Annahmen der Untersuchungsmodelle gelockert und es wurde versucht die Bedingungen zu isolieren, für welche eine (a)symmetrische Besteuerung das Engagement in riskante Investitionen erhöht. In den neueren Modellen sind dabei nur noch wenige Annahmen bezüglich der Risikoeinstellung und der Wahrscheinlichkeitsverteilung notwendig. Allerdings wurde die asymmetrische Besteuerung meist in der Variante ohne Verlustausgleich betrachtet. Oftmals sind aber die Verlustausgleichsverbote in der Realität durch intertemporale Verrechnungsvorschriften ergänzt.

In dieser Arbeit wurden verschiedene Formulierungen der erweiterten Teilsteuerfunktion gefunden, die in den Modellen eingesetzt werden können, um die verschiedenen Spielarten der intertemporalen Verrechnungsvorschriften zu untersuchen. Insbesondere die Nähe der approximativen Lösung zum Arrow-Pratt-Maß scheint bei der Abgrenzung der unterschiedlichen Wirkungen vielversprechend zu sein.

Neben der Verlustverrechnung wurden andere Asymmetrien mit ähnlichen Eigenschaften gefunden. Die inhaltliche Erweiterung kann zu spannenden Fragestellungen führen, die mit der Portfolioanalyse bearbeitet werden können.

11.2 Kapitalmarkttheoretisch gestützte Entscheidungen

Auerbach (1986) gilt als eine der ersten Untersuchungen, die die intertemporale Verlustverrechnung in einem dynamischen Kontext betrachten.

Die Untersuchung geht von einperiodigen Investitionsentscheidungen aus, die am Ende der Periode zu einer stochastischen Einzahlung führen. In diesem Modell werden zwei un-

[485] Vgl. Bierwag und Grove (1966), S. 219.

terschiedliche Steuersysteme integriert, die unter symmetrischer Besteuerung neutral sind. Dabei handelt es sich zum einen um die zinsbereinigte Einkommensteuer, zum anderen um die Cashflow-Steuer.[486]

Die Steuersysteme sind so ausgewählt, dass die Alternativinvestition durch die Verlustvorträge nicht beeinflusst wird, da sie keine Besteuerung auslöst. Durch den Eichstrich der investitionsneutralen Besteuerung ist es möglich die Auswirkungen einer asymmetrischen Besteuerung zu isolieren, da andere Verzerrungen durch die Besteuerung ausgeschlossen sind. Die Untersuchung zeigt die Wichtigkeit der Berücksichtigung der Besteuerungsasymmetrien bei Unternehmensentscheidungen.[487]

MacKie-Mason (1990) untersucht Auswirkungen nichtlinearer Besteuerung, namentlich der "U.S. percentage depletion allowance" (PDA) - auf Investitionsentscheidungen unter Risiko. Dabei unterscheidet sich seine Untersuchung in folgenden wesentlichen Punkten von der von Auerbach (1986):[488] Es werden

- risikoaverse Entscheider zugelassen,
- Rückwirkungen der nichtlinearen Besteuerung auf die Entscheidungen der Akteure berücksichtigt
- und diese Auswirkungen auf den Zinssatz durch ein Kapitalmarktgleichgewicht berücksichtigt.[489]

Die Analyse der PDA findet im Real-Option-Framework in einem contingent claims Modell statt.[490] Es werden unsichere Verkaufspreise der Rohstoffe durch eine geometrisch Brownsche Bewegung modelliert sowie eine konstante Abbaumenge und konstante Abbaukosten unterstellt.[491] Dabei werden die Varianten des vollständigen Verlustausgleichs sowie keines Verlustausgleichs als Extremfälle betrachtet.[492] Die Aussagen werden überwiegend analytisch über c.p.-Analysen abgeleitet und numerisch untermauert. Durch letztere Methode wird der Einfluss der PDA exklusiv auf die Stilllegungswahrscheinlichkeit untersucht.

---

[486] In der Untersuchung ist von einer Einkommensteuer und einer Cashflow-Steuer die Rede. Dass es sich bei ersterer um die zinsbereinigte Einkommensteuer handeln muss, ergibt sich aus dem Zinsabzug auf die Buchwerte neben der Abschreibung und der Steuerfreiheit der Zinsalternative.

[487] Vgl. Auerbach (1986), S. 219.

[488] Vgl. MacKie-Mason (1990), S. 304.

[489] Vgl. MacKie-Mason (1990), S. 320.

[490] Vgl. MacKie-Mason (1990), S. 307. Ausführlich in Dixit und Pindyck (1993), S. 147-150 oder Niemann und Sureth (2002), S. 1-27.

[491] Vgl. MacKie-Mason (1990), S. 309 f.

[492] Vgl. MacKie-Mason (1990), S. 310.

Die wichtigsten Ergebnisse der Arbeit sind,[493] dass die vermeintliche steuerliche Förderung:

- bestimmte Projekte hemmt,[494]
- die Stilllegung von marginalen Investitionen begünstigt und[495]
- dadurch der effektive Steuersatz vom Risiko des Projektes, unabhängig von der Verlustverrechnung, abhängt[496].

Berechnungen, die die Interaktion der Konvexität der Besteuerungsfunktion und Unsicherheit vernachlässigen, unterschätzen die Auswirkungen der Steuerzahlungen systematisch.[497] Es sind Steuerparadoxa in Form der Herabsetzung der initialen Preisschranke durch die steuerliche Begünstigung möglich.[498]

Panteghini (2001a) untersucht Steuerasymmetrien unter Unsicherheit in einem Binomialmodell und berücksichtigt dabei auch Realoptionen. In seinem Modell löst sich die Unsicherheit nach einer Periode wieder auf. Bei aufschiebbaren irreversiblen Investitionen kann die Entscheidungsregel auf eine "Ausführungsschranke" verdichtet werden und diese hängt wegen des "Bad News" Prinzips nur von den Parametern der Abwärtsbewegung ab.[499]

Er zeigt, dass die zinsbereinigte Einkommensbesteuerung auch unter Unsicherheit für irreversible Investitionen unter symmetrischer Besteuerung investitionsneutral ist.[500] Bei der asymmetrischen Besteuerung ist die Besteuerung unter Unsicherheit für nicht irreversible Investitionen zwar theoretisch investitionsneutral, allerdings stellt die richtige Ermittlung des Zinssatzes, die dazu notwendig wäre, eine kaum überwindbare Hürde dar.[501] Überraschenderweise stellt sich der Fall für irreversible Investitionen um einiges leichter da, denn hier gibt es eine ganze Bandbreite an Zinssätzen, für welche die Besteuerung investitionsneutral bleibt.[502] Der Autor zeigt die Investitionsneutralität für irreversible Investitionen unter asymmetrischer Besteuerung, eine Eigenschaft, die der Asymmetrischen Besteue-

[493] Vgl. MacKie-Mason (1990), S. 309.
[494] Vgl. MacKie-Mason (1990), S. 320.
[495] Vgl. MacKie-Mason (1990), S. 324.
[496] Vgl. MacKie-Mason (1990), S. 316 f.
[497] Vgl. MacKie-Mason (1990), S. 316.
[498] Vgl. MacKie-Mason (1990), S. 318 f.
[499] Vgl. Panteghini (2001a), S. 275.
[500] Vgl. Panteghini (2001a), S. 278.
[501] Vgl. Panteghini (2001a), S. 279.
[502] Vgl. Panteghini (2001a), S. 279 f.

rung in der Regel aberkannt wird,[503] allerdings sollte nicht vergessen werden, dass der Nachweis nur im extremsten Fall der Asymmetrischen Besteuerung gelingt.

Panteghini (2001b) verallgemeinert seine Ergebnisse für andauernde Unsicherheit, risikoaverse Anteilseigner und zufällige Kapitalabschreibungen in einer zweiten Untersuchung. Dazu transformiert er sein diskretes stochastisches Modell in ein zeitstetiges stochastisches Modell unter den Standardannahmen der Realoptionspreistheorie.[504] Wieder wird der extremste Fall der Asymmetrie in die zinsbereinigte Einkommensbesteuerung integriert, d. h. für Gewinne unter null kommt es zu keiner Besteuerung. Da sich nach dem "Bad News" Prinzip von Bernanke (1983) nur Parameter der schlechten Zustände auf die Investitionsbereitschaft auswirken, diese aber keiner Besteuerung unterliegen, ist das vorgeschlagene Steuersystem investitionsneutral.[505] Die zwei gegenläufigen Effekte sinkende Teilhaberschaft des Staates und steigende Put-Option heben sich gegenseitig auf.[506] Die Ergebnisse sind unabhängig vom Steuersatz oder einer beschleunigten Sonderabschreibung.[507]

Sarkar und Goukasian (2006) berücksichtigen einen komplexen Steuertarif mit strikt konvexen Mittelabschnitt und untersuchen damit den Einfluss des Konvexitätsgrades auf verschiedene unternehmerische Entscheidungen. Dazu integrieren sie den Tarif in ein dynamisches contingent claims Modell und untersuchen sowohl die Stilllegungs- als auch die Einstiegsoptionen numerisch. Zudem beleuchten sie den Einfluss der asymmetrischen Besteuerung auf effektive Steuersätze. Ergebnisse ihre Studie sind, dass je konvexer der Tarif ist, desto:

- früherer wird die Investition stillgelegt.[508]
- mehr wird die Investition begünstigt, wenn die Anfangsauszahlungen nicht hoch sind. Im umgekehrten Fall werden sie allerdings gehemmt.[509]
- weniger Risiko übernehmen die Unternehmen, außer bei kleinen Ausgangswerten.[510] Die Risikoübernahme wird dabei mit der kritischen Standardabweichung gemessen, für welche die Investition gerade noch durchgeführt wird.[511]

[503] Vgl. Panteghini (2001a), S. 283.
[504] Vgl. Panteghini (2001b), S. 210.
[505] Vgl. Panteghini (2001b), S. 213.
[506] Vgl. Panteghini (2001b), S. 214.
[507] Vgl. Panteghini (2001b), S. 216.
[508] Vgl. Sarkar und Goukasian (2006) , S. 302.
[509] Vgl. Sarkar und Goukasian (2006) , S. 307, 309.
[510] Vgl. Sarkar und Goukasian (2006) , S. 315.
[511] Vgl. Sarkar und Goukasian (2006) , S. 313.

- höher ist der effektive Steuersatz und damit führt eine Nichtberücksichtigung zu größeren Fehlern.[512]

Lei, Yick und Lam (2014) nutzen ebenfalls ein dynamisches contingent claims Modell, untersuchen aber neben der Stilllegungs- und Einstiegsoption zusätzlich die Wachstumsoption.[513] Unter Berücksichtigung dieser ist der Zusammenhang zwischen Stilllegungsoption und Konvexität nicht mehr eindeutig.[514] Sie vergleichen in einer Simulation die Alternativen der Steuersatzsenkung und Minderung von Steuerasymmetrien und finden bei beiden Maßnahmen ähnliche Einflüsse auf Unternehmensentscheidungen.[515]

In dynamischen Modellen wurde immer wieder die Wichtigkeit der asymmetrischen Besteuerung bei Unternehmensentscheidungen herausgearbeitet, aber auch gezeigt, dass die asymmetrische Besteuerung verschiedene - teils gegenläufige und paradoxe - Effekte auslöst.

Die Asymmetrie und ihr Grad wurden in den Modellen überwiegend exogen vorgegeben. Es hat sich in der Arbeit bei der Untersuchung des Erwartungswerts der erweiterten Teilsteuerfunktion aber gezeigt, dass es sich bei der Konvexität durch Asymmetrien keineswegs um eine vorgegebene Größe wie beim progressiven Tarif handelt, sondern sie das Ergebnis aus dem Zusammenspiel von exogenen - meist gesetzlichen - Vorgaben (z.B. Beschränkungen oder Anknüpfungspunkte) und endogenen Modellparametern (z.B. dem Erwartungswert oder bestehenden Verlustvorträgen) ist. Die Berücksichtigung der Endogenität der Konvexität hat sich in der empirischen Forschung unter Einsatz der Marginal Tax Rates bei der Untersuchung von Finanzierungsentscheidungen bereits als sehr fruchtbar erwiesen. Eine bessere Abbildung der Endogenität ist durch die Ergebnisse dieser Arbeit möglich.

In die Untersuchungen wird meist eine extreme null-asymmetrische Besteuerung implementiert und auf den strikt konvexen Bereich verzichtet.[516] Die Untersuchungen mit den Teilsteuerfunktionen haben gezeigt, dass es sich bei Asymmetrien mit intertemporalen Verrechnungsvorschriften nicht zwingend um null-asymmetrische Besteuerung handelt, sondern die Lage der Achse vielmehr von der Anfangsausstattung (z.B. des Verlustvortrags der Vorperiode) abhängt. Auch die verbreitete Annahme eines kleineren Steuersatzes im Verlustfall scheint im Lichte der Ergebnisse dieser Arbeit problematisch, da sich die er-

[512] Vgl. Sarkar und Goukasian (2006) , S. 317.
[513] Vgl. Lei, Yick und Lam (2014), S. 1268 f.
[514] Vgl. Lei, Yick und Lam (2014), S. 1272.
[515] Vgl. Lei, Yick und Lam (2014), S. 1275.
[516] Eine Ausnahme stellt Sarkar und Goukasian (2006) dar.

weiterten Grenzteilsteuerfunktionen in diesem Bereich mit zunehmenden Verlusten gegen null entwickeln.

12 Resümee

Eine Besteuerung ist asymmetrisch, wenn sie nicht symmetrisch ist und es mindestens eine Asymmetrieachse gibt, für welche sie in keinem Bereich symmetrisches Verhalten zeigt. Letzten Endes setzen Besteuerungsasymmetrien damit eine nichtlineare Besteuerung voraus, denn eine lineare Besteuerung ist in jedem Fall symmetrisch.

Die meisten Untersuchungswerkzeuge der Betriebswirtschaftlichen Steuerlehre sind auf lineare Besteuerungen ausgelegt. Daher wurden diese mithilfe von Teilsteuerfunktionen weiterentwickelt um auch die nichtlineare Besteuerung untersuchen zu können. Mit diesen angepassten Werkzeugen wurden Regelungen der deutschen Ertragsbesteuerung untersucht und sowohl nichtlineare und lineare symmetrische als auch asymmetrische Besteuerungen identifiziert.

Bei Vorschriften, welche statisch wirken, konnten die gewöhnlichen Teilsteuerfunktionen eingesetzt werden, die allesamt die Form des Klassikers der asymmetrischen Besteuerung haben. Es handelt sich dabei um eine extreme Form der asymmetrischen Besteuerung. Vom ursprünglichen Klassiker der asymmetrischen Besteuerung weichen sie oft bezüglich der Null-Asymmetrie-Eigenschaft ab.

Oft wird die extreme Form der asymmetrischen Besteuerung durch intertemporale Verrechnungsmöglichkeiten gedämpft. Mit erweiterten Teilsteuerfunktionen wurden die intertemporal wirkenden Vorschriften näher untersucht. Zum einen hat sich eine große Ähnlichkeit der Vorschriften gezeigt. Zum anderen, dass die Besteuerungsvorschriften dadurch einen ausstattungsabhängigen Charakter gewinnen, weil die Lage ihrer Asymmetrieachse von vergangenen und die Form von zukünftigen Realisationen abhängen. Durch die rekursive Struktur der Regelungen dämpfen intertemporale Regeln schwächer als zu vermuten wäre, dies hat sich insbesondere bei der Untersuchung unter Unsicherheit erwiesen.

Oft unterliegen die intertemporalen Dämpfungsvorschriften eigenen Beschränkungen, deren Wirkungen expliziert worden sind. Es hat sich gezeigt, dass relative Kompensationsbeschränkungen insbesondere Unternehmen mit niedrig erwarteten Gewinnen besonders stark treffen. Die Wirkungen zeitlicher Beschränkungen dagegen werden vom Loss-Refresh-Effekt abgemildert.

Der theoretische Kapitalmarkt vergütet Besteuerungsasymmetrien nicht. Daher können kapitalmarkttheoretische Gleichgewichtsmodelle, die unter symmetrischer Besteuerung hergeleitet werden, verwendet werden um asymmetrische Besteuerungswirkungen zu bewerten. In einem vollkommenen Kapitalmarkt wurden an Beispielen effektive Steuersätze abgeleitet, die zeigen, dass zu vermuten ist, dass diese Reaktionen der Entscheider auslösen und stark von der steuerlichen Bemessungsgrundlage abhängen. Die intertemporalen Verrechnungen sind aber geeignet, diese Wirkungen zu dämpfen.

A Anhang

A.1 Körperschaftsteuerliche Verlustvortragsbestände

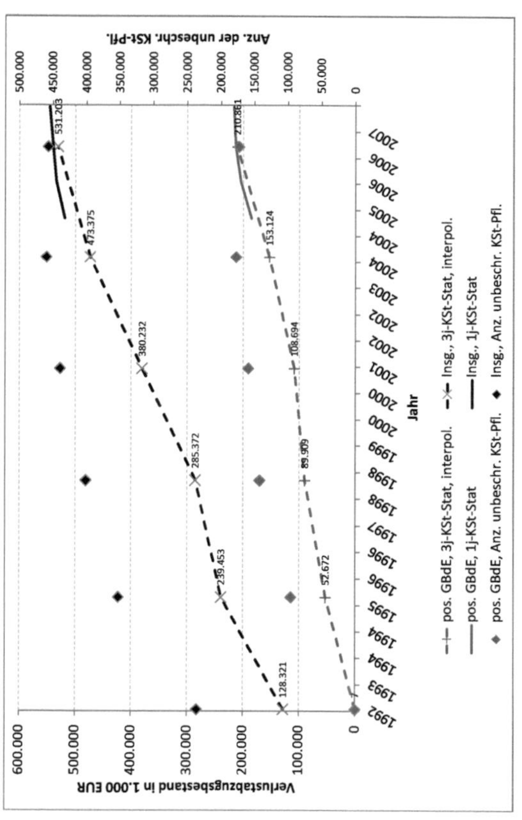

Abbildung A.1: Entwicklung der körperschaftsteuerlichen Verlustabzugsbestände

A.2 Der Staat als Teilhaber

Die Interpretationsmöglichkeiten der Kenngrößen der erweiterten Teilsteuerfunktion decken sich mit der Sichtweise den Staat als Anteilseigner des Unternehmens zu begreifen, die auf Domar und Musgrave (1944) zurückgeht. Dort heißt es:

"The Treasury thus becomes a partner who shares equally in both losses and gains."[517]

Wegen der Wichtigkeit dieser Perspektive wird im Folgenden gezeigt, welche Beteiligungshöhe bei einem symmetrischen Steuersystem - der proportionalen Besteuerung - der Staat innehat, damit später der Einfluss durch Asymmetrien auf diese Aufteilung in Beispielen motiviert werden kann.

Bei einer symmetrischen Besteuerung entspricht die Beteiligungshöhe bei einer proportionalen Besteuerung genau dem Teilsteuersatz, wie nachfolgend gezeigt wird:

Der Gesamtunternehmenswert[518] (V) zum Zeitpunkt 0 besteht aus den Zahlungen an alle Parteien:

$$V = \sum_{\tau=0}^{T} \delta^{\tau} \cdot EBIT_{\tau} \tag{A.1}$$

Er besteht nicht nur aus den Zahlungen an die Anteilseigner, sondern aus allen diskontierten Zahlungen vor Steuern und Zinsen. Der Gesamtunternehmenswert setzt sich aus dem Unternehmenswert für Anteilseigner, Staat und Fremdkapitalgeber zusammen, wobei nur rein eigenfinanzierte Unternehmen betrachtet werden, sodass $V^F = 0$ gilt:

$$V = V^A + V^S + V^F = V^A + V^S \tag{A.2}$$

Durch die Einschränkung auf eigenfinanzierte Unternehmen müssen nur die Zahlungen des Unternehmens an die Anteilseigner und den Staat betrachtet werden.

$$V = \sum_{\tau=0}^{T} \delta^{\tau} \cdot E_{\tau} + \sum_{t=0}^{T} \delta^{\tau} \cdot T_{\tau} \tag{A.3}$$

[517] Domar und Musgrave (1944), S. 409.

[518] Dieser kann kapitalmarkttheoretisch interpretiert werden. Oder durch Multiplikation des konstanten Grenznutzens als nutzentheoretischer Unternehmenswert eines risikoneutralen Entscheiders.

Wird eine proportionale symmetrische Besteuerung mit konstantem Teilsteuersatz unterstellt, so gilt: $T_\tau = s \cdot (E_\tau + T_\tau)$. Weiter[519] ergibt sich:

$$V = \sum_{\tau=0}^{T} \delta^{\tau} \cdot E_t + \sum_{\tau=0}^{T} \delta^{\tau} \cdot s \cdot (E_\tau + T_\tau) \tag{A.4}$$

Wobei sich der Ausdruck vereinfachen lässt, wenn angenommen wird, dass die Diskontierungsfunktionen der Beteiligten identisch sind.[520]

$$V = (1+s) \cdot V^A + s \cdot V^S \tag{A.5}$$

Wegen Gleichung A.2 gilt:

$$V = (1+s) \cdot V^A + s \cdot (V - V^A) \Rightarrow V^A = (1-s) \cdot V \tag{A.6}$$

Im Umkehrschluss ist der Staat unter symmetrischer Besteuerung zu s % am Gesamtunternehmenswert beteiligt, wenn die Steuer nicht von der eigenen Bemessungsgrundlage abziehbar ist.

Im Prinzip zeigt dieses Ergebnis Folgendes. Abgesehen von der Zinsbesteuerung und solange für alle Teilhaber die gleiche Diskontierungsfunktion unterstellt wird, führt eine proportionale Besteuerung aller Zahlungen dazu, dass letztendlich der Staat einen Teil des Unternehmenswertes übernimmt. Der Staat partizipiert genau zum Anteil der proportionalen Steuer am Unternehmenswert.

Die identische Diskontierungsfunktion bei den Teilhabern kann in der kapitalmarkttheoretischen Variante mit Marktargumenten gestützt werden. Am Markt treten nur Anteilseigner als Arbitrageure auf. Wenn die Unternehmenszahlungen über die Spanning-Annahme bewertet werden und nur die Arbitrage der Eigner Motor des Marktes ist, ist die so ermittelte Diskontierungsfunktion eine vertretbare Alternative. Die Zahlungen der ver-

519 Die Bemessungsgrundlage ist der Gewinn vor Steuern. Sind Steuern vom Gewinn abziehbar, so kann dies bereits der Teilsteuersatz erfassen, vgl. die Ausführungen von Haase und Diller (2007), S. 100 f. zur damaligen Gewerbesteuer $t_{ge} = \frac{s_{ge}}{1+s_{ge}}$. Eine andere Möglichkeit bestünde im Ansatz $T_t = s_{ge} \cdot E_t$, wobei dann auf die Vorteile des Teilsteuersatzes verzichtet werden würde, die endgültigen Ergebnisse entsprachen sich natürlich. Das endgültige Ergebnis unter Berücksichtigung des Abzugs wäre: $\frac{V}{1+t} = V^E$.

520 Diese Annahme ist für nachfolgende Ergebnisse zentral. Ihre Wichtigkeit wird klar, wenn man sich vergegenwärtigt, dass man ohne gleiches Maß Birnen mit Äpfeln vergleichen würde.

schiedenen Teilhaber sind perfekt korreliert, weil sie alle vom gleichen Zuflussgenerator abhängen. Mit der so gefundenen Diskontierungsfunktion können dann nicht nur die Zahlungsströme der Eigner, sondern auch die der anderen Teilhaber bewertet werden.

Bei der nutzentheoretischen Variante ist die Argumentation schwieriger, warum sollten Staat und Unternehmer identische Zeitpräferenzraten haben. Eine mögliche Untermauerung wäre mit dem Opportunitätskostengedanken möglich, der freilich regelmäßig nur einen Einfluss auf die Zeitpräferenzrate darstellt.

Durch Asymmetrien nimmt der Staat Einfluss auf seine Beteiligung. Lässt er zum Beispiel keinen Verlustabzug zu, so schließt er eine Verlustbeteiligung gänzlich aus. Dadurch steigt seine Beteiligung über die ursprünglichen s % an. Er ist zwar im Gewinnfall weiterhin zu s % beteiligt, muss im Verlustfall allerdings keine negativen Gewinne übernehmen.[521]

Die Interpretation des erweiterten Durchschnittssteuersatzes untersucht nachfolgendes Beispiel:

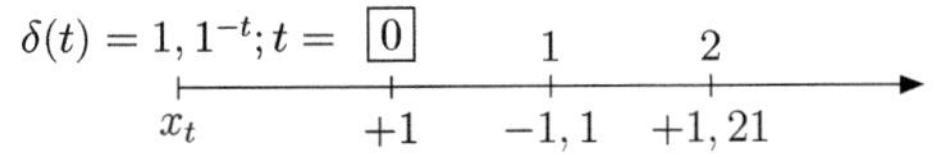

$\delta(t) = 1,1^{-t}; t =$	$\boxed{0}$	1	2
x_t	$+1$	$-1,1$	$+1,21$

Abbildung A.2: Einfluss der Asymmetrie auf den Unternehmenswert des Staates

Beispiel Insgesamt resultiert aus der Zahlungsstruktur ein Gesamtunternehmenswert des Entscheidungszeitpunkts i.H.v. $V = 1 = 1 - \frac{1,1}{1,1} + \frac{1,21}{1,1^2}$. Eine symmetrische Besteuerung mit einem proportionalen Tarif von 30 % unter Vorgabe eines nachsteuerlichen Zinssatzes würde dazu führen, dass der Staat an 30 % des Unternehmenswerts beteiligt ist. Das Beispiel bestätigt die obige Ableitung, denn es gilt für den unternehmenswertbezogenen Teilsteuersatz $V^S = 0,3 = 0,3 \cdot 1 - \frac{0,3 \cdot 1,1}{1,1} + \frac{0,3 \cdot 1,21}{1,1^2}$ und somit für den Anteil des Staates am Unternehmenswert unter symmetrischer Besteuerung $V^S/V = 0,3$. Dieser entspricht wiederum genau dem zahlungsbezogenen Durchschnittsteilsteuersatz, weil der unternehmenswertbezogene erweiterte Durchschnittsteilsteuersatz im Beispiel der proportionalen Besteuerung ohne Asymmetrien konstant bleibt.

[521] NB: Die Unternehmenseigner übernehmen auf der anderen Seite die vollen Verluste. Da der Unternehmenswert für die Anteilseigner auf ihrer Ebene entsteht, mag es paradox erscheinen, dass diese Verluste übernehmen, wenn ihre Gesellschaft haftungsbeschränkt ist. Dies ist so zu verstehen, dass die Anteilseigner die Verluste nicht unmittelbar übernehmen, sie verlieren allerdings ihre Kapitaleinlagen und müssen eventuell auf zukünftige Ausschüttungen verzichten, weil zukünftige Gewinne ausschüttungsgesperrt sind.

Im asymmetrischen Extremfall, wenn der Staat keine Verluste übernimmt, ist er nur an den Gewinnen beteiligt. Er hält quasi eine Option mit Basiswert 0 auf die Zahlungsstruktur. Im Beispiel würde sich damit der Unternehmenswert für den Staat auf $V^S = 0,6 = 0,3 \cdot 1 + \frac{0,3 \cdot 1,21}{1,1^2}$ erhöhen.

Das Beispiel hat die Interpretation des erweiterten Durchschnittsteilsteuersatzes verdeutlicht und den Einfluss der Asymmetrien darauf motiviert. Nachfolgend werden in einem Beispiel die Interpretation und der Einfluss der Asymmetrien auf die erweiterte Grenzteilsteuerfunktion untersucht.

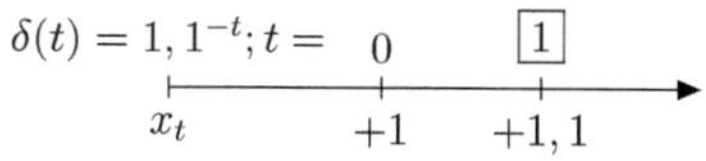

$\delta(t) = 1,1^{-t}; t =$ 0 [1]

x_t +1 +1,1

Abbildung A.3: Abweichender Bezugs- und Betrachtungszeitpunkt beim erweiterten Grenzteilsteuersatz

Beispiel Im Beispiel wird die erweiterte Grenzteilsteuerbelastung untersucht, die durch eine Änderung der wirtschaftlichen Bezugsgröße im Zeitpunkt 1 ausgelöst wird, wenn eine symmetrische proportionale Besteuerung i. H. v. 30 % unterstellt wird. Der unternehmenswertbezogene Grenzteilsteuersatz ist $t^{+u'} = \frac{\partial V}{\partial x_1} = 0,3 \cdot 1,1^{-1}$. Der zahlungsbezogene Grenzteilsteuersatz lautet daher $t^{+z'} = \frac{\frac{\partial V}{\partial x_1}}{\frac{\partial V^S}{\partial x_1}} = \frac{\partial V^S}{\partial V} = 0,3$. Der unternehmenswertbezogene Grenzteilsteuersatz entspricht nicht dem zahlungsbezogenen Grenzteilsteuersatz, obwohl die Besteuerung symmetrisch ist. Wegen der symmetrischen Besteuerung gilt zudem $t^+ = t^{+z'}$, d. h. der zahlungsbezogene Grenzteilsteuersatz entspricht dem zahlungsbezogenen Durchschnittsteilsteuersatz und damit dem unternehmenswertbezogenen Durchschnittsteilsteuersatz.

Fallen Bezugs- und Betrachtungszeitpunkt zusammen, unterscheiden sich der zahlungsbezogene Grenzteilsteuersatz und der unternehmenswertbezogene Grenzteilsteuersatz nicht, da die Änderung des Unternehmenswerts genau den Änderungen der wirtschaftlichen Bezugsgröße entspricht: $\partial V = \partial x_0 \Rightarrow \partial V^S = t^{+u'}$.

Nachfolgendes Diagramm fasst den Zusammenhang für den erweiterten zahlungsbezogenen Grenzteilsteuersatz für eine Änderung der wirtschaftlichen Bezugsgröße im ersten Zeitpunkt schematisch zusammen.

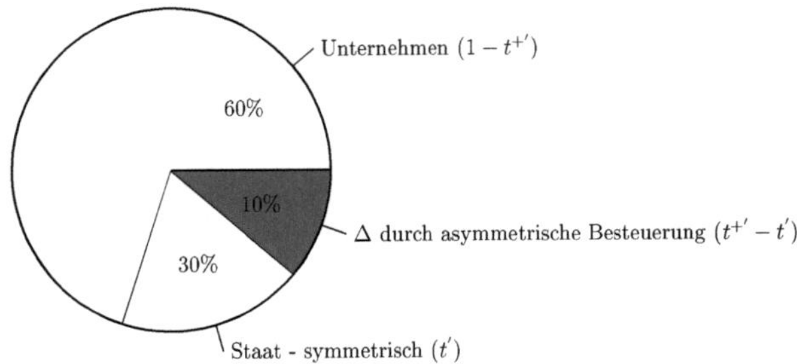

Abbildung A.4: Aufteilung des Grenzunternehmenswerts durch eine höhere Zahlung

In der Grafik ist die Abweichung der erweiterten Grenzteilsteuerbelastung für eine infinitesimale Änderung der Zahlung dargestellt. Es wird plastisch deutlich, dass eine Änderung des Anteils des Staates eine identische Änderung des Anteils des Unternehmers zur Folge hat. Dieser Zusammenhang rechtfertigt die Interpretation des zahlungsbezogenen erweiterten Grenzteilsteuersatzes als Änderung des Unternehmenswerts des Staates bei Änderung des Gesamtunternehmenswerts durch eine veränderte wirtschaftliche Bezugsgröße.

A.3 Grafische Analyse des ökonomischen Gewinns

Die Ergebnisse der analytischen Herleitung in Kapitel 10.3.1, dass in einzelwirtschaftlicher Betrachtung bei der Besteuerung des ökonomischen Gewinns kein sofortiger Verlustausgleich vorausgesetzt werden muss, werden in diesem Anhang grafisch erläutert.

A.3.1 Symmetrische Besteuerung

Bevor das mikroökonomische Fisher-Hirshleifer-Modell unter asymmetrischer Besteuerung grafisch untersucht wird, wird es für den üblichen Fall der symmetrischen Besteuerung dargestellt.

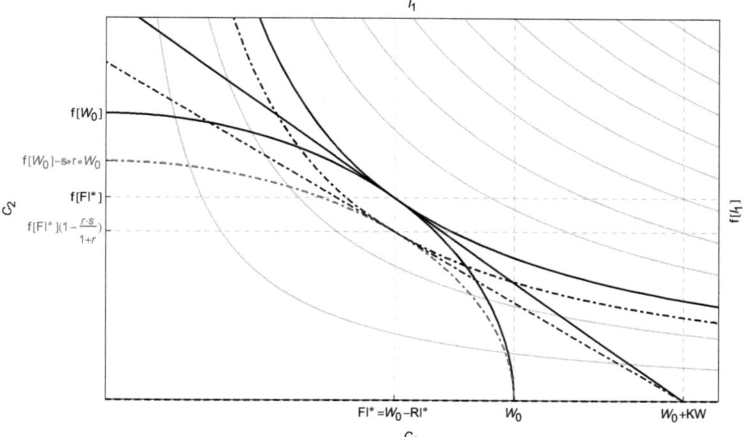

Abbildung A.5: Die Besteuerung des ökonomischen Gewinns unter symmetrischer Verlustverrechnung im Fisher-Hirshleifer-Modell

In der Grafik ist die Ermittlung der optimalen simultanen Investitions- und Konsumentscheidung abgebildet.[522] Ein gegebenes Vermögen W_0 kann in eine Real- oder Finanzinvestition angelegt oder verkonsumiert werden.

In einer Welt ohne Steuern ergibt sich die optimale Investitionsentscheidung in dem Punkt, in welchem die Investitionsmöglichkeitenkurve die Finanzinvestitionsgerade tangiert. Die Investitionsmöglichkeitenkurve der Vorsteuerwelt bildet ausgehend von W_0 die Anlage in Investitionsmöglichkeiten mit abnehmender Rendite ab, was die abnehmende negative Steigung der konkaven Funktion aus der Sicht des Ursprungs verdeutlicht.[523] Würde das gesamte Vermögen W_0 im ersten Zeitpunkt in die Realinvestition investiert, d. h. auf jeglichen Konsum im Zeitpunkt 1 verzichtet, stünden im zweiten Zeitpunkt für den Konsum $f(W_0)$ zur Verfügung. Die Finanzinvestition rentiert sich mit einer konstanten Verzinsung, die unabhängig von der Anlagehöhe ist. Zu diesem Zins kann Vermögen angelegt oder können finanzielle Mittel aufgenommen werden. Würde zum Beispiel auf jeden zukünftigen Konsum verzichtet, wäre heute nicht nur Konsum in Höhe von W_0 sondern $W_0 + KW$ möglich, indem in Höhe von $RI^* + KW$ zusätzlich Finanzmittel aufgenommen werden, die

[522] Für den Vorsteuerfall finden sich Beschreibungen in nahezu allen Standardlehrbüchern der Mikroökonomie oder Investitionstheorie, stellvertretend Varian (2001), S. 173-191; Kruschwitz (2002), S. 7-27; Schneider (1992), S. 114-127. Das Modell basiert auf Fisher (1930), S. 231-287 und findet sich "entschlackt" (in Anlehnung an Schneider (1992) in FN 68) bei Hirshleifer (1958), S. 329-351, der zusätzlich einen abweichenden Soll- und Habenzins zulässt, vgl. dort S. 329. Diesen unvollkommenen Markt behandelt auch Schneider (1992), S. 121-124.

[523] Vgl. Fisher (1930), S. 264 f. oder Hirshleifer (1958), S. 343.

durch eine Anlage in die Realinvestition eine Periode später wieder zurückgezahlt werden können. KW ist genau der Kapitalwert der Realinvestition,[524] also das Vermögen, das notwendig ist, um die Einzahlung der Realinvestition zu replizieren.

Der Punkt, in welchem die Finanzinvestitionsgerade eine Isoquante berührt, repräsentiert die optimale Konsumentscheidung.[525] Hier ist der Konsum für das Wirtschaftssubjekt maximal. Die Finanzinvestition separiert die Investitions- von der Konsumentscheidung.[526] Die Isoquanten repräsentieren die Konsumkombinationen, die den gleichen Nutzen stiften.[527] Wegen der Annahme der Transität schneiden sich die Isoquanten nicht.[528] Sie sind aus Sicht des Ursprungs konvex, der Nutzen, den sie repräsentieren, ist umso größer je weiter nordöstlich sie sind.[529] Der Berührungspunkt deckt sich nicht zwingend mit dem Tangentialpunkt der Investitionsentscheidung.[530]

Die grafische Analyse wird nun um den Fall der Besteuerung erweitert. Als Besteuerungssystem wird das des ökonomischen Gewinns gewählt. Vorerst wird allerdings der einfache Fall mit der symmetrischen Besteuerung untersucht, der sich auch in der Literatur finden lässt.[531] Es zeigt sich, dass dieses neutrale Steuersystem zu keiner Verzerrung der Investitionsentscheidungen führt.

Die wichtigen Erkenntnisse des Fisher-Modells gelten auch unter Besteuerung, solange diese keinen Keil zwischen Soll- und Habenzinssatz treibt.[532] Anderenfalls würden sich Einschränkungen durch den unterschiedlichen Soll- und Habenzins ergeben und das Separationstheorem würde nicht mehr uneingeschränkt gelten.[533] Da die Zinsen bei der Besteuerung des ökonomischen Gewinns voll abziehbar sind und vorerst eine symmetrische

[524] Vgl. Kruschwitz (2002), S. 20 f.

[525] Vgl. Hirshleifer (1958), S. 330.

[526] Das stellt im Prinzip das Ergebnis des berühmten Separationstheorems von Fischer dar, vgl. Fisher (1930), S. 141. Separationstheoreme gibt es mittlerweile in allen Wissenschaftsbereichen, sie gehen auf Minkowski sowie Hahn und Banach zurück, vgl. Thompson (1996), S. 71 f. Da die Finanzinvestitionsentscheidung nicht von der Investitionsmenge des Einzelnen abhängt, ist sie geometrisch eine Gerade, die zwei konvexe Mengen trennt. Dadurch ergeben sich zwei getrennte Probleme, zum einen die Realinvestitionsentscheidung, zum anderen die Konsumentscheidung, vgl. König und Wosnitza (2004), S. 24 f.

[527] Vgl. Schneider (1995), S. 47 f. Ursprünglich von Pareto (1906), die relevante Textstelle ist in Reiß (2007), S. 222-224 übersetzt ins Deutsche zu finden.

[528] Vgl. FN 404.

[529] Vgl. Fisher (1930), S. 245.

[530] Vgl. Fisher (1930), S. 271 oder Hirshleifer (1958), S. 330; hier fallen die Punkte auseinander. Da das Auseinanderfallen der Berührungspunkte in dieser Arbeit keine weitere Rolle spielt, wurde aus Gründen der Übersichtlichkeit diese Darstellung, in der die optimalen Kombinationen zusammenfallen, gewählt.

[531] Vgl. König und Wosnitza (2004), S. 153-154.

[532] Vgl. König und Wosnitza (2004), S. 145; Schneider (1992), S. 144.

[533] Vgl. Hirshleifer (1958), S. 333-337. Vereinfacht auch Schneider (1992), S. 121-124.

Besteuerung dessen unterstellt wird, gilt solange sich Soll- und Habenzinssatz entsprechen weiter das Separationstheorem. Geometrisch ausgedrückt wird die Finanzinvestition dadurch durch eine Gerade ausgedrückt, die die konvexen Mengen separiert.

Die Besteuerung des ökonomischen Gewinns dreht die Gerade, die die Finanzinvestition repräsentiert, gegen den Uhrzeigersinn, da die Zinserträge mit dem Steuersatz s besteuert werden. Dadurch sinkt das erreichbare Konsumniveau im zweiten Zeitpunkt bei vollständigem Konsumverzicht im Zeitpunkt 1.[534] Folge ist ein Einkommenseffekt, denn das ursprüngliche Nutzenniveau kann nicht mehr gehalten werden, da die gedrehte Gerade nun eine andere Indifferenzkurve tangiert.

Allerdings ist der Einkommenseffekt von der Modellierung des Staates abhängig. Im Standardmodell wird der Staat als "schwarzes Loch" modelliert, d. h. die Steuerzahlungen verlassen das Modell, ohne dass der Steuerpflichtige Nutzen aus den Staatsleistungen erfährt. Es wird also keine Umverteilung berücksichtigt. Werden allerdings der Rückfluss der Steuerzahlungen und die Auswirkungen auf den Nutzen berücksichtigt, kann der Einkommenseffekt im Fisher-Hirshleifer-Modell ausbleiben, wenn der Steuerpflichtige genau in Höhe seiner Steuerzahlungen vom Staat eine Nutzenkompensation erlangt und sogar sein Vorzeichen umkehren, falls die Nutzenkompensation noch größer wird. Da der Einkommenseffekt aber keinen Einfluss auf die Ergebnisse der optimalen Aufteilung der Konsum- und Investitionsentscheidungen hat, kann an dieser Stelle auf eine weitere Diskussion verzichtet werden.

Da bei der Besteuerung des ökonomischen Gewinns die Verzinsung des Ertragswerts Bemessungsgrundlage der Realinvestition ist, ebenso wie bei der Finanzanlage, kommt es zu keinem Substitutionseffekt. Die identische Besteuerung der beiden Alternativen zeigt sich in der Abb. A.5 sehr schön für den Fall des vollständigen Konsumverzichts im ersten Zeitpunkt, da hier das vorsteuerliche Endvermögen genau um die Zinsbesteuerung des Anfangsvermögens verringert wird.[535] Da sich die optimale Realinvestitionsmenge genau dann ergibt, wenn sich die nach-/vorsteuerliche Investitionsmöglichkeitenkurve sowie Finanzinvestitionsgerade tangieren, bleibt das Ergebnis durch die Besteuerung unverändert, weil beide Alternativen durch die Besteuerung gleichermaßen und identisch betroffen sind.

[534] Alternativ kann man sich die Aussage des nächsten Satzes daher am Endvermögen vergegenwärtigen, wie das z. B. König und Wosnitza (2004) auf der S. 168 machen.
[535] Vgl. dazu Anmerkung in FN 534.

A.3.2 Asymmetrische Besteuerung

Es wird eine Grenzteilsteuerfunktion unterstellt, wie sie in 9.3.6.3 gefunden wurde. Diese repräsentiert alle Eigenschaften einer asymmetrischen Besteuerung. Da der Effekt möglichst deutlich veranschaulicht werden soll, wird ein Folgegewinn von 0 unterstellt.

$$T^{+'}(x_1, v_0) = s \cdot \begin{cases} 1 & x_t - v_0 \geq 0 \\ 0 & Sonst \end{cases} \tag{A.7}$$

Im Falle der asymmetrischen Besteuerung gilt das Separationstheorem offensichtlich nicht mehr uneingeschränkt, da die Finanzinvestition nicht mehr durch eine Gerade repräsentiert wird. Wie man in Abb. A.6 erkennt, ist die Steigung der Finanzinvestitionskurve nicht mehr konstant. Der Steuersatz variiert im Beispiel mit 0 und s.

Zu Beginn im Punkt $W_0 + KW$ verläuft die Finanzinvestitionskurve mit der Steigung der Vorsteuervariante, weil im zweiten Zeitpunkt Verlustvorträge aus den Vorjahren verrechnet werden können oder aus anderen Investitionen Verluste resultieren.[536] Am Ende der Kurve von $W_0 + KW$ ausgehend nordwestlich werden Erträge der Finanzinvestition mit dem Steuersatz s besteuert.

Die Finanzinvestitionskurve umhüllt die Investitionsmöglichkeitenkurve.[537] Die optimale Finanzinvestitionsmenge ist im Tangentialpunkt der Finanzinvestitionskurve mit der Indifferenzkurve gegeben. Die Finanzinvestitionskurve wird allerdings von den Realinvestitionsmöglichkeiten (erst dadurch bestimmt sich der Kapitalwert KW bzw. ergeben sich die in dem ersten Zeitpunkt konsumintensiven Kombinationen unter Verschuldung) beeinflusst. Es liegt nun nahe, dieser Besteuerung die Geltung des Separationstheorems zu versagen, weil:

- keine Gerade die konvexen Mengen trennt,

[536] Es sei an die Problematik der sunk costs erinnert.

[537] Fast wie die Kurve bei Hirshleifer (1958), die die optimalen Finanzierungen der Realinvestitionen abbildet, wenn der Verschuldungszinssatz mit zunehmender Verschuldung steigt, vgl. Hirshleifer (1958) S. 336.

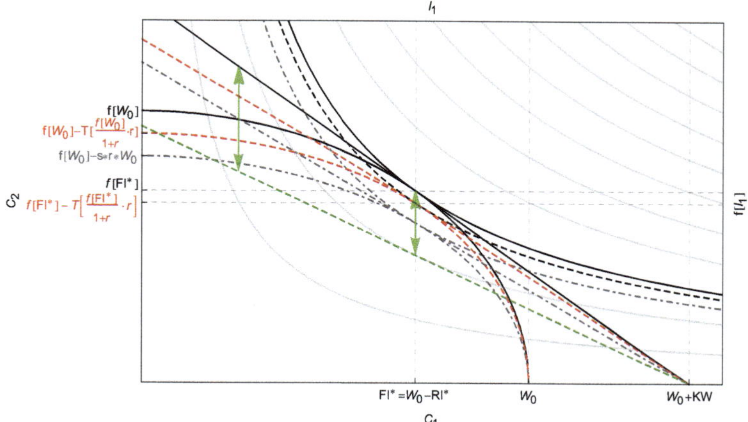

Abbildung A.6: Die Besteuerung des ökonomischen Gewinns unter asymmetrischer Verlustverrechnung im Fisher-Hirshleifer-Modell

- drei Bereiche getrennt beurteilt werden müssen[538] und
- die Finanzinvestitionskurve erst durch die Investitionsmöglichkeitenkurve bestimmt wird.

Dieser Schluss wäre allerdings voreilig. Die Bemessungsgrundlage der Real- und Finanzinvestition entspricht sich weiterhin. Sie ist der ökonomische Gewinn. Diese identische Bemessungsgrundlage, die im symmetrischen Fall Garant des Ausbleibens eines Substitutionseffektes ist, verhindert den Substitutionseffekt auch im asymmetrischen Fall. Durch die identische Bemessungsgrundlage werden sich die steuerlichen Folgen auch bei nichtlinearer Abbildung decken, solange die Funktionsvorschriften der beiden Alternativen identisch sind.[539] Dies gilt selbst für mehrere Perioden, weil beim ökonomischen Gewinn der Steuersatz variieren darf, ohne dass seine Neutralität gefährdet ist.[540] Der Einkommenseffekt nimmt ab, weil nun der Steuersatz s einen Maximalwert der Grenzsteuerfunktion darstellt.[541]

[538] Die drei Bereiche wären durch die Bedingungen $r_s > f'(FI^*)$,$r_s = f'(FI^*)$ und $r_s < f'(FI^*)$ abgegrenzt. Der zweite Bereich besteht im Beispiel aus genau einem Punkt. Hierin besteht ein Unterschied zu Hirshleifer (1958), S. 337. Grund ist die stetig definierte Steuerfunktion, die zunehmend einen Keil zwischen die Zinssätze treibt. Wäre die Steuerfunktion diskret, hätte sie Sprungstellen und der zweite Bereich würde aus mehreren Punkten bestehen und sich nicht mehr vom Hirshleifer-Fall, wenn auch anders motiviert, unterscheiden.

[539] Dies ist das zentrale Ergebnis obiger Untersuchung mit dem Lagrange-Ansatz.

[540] Vgl. König und Wosnitza (2004), S. 171.

[541] Vgl. die Definition der Steuerasymmetrie in Abschnitt 4.1.

Relevant für die Besteuerungsfunktion ist nur der ökonomische Gewinn. Dieser ergibt sich in der Abbildung als Abstand zwischen der Geraden, die durch W_0+KW mit der Steigung -1 verläuft, und der Vorsteuer-Finanzinvestitionsgeraden. Alleine dieser Abstand bestimmt für jede Finanzinvestition FI das Ausmaß der Besteuerung, das geometrisch als Stauchung interpretiert werden kann. Der Tangentialpunkt zwischen Finanzinvestitionsgeraden und Realinvestitionsmöglichkeitenkurve bleibt daher unverändert, weil an diesem Punkt beide Kurven identisch gestaucht (besteuert und das asymmetrisch) werden.

Dadurch bleibt selbst bei einer asymmetrischen Besteuerung des ökonomischen Gewinns die Separierbarkeit gewahrt, da die Besteuerung keinen Einfluss auf die optimale Realinvestitionsmenge hat und ersatzweise diese Entscheidungen ohne Berücksichtigung der Besteuerung getroffen werden können. Durch diesen Umweg können die Investitions- und Finanzierungsentscheidungen weiterhin unabhängig voneinander getroffen werden. Allerdings nur, wenn die Besteuerungsfunktionen identisch sind.

Literaturverzeichnis

Agell, J. und Persson, M. (1990). "Tax arbitrage and the redistributive properties of progressive income taxation". In: *Economics Letters* 34 (4), S. 357–361.

Andel, N. (1998). *Finanzwissenschaft*. 4. Aufl. Tübingen: Mohr Siebeck.

Andrews, G. E., Askey, R. und Roy, R. (1999). *Encyclopedia of Mathematics and its Applications 71 - Special Functions*. Cambridge: Cambridge University Press.

Arrow, K. J. (1951). "Alternative Approaches to the Theory of Choice in Risk-Taking Situations". In: *Econometrica* 19 (4), S. 404–437.

Auerbach, A. J. (1986). "The Dynamic Effects of Tax Law Asymmetries". In: *The Review of Economic Studies* 53 (2), S. 205–225.

Ball, R. und Brown, P. (1968). "An Empirical Evaluation of Accounting Income Numbers". In: *Journal of Accounting Research* 6 (2), S. 159–178.

Ballmann, W. (1954). *Beitrag zur Klärung des betriebswirtschaftlichen Investitionsbegriffes und zur Entwicklung einer Investitionspolitik der Unternehmung*. Diss. Hamburg: Photogr. Photocopie.

Bamberg, G., Coenenberg, A. G. und Krapp, M. (2012). *Betriebswirtschaftliche Entscheidungslehre*. 15. Aufl. München: Vahlen.

Bamberg, G., Dorfleitner, G. und Krapp, M. (2006). "Unternehmensbewertung unter Unsicherheit: Zur entscheidungstheoretischen Fundierung der Risikoanalyse". In: *ZfB* 76 (3), S. 287–307.

Barlev, B. und Levy, H. (1975). "Loss Carryback and Carryover Provision: Effectiveness and Economic Implications". In: *National Tax Journal* 28 (2), S. 173–184.

Basak, S. und Croitoru, B. (2001). "Non-linear taxation, tax-arbitrage and equilibrium asset prices". In: *Journal of Mathematical Economics* 35 (2), S. 347–382.

Baumol, W. J., Panzar, J. C. und Willig, R. D. (1988). *Contestable Markets and the Theory of Industrial Structure*. 2. Aufl. San Diego: Harcourt Brace Jovanovich.

Bea, X., Friedl, B. und Schweitzer, M. (2000). *Allgemeine Betriebswirtschaftslehre: Grundfragen.* 8. Aufl. Stuttgart: UTB Uni-Taschenbücher.

Becker, J., Loitz, R. und Stein, V. (2009). *Steueroptimale Verlustnutzung.* Wiesbaden: Gabler.

Berg, H.-G. und Schmich, R. (2002). "Die Beschränkung des Verlustabzuges im Karlsruher Entwurf zum Einkommensteuergesetz". In: *DStR* 40 (9), S. 346–348.

Bernanke, B. (1983). "Irreversibility, uncertainty, and cyclical investment". In: *The Quarterly Journal of Economics* 98 (1), S. 85–106.

Bierwag, G. O. und Grove, M. A. (1966). "Indifference Curves in Asset Analysis". In: *The Economic Journal* 76 (302), S. 337–343.

Bierwag, G. O. und Grove, M. A. (1967). "Portfolio Selection and Taxation". In: *Oxford Economic Papers.* New Series 19 (2), S. 215–220.

Birk, D. (2009). *Steuerrecht.* 12. Aufl. Heidelberg: C.F. Müller.

Blankart, C. B. (2011). *Öffentliche Finanzen in der Demokratie.* 8. Aufl. Berlin: Vahlen.

Blaufus, K. und Lorenz, D. (2009). "Wem droht die Zinsschranke? Eine empirische Untersuchung zur Identifikation der Einflussfaktoren". In: *ZfB* 79 (4), S. 503–526.

Boadway, R. W. und Bruce, N. (1984). "A general proposition on the design of a neutral business tax". In: *Journal of Public Economics* 24 (2), S. 231–239.

Boadway, R. W., Bruce, N. und Mintz, J. (1983). "On the Neutrality of Flow-of-Funds Corporate Taxation". In: *Economica* 50 (197), S. 49–61.

Bohley, P. (2003). *Die öffentliche Finanzierung.* München: Oldenbourg.

Böhme, G. (1986). "Symmetrie: Ein Anfang mit Platon". In: *Symmetrie in Kunst, Natur und Wissenschaft.* Hrsg. von B. Krimmel. Darmstadt: Fikentscher, S. 9–16.

Bohn, A. und Loose, T. (2011). "Prüfungsschema zum Grundtatbestand der Zinsschranke bei negativem EBITDA". In: *DB* 64 (22), S. 1246–1249.

Bonney, R. (1995). *Economic systems and state finance.* Oxford: Oxford University Press.

Bracewell, R. N. (2000). *The Fourier Transform and its Applications*. 3. Aufl. Boston: McGraw-Hill.

Brennan, M. J. (1970). "Taxes, market valuation and corporate financial policy". In: *National Tax Journal* 23 (4), S. 417–427.

Breuer, W. (2012). *Investition I*. 4. Aufl. Wiesbaden: Gabler.

Broer, M. (2010). "Verlustvorträge von Körperschaften in Deutschland". In: *Wirtschaftsdienst* 90 (6), S. 401–409.

Brown, E. (1948). "Business-income taxation and investment incentives". In: *Income, Employment, and Public Policy: Essays in Honor of Alvin H. Hansen*. Hrsg. von L. A. Metzler. New York: W.W. Norton & Co., S. 300–316.

Bruno, F. F. di (1857). "Note sur une nouvelle formule de calcul différentiel". In: *The Quarterly Journal of Pure and Applied Mathematics* 3 (1), S. 359–360.

BT-Drs. 14/23 (1998). *Entwurf eines Steuerentlastungsgesetzes 1999/2000/2002*. Bonn.

BT-Drs. 15/1518 (2003). *Entwurf eines Gesetzes zur Umsetzung der Protokollerklärung der Bundesregierung zur Vermittlungsempfehlung zum Steuervergünstigungsabbaugesetz*. Berlin.

BT-Drs. 16/2710 (2006). *Entwurf eines Gesetzes über steuerliche Begleitmaßnahmen zur Einführung der Europäischen Gesellschaft und zur Änderung weiterer steuerrechtlicher Vorschriften*. Berlin.

BT-Drs. 16/4841 (2007). *Entwurf eines Unternehmensteuerreformgesetzes 2008*. Berlin.

BT-Drs. 17/10774 (2012). *Entwurf eines Gesetzes zur Änderung und Vereinfachung der Unternehmensbesteuerung und des steuerlichen Reisekostenrechts*. Berlin.

BT-Drs. 17/4653 (2011). *Verlustverrechnung und Mindestbesteuerung in der Unternehmensbesteuerung*. Berlin.

BT-Drs. 9/842 (1981). *Entwurf eines Zweiten Gesetzes zur Verbesserung der Haushaltsstruktur*. Bonn.

Buchholz, W., Richter, W. F. und Schwaiger, J. (1988). "Distributional Implications of Equal Sacrifice Rules". In: *Social Choice and Welfare* 5 (2/3), S. 223–226.

Bundesgesetzblatt Teil I Nr. 15 (1999). *Steuerentlastungsgesetz 1999/2000/2002*. Bonn.

Bundesgesetzblatt Teil I Nr. 40 (2007). *Unternehmensteuerreformgesetz 2008*. Bonn.

Bundesgesetzblatt Teil I Nr. 46 (2000). *Gesetz zur Senkung der Steuersätze und zur Reform der Unternehmensbesteuerung*. Bonn.

Bundesgesetzblatt Teil I Nr. 49 (1993). *Gesetz zur Verbesserung der steuerlichen Bedingungen zur Sicherung des Wirtschaftsstandorts Deutschland im Europäischen Binnenmarkt*. Bonn.

Bundesgesetzblatt Teil I Nr. 57 (2000). *Gesetz zur Umrechnung und Glättung steuerlicher Euro-Beträge (Steuer-Euroglättungsgesetz)*. Bonn.

Bundesgesetzblatt Teil I Nr. 57 (2006). *Gesetz über steuerliche Begleitmaßnahmen zur Einführung der Europäischen Gesellschaft und zur Änderung weiterer steuerrechtlicher Vorschriften*. Bonn.

Bundesgesetzblatt Teil I Nr. 62 (2010). *Jahressteuergesetz 2010*. Bonn.

Bundesgesetzblatt Teil I Nr. 65 (2003). *Gesetz zur Umsetzung der Protokollerklärung der Bundesregierung zur Vermittlungsempfehlung zum Steuervergünstigungsabbaugesetz*. Bonn.

Bundesgesetzblatt Teil I Nr. 81 (2009). *Gesetz zur Beschleunigung des Wirtschaftswachstums (Wachstumsbeschleunigungsgesetz)*. Bonn.

Bundesgesetzblatt Teil I Nr. 9 (2013). *Gesetz zur Änderung und Vereinfachung der Unternehmensbesteuerung und des steuerlichen Reisekostenrechts*. Bonn.

Callen, J., Cheung, C. und Kwan, C. (1993). "An empirical investigation of the random character of annual earnings". In: *Journal of Accounting* 8 (2), S. 151–163.

Cass, D. (1965). "Optimum Growth of Capital in an Aggregative Model Accumulation". In: *The Review of Economic Studies* 32 (3), S. 233–240.

Chodorow, A. S. (2007). "Biblical Tax Systems and the Case for Progressive Taxation". In: *Journal of Law and Religion* 23 (1), S. 51–96.

Clark, J. M. (1971). *Studies in the economics of overhead costs*. Chicago: University of Chicago Press.

Cooper, M. und Knittel, M. (2006). "Partial Loss Refundability: How Are Corporate Tax Losses Used?" In: *National Tax Journal* 59 (3), S. 651–663.

Copeland, T. E., Weston, J. F. und Shastri, K. (2008). *Finanzierungstheorie und Unternehmenspolitik.* 4. Aufl. München: Pearson Studium.

Cox, D. und Miller, H. (1965). *The Theory of Stochastic Processes.* London: Chapman und Hall.

Cui, L. (2013). "A Markov Chain Analysis on the Impact of German Tax Loss Offset Restrictions". In: *Economic Papers* 32 (1), S. 122–134.

Dahle, C. (2011). *Der Einfluss von Mindestbesteuerungskonzepten auf unternehmerische Investitionsentscheidungen unter Berücksichtigung grenzüberschreitender Gruppenbesteuerungssysteme.* Diss. Hamburg: Dr. Kovac.

Dammon, R. M. und Green, R. C. (1987). "Tax Arbitrage and the Existence of Equilibrium Prices for Financial Assets". In: *The Journal of Finance* 42 (5), S. 1143–1166.

DeAngelo, H. und Masulis, R. W. (1980). "Optimal capital structure under corporate and personal taxation". In: *Journal of financial economics* 8 (1), S. 3–29.

Desai, M. A. (2003). "The divergence between book and tax income". In: *Tax Policy and the Economy* 17 (1), S. 169–206.

Descartes, R. (1975). *Abhandlung über die Methode des richtigen Vernunftgebrauchs und der wissenschaftlichen Wahrheitsforschung (Übersetzung von Kuno Fischer).* Ditzingen: Reclam.

Dietz, H. M. (2010). *Mathematik für Wirtschaftswissenschaftler: Das ECOMath-Handbuch.* 2. Aufl. Berlin: Springer Gabler.

Diller, M. (2008). "Effektive Steuerbelastungen bei unvollständigem Verlustausgleich und unsicheren Erwartungen". In: *Die Betriebswirtschaft* 68 (4), S. 404–417.

Diller, M., Kundisch, D. und Späth, T. (2011). "Zur Bewertung von Verlustgesellschaften nach den Änderungen des § 8c KStG durch das Wachstumsbeschleunigungsgesetz". In: *Corporate Finance* 2 (3), S. 153–156.

Dinesh, K. (2011). *The Pearson Guide To Mathematics For The Iit-Jee, 3/E.* Dorling Kindersley: Pearson Education India.

Dixit, A. K. und Pindyck, R. S. (1993). *Investment under Uncertainty*. New Jersey: Princeton University Press.

Domar, E. D. und Musgrave, R. A. (1944). "Proportional Income Taxation and Risk-Taking". In: *The Quarterly Journal of Economics* 58 (3), S. 388–422.

Dorenkamp, C. (2010). *Systemgerechte Neuordnung der Verlustverrechnung - Haushaltsverträglicher Ausstieg aus der Mindestbesteuerung*. Bonn: Institut "Finanzen und Steuernë.V.

Drukarczyk, J. (1997). "Zur Bewertung von Verlustvorträgen". In: *DStR* 35 (12), S. 464–469.

Duclos, J.-Y. und Araar, A. (2006). *Measuring Progressivity and Vertical Equity: Measurement, Policy and Estimation with DAD*. New York: Springer US.

Durrett, R. (2010). *Probability: Theory and Examples*. 4. Aufl. Cambridge: Cambridge University Press.

Dwenger, N. (2008). "Tax Loss Offset Restrictions-Last Resort for the Treasury? An empirical evaluation of tax loss offset restrictions based on micro data." In: DIW Berlin, S. 1–19.

Dwenger, N. und Bach, S. (2007). "Unternehmensbesteuerung: Trotz hoher Steuersätze mäßiges Aufkommen". In: *Wochenbericht DIW Berlin* 5 (74), S. 57–65.

Dyckhoff, H. (2007). "Quasilineare Mittel von Periodensicherheitswerten als intertemporale Nutzenfunktionen". In: *ZfbF* 59 (12), S. 982–1001.

Eberhard, S. et al. (1993). *Statistik I*. 4. Aufl. München: Vahlen.

Endres, D. et al. (2006). *Verlustberücksichtigung über Grenzen hinweg*. Frankfurt am Main: Haufe.

Endres, D. et al. (2011). *Verlustberücksichtigung über Grenzen hinweg*. 2. Aufl. Frankfurt am Main: Haufe.

Epp, S. S. (2011). *Discrete Mathematics with Applications*. 4. Aufl. Boston: Brooks/Cole.

Ernst & Young (2011). *The 2011 Worldwide Corporate Tax Guide*. New York City.

Ernst, M. (2011). *Neuordnung der Verlustnutzung nach Anteilseignerwechsel*. Berlin: Institut Finanzen und Steuern e. V.

Esser, J. und Sturm, H. C. M. (1962). *Die heutige Steuerbelastung der gewerblichen Wirtschaft*. Bonn: Institut "Finanzen und Steuern".

Euler, L. und Michelsen, C. J. A. (1788). *Leonhard Eulers Einleitung in die Analysis des Unendlichen*. Berlin: C. Matzdorff.

Ewert, R. und Niemann, R. (2012). "Limited Liability, Asymmetric Taxation, and Risk Taking - Why Partial Tax Neutralities Can Be Harmful". In: *FinanzArchiv* 68 (1), S. 83–120.

Ewert, R. und Wagenhofer, A. (2005). *Interne Unternehmensrechnung*. 6. Aufl. Berlin: Springer.

Fagan, E. D. (1938). "Recent and contemporary theories of progressive taxation". In: *The Journal of Political Economy* 46 (4), S. 457–498.

Feldstein, M. S. (1969). "Mean-Variance Analysis in the Theory of Liquidity Preference and Portfolio Selection". In: *The Review of Economic Studies* 36 (1), S. 5–12.

Feldstein, M. S. (1983). *Capital taxation*. Cambridge: Havard University Press.

Feller, W. (1968). *An Introduction to Probability Theory and Its Applications*. 3. Aufl. New York: John Wiley & Son.

Fisher, I. (1930). *The Theory of Interest, as determined by Impatience to Spend Income and Opportunity to Invest it*. New York: Macmillan.

Frederick, S., Loewenstein, G. und O'Donoghue, T. (2002). "Time Discounting and Preference : A Critical Time Review". In: *Journal of Economic Literature* 40 (2), S. 351–401.

Frey, R. L. (1972). "Finanzpolitik und Verteilungsgerechtigkeit". In: *FinanzArchiv* 31 (1), S. 1–17.

Friedman, M. und Savage, L. J. (1948). "The Utility Analysis of Choices Involving Risk". In: *Journal of Political Economy* 56 (4), S. 279–304.

Fullerton, D. und Rogers, D. L. (1991). "Lifetime versus annual perspectives on tax incidence". In: *National Tax Journal* 44 (3), S. 277–287.

Gautschi, W. (1972). "Error Function and Fresnel Integrals". In: *Handbook of Mathematical Functions with Formulas, Graphs, and Mathematical Tables*. Hrsg. von M. Abramowitz und I. A. Stegun. 10. Aufl. Washington: U.S. Government Printing Office, S. 295–329.

Geberth, G. (2011). "Die Hinzurechnungen bei der Gewerbesteuer - steuerunsystematisch und verzichtbar - Anmerkungen zum Kommunalmodell zur Reform der Gewerbesteuer". In: *DStR* 49 (4), S. 151–155.

Ghosh, J. D. und Haque, A. (2004). *How To Learn Calculus Of One Variable*. New Delhi: New Age International.

Gossen, H. H. (1854). *Entwickelung der Gesetze des menschlichen Verkehrs, und der daraus fliessenden Regeln für menschliches Handeln*. Braunschweig: Vieweg.

Graham, J. R. (1996). "Proxies for the corporate marginal tax rate". In: *Journal of Financial Economics* 42 (2), S. 187–221.

Graham, J. R., Lemmon, M. L. und Schallheim, J. S. (1998). "Debt, Leases, Taxes, and the Endogeneity of Corporate Tax Status". In: *The Journal of Finance* 53 (1), S. 131–162.

Graham, J. R. und Smith, C. W. (1999). "Tax Incentives to Hedge". In: *The Journal of Finance* 54 (6), S. 2241–2262.

Haase, K. D. (2008). *Betriebliche Steuerplanung*. 3. Aufl. Norderstedt: Books on Demand.

Haase, K. D. (2009). *Betriebliche Steuerplanung*. 4. Aufl. Norderstedt: Books on Demand.

Haase, K. D. (2010). *Betriebliche Steuerplanung*. 5. Aufl. Norderstedt: Books on Demand.

Haase, K. D. und Diller, M. (2007). *Betriebliche Steuerplanung*. 2. Aufl. Norderstedt: Books on Demand.

Haegert, L. und Kramm, R. (1977). "Die Bedeutung der steuerlichen Verlustrücktrags für die Rentabilität und das Risiko von Investitionen". In: *ZfbF* 29 (3), S. 203–210.

Hagenloch, T. (2009). *Grundzüge der Entscheidungslehre*. Norderstedt: Books on Demand.

Haller, H. (1964). *Die Steuern*. Tübingen: Mohr Siebeck.

Haller, H. (1973). "Zur Diskussion über das Leistungsfähigkeitsprinzip". In: *FinanzArchiv* 31 (3), S. 461–494.

Hassett, K. A. und Hubbard, R. G. (2002). "Tax policy and business investment". In: *Handbook of Public Economics*. Hrsg. von M. S. Feldstein und A. J. Auerbach. Amsterdam: Elsevier, S. 1293–1343.

Hastings, K. J. (2006). *Introduction to the Mathematics of Operations Research with Mathematica*. 2. Aufl. Boca Raton: Chapman und Hall.

Hastings, K. J. (2010). *Introduction to Probability with Mathematica*. 2. Aufl. Boca Raton: Chapman und Hall.

Heinen, E. (1957). "Zum Begriff und Wesen der betriebswirtschaftlichen Investition". In: *BFuP* 9 (1), S. 85–98.

Herrnstein, R. J. (1961). "Relative and absolute strength of response as a function of frequenzy of reinforcement". In: *Journal of the experimental analysis of behavior* 4 (3), S. 267–272.

Herzig, N. und Briesemeister, S. (1999a). "Systematische und grundsätzliche Anmerkungen zur Einschränkung der steuerlichen Verlustnutzung". In: *DStR* 37 (34), S. 1377–1383.

Herzig, N. und Briesemeister, S. (1999b). "Zusammenwirken verrechnungsbeschränkender Normen". In: *DB* 52 (29), S. 1470–1476.

Heuermann, B. (2011). "Gesonderte Feststellung des Verlustvortrags - Symbiose zwischen materiellem Recht und Verfahrensrecht". In: *DStR* 49 (32), S. 1489–1493.

Hey, J. (2007). "Unternehmensteuerreform: das Konzept der Sondertarifierung des § 34a EStG-E - Was will der Gesetzgeber und was hat er geregelt?" In: *DStR* 45 (22), S. 925–931.

Hinterberger, F., Müller, K. und Petersen, H.-G. (1987). ""Gerechte"Tariftypen bei alternativen Opfertheorien und Nutzenfunktionen". In: *FinanzArchiv* 45 (1), S. 45–69.

Hirshleifer, J. (1958). "On the Theory of Optimal Investment Decision". In: *Journal of Political Economy* 66 (4), S. 329–352.

Homburg, S. (2007). "Die Zinsschranke - eine beispiellose Steuerinnovation". In: *Finanz-Rundschau* 89 (15), S. 717–728.

Huang, H. (2005). "Asset Pricing under Progressive Taxes and Existence of General Equilibrium". In: *Journal of Global Optimization* 31 (3), S. 471–491.

Hull, J. C. (2009). *Options, Futures and other Derivatives*. 7. Aufl. New Jersey: Pearson Education.

Hundsdoerfer, J., Kiesewetter, D. und Sureth, C. (2008). "Forschungsergebnisse in der Betriebswirtschaftlichen Steuerlehre - eine Bestandsaufnahme". In: *ZfB* 78 (1), S. 61–139.

Ibe, O. C. (2013). *Markov Processes for Stochastic Modeling*. 2. Aufl. London: Elsevier.

Jakobsson, U. (1976). "On the measurement of the degree of progression". In: *Journal of Public Economics* 5 (1), S. 161–168.

James, P. (2003). *Option theory*. West Sussex: Wiley.

Jevons, W. S. (1923). *Die Theorie der politischen Ökonomie*. Jena: Fischer.

Jochum, G. (2006). *Die Steuervergünstigung: Vergünstigungen und vergleichbare Subventionsleistungen im deutschen und europäischen Steuer-, Finanz- und Abgabenrecht*. Berlin: LIT.

Jonas, M., Löffler, A. und Wiese, J. (2004). "Das CAPM mit deutscher Einkommensteuer". In: *Die Wirtschaftsprüfung* 57 (17), S. 898–906.

Kahneman, D. und Tversky, A. (1979). "Prospect Theory: An Analysis of Decision under Risk". In: *Econometrica* 47 (2), S. 263 –291.

Keeney, R. L. und Raiffa, H. (1993). *Decisions with Multiple Objectives*. Cambridge: Cambridge University Press.

Keightley, M. P. (2009). *Net Operating Losses: Proposed Extension of Carryback Period*. Washington, D. C.: Congressional Research Service.

Kemeny, J. G. und Snell, J. L. (1983). *Finite Markov Chains*. New York: Springer.

Kessler, W. und Dietrich, M.-L. (2010). "Die Zinsschranke nach dem WaBeschG - la dolce vita o il dolce far niente?" In: *DB* 63 (5), S. 240–245.

Klemt, F. (2011). "Die Entsorgung der steuerlichen Altlasten - Rückkehr zum zeitlich beschränkten Verlustvortrag verfassungsrechtlich zulässig?" In: *DStR* 49 (36), S. 1686–1692.

Knight, F. H. (1921). *Risk, uncertainty and profit*. Boston: Houghton Mifflin.

Koch, R. (2010). *Die Aufkommens- und Belastungswirkung alternativer Vorschläge zur Reform der Konzernbesteuerung in Europa*. Diss. Frankfurt am Main: Peter Lang.

König, R. und Wosnitza, M. (2004). *Betriebswirtschaftliche Steuerplanungs- und Steuerwirkungslehre*. Heidelberg: Physica.

Krahnen, J. P. (1991). *Sunk Costs und Unternehmensfinanzierung*. Wiesbaden: Gabler.

Kruschwitz, L. (2002). *Finanzierung und Investition*. 3. Aufl. München: Oldenbourg.

Kruschwitz, L. (2003). *Investitionsrechnung*. 9. Aufl. München: Oldenbourg.

Kruschwitz, L. und Husmann, S. (2012). *Finanzierung und Investition*. 7. Aufl. München: Oldenbourg.

Kruschwitz, L. und Löffler, A. (2002). "Semi-subjektive Bewertung". In: *DCF-Verfahren*. Hannover, S. 1–12.

Kruschwitz, L. und Löffler, A. (2009). "Do Taxes Matter in the CAPM?" In: *BuR - Business Research* 2 (2), S. 171–178.

Kube, H. (2011). "Die intertemporale Verlustverrechnung - Verfassungsrechtlicher Rahmen und legislativer Gestlatungsraum". In: *DStR* 49 (38), S. 1781–1792.

Kühne, K. (1974). *Ökonomie und Marxismus*. Bd. 2. Neuwied: Hermann Luchterhand.

Kwon, O. Y. (1983). "The neutral, pure profit, and rate-of-return taxes: their equivalence and differences". In: *Public Finance* 38 (1), S. 81–97.

Laibson, D. (1997). "Golden Eggs and Hyperbolic Discounting". In: *Quarterly Journal of Economics* 112 (2), S. 443–477.

Laux, H., Gillenkirch, R. M. und Schenk-Mathes, H. Y. (2012). *Entscheidungstheorie*. 8. Aufl. Berlin: Springer Gabler.

Laux, H. und Schabel, M. M. (2009). *Subjektive Investitionsbewertung, Marktbewertung und Risikoteilung*. Berlin: Springer.

Lei, A. C. H., Yick, M. H. Y. und Lam, K. S. K. (2014). "The effects of tax convexity on default and investment decisions". In: *Applied Economics* 46 (11), S. 1267–1278.

Lenz, M. und Dörfler, O. (2010). "Die Zinsschranke im internationalen Vergleich". In: *DB* 63 (1), S. 18–24.

Levy, H. (2006). *Stochastic Dominance - Investment Decision Making under Uncertainty*. 2. Aufl. New York: Springer.

Lindberg, K. (2013). "EStG § 10d Verlustabzug Rz. 1-90". In: *Kommentar zum Einkommensteuergesetz (EStG)*. Hrsg. von G. Frotscher. Hamburg: Haufe-Lexware.

Lipschutz, S. und Lipson, M. (2007). *Discrete Mathematics*. 3. Aufl. New York: McGraw-Hill.

Littmann, K. (1968). "Kritische Marginalien zur Kontroverse 'Individuelle Veranlagung oder Haushaltsbesteuerung'". In: *FinanzArchiv* 27 (1/2), S. 174–186.

Lord Kames, H. H. (1778). *Sketches of the history of man II*. 2. Aufl. Edinburgh: Routledge, Thoemmes.

Lunze, J. (2006). *Ereignisdiskrete Systeme*. München: Oldenbourg.

MacKie-Mason, J. K. (1990). "Some nonlinear tax effects on asset values and investment decisions under uncertainty". In: *Journal of Public Economics* 42 (3), S. 301–327.

Mai, J. M. (2006). "Mehrperiodige Bewertung mit dem Tax-CAPM und Kapitalkostenkonzept". In: *ZfB* 76 (12), S. 1225–1253.

Majd, S. und Myers, S. C. (1985). "Valuing the Government's Tax Claim on Risky Corporate Assets". Cambridge.

Makinson, D. (2008). *Sets, Logic and Maths for Computing*. 2. Aufl. London: Springer.

Manegold, J. G. (1981). "Time-Series Properties of Earnings: A Comparison of Extrapolative and Component Models". In: *Journal of Accounting Research* 19 (2), S. 360–373.

Mankiw, G. N. (2012). *Principles of Economics*. 6. Aufl. Mason: South-Western, Cengage Learning.

Mann, F. K. (1937). *Steuerpolitische Ideale*. Jenau: Gustav Fischer.

Marettek, A. (1970). "Entscheidungsmodell der betrieblichen Steuerbilanzpolitik - unter Berücksichtigung ihrer Stellung ium System der Unternehmenspolitik". In: *BFuP* 22 (1), S. 7–31.

Markowitz, H. (1952a). "Portfolio Selection". In: *The Journal of Finance* 7 (1), S. 77–91.

Markowitz, H. (1952b). "The Utility of Wealth". In: *Journal of Political Economy* 60 (2), S. 151–158.

Matschke, M. J. und Brösel, G. (2013). *Unternehmensbewertung: Funktionen - Methoden - Grundsätze*. 4. Aufl. Wiesbaden: Springer Gabler.

Matschke, M. J. und Matschke, X. (1993). *Investitionsplanung und Investitionskontrolle*. Berlin: Neue Wirtschaftsbriefe.

Meade, J. E. (1978). *The structure and reform of direct taxation*. London: Allen & Unwin.

Mellwig, W. (1989). "Die Erfassung der Steuern in der Investitionsrechnung - Grundprobleme und Modellvarianten". In: *WISU* 18 (1), S. 35–41.

Menges, G. (1968). "Entscheidung unter Risiko und Ungewißheit". In: *Entscheidung und Information: Einführung in moderne Entscheidungskalküle und elektronische Informationssysteme*. Hrsg. von G. Menges et al. Frankfurt am Main: Metzner, S. 9–35.

Merz, M. und Wüthrich, M. V. (2013). *Mathematik für Wirtschaftswissenschaftler: Die Einführung mit vielen ökonomischen Beispielen*. München: Vahlen.

Mill, J. S. (1909). *Principles of Political Economy with some of their Applications to Social Philosophy*. 8. Aufl. London: Longmans, Green & Co.

Mossin, J. (1968). "Taxation and Risk-Taking: An Expected Utility Approach". In: *Economica* 35 (137), S. 74–82.

Müller, W. (1993). "Risiko und Ungewißheit". In: *Handwörterbuch der Betriebswirtschaft. R-Z mit Gesamtregister*. Hrsg. von W. Wittmann et al. 5. Aufl. Stuttgart: Schäffer-Poeschel, Sp. 3813–3824.

Musgrave, R. A. und Thin, T. (1948). "Income Tax Progression, 1929-48". In: *Journal of political economy* 56 (6), S. 498–514.

Myers, S. C. und Majd, S. (1987). "Tax Asymmetries and Corporate Income Tax Reform". In: *The effects of taxation on capital accumulation*. Hrsg. von M. Feldstein. Chicago: University of Chicago Press, S. 343 –376.

Näslund, B. (1968). "Some effects of taxes on risk-taking". In: *The Review of Economic Studies* 35 (3), S. 289–306.

Neumann, J. V. und Morgenstern, O. (1953). *Theory of Games and Economic Behavior*. 3. Aufl. Princton: Princeton University Press.

Neumark, F. (1970). *Grundsätze der Besteuerung in Vergangenheit und Gegenwart*. 2. Aufl. Wiesbaden: Franz Steiner.

Niemann, R. (2004). "Investitionswirkung steuerlicher Verlustvorträge - Wie schädlich ist die Mindestbesteuerung?" In: *ZfB* 74 (4), S. 359–384.

Niemann, R. und Sureth, C. (2002). "Taxation under uncertainty - problems of dynamic programming and contingent claims analysis in real option theory". München.

Norris, J. R. (2009). *Markov Chains*. 15. Aufl. Cambridge: Cambridge University Press.

Oberhettinger, F. (1972). *Hypergeometric Functions*. Hrsg. von M. Abramowitz und I. A. Stegun. 10. Aufl. Washington, D. C.: U.S. Government Printing Office, S. 555–566.

Oishi, S., Schimmack, U. und Diener, E. (2012). "Progressive taxation and the subjective well-being of nations." In: *Psychological science* 23 (1), S. 86–92.

Pach-Hanssenheimb, F. (1994). "Das neue Wahlrecht für den Verlustrücktrag im Körperschaftsteuerrecht". In: *DStR* 32 (39), S. 1408–1410.

Panteghini, P. (2001a). "On corporate tax asymmetries and neutrality". In: *German Economic Review* 2 (3), S. 269–286.

Panteghini, P. M. (2001b). "Corporate Tax Asymmetries under Investment Irreversibility". In: *FinanzArchiv* 58 (3), S. 207–226.

Pareto, V. (1906). *Manual of political economy*. New York: Kelley.

Peichl, A. und Schaefer, T. (2008). "Wie progressiv ist Deutschland? Das Steuer- und Transfersystem im Europäischen Vergleich". Köln.

Penner, R. (1964). "A Note on Portfolio Selection and Taxation". In: *The Review of Economic Studies* 31 (1), S. 83–86.

Pfingsten, A. (1986). *The Measurement of Tax Progression*. Berlin: Springer.

Piehler, M. und Schwetzler, B. (2010). "Zum Wert ertragsteuerlicher Verlustvorträge". In: *ZfbF* 62 (2), S. 60–100.

Pohmer, D. et al. (1984). "Zu Geschichte und Bedeutung des Leistungsfähigkeitsprinzips: unter besonderer Berücksichtigung der Beiträge im Finanzarchiv und der Entwicklung der deutschen Einkommensbesteuerung". In: *FinanzArchiv* 42 (3), S. 445–489.

Popp, M. (1999). "Unternehmensbewertung bei Verlustvorträgen versus Bewertung von Verlustvorträgen". In: *BB* 54 (22), S. 1154–1159.

Pratt, J. (1964). "Risk Aversion in the Small and in the Large". In: *Econometrica* 32 (1/2), S. 122–136.

Prinz, U. (2012). "Sonderwirkungen des § 8c KStG beim Zinsvortrag". In: *DB* 65 (42), S. 2367–2371.

Privault, N. (2013). *Understanding Markov Chains*. Singapur: Springer.

Raab, M. (1993). *Steuerarbitrage, Kapitalmarktgleichgewicht und Unternehmensfinanzierung*. Diss. Heidelberg: Physica.

Ramb, F. (2006). "Corporate Marginal Tax Rate, Tax Loss Carryforwards and Investment Functions - Empirical Analysis Using a Large German Panel Data Set". Frankfurt am Main.

Ramsey, F. P. (1928). "A Mathematical Theory of Saving". In: *The Economic Journal* 38 (152), S. 543–559.

Read, D. (2001). "Is Time-Discounting Hyperbolic or Subadditive?" In: *Journal of Risk and Uncertainty* 23 (1), S. 5–32.

Redner, S. (2001). *A Guide to First-Passage Processes*. Cambridge: Cambridge University Press.

Reiß, W. (2007). *Mikroökonomische Theorie*. 6. Aufl. München: Oldenbourg.

Rennings, P. (2011). "Einschränkungen der Verlustverrechnung". In: *Finanz-Rundschau* 93 (16), S. 741–745.

Richard, S. F. (1975). "Multivariate risk aversion, utility independence and separable utility functions". In: *Management Science* 22 (1), S. 12–21.

Richter, M. K. (1960). "Cardinal Utility, Portfolio Selection and Taxation". In: *The Review of Economic Studies* 27 (3), S. 152–166.

Rödder, T. und Schumacher, A. (2006). "Das kommende SEStEG - Teil II : Das geplante neue Umwandlungssteuergesetz Der Regierungsentwurf eines Gesetzes über steuerliche Begleitmaßnahmen zur Einführung der Europäischen Gesellschaft und zur Änderung weiterer steuerrechtlicher Vorschriften". In: *DStR* 44 (35), S. 1525–1542.

Rose, G. (1973). *Die Steuerbelastung der Unternehmung*. Wiesbaden: Gabler.

Rose, G. (1990). *Betriebswirtschaftliche Steuerlehre*. 2. Aufl. Wiesbaden: Gabler.

Rosen, K. H. (2012). *Discrete Mathematics and Its Applications*. 7. Aufl. New York: McGraw-Hill.

Ross, S. A. (1987). "Arbitrage and Martingales with Taxation". In: *The Journal of Political Economy* 95 (2), S. 371–393.

Rubenstein, A. (2003). "Economics and Psychology? The Case of Hyperbolic Discounting". In: *International Economic Review* 44 (4), S. 1207–1216.

Samuelson, P. A. (1964). "Tax Deductibility of Economic Depreciation to Insure Invariant Valuations". In: *The Journal of political economy* 72 (6), S. 604–606.

Samuelson, P. A. (1937). "Note on Measurement of Utility". In: *The Review of Economic Studies* 4 (2), S. 155–161.

Sarkar, S (2008). "Can tax convexity be ignored in corporate financing decisions?" In: *Journal of Banking & Finance* 32 (7), S. 1310–1321.

Sarkar, S. und Goukasian, L. (2006). "The effect of tax convexity on corporate investment decisions and tax burdens". In: *Journal of Public Economic Theory* 8 (2), S. 293–320.

Schaden, M. und Käshammer, D. (2007). "Die Neuregelung des § 8a KStG im Rahmen der Zinsschranke". In: *BB* 62 (42), S. 2259–2266.

Schaefer, S. M. (1982). "Taxes and Security Market Equilibrium". In: *Financial Economics: Essays in Honor of Paul H. Cootner*. Hrsg. von W. Sharpe und C. Cootner. New Jersey: Prentice-Hall, S. 159–178.

Schanz, D. und Schanz, S. (2011). *Business taxation and financial decisions*. Heidelberg: Springer.

Schaub, H. (1996). *Sunk Costs, Rationalität und ökonomische Theorie*. Diss. Dresden: Technische Universität Dresden.

Schäuble, W. (2011). *Steuerreform in Zeiten leerer Kassen*. München.

Scheffler, W. (2007). *Besteuerung von Unternehmen I*. 10. Aufl. Berlin: UTB Uni-Taschenbücher.

Scheffler, W. (2010). *Besteuerung von Unternehmen III: Steuerplanung*. Heidelberg: C.F. Müller.

Schlenker, A. (2014). "§ 10d EStG Verlustabzug Rz. 1-306". In: *Kommentar: EStG - KStG - GewStG*. Hrsg. von B. Heuermann und P. Brandis. München: Vahlen.

Schmalenbach, E. und Bauer, R. (1961). *Kapital, Kredit und Zins in betriebswirtschaftlicher Beleuchtung*. 4. Aufl. Köln: Westdeutscher.

Schmidt, K. (1967). "Das Leistungsfähigkeitsprinzip und die Theorie vom proportionalen Opfer". In: *FinanzArchiv* 26 (3), S. 385–404.

Schmidt, R. H. und Terberger, E. (2006). *Grundzüge der Investitions- und Finanzierungstheorie*. 4. Aufl. Wiesbaden: Gabler.

Schneider, D (1980). "The effects of progressive and proportional income taxation on risk-taking". In: *National Tax Journal* 33 (1), S. 67–75.

Schneider, D. (1987). *Allgemeine Betriebswirtschaftslehre*. 3. Aufl. München: Oldenbourg.

Schneider, D. (1988). "Was verlangt eine marktwirtschaftliche Steuerreform: Einschränkung des Verlust-Mantelkaufs oder Ausweitung des Verlustausgleichs durch handelbare Verlustverrechnungsgutscheine?" In: *BB* 43 (18), S. 1222–1229.

Schneider, D. (1990). "Tax Neutrality in Investment and Finance versus Tax Reform in a Competitive Economy". In: *Public Finance* 45 (3), S. 449–469.

Schneider, D. (1992). *Investition, Finanzierung und Besteuerung.* 7. Aufl. Wiesbaden: Gabler.

Schneider, D. (1997). *Betriebswirtschaftslehre Band 2.* 2. Aufl. Wien: Oldenbourg.

Schneider, D. (2001). *Geschichte und Methoden der Wirtschaftswissenschaft.* München: Vahlen.

Schneider, D. (2002). *Steuerlast und Steuerwirkung.* München: Oldenbourg.

Schneider, H. (1995). *Mikroökonomie.* 5. Aufl. München: Vahlen.

Scholes, M. S. et al. (2009). *Taxes and business strategy: A planning approach.* 4. Aufl. New Jersy: Pearson Education.

Schosser, J. (2008). "Bewertung ohne "Kapitalkosten": ein arbitragetheoretischer Ansatz zu Unternehmenswert, Kapitalstruktur und persönlicher Besteuerung". Passau.

Schult, E. und Hundsdoerfer, J. (1993). "Optimale Nutzung des geplanten Wahlrechts beim Verlustrücktrag nach § 10d EStG". In: *DStR* 31 (14), S. 525–530.

Schummer, J. (2006). "Symmetrie und Schönheit in Kunst und Wissenschaft". In: *Ästhetik in der Wissenschaft.* Hrsg. von W. Krohn. Hamburg: Meiner, S. 59–78.

Sedlacek, K.-D. (2013). *Emergenz: Strukturen der Selbstorganisation in Natur und Technik.* Norderstedt: Books on Demand.

Shevlin, T. (1990). "Estimating corporate marginal tax rates with asymmetric tax treatment of gains and losses". In: *Journal of the American Taxation Association* 11 (1), S. 51–67.

Shreve, S. E. (2003). *Stochstic Calculus for Finance I.* 2. Aufl. New York: Springer US.

Siegel, T. (1972). "Verfahren zur Minimierung der Einkommensteuer-Barwertsumme". In: *BFuP* 24 (1), S. 65–80.

Smith, A. (1979). "An Inquiry into the Nature and Causes of the Wealth of Nations". In: *The Glasgow Edition of the works and correspondence of Adam Smith Vol. II.* Hrsg. von R. H. Campbell und A. S. Skinner. Oxford: Oxford University Press, S. 545–555.

Smith, V. L. (1963). "Tax Depreciation Policy and Investment Theory". In: *International Economic Review* 4 (1), S. 80–91.

Stiglitz, J. E. (1969). "The Effects of Income, Wealth, and Capital Gains Taxation on Risk-Taking". In: *The Quarterly Journal of Economics* 83 (2), S. 263–283.

Streitferdt, F. (2010). "Die Bewertung von Verlustvorträgen und Tax Shields auf arbitragefreien Märkten". In: *ZfB* 80 (10), S. 1041–1074.

Strook, D. W. (2013). *An Introduction to Markov Processes*. 2. Aufl. Heidelberg: Springer.

Strotz, R. H. (1955). "Myopia Dynamic and Utility Inconsistency in Maximization". In: *The Review of Economic Studies* 23 (3), S. 165–180.

Terberger, E. (1997). "Die Neue Institutionenökonomik als Bindeglied zwischen Volks- und Betriebswirtschaftslehre". In: *Homo oeconomicus* 14 (1), S. 99–120.

Thaler, R. H. (2000). "Toward a Positive Theory of Consumer Choice". In: *Choices, Values, and Frames*. Hrsg. von D. Kahneman und A. Tversky. Cambridge: Cambridge University Press, S. 269–287.

Thaler, R. (1981). "Some empirical evidence on dynamic inconsistency". In: *Economic Letters* 4 (8), S. 201–207.

Thompson, A. C. (1996). *Minkowski Geometry*. Cambridge: Cambridge University Press.

Tipke, K. und Lang, J. (2010). *Steuerrecht*. 20. Aufl. Köln: Dr. Otto Schmidt.

Tobin, J. (1958). "Liquidity Preference as Behavior Towards Risk". In: *The Review of Economic Studies* 25 (2), S. 65–86.

Tversky, A. und Kahneman, D. (1992). "Advances in prospect theory: Cumulative representation of uncertainty". In: *Journal of risk and uncertainty* 5 (4), S. 297–323.

Varian, H. R. (2001). *Grundzüge der Mikroökonomik*. 5. Aufl. München: Oldenbourg.

Verri, P. (1774). *Betrachtungen über die Staatswirthschaft*. Dresden: Walterische Hofbuchhandlung.

Wegener, L. (2014). "Verlusteinkunftsarten und Dynamik der Verlusterzielung im Taxpayer-Panel". In: *Wirtschaft und Statistik* 66 (2), S. 119–134.

Weisbach, D. (2004). "Taxation and Risk-Taking with Multiple Tax Rates". In: *National Tax Journal* 57 (2), S. 229–243.

Wenger, E. (1983). "Gleichmäßigkeit der Besteuerung von Arbeits- und Vermögenseinkünften". In: *FinanzArchiv* 41 (2), S. 207–252.

Weyl, H. (1952). *Symmetry*. Princeton: Princeton University Press.

Wieandt, A. (1994). "Versunkene Kosten und strategische Unternehmensführung". In: *ZfB* 64 (8), S. 1027–1044.

Wilhelm, J. und Schosser, J. (2007). "A note on arbitrage-free asset prices with and without personal income taxes". In: *Review of Managerial Science* 1 (2), S. 133–149.

Wilhelm, J. (2005). "Unternehmensbewertung - Eine finanzmarkttheoretische Untersuchung". In: *ZfB* 57 (6), S. 631–665.

Wille, R. (1986). "Symmetrie: Versuch einer Begriffsbestimmung". In: *Symmetrie in Kunst, Natur und Wissenschaft*. Hrsg. von B. Krimmel. Darmstadt: Fikentscher, S. 437–458.

Wöhe, G. (2000). *Einführung in die Allgemeine Betriebswirtschaftslehre*. 20. Aufl. München: Vahlen.

Wöhe, G. und Kuß maul, H. (2007). *Grundzüge der Buchführung und Bilanztechnik*. 6. Aufl. München: Vahlen.

Wosnitza, M. (2000). "Die Beschränkung der ertragsteuerlichen Verlustverrechnung". In: *StuB* 2 (15), S. 763–772.

Young, H. P. (1990). "Progressive Taxation and Equal Sacrifice". In: *The American Economic Review* 80 (1), S. 253–266.

Alle Gesetze und Anwendungserlasse wurden in der aktuellsten Fassung verwendet:

- Abgabenordnung (AO) i. d. F. der Bekanntmachung vom 01.10.2002 (BGBl. I S. 3866; 2003 I S. 61); zuletzt geändert durch Art. 16 des Gesetzes vom 25.07.2014 (BGBl. I S. 1266).

- Anwendungserlass zur Abgabenordnung (AEAO) in der Neufassung mit BMF-Schreiben vom 31.01.2014.

- Einkommensteuergesetz (EStG) i. d. F. der Bekanntmachung vom 08.10.2009 (BGBl. I S. 3366-3862); zuletzt geändert durch Art. 3 des Gesetzes vom 25.07.2014 (BGBl. I S. 1266).

- Gewerbesteuergesetz (GewStG) i. d. F. der Bekanntmachung vom 15.10.2002 (BGBl. I S. 4167); zuletzt geändert durch Art. 5 des Gesetzes vom 25.07.2014 (BGBl. I S. 1266).

- Handelsgesetzbuch (HGB): BGBl. Teil III, Gliederungsnr. 4100-1; zuletzt geändert durch Art. 13 des Gesetzes vom 15.07.2014 (BGBl. I S. 934).

- Körperschaftsteuergesetz (KStG) i. d. F. der Bekanntmachung vom 15.10.2002 (BGBl. I S. 4144); zuletzt geändert durch Art. 4 des Gesetzes vom 25.07.2014 (BGBl. I S. 1266).

- Umwandlungsteuergesetz (UmwStG) i. d. F. der Bekanntmachung vom 07.12.2006 (BGBl. I S. 2782, 2791); zuletzt geändert durch Art. 6 des Gesetzes vom 25.07.2014 (BGBl. I S. 1266).

Ausnahme: Einkommensteuergesetz (EStG) a. F. 1999 (i. d. F. des Steuerentlastungsgesetzes 1999/2000/2002 BGBl. I S. 402-407).

TRANSPARENZ IN DER WIRTSCHAFT

Herausgegeben von Prof. Dr. Markus Diller, Passau, und
Dr. Markus Grottke, Passau

Band 1
Markus Grottke
Die strukturale Lageberichtsanalyse als Bestandteil einer offenen, erweiterten Jahresabschlussanalyse
Lohmar – Köln 2012 • 420 S. • € 67,- (D) • ISBN 978-3-8441-0117-1

Band 2
Markus Grottke (Hrsg.)
Plagiatserkennung, Plagiatsvermeidung und Plagiatssanktionierung – Interdisziplinäre Lösungsansätze für die Korrekturpraxis an Universitäten und Fachhochschulen
Lohmar – Köln 2012 • 196 S. • € 47,- (D) • ISBN 978-3-8441-0200-0

Band 3
Thomas Späth
Asymmetrische Besteuerung und Investitionsentscheidungen – Eine Untersuchung mithilfe von Teilsteuerfunktionen
Lohmar – Köln 2016 • 348 S. • € 63,- (D) • ISBN 978-3-8441-0460-8

JOSEF EUL VERLAG